Oliver Kruse I Volker Wittberg (Hrsg.)

Fallstudien zur Unternehmensführung

Oliver Kruse I Volker Wittberg

Fallstudien zur Unternehmensführung

GABLER

Bibliografische Information der Deutschen Nationalbibliothek
Die Deutsche Nationalbibliothek verzeichnet diese Publikation in der
Deutschen Nationalbibliografie; detaillierte bibliografische Daten sind im Internet über
<http://dnb.d-nb.de> abrufbar.

Professor Dr. Oliver Kruse lehrt an der Fachhochschule des Mittelstands, Bielefeld und ist Leiter
des MBA-Programms.

Professor Dr. Volker Wittberg lehrt an der Fachhochschule des Mittelstands, Bielefeld und ist
Leiter des Instituts für den Mittelstand in Lippe.

1. Auflage 2008

Alle Rechte vorbehalten
© Gabler | GWV Fachverlage GmbH, Wiesbaden 2008

Lektorat: Ulrike Lörcher | Katharina Harsdorf

Gabler ist Teil der Fachverlagsgruppe Springer Science+Business Media.
www.gabler.de

Umschlaggestaltung: Ulrike Weigel, www.CorporateDesignGroup.de
Druck und buchbinderische Verarbeitung: Krips b.v., Meppel
Gedruckt auf säurefreiem und chlorfrei gebleichtem Papier
Printed in the Netherlands

ISBN 978-3-8349-0704-2

Geleitwort

Der Mittelstand ist nach wie vor das Rückgrat der deutschen Wirtschaft. Allein 1.200 Unternehmen in Deutschland zählen zu den „Hidden Champions" – mittelgroße, weltmarktführende Unternehmen. Doch sicherlich könnten, wollen und sollten noch mehr mittelständische Unternehmen die Vorteile der globalen Märkte für sich nutzen. Diese Unternehmen müssen insbesondere über ein EDV-System verfügen, das die notwendige Geschwindigkeit und Flexibilität des Unternehmens voll und ganz unterstützt. Die Anwendungen müssen dabei die Besonderheiten des einzelnen Unternehmens berücksichtigen und gleichzeitig den Anforderungen der Branche und der unterschiedlichen Märkte genügen.

Ein Beweis dafür sind die Erfolgsgeschichten der in diesem Buch präsentierten Unternehmen. In den Fallstudien wird deutlich, dass betriebswirtschaftliche Fragestellungen häufig nur mit professionellen und effizienten EDV-Strukturen lösbar sind. Was bedeutet das aber für die notwendigen Inversionen? Charakteristisch für den Mittelstand ist der klare Schwerpunkt auf den Nutzen. Wir sehen dabei die Ausrichtung auf Flexibilität in den Systemen, Informationsbereitstellung für Entscheidungen und Integration mit den Kunden, Partnern und Zulieferern. Skalierbare, auf Wachstum über die Landesgrenzen ausgerichtete Lösungen müssen Hand in Hand mit den vorhandenen schlanken Strukturen gehen.

Mittelständische Unternehmen haben nicht die Zeit und auch nicht die Budgets für Experimente. Deshalb sind Lösungen gefragt, die auf der einen Seite den Anforderungen der Branche genügen müssen, auf der anderen Seite gerade bei der Implementierung die Besonderheiten von mittelständischen Unternehmen berücksichtigen.

Oracle stellt sich seit vielen Jahren diesen Herausforderungen und bietet mit seinen über 1500 Partnern in Deutschland spezielle Software-Lösungen für den deutschen Mittelstand.

Linda Mihalic

ORACLE Deutschland GmbH

Vorwort

Nur dann, wenn die Anpassungsgeschwindigkeit des Managements größer ist als die Veränderungsgeschwindigkeit der Anforderungen, die Kunden, Partner, Mitbewerber, Mitarbeiter sowie der politische und gesellschaftliche Rahmen stellen, kann dieses ein Unternehmen zum Erfolg führen. Häufig indes verliert ein Manager nach einer Phase des Erfolges die Sensibilität für Veränderungen, passt das eigene Führungsverhalten nicht an und steuert das Unternehmen unbewusst in die Krise.

Die in diesem Buch präsentierten Fallstudien zur Unternehmensführung sollen daher für aktuelle und wiederkehrende Anforderungen sensibel machen und den Managerblick für innovative Lösungen schärfen.

Die Struktur dieses Buches entspricht dabei der des bereits viermal erfolgreich durchgeführten MBA-Studienprogramms „Unternehmensführung in der mittelständischen Wirtschaft" an der Fachhochschule des Mittelstands (FHM), Bielefeld, Institut für den Mittelstand in Lippe (IML).

Hochschullehrer aus zahlreichen Universitäten und Fachhochschulen sowie international erfahrene Praktiker liefern auf der Grundlage realer Fallstudien Einblicke in die Bereiche des General Managements, des Managements mittelständischer Unternehmen und des Internationalen Managements.

Die Bearbeitung der Fallstudien empfiehlt sich sowohl in Master- und MBA-Studienprogrammen, mitunter auch in späten Phasen managementorientierter Bachelor-Programme als auch im Selbststudium unter Zuhilfenahme der Teaching Notes.

In der modernen Managementausbildung ist auch in Deutschland der Einsatz von Fallstudien zunehmend selbstverständlich. Die Lösung konkreter betriebswirtschaftlicher Problemstellungen vermittelt gleichermaßen die Fach-Methoden und Sozialkompetenzen. Gerade im berufsbegleitenden Studium oder auf der Grundlage entsprechender Berufserfahrung rundet die kritische Reflexion des eigenen Tuns den Lernerfolg ab.

Ohne die engagierte Mitarbeit unseres MBA-Dozententeams wäre dieses Buch jedoch nicht möglich geworden. Dafür gilt allen Autoren unser besonderer Dank. Gleichzeitig bedanken wir uns bei Herrn Manfred Wittberg für die sorgfältige Durchsicht des Manuskripts und Frau Kerstin Müller für das eigenständige Erstellen der kompletten Druckvorlage. Nicht zuletzt hat die gute Kooperation mit Frau Ulrike Lörcher vom Gabler-Verlag zum Erfolg dieser Publikation beigetragen.

Dem Unternehmen ORACLE Deutschland GmbH danken wir für die wirtschaftliche Unterstützung dieses Werkes.

Bielefeld/Detmold im Mai 2008

Oliver Kruse   Volker Wittberg

Inhaltsverzeichnis

Teil C: Internationales Management

Teil A

General Management

Volker Wittberg/Vanessa Vieselmeier

Strategisches Management
Fallstudie Bionade GmbH

1   Lernziele

Die folgende Fallstudie beschäftigt sich mit dem Marketing eines mittelständischen Unternehmens der Konsumgüterindustrie. Ein besonderer Fokus liegt auf der Bedeutung von Corporate Responsibility (CR) für die Markenpositionierung. Als Beispiel wurde ein produzierendes Unternehmen der Getränkebranche gewählt, das seine Produkte sowohl über den Großhandel und die Gastronomie (B to B) als auch direkt an den Endverbraucher (B to C) absetzt.

Vorausgesetzt werden neben vertieften Kenntnissen zum operativen und strategischen Marketing – hier insbesondere hinsichtlich der Auswahl geeigneter Marketing-/ Wettbewerbsstrategien sowie hinsichtlich der Theorie von Markenaufbau und -führung – vor allem Grundkenntnisse zum CR-Management und möglichen Elementen eines CR-Engagements. Darüber hinaus wird auf grundlegendes Wissen zum Management mittelständischer Unternehmen zurückgegriffen. Spezielles Branchen-Know-how ist für die erfolgreiche Bearbeitung der Fallstudie nicht zwingend erforderlich. Grundkenntnisse hinsichtlich der Distribution von Markenartikeln über den Lebensmitteleinzelhandel können jedoch hilfreich sein. Methodisch sollten Instrumente zur Analyse der Entscheidungssituation und Modelle zur Visualisierung verschiedener Marketingstrategien beherrscht werden.

Die Fallstudie richtet sich in erster Linie an MBA-Studierende oder an fortgeschrittene Studierende grundständiger, betriebswirtschaftlicher Studiengänge mit Marketing-Schwerpunkt. Zentrale Lernziele sind das Verständnis der Zusammenhänge und Wechselwirkungen zwischen unternehmerischem Engagement und Markenidentität sowie die Auseinandersetzung mit verschiedenen Markt- und Wettbewerbsstrategien aus der Sicht eines mittelständischen Unternehmens.

2   Einleitung

„Maltonade", „Sinconada", „Bio Drink", „Bio Erfrischungsgetränk Original" – eine lange Reihe mit Getränke-Flaschen unterschiedlicher Marken und Geschmacksrichtungen war ordentlich auf dem Tisch des kleinen Besprechungsraums aufgebaut. Dabei lockten alle Etiketten mit ähnlichen Versprechen wie „Bio", „Öko" oder „natürliche Rohstoffe". Auch hinsichtlich des Designs war bei den meisten Flaschen eine deutliche Ähnlichkeit zu der Kräuter-BIONADE, die der 39-jährige Peter Kowalsky, geschäftsführender Gesellschafter der BIONADE GmbH, in seiner Hand betrachtete, nicht zu übersehen.

BIONADE hatte einen regelrechten Bio-Boom im deutschen Softdrink-Markt ausgelöst, und seit circa einem halben Jahr musste sich Peter Kowalsky zunehmend mit Wettbewerbern auseinandersetzen, die mithilfe eines „Me-too"-Produkts davon profitieren wollten. „Immerhin müssen wir nicht erst ins Ausland gehen, um kopiert zu werden", dachte Kowalsky bitter. Nahezu monatlich drängten weitere Unternehmen, darunter sowohl kleine Newcomer als auch große deutsche Handelsketten wie Aldi und Plus oder internationale Getränkemultis wie die Sinalco-Gruppe oder InBev, mit neuen Produkten in den Markt für Bio-Erfrischungsgetränke. Auch die Coca-Cola-Gruppe, weltweiter Marktführer im Bereich Softdrinks, hatte Interesse an BIONADE signalisiert. Ein Kaufangebot hatte Peter Kowalsky jedoch abgelehnt.

Als Pionier und Wegbereiter im Bereich der Bio-Softdrinks war die BIONADE GmbH jahrelang mit der Geschäftsidee einer Bio-Limonade von der Branche eher belächelt worden. Doch das Unternehmen hatte mit seinem Produkt nicht ausschließlich auf die Bio-Nische gesetzt und war mit dieser Strategie sehr erfolgreich. Mittlerweile lachte die Branche nicht mehr: Offensichtlich hatten die BIONADE-Macher den Bio-Trend früher erkannt als der Wettbewerb, der nun angestrengt versuchte, den Anschluss zu finden. Der deutsche Markt für Bio-Lebensmittel war attraktiv und die Nachfrage der Konsumenten stieg beständig, so dass das Wachstum eher vom Beschaffungs- als vom Absatzmarkt begrenzt wurde. Kowalsky spürte die Verknappung bereits an den steigenden Preisen für Bio-Rohstoffe.

Doch wie sollte Peter Kowalsky auf die neue Konkurrenz reagieren? Wie lange noch würde das Unternehmen seinen Vorsprung hinsichtlich Technologie und Bekanntheit nutzen können? Was wäre, wenn auch noch der Branchenriese Coca Cola mit einem eigenen Bio-Softdrink auf den Markt drängen würde? Vor seinem inneren Auge sah Peter Kowalsky schon die TV-Spots und die Leuchtreklame für Bio-Cola. Peter Kowalsky legte die Flasche aus der Hand und blickte auf seine Armbanduhr. Jeden Moment würden seine Mutter Sigrid Peter-Leipold, sein Stiefvater, der BIONADE-Erfinder Dieter Leipold, sein Bruder Stephan Kowalsky als Betriebsleiter und der Marketingchef des Unternehmens ‚Wolfgang Blum, eintreffen. Er hatte alle zu einem „Krisengespräch" eingeladen, aber leider immer noch keinen brauchbaren Vorschlag, wie das Unternehmen mit der Situation umgehen sollte.

3 Das Unternehmen und die Marke BIONADE - Die BIONADE-Story

Seit 1827 wurde in der Privatbrauerei Peter KG im bayerischen Ostheim „Rhön Pils" gebraut. Wie viele kleine Brauereien geriet das traditionsreiche Familienunternehmen Mitte der 1980er Jahre jedoch in eine finanzielle Krise. Die Absatzzahlen gingen in der strukturschwachen Region immer weiter zurück und das Unternehmen stand mehrfach kurz vor einer Insolvenz. Während die Brauerei-Erbin Sigrid Peter-Leipold mit den Banken verhandelte, versuchte ihr Ehemann, Diplom-Braumeister Dieter Leipold, eine Vision zu verwirklichen: er wollte ein rein biologisches, gesundes Erfrischungsgetränk nach dem Brauprinzip für Kinder herstellen – natürlich ohne Alkohol.

Die Idee war innovativ, aber schwierig umzusetzen, da durch die Fermentation (Vergärung) von Zucker während des Brauprozesses grundsätzlich Alkohol entsteht. Trotz der wirtschaftlichen Probleme glaubte die Familie an diese Vision und unterstützte Dieter Leipold. Die Forschungs- und Entwicklungsphase dauerte mehr als acht Jahre, bis 1995 die Marktreife erreicht wurde und ein Patent angemeldet werden konnte. Das neue Getränk wurde BIONADE genannt und die BIONADE GmbH als Tochter der Privatbrauerei Peter KG gegründet.

Der Markteintritt mit BIONADE erfolgte über den Verkauf in Naturkostläden, Reformhäusern, Sportplätzen und Kurkliniken. Der Absatz entwickelte sich allerdings zunächst nur schleppend. Die Unternehmerfamilie hatte sich viel von dem neuen Produkt versprochen, das die marode Privatbrauerei aus der Krise bringen sollte. Für Werbung stand aber so gut wie kein Budget zur Verfügung. Dass die Hamburger Studentenszene das Getränk 1997 entdeckte und BIONADE auf lokaler Ebene zum Kultgetränk avancierte, war daher für das Unternehmen ein wahrer Glücksfall.

In dieser Zeit kam auch der Kontakt zu dem Marketingexperten und heutigen Marketingchef des Unternehmens, Wolfgang Blum, zustande. Blum erkannte einerseits das Erfolgspotenzial des Produkts und andererseits die Notwendigkeit, BIONADE konsequent als Marke aufzubauen. Die Wende setzte ein, als im Jahr 2000 ein umfassender Marken-Relaunch eingeleitet wurde. Neben der Entwicklung einer neuen Designlinie war vor allem die neue Marketingstrategie für BIONADE von entscheidender Bedeutung. Bio für alle – nicht nur für Biosupermärkte, Naturkostläden und Reformhäuser – lautet seitdem die Devise. BIONADE sollte zum „Volksgetränk", das sowohl in der Gastronomie als auch im Lebensmitteleinzelhandel zu finden ist, werden. Mithilfe eines viralen Marketing-Konzepts auf der Basis von Produktsponsoring, Medienpublicity und Mund-zu-Mund-Werbung gelang nach und nach der Durchbruch und die Etablierung der Marke.

Als 2003 die Presse auf BIONADE aufmerksam wurde, war der Erfolg nicht mehr zu bremsen: Vom Hamburger Abendblatt über die Süddeutsche Zeitung und die Frankfurter Allgemeine Zeitung bis hin zum Handelsblatt und zum Manager Magazin wurde über das innovative Produkt und das dahinter stehende Unternehmen berichtet. 1999 wurden knapp 1 Mio. Flaschen BIONADE verkauft. Seitdem stieg der Absatz ungebremst auf 200 Mio. Flaschen im Jahr 2007. BIONADE setzte mit seinem alkoholfreien Bio-Getränk einen Branchentrend und war in den letzten Jahren mit einer Wachstumsrate von 300 % p.a. das am schnellsten wachsende Softdrink-Produkt im deutschen Markt.

Einen wichtigen Aspekt in der Firmenphilosophie des Unternehmens bilden unternehmerische Verantwortung und unternehmerisches Engagement für die Region. Corporate Responsibility (CR) ist durch die konsequent ökologische Orientierung gleichsam genetisch im Produkt BIONADE angelegt. Biologische Inhaltsstoffe und Herstellung schaffen Glaubwürdigkeit, Wertschätzung, Vertrauen, Identifikation und Bindung. Die Philosophie des ökologischen und ökonomischen Umgangs mit allen Ressourcen wird unter anderem darin deutlich, dass das Unternehmen einen eigenen Brunnen mit Quellwasser aus der Rhön und eine eigene Bio-Kläranlage betreibt.

Wenn immer verfügbar, werden die Bio-Rohstoffe nicht über tausende von Kilometern aus fernen Ländern herangeschafft, sondern aus dem regionalen Umfeld. Mit dem Projekt „Bio-Landbau Rhön" wird unter der Schirmherrschaft des bayerischen Wirtschaftministers das Ziel verfolgt, möglichst zahlreiche ortsansässige Betriebe davon zu überzeugen, ihren Betrieb auf ökologischen Landbau umzustellen und so dauerhaft Rohstoffe für BIONADE zu liefern. Das Angebot von BIONADE besteht darin, die Ernten von Bio-Braugerste und Bio-Holunder zu 100 % abzunehmen. Bio-Holunder als Kulturpflanze wird erstmals in der Region Rhön-Grabfeld angebaut und erschließt den Landwirten einen neuen Markt. In Kooperationen mit den Landwirten, dem Bauernverband und dem Biosphärenreservat (UNESCO) werden 70 ha Anbaufläche für Bio-Holunder und 150 ha Anbaufläche für Bio-Gerste gerechnet. In der strukturschwachen Rhön-Region schafft das Unternehmen BIONADE so eine neue Perspektive für die Landwirtschaft.

Seit 2008 engagiert sich das Unternehmen außerdem im Rahmen des ökologischen Großprojekts „Trinkwasserwald" zur nachhaltigen Entwicklung und Sicherung von Trinkwasser unter dem Motto „Ressourcen schaffen, Trinkwasser pflanzen". Die Partnerschaft in der „Initiative Grundwasserschutz in Unterfranken", eine Kinderbroschüre „Beitrag zur gesunden Ernährung" und ausgewähltes Eventsponsoring (z.B. Jugend trainiert für Olympia) ergänzen die CR-Maßnahmen.

4   Das Produkt BIONADE

Die Grund-Idee von BIONADE setzt bei der Frage an: „Wie muss ein Erfrischungsgetränk sein, das überwiegend von Kindern und Jugendlichen getrunken wird?" Die Antwort des BIONADE-Erfinders ist zunächst einfach und lautet: ohne Zugabe von Konservierungsstoffen, Säuren, Farbstoffen, Stabilisatoren, Süßstoffen, naturidentischen bzw. künstlichen Aromen und anderen chemischen Substanzen.

Bei Limonaden handelt es sich um Mischgetränke, die in erster Linie aus Wasser und Zucker bestehen. Im Gegensatz dazu wird BIONADE wie Bier aus Wasser und Malz gebraut. Hinzu kommen Calcium und Magnesium sowie natürliche Fruchtessenzen oder -aromen aus rein ökologischem Anbau. Der Zuckergehalt ist wesentlich geringer als bei den meisten Limonaden.

Mit der Entwicklung des Verfahrens zur Herstellung von BIONADE hat Dieter Leipold eine echte Innovation geschaffen. Bisher war kein Unternehmen in der Lage, ein alkoholfreies Erfrischungsgetränk nach dem Brauprinzip zu produzieren. Dem erfinderischen Braumeister ist es jedoch gelungen, bei der Fermentation von Wasser und Malz Gluconsäure statt Alkohol entstehen zu lassen. Das Prinzip ähnelt dem der Honigproduktion von Bienen. Im Vergleich zu der in vielen Softdrinks enthaltenen Citronensäure handelt es sich bei Gluconsäure um eine milde und ernährungsphysiologisch wertvolle Säure, die auch im Honig enthalten ist. Acht lange Jahre hat Dieter Leipold geforscht, um seine Vision marktfähig zu machen. Die Rezeptur und das Herstellungsverfahren der BIONADE sind geheim und patentrechtlich geschützt. Das Unternehmen verfügt damit zum einen über ein Alleinstellungsmerkmal, zum anderen jedoch auch über einen deutlichen technologischen Vorsprung gegenüber dem Wettbewerb.

BIONADE ist das weltweit erste Erfrischungsgetränk in Bioqualität, das als „unideologisches" Bio-Produkt eine breite Käuferschicht anspricht. Mit BIONADE ist es dem Unternehmen vor dem Hintergrund eines wachsenden Umweltschutz- und Gesundheitsbewusstseins der Verbraucher gelungen, ein innovatives Produkt zum passenden Zeitpunkt, zu einem wettbewerbsfähigen Preis, der von einer breiten Käuferschicht akzeptiert wird, auf den Markt zu bringen. Die ökologische Zusatzleistung wird glaubwürdig und transparent durch das deutsche „BIO"-Siegel auf der Flasche kommuniziert. BIONADE gibt es in den Geschmacksrichtungen Ingwer-Orange, Holunder, Kräuter und Litschi.

5 Darstellung der Entscheidungssituation

„Diese Dreistigkeit! Eigentlich müssten wir die alle verklagen", meinte Braumeister Stephan Kowalsky verärgert mit Blick auf die BIONADE-Plagiate im Besprechungsraum. „Da hat man sich jahrelang als kleiner Mittlerständler mit der ganzen Familie krumm gemacht, und wenn dann der verdiente Erfolg einsetzt, wollen alle ein Stück ab vom Kuchen." Sigrid Peter-Leipold war anderer Meinung: „Und dann sollen wir uns vor Gericht mit denen streiten? David gegen Goliath? Ich bin froh, dass wir die schwersten Zeiten hinter uns haben. Plagiate hin oder her – dann gebt ihnen halt ein Stück vom Kuchen!" „Das Problem ist, dass die meisten unserer Wettbewerber wesentlich größer sind als wir. Die wollen nicht nur einen kleinen Teil vom Kuchen haben", gab Peter Kowalsky zu bedenken. Dieter Leipold hingegen stimmte seiner Frau zu: „Wir sollten die Situation nicht überschätzen. Wir haben ein gutes Produkt und das spricht doch für sich! Noch hat es kein Wettbewerber geschafft, ein ähnliches Herstellungsverfahren zu entwickeln." „Aber nimmt der Verbraucher auch wahr, dass unser Produkt besser ist? Kann der Kunde das Original von der Kopie unterscheiden", fragte Stephan Kowalsky. „Jedenfalls werden die großen Getränkekonzerne ihre Marktmacht und ihr Geld nutzen, um ihre Produkte aggressiv zu vermarkten. Wenn wir nicht aufpassen, sind wir ganz schnell sowohl aus den Köpfen der Verbraucher als auch aus den Regalen des Einzelhandels wieder verschwunden", meldete sich Marketingchef Wolfgang Blum zu Wort. „Ich bin immer noch der Meinung, wir sollten gerichtlich gegen diese Plagiate vorgehen, bevor es zu spät ist. Wir haben doch schließlich nicht grundlos eine Marke und ein Patent angemeldet", meinte Stephan Kowalsky beharrlich. Die Atmosphäre im kleinen Besprechungsraum der BIONADE GmbH war angespannt.

„Vielleicht sollten wir unsere Wettbewerber einfach mit ihren eigenen Waffen schlagen", schlug Marketingchef Wolfgang Blum vor. „Ich denke, es ist an der Zeit für eine erste, groß angelegte Marketingkampagne." „Eine Marketingkampagne für BIONADE? Werbung?", fragte Sigrid Peter-Leipold. „Das passt doch gar nicht zu uns! Was würden unsere Kunden in den Bio-Läden und in der Gastronomie dazu sagen? Ich sehe schon einen regelrechten Boykott vor mir!" „Aber zu unseren Kunden gehören doch lange schon nicht mehr nur die traditionellen Bio-Käufer", warf Peter Kowalsky ein. „Das Kundenpotenzial allein in den Naturkostläden ist für ein weiteres Wachstum zu gering." „Genau! Und mit einer Kampagne könnten wir weitere Zielgruppen ansprechen. Wenn wir uns langfristig gegen den Wettbewerb behaupten wollen, müssen wir den Markt flächendeckend besetzen, bevor es andere tun", ergänzte Wolfgang Blum. „Ich fürchte allerdings, dass wir uns eine flächendeckende Marketingkampagne gar nicht leisten können", entgegnete Peter Kowalsky.

„Ich bin mir auch nicht sicher, ob dies der richtige Zeitpunkt für eine große Marketingkampagne und für die Erschließung neuer Zielgruppen ist. Wir haben schon jetzt Lieferengpässe", gab Stephan Kowalsky zu bedenken. „Der Absatz steigt doch sowieso schon an! Wir haben nicht genug Flaschen, nicht genug Anlagen, nicht genug Personal – und vor allem nicht unbegrenzte Rohstoffe! Wie wirkt das auf die Händler, wenn wir einerseits nicht mit den Lieferungen hinterherkommen und andererseits eine Werbekampagne starten?" Peter Kowalsky nickte nachdenklich: „Möglicherweise hast du Recht. Und ein langsames Wachstum ist zudem gesünder für das Unternehmen. Wir dürfen uns schließlich nicht verzetteln."

Peter Kowalskys Gedanken schwirrten. Wie sollte er mit der neuen Wettbewerbssituation umgehen? War die Situation wirklich schon so kritisch, dass ein sofortiges Handeln erforderlich war oder sollten sie lieber die Ruhe bewahren? Könnte BIONADE mit einer Marketingkampagne die eigene Marktposition ausbauen und gleichzeitig die gewachsene Markenidentität bewahren? Wie könnte das Unternehmen neue Zielgruppen ansprechen, ohne die Stammkäufer abzuschrecken? Welche neuen Absatzwege könnten erschlossen und wie könnte die Versorgung mit Bio-Rohstoffen langfristig sichergestellt werden?

6   Das Marktumfeld

Coca-Cola gilt als das meistverkaufte alkoholfreie Erfrischungsgetränk – sowohl in den USA als auch weltweit. Der globale Marktanteil liegt bei circa 23 %. Auch in Deutschland ist das Unternehmen mit seiner Kernmarke Coca-Cola und weiteren Erfrischungsgetränkemarken wie beispielsweise Fanta, Sprite oder Lift unangefochtener Marktführer. Doch Coca-Cola bildet eher eine Ausnahme: überwiegend ist der Getränkesektor von zahlreichen kleinen und mittelständischen Unternehmen, die häufig einen regionalen Markt ansprechen, geprägt. Eine hohe Marktsättigung, geringes Wachstum, mangelnde Transparenz sowie eine hohe Anzahl von in- und ausländischen Anbietern führen zu einem hohen Wettbewerbsdruck innerhalb der Branche.

Zu den „klassischen" alkoholfreien Erfrischungsgetränken gehören Limonaden, Brausen, Fruchtsaftgetränke, diätische Erfrischungsgetränke, Mineralstoffgetränke sowie Kaffee- und Teegetränke. Nicht dazu gezählt werden Wasser sowie Fruchtsäfte und -nektare. Wachstum innerhalb der Branche wird jedoch in der Regel nicht über die klassischen Produkte, sondern seit Jahren fast ausschließlich über Produktinnovationen, die so genannten „Newcomer", generiert. Den Anfang bildete Ende der 80er Jahre der Energy-Drink Red Bull. Neben den Energy- und Sport-Drinks gehören auch Eistees, Coffeedrinks und Schorlen zur ersten Generation dieser „Newcomer". Die zweite Generation umfasst ACE-Getränke, Tea & Fruit sowie Wellness-Drinks, und zur dritten Generation gehören Wasser mit Zusatznutzen (z.B. Vitamine, Mineralien oder Kräuter) sowie Sauerstoffwasser. Mit den „Newcomern" orientiert sich die Branche an den jeweils aktuellen Verbrauchertrends. So genannte „funktionale" Lebensmittel versprechen einen Zusatznutzen oder Mehrwert wie beispielsweise eine Steigerung der Leistungsfähigkeit, Gesundheitsförderung oder Anti-Aging.

Zu einem der wichtigsten Verbrauchertrends, der den gesamten Lebensmittelbereich betrifft, hat sich der Bio- bzw. Öko-Trend entwickelt. Der Markt für Bio-Produkte boomt – während die ersten Naturkostläden in den 70er Jahren lediglich eine relativ kleine, überwiegend ideologisch motivierte Zielgruppe angesprochen haben, werden ökologisch erzeugte Produkte mittlerweile auch im konventionellen Lebensmitteleinzelhandel einer breiten Käuferschicht angeboten. Auch wenn der Marktanteil des Bio-Segments in Deutschland mit insgesamt circa 3 % (2006) noch relativ klein ist, steigt die Nachfrage nach Bio-Lebensmitteln kontinuierlich. Spätestens seit der BSE-Krise im Jahr 2000 und unter dem Eindruck weiterer Lebensmittelskandale hat sich der einstige Nischenmarkt zu einem Massenmarkt gewandelt. Auch die Einführung eines offiziellen, deutschen Bio-Siegels 2001 hat sich positiv auf die Nachfrage ausgewirkt, die die Produktion im Inland mittlerweile deutlich übersteigt. So sind Engpässe bei bestimmten Bio-Rohstoffen schon kurzfristig absehbar. Die Branchenumsätze wachsen seit 2001 fast durchgehend zweistellig. In Deutschland wurde im Jahr 2006 ein Umsatz von insgesamt circa 4,6 Mrd. EUR mit Bio-Lebensmitteln erzielt – eine Steigerung von 18 %

gegenüber dem Vorjahr. Dass sich mit Bio-Produkten Geld verdienen lässt, zeigt unter anderem auch der Einstieg großer Discounter wie Aldi und Lidl ins Bio-Segment.

7   Anlagen zur Fallstudie

Abbildung 7-1:   *Markenlogo von* BIONADE

Quelle: Bionade-Website, Bildarchiv, 2007

Abbildung 7-2:   *Absatzentwicklung der BIONADE GmbH in Mio. Flaschen pro Jahr*

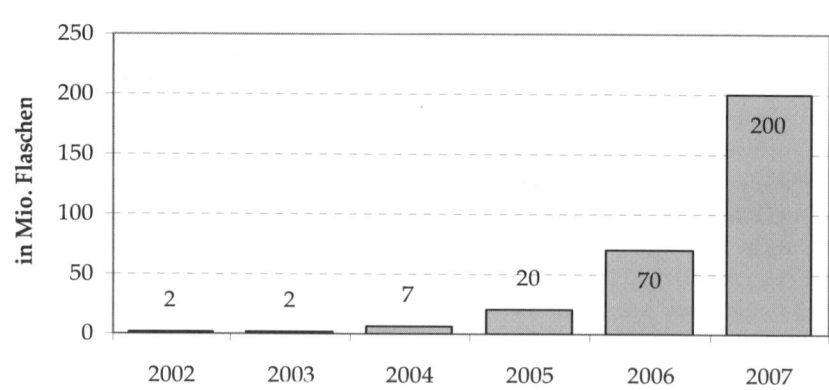

Quelle: Bionade-Website, Who is Who / Daten & Zahlen, 2007: eigene Darstellung

Abbildung 7-3: *Vertriebswege alkoholfreier Getränke in Deutschland 2006*

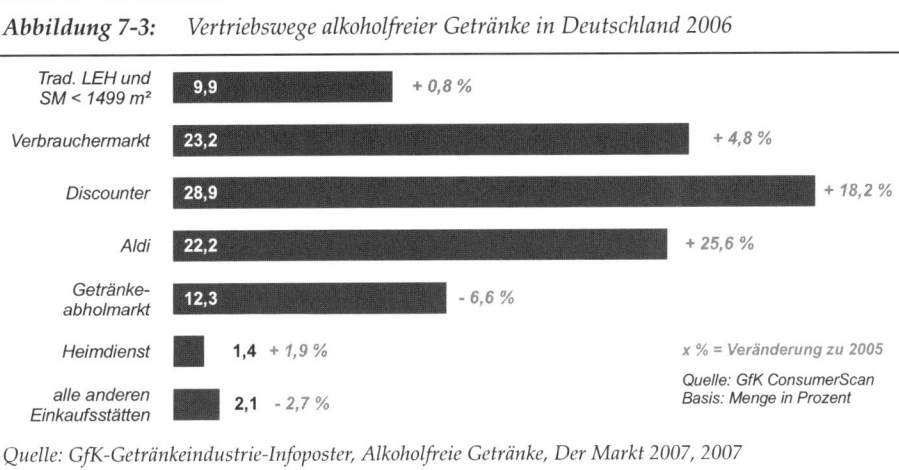

Trad. LEH und SM < 1499 m²	9,9	+ 0,8 %
Verbrauchermarkt	23,2	+ 4,8 %
Discounter	28,9	+ 18,2 %
Aldi	22,2	+ 25,6 %
Getränke-abholmarkt	12,3	- 6,6 %
Heimdienst	1,4	+ 1,9 %
alle anderen Einkaufsstätten	2,1	- 2,7 %

x % = Veränderung zu 2005

Quelle: GfK ConsumerScan
Basis: Menge in Prozent

Quelle: GfK-Getränkeindustrie-Infoposter, Alkoholfreie Getränke, Der Markt 2007, 2007

Abbildung 7-4: *Marktanteile der 10 größten Unternehmen im Bereich alkoholfreier Erfrischungsgetränke 2006 weltweit (in %)*

The Coca-Cola Co.	23.1	23.4 %
PepsiCo Inc	11.4	11.4 %
Danone, Groupe	5.1	4.9 %
Nestlé SA	4.2	3.9 %
Cadburry Schweppes Plc	2.1	2.5 %
Pepsi Bottling Group Inc.	0.7	0.8 %
Castell Groupe	0.5	0.6 %
Acqua Minerale San Benedetto SpA	0.5	0.5 %
Suntory Ltd	0,5	0.5 %
DS Waters of America Inc	0.5	0.5 %

x % = market share 2005
Source: Euromonitor International

Quelle: The International Beverage Market, 2007

Abbildung 7-5: *Inlandsabsatz von Erfrischungsgetränken in Deutschland (Mio. l)*

Pos.	Erfrischungsgetränke-Hersteller	2006	2005	Verände-rung (%)
1	Coca Cola (ohne Apollinaris), Berlin	3400,0	3300,0	3,0
2	MEG GmbH & Co. KG, Leisslingen (Angaben enthalten ca. 50 Mio. l Ausfuhr)	825,0	750,0	10,0
3	Pepsi-Cola, Neu-Isenburg	677,5	589,3	15,0
4	Hansa-Heemann Mineralbrunnen, Hamburg-Rellingen (Angaben enthalten ca.70 Mio. l Ausfuhr)	560,0	700,0	-20,0
5	Riha, Rinteln	343,5	344,1	-0,2
6	Altmühltaler/Baruther, Treuchtlingen	300,0	280,0	7,1
7	Krings Fruchtsaft-Hersteller, Mönchengladbach (#)	289,0	271,0	6,6
8	Stute, Paderborn	270,0	250,0	8,0
9	Hassia-Gruppe, Bad Vilbel	244,0	250,0	-2,4
10	SDI, Erftstadt	225,0		
11	Emig GmbH & Co. KG, Hamburg	215,0	216,6	-0,7
12	Franken-Brunnen GmbH & Co. KG (inkl. Romina), Neustadt/Aisch	198,0	143,0	38,5
13	Rheinfels-Quelle (Sinalco) H. Hövelmann GmbH & Co., Duisburg	173,7	182,0	-4,6
14	Pfanner, Hamburg	154,7	142,5	8,6
15	Danone Waters, Mainz-Kastel	150,0	122,0	23,0
16	Brauerei Oettinger, Oettingen	145,0	132,5	9,4
17	Adelholzener Alpenquell GmbH, Siegsdorf	129,5	121,1	6,9
18	Rhönsprudel, Ebersburg-Weyhers	122,8	79,6	54,3
19	Fruchtsaft Hersteller Hardthof, Burgstetten (#)	120,0	118,4	1,4
20	Hochwald Sprudel Schupp GmbH, Schwollen	107,4	113,2	-5,1
21	Aqua Montana, Garchingen	94,0	70,0	34,3
22	Mineralbrunnen AG, Überkingen	63,4	59,2	7,1
23	Apollinaris u. Schweppes, Hamburg (Daten: Januar - Juni 2006)	59,4	63,0	-5,7
24	Lipton Ice Tea (Unilever), Hamburg	59,2	64,0	-7,5
25	Vilsa Brunnen (inkl. Bad Pyrmonter), Bruchhausen-Vilsen	58,5	54,0	8,3
26	Förstina-Sprudel Mineral- und Heilquelle, Eichenzell-Lütter	57,8	60,7	-4,8
27	Niederrhein Gold, Moers	55,0	45,5	20,9
28	Vivaris, Haselünne	50,7	47,1	7,6
29	Carolinen-Brunnen, Bielefeld	50,7	62,4	-18,8
30	Elmenhorster-Fruchtsaftgetränke, Rostock	49,3	36,2	36,2
31	Red Bull Deutschland, München	42,5	37,5	13,3
32	Gerolsteiner, Gerolstein/Vulkaneifel	40,5	38,0	6,6
33	Nestlé Waters Deutschland, Mainz (ohne Rhenser + Deit)	40,0	95,6	-58,2
34	Christinen + Teutoburger Brunnen, Bielefeld	40,0	40,0	0,0
35	Weyher-Husumer, Weyhe-Dreye	39,0	33,0	18,2
36	Aqua Römer GmbH, Göppingen	37,0	36,6	1,1
37	Schweppes (Krombacher Brauerei Gr.) (Daten: Januar - Juni 2006)	33,1	0,0	
38	Bad Harzburger Mineralbrunnen GmbH, Bad Harzburg	31,8	11,0	
39	Germeta, Warburg	30,1	18,7	61,0
40	Griesbacher Mineralbrunnen Winkels Gruppe, Karlsruhe	29,4	32,4	-9,3
	Gesamt	**11617,5**	**11015,2**	

kursiv = geschätzt

 # gehören zur Refresco-Gruppe

Quelle: Brauwelt, Erfrischungsgetränke-Hersteller in Deutschland, 2007, S. 388

Abbildung 7-6: *Wachstumstreiber auf dem Lebensmittelmarkt*

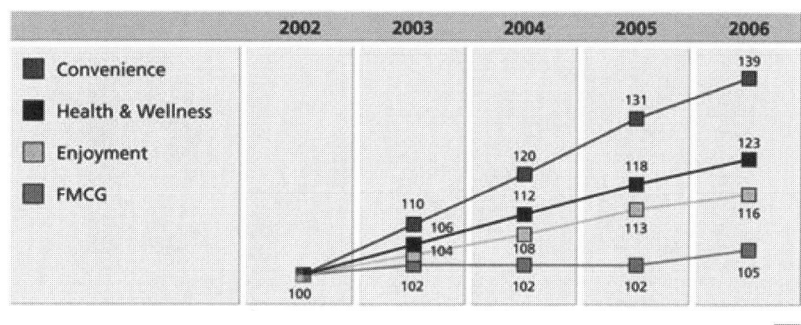

Quelle: *GfK Panel Services Deutschland und Bundesvereinigung der Deutschen Ernährungsindustrie e.V. BVE, Consumers' Choice '07, 2007, S. 11*

Abbildung 7-7: *Angebots- und Nachfrageentwicklung im Bereich von Öko-Lebensmitteln in Deutschland*

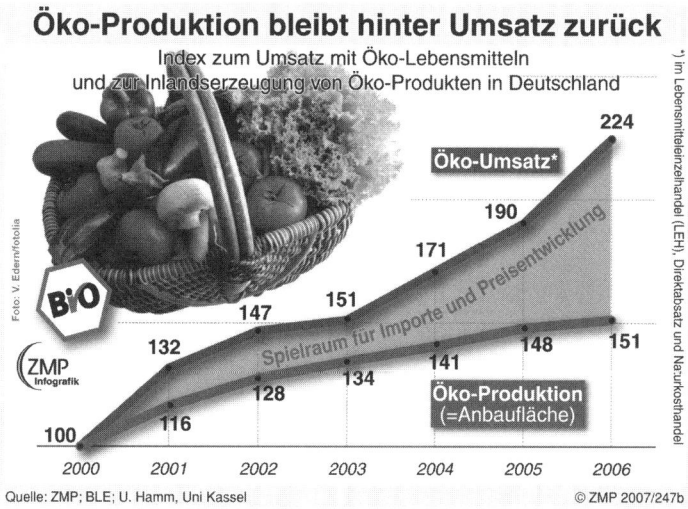

Quelle und Copyright: *ZMP, Aktuelle ZMP-Marktgrafik vom 23.11.200 – Öko-Produktion bleibt hinter Umsatz zurück, 2007*

Abbildung 7-8: *Umsätze mit Öko-Lebensmitteln in Deutschland in Mrd. EUR*

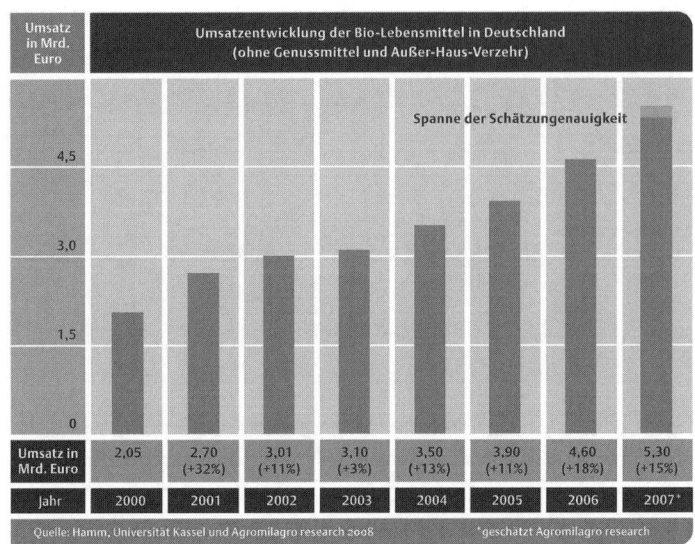

Quelle: Bund Ökologische Lebensmittelwirtschaft e.V., Zahlen, Daten, Fakten: Die Bio-Branche 2008, 2008, S. 17

Abbildung 7-9: *Der Einfluss der Außentemperatur auf alkoholfreie Getränke*

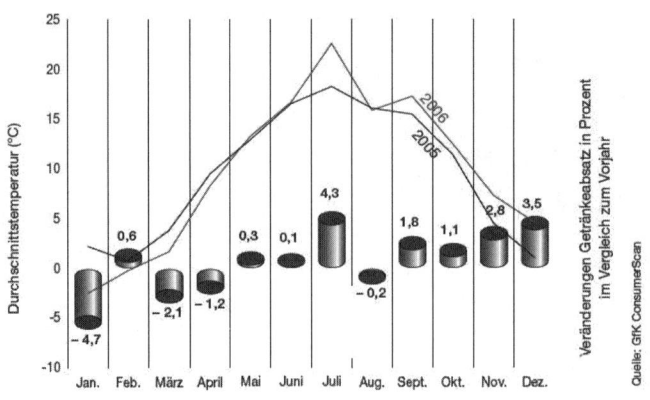

Quelle: GfK-Getränkeindustrie-Infoposter, Alkoholfreie Getränke, Der Markt 2007, 2007

8   Lösung in der Wirklichkeit

Bei dieser Fallstudie handelt es sich um eine reale Entscheidungssituation, mit der sich das Unternehmen BIONADE Anfang des Jahres 2007 auseinandersetzen musste. Die in der Fallstudie enthaltenen Meetings und Dialoge sind allerdings fiktiv und sollen lediglich die Komplexität und Konflikthaltigkeit des Falles verdeutlichen.

In der Realität wählte das Unternehmen eine mehrdimensionale Lösung zum Umgang mit den neuen Wettbewerbern. Zum einen wurde unter der Leitung von Wolfgang Blum eine Marketingkampagne initiiert, zum anderen entschied sich BIONADE in zwei Fällen für eine juristische Auseinandersetzung. Darüber hinaus wurden neue Absatzkanäle erschlossen, um die Marktposition strategisch zu stärken.

BIONADE sei „das offizielle Getränk einer besseren Welt" lautete die Werbebotschaft der cross-medialen Marketingkampagne, die im April 2007 anlief. Aufgrund eines begrenzten Media-Etats wurden klassische Werbemaßnahmen wie Hörfunkspots und Großflächen-Plakatwerbung (Out-of-home-Media) nicht flächendeckend, sondern schwerpunktmäßig in den wichtigsten deutschen Großstädten eingesetzt. Darüber hinaus wurde eine Website unter der Adresse www.stille-taten.de als ein weiteres Element der Kampagne eingerichtet. Anhand von Beispielen sollten die Besucher der Website dazu angeregt werden, jemand anderem anonym mit einer „stillen Tat" etwas Gutes zu tun – dem Nachbarn heimlich den Rasen mähen, für den nächsten Kunden Freikarten an der Kinokasse hinterlassen, ein parkendes Auto waschen oder ähnliches – und so die Welt ein bisschen „besser" zu machen. Auf der Website hatten Nutzer außerdem die Möglichkeit, über eigene „stille Taten" zu berichten oder sich für eine „stille Tat" zu bedanken.

In den ersten Jahren hatte BIONADE keinerlei klassische Werbung betrieben und war ausschließlich über Produktsponsoring auf Events, Mundpropaganda und die Berichterstattung in den Medien bekannt geworden. Diesen Mechanismus konnte das Unternehmen auch in der Kampagne „Stille Taten" über eine aktive Einbindung der Verbraucher im Sinne eines viralen Marketings erfolgreich nutzen. Auf der Website www.stille-taten.de wurden Dialogmöglichkeiten für die Nutzer angeboten. Die Kampagne wurde jedoch auch in der Presse, in Weblogs und Internetforen ausführlich und – insbesondere von der sensiblen Zielgruppe der Bio-Käufer – zum Teil auch kritisch und kontrovers diskutiert. Auffällig war dabei die hohe Emotionalität, mit der die Diskussionen geführt wurden, und es wurde deutlich, dass sich viele Verbraucher stark mit dem Produkt und der Marke BIONADE identifizieren. Diese Nutzer übernahmen häufig die Rolle eines „Anwalts" oder „Fürsprechers" für das Unternehmen und verstärkten auf diese Weise den viralen Effekt der Kampagne positiv. Trotz des begrenzten Media-Etats konnte so eine sehr breite Resonanz in der Öffentlichkeit und eine erhebliche Steigerung des Bekanntheitsgrades der Marke erreicht werden.

„Gute Taten" spielen im Sinne von Corporate Responsibility (CR) eine wichtige Rolle in der Unternehmensphilosophie von BIONADE. Das Unternehmen engagiert sich beispielsweise für die Landwirte in der Region, für die Umwelt und für den Jugendsport. Ohne dieses unternehmerische Engagement hätte eine Marketingkampagne dieser Art nicht authentisch und glaubwürdig platziert werden können.

Doch BIONADE reagierte nicht nur mit der Marketingkampagne auf den neuen Wettbewerb, sondern strengte auch in zwei Fällen eine juristische Auseinandersetzung an. Die Handelskette Plus wurde hinsichtlich ihres Mee-to-Produkts Maltonade ebenso abgemahnt wie der Getränkekonzern Sinalco, der auf einer Fachmesse im August 2007 ein Bio-Erfrischungsgetränk mit dem Namen Sinconade vorstellte. Beide Produkte waren im Markenauftritt so stark an BIONADE angelehnt, dass eine Verwechslungsgefahr gegeben war. Mit beiden Wettbewerbern konnte jedoch eine außergerichtliche Einigung erzielt werden, bei der sich die Unternehmen verpflichteten, das Design ihrer Produkte zu verändern. Sinconade wurde zudem in Sinconada umbenannt. Dieses entschlossene Vorgehen von BIONADE hatte einen abschreckenden Effekt auf andere Wettbewerber, die bei der Entwicklung neuer Bio-Erfrischungsgetränke auf eine deutliche Unterscheidbarkeit vom Original-Produkt BIONADE achteten.

Um die eigene Marktposition langfristig zu stärken, setzte das Unternehmen BIONADE darüber hinaus auf neue Vertriebskanäle. Beispielsweise wurde das Getränk erfolgreich bei den deutschen Filialen der Coffeeshop-Kette Starbucks sowie bei der McDonalds-Tochter McCafé platziert. Auch wenn BIONADE ein Übernahmeangebot von Coca Cola abgelehnt hat, gehört auch der weltweit größte Getränkekonzern mittlerweile zu den Vertriebskunden von BIONADE. Darüber hinaus ist eine Internationalisierung des Unternehmens geplant.

Die Lieferengpässe wurden von der BIONADE-Geschäftsführung sehr ernst genommen, erwiesen sich jedoch als kurzfristiges, eher saisonales Problem. Da die Außentemperatur einen erheblichen Einfluss auf den Konsum von alkoholfreien Erfrischungsgetränken hat, ist der Absatz im Sommer besonders hoch. Das hat vor dem Hintergrund eines insgesamt sehr dynamischen Wachstums im Fall des mittelständischen Unternehmens BIONADE zu Lieferverzögerungen geführt.

Auch hinsichtlich der Rohstoff-Knappheit bestand aus Sicht des Unternehmens kein akuter Handlungsbedarf. Durch das CR-Engagement im Rahmen des Projekts „Bio-Landbau Rhön" hatte BIONADE die Biobauern als Lieferanten schon frühzeitig an das Unternehmen gebunden und so die Grundversorgung mit den benötigten Bio-Erzeugnissen gesichert. Vor dem Hintergrund des Wachstums der letzten Jahre muss das Unternehmen mittelfristig jedoch weitere Maßnahmen ergreifen, um den eigenen Rohstoff-Bedarf auch zukünftig decken zu können.

Literaturverzeichnis

Verwendete Quellen

O.V.: Agromilagro Research, Website, 2008, URL: http://www.agromilagro.de [22.02.2008].

BACHL, THOMAS: Wellness-Trend tut den Märkten gut, In: GfK Panel Services Deutschland und Bundesvereinigung der Deutschen Ernährungsindustrie e.V. BVE, Consumers' Choice '07, 2007, S. 9-12, URL: http://www.bve-online.de/presseservice/veroeffentlichungen/consumers_choice2007/ [Stand: 12.01.2008].

O.V.: Bionade GmbH, Bildarchiv, 2007, URL: http://www.bionade.com/service/BIONADE_Logo_Rand_sw.jpg [Stand: 20.12.2007].

O.V.: Bionade GmbH, Who is Who / Daten & Zahlen, 2007, URL: http://www.bionade.com/service/BIONADE_DatenZahlen_14122007.pdf [Stand: 20.12.2007].

O.V.: Bionade GmbH, Website, 2007, URL: http://www.bionade.com [Stand: 20.12.2007].

O.V.: Bund Ökologische Lebensmittelwirtschaft e.V., Zahlen, Daten, Fakten: Die Bio-Branche 2008, 2008, URL: http://www.boelw.de/uploads/media/pdf/Dokumentation/Zahlen__Daten__Fakten/ZDF2008.pdf [Stand: 22.02.2008].

O.V.: Forschungsinstitut für biologischen Landbau FiBL Deutschland e.V., Bio-Markt in Deutschland: Daten und Fakten, 2007, URL: http://www.oekolandbau.de/haendler/marktinformationen/biomarkt-deutschland/aktuelle-marktdaten/bio-markt-deutschland-daten-und-fakten/ [Stand: 12.02.2008].

KELCH, KAI: Erfrischungsgetränke-Hersteller in Deutschland, In: Brauwelt, 15-16/07, 147. Jahrgang, Fachverlag Hans Carl , Nürnberg, 2007, S. 388 f.

O.V.: METRO AG, Metro-Handelslexikon 2007/2008, Düsseldorf, 2007.

O.V.: Ministerium für Umwelt und Naturschutz, Landwirtschaft und Verbraucherschutz des Landes Nordrhein-Westfalen, Biomarkt NRW, 2. überarbeitete Auflage, 2006, S. 6, URL: http://www.umwelt.nrw.de/landwirtschaft/pdf/biomarkt_2006_kap1.pdf [Stand: 12.01.2008].

O.V.: A. C. Nielsen GmbH, TrendNavigator „Bio", 2006, URL: http://www.de.nielsen.com/pubs/documents/ACNielsen_TrendNavigator_Bio.pdf [Stand: 12.01.2008].

O.V.: GfK-Getränkeindustrie-Infoposter, Alkoholfreie Getränke, Der Markt 2007, Verlag W. Sachon, Schloss Mindelburg, 2007.

o.V.: The International Beverage Market, Verlag W. Sachon, Schloss Mindelburg, 2007.

o.V.: Wirtschaftsvereinigung Alkoholfreie Getränke e.V., AFG-Report 03/2007, 2007, http://www.wafg.de/pdf/presse/afg0703.pdf [Stand: 20.01.2008].

o.V.: ZMP Zentrale Markt- und Preisberichtstelle für Erzeugnisse der Land-, Forst- und Ernährungswirtschaft GmbH, Aktuelle ZMP-Marktgrafik vom 23.11.2007 – Öko-Produktion bleibt hinter Umsatz zurück, 2007, URL: http://www.zmp.de/presse/agrarwoche/marktgrafik/2007_11_23_zmpmarktgrafik.asp [Stand: 18.01.2008].

Weiterführende Informationsquellen:

Agromilagro Research, Website, URL: http://www.agromilagro.de.

Bionade GmbH, Website, URL: http://www.bionade.com.

Bund Ökologische Lebensmittelwirtschaft e.V., Website, URL: http://www.boelw.de.

Forschungsinstitut für biologischen Landbau FiBL Deutschland e.V., Website, URL: http://www.oekolandbau.de.

ZMP Zentrale Markt- und Preisberichtstelle für Erzeugnisse der Land-, Forst- und Ernährungswirtschaft GmbH, Website, URL: http://www.zmp.de.

Wirtschaftsvereinigung Alkoholfreie Getränke e.V., Website, URL: http://www.wafg.de.

Eric Schirrmann/Patrick Lentz

Marketing

Marketingstrategische Herausforderungen in der Getränkeindustrie zur lokalen Differenzierung der Marktbearbeitung
Fallstudie Pott's Brauerei GmbH

1 Lernziele und notwendige Vorkenntnisse

Die folgende Fallstudie zum Thema „Marketingstrategische Herausforderungen in der Getränkeindustrie zur lokalen Differenzierung der Marktbearbeitung" richtet sich an Studierende in MBA-Studiengängen oder an Teilnehmer anderer postgradualer Programme mit General-Management-Ansatz auf vergleichbarem Niveau. Für die Bearbeitung der Fallstudie werden Kenntnisse zur Entwicklung von Marketingstrategien und deren spezifischen Anforderungen für mittelständische Unternehmen vorausgesetzt. Aufgrund des Mittelstandsbezugs dieser Fallstudie sollten darüber hinaus Grundkenntnisse zum Management, zur Organisationsstruktur und zur Finanzierung mittelständischer Unternehmen vorhanden sein. Technisches Vorwissen oder spezielle Branchenkenntnisse im Bereich der Getränkeindustrie sind nicht erforderlich. Ebenso werden keine Vorkenntnisse über lokale Märkte vorausgesetzt.

2 Fallstudie

2.1 Einleitung

Konsumenten werden kontinuierlich über Produktgestaltungen, Verpackungen, Markennamen, Werbung und andere Kanäle mit einer Vielzahl von Produktinformationen konfrontiert, die zur Bildung von Präferenzen und damit letztendlich zu Kaufentscheidungen führen. Zu diesen Informationen gehört auch die lokale Herkunft, mit der Produkte üblicherweise verbunden sind. Daraus resultiert als grundsätzliche Fragestellung, ob Produkte bereits auf Grund ihrer geographischen Herkunft von den Konsumenten eher bevorzugt oder abgelehnt werden. Falls Verbraucher mit bestimmten Vorstellungen und Assoziationen sowohl auf heimische Produkte als auch auf die anderer Herkunft reagieren, ist es aus Unternehmenssicht wichtig zu wissen, welchen konkreten Einfluss die jeweilige Produktherkunft auf die Kaufentscheidung ausübt. Nur dann ist es möglich, das Herkunftsargument zur Verbesserung von Marktchancen bei der Gestaltung der Marketingkonzeption geeignet zu berücksichtigen.

Dabei besitzt die geographische Herkunft verschiedene Facetten, die sich grundsätzlich in den internationalen sowie den intranationalen Kontext einordnen lassen. In diesem Zusammenhang werden im internationalen Betrachtungsbereich Herkunftsländer oder supranationale Gebilde wie Kontinente, Wirtschaftsräume oder Ländergruppen als Determinante des Konsumentenverhaltens betrachtet, während im intranationalen Kontext die Einflüsse der regionalen oder lokalen Herkunft von Produkten auf die Kaufentscheidung untersucht werden beziehungsweise untersucht werden können. Diese räumlichen Bezüge zeigen sich ebenfalls in den damit verbundenen Herkunftszeichen. So erfolgt die Kommunikation der Herkunft häufig über Herkunftslabel wie beispielsweise „Made in Germany", wodurch eine eindeutige Herkunftszuordnung möglich ist. Damit eng verbunden sind bei den Konsumenten bestimmte Assoziationen mit verschiedenen Herkunftsländern. Ein Beispiel dafür ist die Herstellung von Automobilen, bei der das Herkunftsland Deutschland als Synonym für eine sehr gute Qualität steht. Gleichermaßen lassen sich diese Ansätze auch auf den intranationalen Bereich beziehen, so dass daraus eine herkunftsbezogene Markenpositionierung mit direktem Bezug zur Region oder zur Stadt resultiert (vgl. Schweiger und Kurz 1997, S. 85).

Aus der Betonung der regionalen oder lokalen Herkunft ergibt sich durch die räumliche Einengung des Bereichs mitunter ein höherer Informationsgehalt der Herkunftsinformation. Daraus resultieren auf Konsumentenseite klarere Vorstellungen und Erwartungen sowie letztendlich eine bessere Einschätzung der Produkte. Auf Unternehmensseite kann das zu einer Positionierung von Marken mit Regionenbezug führen, wie die Beispiele für Weißbier aus Bayern, Wein aus der Champagne und Käse aus dem Emmental zeigen. Aber auch die Kommunikation der lokalen Herkunft als kleinste geographische Einheit kann sinnvoll erscheinen, wenn Städte ein ausreichend starkes Image besitzen und sich dieses deutlich vom Image des Landes absetzt. So ist eine herkunftsbezogene Markenpositionierung mit konkretem Bezug zur Stadt möglicherweise ebenso geeignet, wie die Beispiele Schinken aus Münster, Marzipan aus Lübeck oder Lebkuchen aus Nürnberg zeigen. Darin wird deutlich, dass sich die herkunftsbezogene Forschung nicht ausschließlich auf Länder beziehen sollte, sondern gleichermaßen auch auf andere geographische Herkunftsbereiche wie supranationale Gebilde, Regionen und Städte. Deshalb existieren mittlerweile neben den bekannten „Made in <Land>"-Labels als Herkunftszeichen beispielsweise auch Labels wie „Made in the EU", „Made in Bayern" oder „Made in Nürnberg".

Gerade vor dem Hintergrund des in vielen Branchen vollzogenen oder noch andauernden Übergangs vom nationalen zum globalen Wettbewerb gewinnt die Frage nach der Wichtigkeit der Produktherkunft im Kaufentscheidungsprozess weiter an Bedeutung. Diese Globalisierungstendenz führt nach Levitt (1983) auf den Märkten angebotsseitig zwangsläufig zu global ausgerichteten Marketing- und Vertriebsstrategien, um den gestiegenen Anforderungen der internationalen Märkte gerecht zu werden. Zeitgleich vollzieht sich auf der Nachfrageseite in einigen Bereichen eine Angleichung der weltweiten Konsumgewohnheiten, die ihrerseits zu einer Entstehung globaler Konsumentensegmente führt. Als Folge dieser Entwicklung erreichen die global tätigen Unternehmen mit ihren Produkten zusätzlich einen wachsenden Anteil ausländischer Konsumenten, so dass sich aus diesem vergrößerten Produkt- und Markenangebot auf den jeweiligen Märkten zunehmend Tendenzen zur Marktsättigung und Wettbewerbsverschärfung entwickeln (vgl. Hooley et al. 1988, S. 67). Verstärkt werden diese Effekte weiterhin, weil die global operierenden Unternehmen durch Ausnutzung der Kostendegressions- und Lerneffekte sowie durch eine organisatorische Zentralisation in die Lage versetzt werden, ihre Produkte teilweise kostengünstiger als ihre nationalen Wettbewerber am Markt anzubieten (vgl. Sinkovics 1999, S. 1). Daraus ergeben sich Chancen zur Etablierung von globalen Produkten ohne eindeutig identifizierbares Herkunftsland. Dazu tragen die Öffnung der Märkte wie beispielsweise der Europäische Binnenmarkt und die NAFTA, aber auch die Verhaltensweisen der Unternehmen wie beispielsweise im Rahmen des Global Sourcing und des Eingehens strategischer Allianzen bei.

Als Konsequenz scheinen die Globalisierung der Märkte und die Bildung globaler Konsumentensegmente eine abnehmende Bedeutung der Produktherkunft im Kaufprozess anzuzeigen. Dies würde die Herkunft zu einer vernachlässigbaren Produktinformation herabstufen. So eindeutig sind die Konsequenzen aber nicht interpretierbar, denn gleichzeitig wird dieser Globalisierungsprozess durch eine Erhöhung der Konsumentennachfrage nach heimischen Produkten konterkariert. Die Gründe dafür sind vielschichtig.

Es liegt nahe zu vermuten, dass bei Konsumenten auf Grund der Globalisierungstendenz und dem internationalen Zusammenwachsen von Ländern und Volkswirtschaften die Angst entsteht, die nationale Identität zu verlieren. Das wiederum führt zu einer Rückbesinnung auf die originären Werte und zu der Betonung nationaler Eigenschaften, Besonderheiten und Kompetenzen (vgl. Müller 1990, S. 335; Head 1992, S. 69). Diese Tendenz äußert sich unter anderem in ethnozentrischen und nationalistischen Verhaltensweisen der Konsumenten, die als Indikatoren für die Bevorzugung heimischer oder die Ablehnung ausländischer Produkte im Kaufentscheidungsprozess herangezogen werden können. Ein weiterer Grund für die Erhöhung der Nachfrage nach heimischen Produkten ist bedingt durch die wachsende Informationsflut darin zu sehen, dass die Verbraucher vor allem in unübersichtlichen und anonymen Märkten nach einer Vereinfachung ihrer Kaufentscheidung suchen und sich bei der Produktwahl auf wenige Kriterien konzentrieren. Dazu werden so genannte Schlüsselinformationen genutzt, zu denen beispielsweise neben dem Markennamen und dem Preis auch das Herkunftsland als Eigenschaft gehört (vgl. Schweiger und Häubl 1996, S. 94 f.; Trommsdorff 2003, S. 87). Aber auch die in den vergangenen Jahren anhaltende angespannte wirtschaftliche Situation schärft bei den Konsumenten den Blick für die Herkunft von Produkten und führt zu einer stärkeren Präferenz hinsichtlich heimischer Produktangebote. Das resultiert aus dem Wunsch, gerade in schwierigen Zeiten die eigene Wirtschaft durch den Kauf heimischer Produkte zu unterstützen. „Buy Domestic"-Kampagnen, die in einigen Ländern von Regierungen oder Verbänden durchgeführt werden, unterstützen diesen Prozess zusätzlich.

2.2 Zielsetzungen

Im Mittelpunkt des Interesses stehen praktische Konsequenzen für das lokale Marketing von Unternehmen. Darum besteht die anwendungsorientierte Zielsetzung in der Herausarbeitung von Handlungsempfehlungen, durch deren Umsetzung die Pott's Brauerei aus Oelde Wettbewerbsvorteile im Ruhrgebiet realisieren kann. Insbesondere vor dem Hintergrund des schrumpfenden Biermarktes gewinnt dieses Wissen an Bedeutung. Demzufolge soll auf Basis der lokalen Einstellungen und Präferenzen der Konsumenten ein Beitrag zur Verbesserung der bewussten Absatz- und Kundenorientierung geleistet werden. Das kann vermutlich vor allem durch einen effizienten lokalen Einsatz der operativen Marketing-Mix-Instrumente erfolgen. Über dessen Ausgestaltung können indes nur Entscheidungen getroffen werden, wenn die Einflussgrößen auf das Entscheidungsverhalten der Konsumenten bekannt sind und deren mögliche Verhaltensreaktionen prognostiziert werden können. Aus anwendungsorientierter Sicht ist es in diesem Zusammenhang für Unternehmen wichtig zu wissen, ob sie explizit mit der Herkunftsstadt für ihr Produkt werben sollen oder ob es besser ist, die Herkunftsstadt eher in den Hintergrund zu rücken. Im ersten Fall könnte die lokale Produktherkunft von ihnen möglicherweise als Mittel zur Vertrauensbildung und zur Differenzierung des eigenen Angebots gegenüber den Wettbewerbern eingesetzt werden. Dann ließen sich durch den werblichen Einsatz der Produktherkunft zusätzliche Wettbewerbsvorteile zur Steigerung des Unternehmenserfolgs herausarbeiten. Darauf aufbauend könnten Unternehmen zukünftig auch daran interessiert sein, mikrogeographische Marktsegmentierungen vorzunehmen, bei denen die Konsumenten herkunftsbezogen über Städte beziehungsweise Stadtteile hinaus räumlich in Wohngebietszellen eingeteilt werden können. Durch die weitere Verknüpfung der erhobenen Einstellungen und Präferenzen mit verschiedenen Kenndaten wie zum Beispiel demographischen Variablen könnten sodann kleinste Marktsegmente lokalisiert und gezielt angesprochen werden.

Dabei ist zu beachten, dass der Biermarkt in Deutschland nach wie vor durch eine sehr große Anzahl regionaler und lokaler Brauereien gekennzeichnet ist, deren Biermarken über eine relativ geringe Lieferreichweite verfügen und demzufolge eine fast ausschließlich regionale beziehungsweise lokale Bedeutung besitzen. Daneben existieren im Vergleich dazu relativ wenig national erhältliche Marken. Auf Grund dieser – historisch gewachsenen – geographisch begrenzten Bedeutung vieler Biermarken kann eine emotionale Bindung zwischen den Konsumenten und den regionalen beziehungsweise lokalen Brauereien vermutet werden. Interessant ist die Untersuchung des Biermarktes zusätzlich auf Grund der sich durch den fortsetzenden Rückgang des durchschnittlichen Bierkonsums weiter verschärfenden Absatzsituation. Dabei wird im Folgenden ausschließlich auf das im bundesdeutschen Biermarkt stärkste Segment der Biere Pilsener Brauart Bezug genommen.

Im konkreten Kontext des Biermarktes soll im Ergebnis die Bedeutung der lokalen Herkunftspräferenz im Kaufentscheidungsprozess dazu beitragen, den Brauereien Handlungsmöglichkeiten aufzuzeigen, wie sie die Konsumenten zum Kauf der unternehmenseigenen Produkte bewegen können. Das ist im Biermarkt im Hinblick auf die im Vergleich zu Marken anderer Konsumgüterbranchen eher geringe Markenbindung möglicherweise leichter realisierbar als in anderen Produktbereichen. Zwar präferieren viele Konsumenten eine bestimmte Biermarke und kaufen diese auch ein, dennoch ist deren Wechselbereitschaft im Zeitablauf vergleichsweise hoch. Daraus resultiert zwar einerseits die Chance, leichter neue Kunden zu gewinnen, andererseits aber auch die Gefahr, schneller Kunden zu verlieren. Darum sollen auf Basis der im Anhang befindlichen Untersuchungsergebnisse gezielte Handlungsmöglichkeiten in Form lokaler Marketingmaßnahmen aufgezeigt werden, deren Umsetzung zu einer Stärkung der Wettbewerbsposition und damit zu einer Erhöhung des Absatzes führen kann.

2.3   Konsequenzen für Brauereien

Anwendungsorientiert ist damit eng die Frage verbunden, ob die offensive Kommunikation der lokalen Produktherkunft den Unternehmen einer Stadt einen Wettbewerbsvorteil verschafft. Es kann nachgewiesen werden, dass die Herkunft eines Produktes als extrinsische Eigenschaft einen Einfluss auf die Produktbeurteilung und damit auf die Kaufentscheidung besitzt. Dieser Einfluss ist in seiner Stärke produktabhängig. Dabei kann die Herkunftsinformation sowohl auf direktem als auch auf indirektem Weg die Produktbeurteilung beeinflussen. Problematisch ist indes, dass nicht alle Konsumenten in der Lage sind, die Herkunft eines Produktes richtig zu bestimmen. Letzteres ist insbesondere vor dem Hintergrund zu sehen, dass sich möglicherweise auch diejenigen Verbraucher am Herkunftsland orientieren, die kein hinreichend gutes Herkunftswissen bezüglich der zu beurteilenden Produkte besitzen. Das kann in der Folge dazu führen, dass Herkunftsländer fälschlicherweise angenommenen werden und die damit verbundenen Länderstereotype ausgelöst und von den Konsumenten bei der Produktbeurteilung herangezogen werden. Auf Grund der Tatsache, dass Unternehmen in diesem Fall nicht wissen, welche Herkunftsländer von den Konsumenten angenommen werden, können auch keine Verhaltensreaktionen auf Verbraucherseite bezüglich der herkunftsbezogenen Produktbeurteilung auf nationaler oder regionaler Ebene antizipiert werden. Somit ist zu vermuten, dass auch das Wissen bezüglich der lokalen Herkunft von Produkten bei den Konsumenten nicht zwangsläufig gut ausgeprägt sein muss. Daraus folgt, dass auch Städte als Herkunft von Produkten fälschlicherweise von den Konsumenten angenommen werden können, und das mit den gleichen, oben beschriebenen, Konsequenzen.

Auf Grund fehlender gesetzlicher Regelungen bezüglich der lokalen Deklaration der Herkunft führt dies zu einer ausschließlich unternehmensindividuellen Entscheidung über die Kommunikation der Herkunftsstadt. Darum ist es in diesem Kontext aus anwendungsorientierter Perspektive primär notwendig zu erforschen, welche generelle Bedeutung die lokale Herkunft im Kaufentscheidungsprozess bei den Konsumenten besitzt, um unter Abwägung der Vor- und Nachteile zu überprüfen, ob eine lokale Herkunftsdeklaration aus Unternehmenssicht sinnvoll erscheint. Für die Kommunikation der Herkunft stehen den Unternehmen indes verschiedene verbale sowie nonverbale Indikatoren zur Verfügung. Hier zeigt sich, dass in den meisten Untersuchungen im internationalen Kontext die Herkunftskommunikation über Herkunftszeichen beziehungsweise Made-in-Labels erfolgte. Da sich die vorliegende Untersuchung mit Städten als Herkunft von Produkten beschäftigt, hat das zur Konsequenz, dass zur Herkunftsdeklaration auch Herkunftslabel wie beispielsweise „Made in Dortmund" Anwendung finden könnten.

2.4 Pott´s Brauerei, Oelde

Die Pott´s Brauerei ist seit 1769 im Familienbesitz und ist eine regionale Spezialitätenbrauerei, deren Ausstoßvolumen sich von 30.000 hl in 1993 auf 70.000 hl in 2007 erhöhte. Der maximale Ausstoß wurde in gleicher Höhe sowohl in den Jahren 1999 und 2003 erzielt. In 2003 war dies auf die Verpackungsverordnung „pro Mehrweg" zurückzuführen. Seit dem Jahr 1999 hat sich die Ausstoßentwicklung im Durchschnitt der nordrhein-westfälischen Brauereien leicht nach unten entwickelt. Dass sich die Aufwärtsentwicklung der 90er Jahre nicht über das Jahr 2000 hinaus vollzog, lag im Wesentlichen an den folgenden Gründen:

- Die Bügelverschlussverpackung – bislang das Markenzeichen der Brauerei – fand viele Nachahmer

- Die Hauptbiersorte „Alt Pott´s Landbier" wurde durch den fallenden Trend der Altbiere beeinflusst. Dieser Abwärtstrend konnte nicht durch Pott´s Pilsener und das neu eingeführte Pott´s Weizen aufgefangen werden.

- Pott´s Brauerei bedient aus Identifikations- und Rationalisierungsgesichtspunkten den Markt ausschließlich mit der 0,33l-Bügelverschluss-Mehrwegflasche.

- Der Einstieg in die Kleinverpackung erfolgte etwas zu spät, wobei der Pott´s 4er in seiner Entwicklung Erfolg versprechend scheint.

- Die Preisstellung der Biere. So befinden sich die Pott´s Münsterländer Originale (Alt Pott´s Landbier, Pott´s Pilsener Premium herb, Pott´s Prinzipal Pilsener würzig mild und Pott´s Weizen) nach der erfolgten Preiserhöhung mit einem Endverbrau-

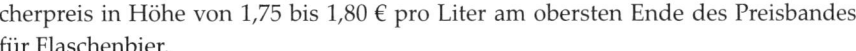

cherpreis in Höhe von 1,75 bis 1,80 € pro Liter am obersten Ende des Preisbandes für Flaschenbier.

- Neben den originalen Bierspezialitäten existieren mit Pott's Leeze (Radler) und Pott's FeZ (Cola-Mix) zwei Münsterländische Biermischgetränke, deren Namen aus der Münsterländer Masematte stammen und damit einen regionalen Bezug besitzen. Leeze steht dabei für Fahrrad und FeZ für Spaß. Jedes Bier von Pott's wird separat gebraut, wobei generell darauf hinzuweisen ist, dass Pott's Biere nicht für lange Haltbarkeit, sondern für Naturbelassenheit und vollen, ursprünglichen Geschmack stehen. Zudem besitzt jedes Produkt seinen ureigenen Charakter. Zur Charakterisierung jedes einzelnen Biertyps verfügt die Pott's Brauerei regelmäßig über fünf Malzsorten, drei Hopfensorten und drei Hefestämme, was in der Branche als einzigartig angesehen werden kann. Pott's Brauerei ist die einzige gläserne Brauerei Europas und zusammen mit der Gastronomie Pott's Brau- und Backhaus, dem Georg-Lechner-Biermuseum und dem Gesaris Brunnenkino eine Erlebnisbrauerei mit jährlich 18.000 geführten Besuchern und etwa 8.000 Personen, die ihre Besichtigung der gläsernen Brauerei selbstständig organisieren.

- Die Umsatzverteilung zeigt, dass circa 75 Prozent der Umsätze im Kernmarkt Münsterland realisiert werden. Der Rest entfällt auf das angrenzende Ostwestfalen, Teile des Ruhrgebietes und den Niederrhein, wobei der Fassbieranteil gut 20 Prozent beträgt. In einem nächsten Schritt soll das Ruhrgebiet als noch relativ schwacher Markt stärker durch die Brauerei bearbeitet werden.

2.5 Darstellung der Entscheidungssituation

Das generelle Interesse am Herkunftsland eines Produktes führen Papadopoulos et al. (1988, S. 70) im internationalen Kontext zusätzlich auf die hohen Ansprüche wohlhabender Konsumentenschichten zurück, die auf der Suche nach dem „Besten" sind und daher je nach Produktkategorie das dafür bekannteste Herkunftsland auswählen. Das setzt allerdings gute Produktkenntnisse und ein ausgeprägtes Herkunftswissen bei den Konsumenten voraus. Bei dieser Wirkung der Herkunft erfolgt die Auswahl von Produkten auf Grund der Präferenz bezüglich verschiedener Herkunftsländer oder -regionen, die nicht zwangsläufig das Heimatland darstellen. Ein bekanntes Beispiel dafür ist die Präferenz vieler Konsumenten im Hinblick auf Wein aus bestimmten Anbauregionen in Deutschland, Frankreich, Italien, Portugal oder Spanien.

Insgesamt zeigen die Untersuchungsergebnisse, dass die Produktherkunft einen komplexen Einfluss auf das Konsumentenverhalten ausübt (vgl. Papadopoulos und Heslop 1993; Askegaard und Ger 1998). Diese Beeinflussung der Produktbeurteilung durch die Produktherkunft konte auf nationaler und regionaler Ebene nachgewiesen werden. Das bedeutet gleichermaßen, dass die Herkunft als präferenzrelevante Eigenschaft einen besonderen Einfluss auf die strategischen und operativen Marketingmaß-nahmen hat. Dazu gehört neben Entscheidungen über Unternehmensansiedlungen und Standortverlagerungen auch die konkrete Ausgestaltung des Marketing-Mix. Auf Grund der Tatsache, dass die nationale, regionale und die lokale Produktherkunft einen Einfluss auf das Konsumentenverhalten ausüben, erscheint es aus Unternehmenssicht wichtig zu wissen, ob es im Rahmen des Marketing-Mix sinnvoll ist, neben einer Basiskampagne die Kommunikationsmaßnahmen lokal zu differenzieren.

Zusammenfassend lässt sich konstatieren, dass sich auf Grund der Veränderungen auf Anbieter- und Nachfragerseite auch weiterhin die Frage nach dem Stellenwert der Produktherkunft als entscheidungsrelevantem Merkmal im Kaufprozess stellt. Dabei beziehen sich regionale und lokale Untersuchungen vorwiegend auf den Lebensmittelbereich, die im Ergebnis ebenfalls eine kaufbeeinflussende Wirkung der regionalen Herkunft aufzeigen. Damit wird deutlich, dass die Produktherkunft nicht nur für international oder global tätige Unternehmen einen höchst praxisrelevanten Bezug besitzt, sondern gleichermaßen auch für national oder regional operierende Unternehmen.

Somit erscheint es gleichermaßen wichtig zu wissen, welche Besonderheiten bei der Vermarktung von Bier existieren. Zu überlegen ist an dieser Stelle, ob es sinnvoll erscheint, eine regional ausgerichtete Positionierung der Biermarke vorzunehmen und in welcher Art und Weise eine Marktausdehnung in das benachbarte Ruhrgebiet Erfolg versprechend durchgeführt werden kann.

3 Biermarkt

3.1 Aktuelle Situation im Allgemeinen

Im Folgenden soll zum besseren Verständnis des Marktes ein Überblick über die aktuelle Situation unter Berücksichtigung der Marktvolumina und Marktanteile, Ausstoßmengen, des Konsumentenverhaltens, aber auch der Zukunftsentwicklungen im nationalen Biermarkt gegeben werden.

In Deutschland ist der **Bierausstoß** seit 1992 kontinuierlich von knapp über 120 Millionen Hektoliter auf knapp 104 Millionen Hektoliter im Jahr 2007 gesunken. Das entspricht einem Rückgang von mehr als 13 Prozent in dem Betrachtungszeitraum. Diese abnehmende Tendenz zeigt sich ebenfalls in der Entwicklung der Ausbringungsmengen nordrhein-westfälischer Brauereien, wobei Brauereien aus Nordrhein-Westfalen im deutschen Biermarkt eine besondere Bedeutung besitzen, weil diese insgesamt einen Anteil von circa 25 Prozent an der gesamtdeutschen Ausstoßmenge besitzen.

Neben den dargestellten Ausstoßentwicklungen existiert in der Braubranche sowohl auf der internationalen wie auf der nationalen Ebene seit ein paar Jahren ein starker Konsolidierungsprozess. Wurde der Biermarkt bis zur Mitte der neunziger Jahre noch von den nationalen Anbietern auf ihren jeweiligen Heimatmärkten dominiert, zeigt sich seitdem auch hier ein deutlich erkennbarer Trend zur Konzentration. Mittlerweile kaufen die großen Braukonzerne verstärkt Fremdmarken hinzu oder fusionieren, wie das Beispiel des internationalen Zusammenschlusses von SAB (Großbritannien) und Miller (USA) zu SAB Miller im Jahr 2001 zeigt. Verstärkt kommt es dabei auch zu Übernahmen deutscher Brauereien durch ausländische Braukonzerne. So gehören einige etablierte deutsche Pilsmarken inzwischen ausländischen Großbrauereien, wie beispielsweise die Beck's Bier und Hasseröder Pilsener, die von der damaligen belgischen Interbrew (heute InBev) erworben wurden. Des Weiteren verstärken auch die niederländische Heineken-Gruppe und die dänische Carlsberg-Gruppe ihre Positionen auf dem deutschen Markt. Während die Niederländer 45 Prozent der Anteile an der Karlsberg Brauerei erwarben, übernahmen die Dänen Anfang 2004 die deutsche Holsten Brauerei AG.

Aber auch die großen deutschen Braukonzerne beteiligen sich an dem Konsolidierungsprozess, wenngleich sie nur langsam auf den Strukturwechsel im Biermarkt reagiert haben. Vermehrt wurden in den letzten Jahren kleinere Brauereien aufgekauft. So wurde unter anderem die Aktienmehrheit an der Brau und Brunnen AG durch die zur Bielefelder Oetker-Gruppe gehörende Radeberger Gruppe übernommen, die damit im deutschen Biermarkt im Jahr 2007 einen mengenmäßigen Anteil von circa 15 Prozent erreichte und damit zum größten deutschen Bierproduzenten wurde. Vielfach fehlt den deutschen Großbrauereien allerdings die Finanzkraft, um den ausländischen Konzernen entgegenzutreten (vgl. Gorgs 2003, S. 51). Das trifft in noch stärkerem Ausmaß für die kleinen und mittelständischen Braubetriebe zu, die es dadurch noch schwerer haben, am Markt zu bestehen.

Aus der großen Anzahl an Brauereien bieten sich im deutschen Biermarkt viele potenzielle Kandidaten für eine Beteiligung, eine Übernahme oder einen Zusammenschluss. Seit 1999 hat der Konzentrationsprozess im deutschen Biermarkt deutlich an Dynamik gewonnen. Trotz der in den vergangenen Jahren deutlich erhöhten Anzahl an Übernahmen und Fusionen weist der deutsche Biermarkt im Gegensatz zur internationalen Brauwirtschaft nach wie vor eine vergleichsweise geringe Konzentration auf. Das wird in der deutschlandweit sehr großen Anbieteranzahl deutlich. So existierten im Jahr 2007 insgesamt 1.280 Braustätten in der Bundesrepublik Deutschland, wobei eine deutliche Konzentration auf einzelne Bundesländer festgestellt werden kann. Danach besitzt Bayern mit insgesamt 618 Braustätten die höchste Anzahl an Braustätten, gefolgt von den Bundesländern Baden-Württemberg mit 180 und Nordrhein-Westfalen mit 112 Brauereien. Die restlichen Brauereien verteilen sich auf die anderen Bundesländer. Eine große Anzahl dieser Brauereien ist mittlerweile nicht mehr eigenständig, sondern gehört zu den verschiedenen Brauerei-Gruppen.

Die strategischen Gründe für die aufgezeigten Übernahmen und Zusammenschlüsse sind dabei vielfältig, vor allem für die großen ausländischen Braukonzerne, denn der deutsche Biermarkt ist nach den USA und China der drittgrößte der Welt und bietet mit knapp 104 Millionen Hektoliter (2007) ein insgesamt hohes Absatzvolumen. Allerdings haben es ausländische Marken in Deutschland immer noch schwer, von den Konsumenten akzeptiert zu werden. Das resultiert vor allem aus dem deutschen Reinheitsgebot und der daraus abgeleiteten Qualitätseinschätzung der Biere. Aus diesem Grund verzichten ausländische Konzerne auf kostspielige und risikoreiche Produkteinführungen ihrer originären Marken im deutschen Markt und nehmen stattdessen bevorzugt deutsche Marken in ihr Produktportfolio auf. Daraus resultiert für die ausländischen Braukonzerne neben dem erleichterten Marktzugang ein Prestige- und Imagegewinn, denn deutsche Biermarken besitzen weltweit eine hohe Qualitätseinschätzung.

Wie beschrieben, weist die deutsche Brauwirtschaft im Gegensatz zum internationalen Biermarkt immer noch eine vergleichsweise geringe Konzentration auf. Das zeigt sich gleichermaßen im Vergleich der **Ausstoßmengen** der größten internationalen Bierproduzenten mit den Ausstoßmengen der größten deutschen Brauereien. Demnach sind im Jahr 2007 SAB Miller mit 230, InBev mit 225, Heineken mit 160 und Anheuser-Busch mit einem Ausstoß von 150 Millionen Hektolitern Gesamtausstoßmenge die weltweit größten Brauereikonzerne. Verglichen mit diesen Werten sind die Ausstoßmengen der größten deutschen Braukonzerne gering. Dabei ist die zur Oetker-Gruppe gehörende Radeberger Gruppe unter anderem durch die Übernahme der Brau und Brunnen AG mit 14,4 Millionen Hektoliter mit ihren Brauereiaktivitäten inzwischen eindeutiger Marktführer in Deutschland, aber im Vergleich zur internationalen Konkurrenz noch immer ein relativ kleiner Bierproduzent. Die im Vergleich geringen Ausstoßmengen deutscher Braukonzerne sind dadurch zu erklären, dass die deutsche Brauwirtschaft eher mittelständisch geprägt ist (vgl. Schulte 1999, S. 2) und es nur wenige Großbrauereien mit hohen Marktanteilen gibt.

Im Vergleich zu den großen ausländischen Braukonzernen besitzen die deutschen Brauereien zudem ein deutlich geringeres Exportgeschäft (vgl. Gorgs 2003, S. 50). Zu berücksichtigen ist weiterhin, dass die regional orientierten mittelständischen Brauereien ihr Bier in der Regel überhaupt nicht ins Ausland exportieren und demzufolge nur den Heimatmarkt bedienen.

3.2 Konsumverhalten im deutschen Biermarkt

Die rückläufigen Ausstoß- und Absatzmengen auf dem deutschen Markt resultieren aus einem seit Jahren abnehmenden Bierverbrauch je Einwohner. Lag dieser 1993 noch bei durchschnittlich 135,9 Liter, betrug er im Jahr 2007 nur noch 112,5 Liter. Experten gehen davon aus, dass im Jahr 2015 der durchschnittliche Pro-Kopf-Verbrauch unter

100 Liter liegen und somit der Bierausstoß weiter absinken wird (vgl. Aps et al. 2003, S. 8). Dabei ist der deutsche Biermarkt im Vergleich zu anderen Ländern durch eine große Sortenvielfalt geprägt, wobei in 2006 Biere Pilsener Brauart mit gut 60 Prozent Marktanteil beim Hauskonsum die beliebteste Biersorte der Deutschen darstellte. Dem folgten mit deutlichem Abstand der Konsum von Export mit einem Anteil von 12,5 Prozent und Weizenbier mit 8,7 Prozent. Auf dem deutschen Markt dominieren Biere Pilsener Brauart. Im Pilssegment besitzen die großen deutschen Braukonzerne eine starke Marktposition, während die ausländischen Großbrauereien derzeit nur durch die zugekauften deutschen Marken vertreten sind.

Vor dem Hintergrund der gestiegenen Bedeutung des Preises im Kaufentscheidungsprozess werden zunächst die verschiedenen Preissegmente im Biermarkt betrachtet, in die sich die Biere Pilsener Brauart einordnen lassen. In diesem Zusammenhang wird zwischen den so genannten Handels- und Herstellermarken differenziert. Bei Letzteren existieren Preismarken, Konsumpils und Premiumpils. Demnach erfolgt die Einteilung der Herstellermarken unter preislichen Gesichtspunkten in die drei genannten Klassen. Da es keine einheitliche Definition für die Preisklassen gibt, kann auch keine eindeutige Zuordnung der verschiedenen Marken in die Segmente vorgenommen werden. Es liegen allerdings Tendenzen vor, die sich durch die Einordnung der Marken seitens der Konsumenten ergeben. Grundsätzlich kann von Bieren des Preiseinstiegsbereichs gesprochen werden, wenn der Kasten (20 x 0,5 Liter) unter sechs Euro verkauft wird, während der Konsumpilsbereich preislich zwischen der Premium- und der Preiseinstiegskategorie liegt. Dabei besitzen Premiummarken ein gutes Image und ein großes überregionales Absatzvolumen und können in der Regel dem Hochpreissegment zugeordnet werden, während Handelsmarken in diesem Zusammenhang eher dem Preismarkensegment zuzuordnen sind (vgl. Aps et al. 2003, S. 47).

Es wird deutlich, dass die stärkere **Preisorientierung der Konsumenten** vor allem den Bereich der Konsumpilsener belastet hat, dem auch die meisten regionalen Marken zugeordnet sind. Dort sank in der Zeit von 1997 bis 2001 der Marktanteil um fast 10 Prozentpunkte von 52 Prozent auf gut 42 Prozent, während sich der Anteil im Bereich der Handels- und Preiseinstiegsmarken nahezu auf insgesamt 15,2 Prozent verdoppelte. Ebenfalls profitierten die Marken im Premiumpils-Bereich von dieser Entwicklung, deren Marktanteil sich um 2,4 Prozentpunkte auf 42,6 Prozent verbesserte und damit knapp vor dem des Konsumpils den größten Marktanteil darstellt. Die positive Entwicklung im Premiumbereich lässt sich damit erklären, dass der Handel in diesem Segment verstärkt den Abverkauf über preisbezogene Aktionsangebote forciert hat (vgl. Aps et al. 2003, S. 45), während Handels- und Preismarken dagegen auf Grund des relativ gesehen günstigen Preises an Bedeutung gewinnen. Zu berücksichtigen ist ebenfalls, dass im Biermarkt nicht mehr ausschließlich eine Konkurrenzsituation zwischen den Marken der jeweiligen Preissegmente besteht, sondern dass die Pilsmarken auch zunehmend im Wettbewerb zu anderen alkoholischen Getränken stehen.

Neben den rückläufigen Ausstoß- und Absatzmengen und dem abnehmenden Bierverbrauch der deutschen Konsumenten haben weitere Faktoren einen großen Einfluss auf den deutschen Biermarkt und die Brauereien. Die Veränderung der Rahmenbedingungen durch Einführung der **Pflichtbepfandung von Getränkeeinwegverpackungen** im Jahr 2003 hat bei den großen deutschen Brauereien zu einem erheblichen Absatzrückgang geführt. Das resultiert aus dem deutlich zurückgegangenen Konsum von Bier aus Dosen und Einwegflaschen. Regionale Brauereien sind von dieser Entwicklung allerdings weniger stark betroffen, da sie traditionell ein starkes Mehrweggeschäft besitzen (vgl. o.V. 2003). Demzufolge haben sie dadurch zusätzliches Potenzial für einen Ausbau ihrer Wettbewerbsposition.

3.3 Zukunftsaussichten für den Biermarkt

Grundsätzlich wird vermutet, dass sich die Tendenzen der letzten Jahre und der bereits eingesetzte starke Veränderungsprozess weiter fortsetzen. So ist davon auszugehen, dass sich der Konsolidierungsprozess in der deutschen Brauwirtschaft weiter verschärft und sich somit die Anzahl der Brauereien erneut verringern wird. Zudem ist eine Übernahme deutscher Brauereien von ausländischen Braukonzernen auch weiterhin zu erwarten. Daraus kann die Vermutung abgeleitet werden, dass von den bislang 50 absatzstärksten Brauereien nur etwa 10 zukünftig gute Erfolgschancen besitzen.

Die Einschätzung, dass sich der **Pro-Kopf-Verbrauch** in den nächsten Jahren weiter verringern wird oder im positivsten Fall stagniert, zeigt ein weiteres Problemfeld für die deutsche Brauwirtschaft auf. Diese Entwicklung und die kleiner werdende Bevölkerungszahl, durch die sich die Gruppe potenzieller Pilskonsumenten verringert, implizieren eine weiter fallende Nachfragemenge im deutschen Biermarkt, so dass auch die Gesamtausstoßmenge stetig sinken wird. Verstärkt wird der Trend zusätzlich durch die geänderten Konsumgewohnheiten insbesondere der jüngeren Generation. So wird angenommen, dass die Konsumenten zukünftig weniger markentreu sein werden und demzufolge stets nach Produktalternativen suchen, wodurch es auch verstärkt zu einem Wechselverhalten bezüglich anderer Getränkegattungen kommt. Dabei werden die jüngeren Konsumenten in der Zukunft eher trendorientiert einkaufen, was bereits in der großen Beliebtheit von Alkohol-Mischgetränken in der jüngeren Konsumentenschicht und der Tatsache, dass Pils von ihnen eher als traditionell angesehen und mittlerweile mengenmäßig nicht mehr so viel konsumiert wird, zum Ausdruck kommt. Dagegen sind die älteren Konsumenten eher auf Traditionen bedacht und werden auch weiterhin deutsche Marken auswählen. Die Brauereien müssen sich demnach verstärkt bemühen, den Wünschen beider Zielgruppen zu entsprechen und den Markt zielgruppenorientierter bearbeiten. Neben dem Angebot ihrer traditionellen Produkte müssen innovative Produkte auf dem Markt angeboten werden, die attraktiv für die jüngere Zielgruppe sind.

Ebenfalls ist davon auszugehen, dass es zukünftig zu einer noch geringeren Bedeutung des Konsummarkenbereichs bei den Preissegmenten kommt. Das resultiert vor allem aus der stärker zunehmenden Preissensibilität der Verbraucher, die zu einer erhöhten Präferenz von Handels- und Billigmarken führt, so dass diese weiterhin Marktanteile hinzugewinnen werden. Dennoch wird das Premiumpils-Segment nicht an Bedeutung verlieren, allerdings wird es eher für Besserverdienende interessant sein. Problematisch ist diese Entwicklung vor allem für die Marken im Konsumpils-Segment, zu denen vor allem die regionalen Biere gehören. Als Konsequenz aus dieser Entwicklung ist es für Brauereien wichtig, eine klare Positionierung in einem der Segmente erreicht zu haben.

Des Weiteren ist für die Sicherung und Verbesserung der Wettbewerbsposition neben der Beachtung der Konsumentenpräferenzen die Etablierung eines guten Markenimages zwingend erforderlich. Darum sollten sich die mittelständischen Unternehmen darauf konzentrieren, ihr zumeist hohes Ansehen in der Herkunftsregion zu verstärken. Die Brauereien könnten dabei verstärkt ihr Markenimage über den **Herkunftsaspekt** aufbauen, wobei eine Konzentration der Marketingaktivitäten auf die Heimatregion sinnvoll erscheint. Eine erfolgreiche Ausdehnung auf andere Märkte muss wohlüberlegt und strategisch durchdacht sein.

4 Anlagen

4.1 Allgemeine Informationen

Die Ergebnisdarstellungen beziehen sich auf deskriptive Statistiken, die aus einer Untersuchung von Schirrmann (2005) stammen. Dabei wird die Untersuchung sowohl auf Basis der Antworten der Gesamtstichprobe als auch auf Basis der Teilstichproben in den Ruhrgebietsstätten Dortmund (DO), Bochum (BO) und Duisburg (DU) vorgenommen, um die lokalen Unterschiede herauszustellen. Auf deren Basis sollen abschließend die praxisorientierten Handlungsempfehlungen abgeleitet werden. Tabelle 4-1 zeigt den wöchentlichen Bierkonsum.

Tabelle 4-1:   Wöchentlicher Bierkonsum der befragten Personen

Wöchentlicher Bierkonsum	GS (n = 315)	DO (n = 103)	BO (n = 106)	DU (n = 106)
Arithmetisches Mittel (in Liter)	4,32	4,20	4,65	4,12
Varianz bezüglich der gesamten Einzelmengen	10,90	15,10	8,53	9,22
Standardabweichung	3,30	3,89	2,92	3,04

Nachfolgend sind die Ergebnisse zur **Beurteilung der Städte**, in denen befragt wurde, dargestellt. Dabei ist jede Stadt ausschließlich von den in dieser Stadt mit ihrem Erstwohnsitz gemeldeten Personen anhand der verschiedenen Eigenschaften beurteilt worden. In der Gesamtstichprobe ergeben sich im Vergleich zu den Teilstichproben die in Tabelle 4-2 dargestellten arithmetischen Mittelwerte.

Tabelle 4-2:   Eigenschaftsbewertungen der Stadt (1 = stimme voll und ganz zu, ...,
6 = stimme überhaupt nicht zu)

Indikatoren	GS (n = 315)	DO (n = 103)	BO (n = 106)	DU (n = 106)
<Stadt> ist sympathisch	1,99	1,90	1,80	2,27
<Stadt> ist freundlich	2,35	2,24	2,15	2,66
<Stadt> ist angenehm	2,32	2,19	2,26	2,50
<Stadt> ist friedlich	2,81	2,81	2,54	3,08
<Stadt> ist attraktiv	2,88	2,74	2,89	3,01
<Stadt> ist sauber	3,30	3,05	3,13	3,72
<Stadt> ist vertrauenswürdig	2,84	2,70	2,75	3,07
<Stadt> ist kompetent	3,07	2,86	3,15	3,19
<Stadt> ist modern	2,96	2,66	3,02	3,20
<Stadt> ist erfolgreich	3,22	2,87	3,23	3,54
<Stadt> ist teuer	3,51	3,54	3,36	3,63

4.2 Beurteilung des lokalen Bieres

Die Durchschnittsbewertungen der Eigenschaften befinden sich in Tabelle 4-3.

Tabelle 4-3: *Eigenschaftsbewertungen des lokalen Bieres (1 = trifft voll und ganz zu, ..., 6 = trifft überhaupt nicht zu)*

Indikatoren	GS (n = 315)	DO (n = 103)	BO (n = 106)	DU (n = 106)
\<Stadt\>er Biere sind sympathisch	1,91	2,09	1,80	1,86
\<Stadt\>er Biere sind sehr bekannt	2,11	1,71	3,16	1,44
\<Stadt\>er Biere sind exklusiv	2,54	2,73	2,70	2,19
\<Stadt\>er Biere biete ich Freunden gerne an	1,94	1,96	2,14	1,71
\<Stadt\>er Biere sind extrem preiswert	2,74	2,40	2,95	2,87
\<Stadt\>er Biere sind von höchster Qualität	1,86	1,97	1,96	1,65
\<Stadt\>er Biere genießen großes Ansehen	2,16	2,17	2,55	1,76
\<Stadt\>er Biere haben gutes Preis-Leistungs-Verhältnis	2,19	2,08	2,37	2,12
\<Stadt\>er Biere sind garantiert frisch	1,70	1,73	1,72	1,66
\<Stadt\>er Biere sind gut verträglich	1,85	1,89	1,91	1,75
\<Stadt\>er Biere schmecken sehr gut	1,84	1,92	1,91	1,68
\<Stadt\>er Biere sind modern	2,50	2,69	2,60	2,22
\<Stadt\>er Biere trinke ich gern	1,95	1,98	2,01	1,86
Arithmetisches Mittel aller Eigenschaftsbeurteilungen	2,10	2,10	2,29	1,91

4.3 Städteranking

4.3.1 Gesamtstichprobe

Bei dem so genannten Städteranking wurde die Herkunftspräferenz beim Bier direkt erfasst, indem die Probanden eine Rangfolge der Städte zu bilden hatten, aus denen sie die Biere bevorzugen würden, wenn diese sich ausschließlich durch ihre Herkunft unterscheiden und ansonsten vergleichbar sind. Dazu wurden sieben Städte vorgegeben. Werden alle Ränge in die Auswertung integriert, erscheint es sinnvoll, die Herkunftspräferenz in der Stichprobe durch Berechnung des gewogenen arithmetischen Mittels der Ränge vorzunehmen. Dabei werden ausschließlich die ersten drei Plätze berücksichtigt, wobei der Rang 1 mit dem Zahlenwert 3 in die Berechnung eingeht, Rang 2 mit dem Wert 2 und Rang drei mit dem Wert 1. Somit besitzt die Skala einen Wertebereich von 0 bis 3, wobei eine starke Präferenz durch einen hohen Wert ausgedrückt wird. Die Ergebnisse der lokalen Stichproben befinden sich in Abschnitt 4.3.2.

Tabelle 4-4:   *Städteranking, Gesamtstichprobe (Angaben in Prozent beziehungsweise gemäß Wertebereich)*

GS (n = 316)	Rang 1	Rang 2	Rang 3	Ergebnis
Gelsenkirchen	0,0	5,1	11,7	0,219
Dortmund	37,0	33,9	12,7	1,915
Essen	2,2	13,9	29,4	0,638
Bochum	25,6	20,6	17,1	1,351
Duisburg	30,7	19,0	14,6	1,447
Mülheim (Ruhr)	3,5	3,2	7,9	0,248
Recklinghausen	0,9	4,4	6,6	0,181

4.3.2   Lokale Teilstichproben

Tabelle 4-5:   *Städteranking, Stichproben: Dortmund, Bochum und Duisburg*

DORTMUND (n = 104)	Rang 1	Rang 2	Rang 3	Ergebnis
Gelsenkirchen	0,0	9,6	13,5	0,327
Dortmund	92,3	2,9	1,9	2,846
Essen	3,8	10,6	35,6	0,682
Bochum	1,0	45,2	16,3	1,097
Duisburg	2,9	24,0	18,3	0,750
Mülheim (Ruhr)	0,0	4,8	2,9	0,125
Recklinghausen	0,0	2,9	11,5	0,173

Bochum (n = 106)				
Gelsenkirchen	0,0	2,8	9,4	0,150
Dortmund	11,3	38,7	23,6	1,349
Essen	1,9	16,0	26,4	0,641
Bochum	75,5	10,4	6,6	2,539
Duisburg	5,7	22,6	21,7	0,840
Mülheim (Ruhr)	2,8	0,0	7,5	0,159
Recklinghausen	2,8	9,4	4,7	0,319
Duisburg (n = 106)				
Gelsenkirchen	0,0	2,8	12,3	0,179
Dortmund	8,5	59,4	12,3	1,566
Essen	0,9	15,1	26,4	0,593
Bochum	0,0	6,6	28,3	0,415
Duisburg	83,0	10,4	3,8	2,736
Mülheim (Ruhr)	7,5	4,7	13,2	0,451
Recklinghausen	0,0	0,9	3,8	0,056

4.4 Saliente Eigenschaften beim Bierkonsum

Für die Gesamtstichprobe sowie die Teilstichproben ergeben sich die in Tabelle 4-6 ausgewiesenen Durchschnittsbewertungen.

Tabelle 4-6: *Saliente Eigenschaften beim Bierkonsum (1 sehr wichtig – 6 überhaupt nicht wichtig)*

Indikatoren	GS (n = 315)	DO (n = 103)	BO (n = 106)	DU (n = 106)
Exklusivität	3,04	2,93	3,42	2,77
Guter Geschmack	1,26	1,29	1,26	1,24
Gute Verträglichkeit	1,43	1,39	1,49	1,40

Marke aus der Region	2,40	2,41	2,33	2,44
Gute Qualität	1,33	1,28	1,40	1,31
Bekannte Marke	2,81	2,75	3,08	2,58
Günstiger Preis	2,53	2,25	2,81	2,54
Gütezeichen	2,56	2,39	2,67	2,61
Flaschendesign	3,47	3,65	3,32	3,42
Flasche nicht aus Kunststoff (PET)	1,60	1,45	1,66	1,70

Da die **Herkunft** der Biere im Fokus der vorliegenden Untersuchung steht, wird die individuelle Wichtigkeit bezüglich dieser Eigenschaft detaillierter untersucht. In der Gesamtstichprobe zeigt sich, dass die regionale Herkunft der Biere mit einem Durchschnittswert von 2,40 und einer Varianz von 1,79 zwar als wichtig angesehen wird, allerdings im Vergleich zu den anderen Eigenschaften bei direkter Abfrage keine herausragende Position einnimmt. Abbildung 4-1 zeigt die Verteilung der Einzelbewertungen.

Abbildung 4-1: *Wichtigkeit der regionalen Herkunft beim Bierkauf*

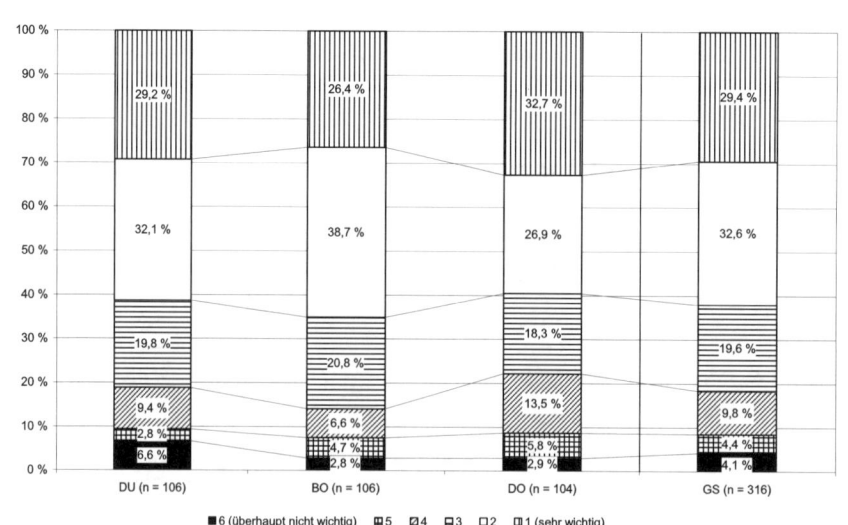

4.5 Herkunftswissen und Markenbekanntheit

Die nachfolgende Tabelle 4-7 vermittelt einen Überblick über die stichprobenabhängige Bekanntheit aller Marken der Untersuchung. Dabei fällt auf, dass die meisten Biermarken über eine sehr große Markenbekanntheit verfügen.

Tabelle 4-7: *Bekanntheit der untersuchten Biermarken in Prozent*

Markenbekanntheit	GS (n = 315)	DO (n = 103)	BO (n = 106)	DU (n = 106)
Krombacher Pils	100,0	100,0	100,0	100,0
Warsteiner	99,4	100,0	100,0	98,1
DAB Pilsener	99,1	100,0	100,0	97,2
König Pilsener	99,1	97,1	100,0	100,0
Beck's	99,1	99,0	100,0	98,1
Veltins Pilsener	98,7	100,0	100,0	96,2
Brinkhoff's No. 1	98,4	100,0	100,0	95,3
Holsten Pilsener	97,5	99,0	97,2	96,2
Jever Pilsener	96,2	95,2	99,1	94,3
Herforder Pils	94,9	96,2	94,3	94,3
Kronen Pilsener	93,7	99,0	95,3	86,8
Fiege Pils	75,6	81,7	100,0	45,3
Hövels Bitterbier	73,1	97,1	81,1	41,5
Rolinck Pilsener	32,0	30,8	36,8	28,3

Vor der Abfrage des objektiven Herkunftswissens anhand messbarer Kriterien sollte jeder Proband eine **Selbsteinschätzung** des vorhandenen persönlichen Wissens bezüglich der Herkunft lokaler, regionaler und nationaler Biermarken vornehmen. Das Ergebnis zeigt Tabelle 4-8:

Tabelle 4-8: *Subjektives Herkunftswissen (1 = trifft voll und ganz zu, ..., 6 = trifft über-*
haupt nicht zu)

Indikatoren	GS (n = 315)	DO (n = 103)	BO (n = 106)	DU (n = 106)
Ich weiß, welche Biermarken in <Stadt> produziert werden.	1,60	1,56	1,42	1,81
Ich weiß, in welchen Städten die meisten Biere aus meiner Region gebraut werden.	2,22	2,35	1,85	2,46
Bei den meisten bekannten deutschen Biermarken kann ich sagen, wo sie produziert werden.	2,64	2,74	2,39	2,79

Die Überprüfung dieser Selbsteinschätzung erfolgte durch einen Test, in dem der
Proband die regionalen sowie lokalen Herkünfte der Biermarken ungestützt angeben
sollte. Diese so genannte **objektive Messung des Herkunftswissens** ermittelt folgendes Ergebnis:

Das durchschnittliche Herkunftswissen, bezogen auf die insgesamt 28 Herkunftsstädte
und -regionen, liegt in der Gesamtstichprobe durchschnittlich bei 17,13 richtigen Nennungen.[1] Auch hier zeigen sich auf einem Fehlerniveau von 0,01 signifikante Unterschiede in den Erhebungsstädten. So ist das Wissen mit durchschnittlichen 19,07 richtigen Nennungen in Bochum am stärksten ausgeprägt, gefolgt von den Dortmundern
mit 18,54. Die Duisburger besitzen mit durchschnittlich 13,82 richtigen Nennungen
den schlechtesten Wissensstand in der Stichprobe. Insgesamt erscheint dieses Ergebnis
vor dem Hintergrund einer derart positiven Selbsteinschätzung nicht überzeugend.

Die Verteilung des Wissensstandes in Bezug auf die Herkunft zeigt Abbildung 4-2,
wobei zur besseren Veranschaulichung Datenklassen gebildet wurden.

---

[1] Die hohe Korrelation (0,89) zwischen der Anzahl richtig genannter Herkunftsstädte und
richtig genannter Herkunftsregionen ist auf dem Niveau von 0,01 (zweiseitig) signifikant und
bestätigt damit die Zusammenfassung des gemessenen Wissens beider Abfragen zu einem
Indikator.

Abbildung 4-2: *Objektives Herkunftswissen (Wissensindex), Nennungen in Prozent*

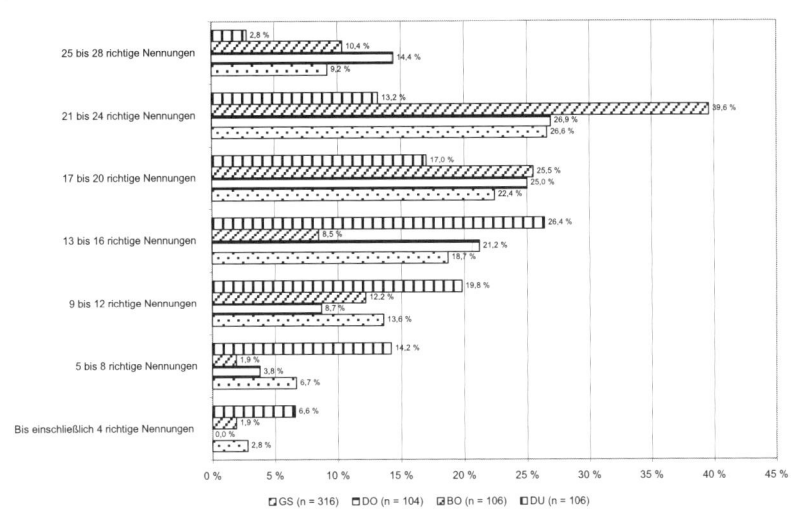

4.6　Reale Markenpräferenzen

Die Lieblingsmarken der Konsumenten (ungestützte Abfrage) zeigt Tabelle 4-9. In den Erhebungsstädten ergibt sich nach der jeweils **bevorzugten Marke** ein differenziertes Bild.

Tabelle 4-9: *Lieblingsmarken der Konsumenten in Prozent*

Lieblingsmarke	GS (n = 277)	DO (n = 85)	BO (n = 97)	DU (n = 97)
Krombacher Pils	7,2	9,4	7,2	5,3
DAB Pilsener	3,2	7,1	1,0	2,1
Warsteiner	9,4	12,9	10,3	5,3
Veltins Pilsener	7,2	10,6	9,3	2,1
König Pilsener	27,1	0,0	3,1	75,8
Fiege Pils	19,5	0,0	55,7	0,0
Kronen Pilsener	5,4	17,6	0,0	0,0
Hövels Bitterbier	1,8	5,9	0,0	0,0
Jever Pilsener	1,4	0,0	4,1	0,0

Grundsätzlich ist es nicht auszuschließen, dass Unterschiede zwischen der jeweils genannten Lieblingsmarke und dem tatsächlichen Verwendungsverhalten der Verbraucher bestehen. Das kann zum Beispiel der Fall sein, wenn die Lieblingsmarke aus Kostengründen nicht erworben wird. Darum erfolgt des Weiteren die ungestützte Abfrage nach den drei am häufigsten eingekauften Biermarken. Das vorliegende Ergebnis zum **konkreten Kaufverhalten** in den Erhebungsstädten zeigt Tabelle 4-10 bei Betrachtung des ersten Ranges.

Tabelle 4-10: *Kaufverhalten der Konsumenten im Bezug auf Biermarken: Rang 1 in Prozent*

Markenrang 1	GS (n = 314)	DO (n = 104)	BO (n = 105)	DU (n = 105)
Krombacher Pils	6,4	6,7	6,7	5,7
DAB Pilsener	3,2	7,7	1,0	1,0
Warsteiner	9,9	14,4	9,5	5,7
Veltins Pilsener	6,7	8,7	8,6	2,9
König Pilsener	27,1	0,0	6,7	74,3
Fiege Pils	17,5	0,0	52,4	3,8
Kronen Pilsener	6,4	18,3	1,0	0,0
Brinkhoff's No. 1	9,6	20,2	4,8	0,0
Ritter Pils	2,2	6,7	0,0	0,0

Im Rahmen eines umfangreichen Experiments wurde zusätzlich eine gestützte Präferenzabfrage durchgeführt. Dem Probanden wurden zu diesem Zweck 14 Marken in Form von Bierdeckeln vorgelegt, die nach seiner **persönlichen Trinkpräferenz** in eine Rangordnung gebracht werden sollten. Hier ist bei der Interpretation zu berücksichtigen, dass im vorgegebenen Markenset mehrere Dortmunder Marken vertreten waren, währenddessen es nur jeweils eine Bochumer sowie Duisburger Marke gab. Das führte auch zu einer Verteilung der guten Ränge auf mehrere Dortmunder Marken und damit zu einer Verzerrung der dargestellten Daten (vgl. Tabelle 4-11).

Tabelle 4-11: *Experiment: Durchschnittliche Markenränge (Basis: 14 Markenränge)*

Marken	GS (n = 316)	DO (n = 104)	BO (n = 106)	DU (n = 106)
Krombacher Pils	4,92	4,75	5,58	4,43
DAB Pilsener	8,02	6,26	9,51	8,25

Warsteiner	4,84	4,71	5,58	4,24
Veltins Pilsener	4,74	4,92	4,95	4,34
König Pilsener	5,02	7,50	5,63	1,97
Fiege Pils	8,56	11,70	3,08	10,97
Holsten Pilsener	8,55	9,28	8,72	7,68
Kronen Pilsener	9,06	5,71	10,70	10,71
Hövels Bitterbier	8,32	5,56	8,48	10,87
Herforder Pils	9,73	10,11	9,90	9,20
Jever Pilsener	7,25	8,84	5,84	7,10
Rolinck Pilsener	11,64	11,87	11,97	11,08
Brinkhoff's No. 1	6,73	4,88	7,62	7,65
Beck's	7,61	8,91	7,45	6,50

Zur Bewertung durch die Konsumenten wurden die drei Dortmunder Marken DAB Pilsener, Kronen Pilsener und Hövels Bitterbier, die Bochumer Marke Fiege Pils und die Duisburger Marke König Pilsener ausgewählt (vgl. Tabelle 4-12).

Tabelle 4-12: *Durchschnittsbewertung ausgewählter Biermarken (Durchschnittsbewertungen über alle Eigenschaften einer Marke, 1 = sehr gut, … 6 = überhaupt nicht gut)*

Marken	GS	DO	BO	DU
DAB Pilsener	3,08 (n = 311)	2,70 (n = 104)	3,52 (n = 102)	3,03 (n = 105)
Hövels Bitterbier	2,67 (n = 222)	2,22 (n = 101)	2,78 (n = 76)	3,48 (n = 45)
Kronen Pilsener	3,01 (n = 288)	2,33 (n = 104)	3,63 (n = 98)	3,13 (n = 86)
Fiege Pils	2,89 (n = 233)	3,55 (n = 78)	2,05 (n = 105)	3,65 (n = 50)
König Pilsener	2,20 (n = 308)	2,55 (n = 99)	2,37 (n = 103)	1,70 (n = 106)

Insgesamt zeigt die Analyse der Markenpräferenzen in diesem Abschnitt, dass deutliche stichprobenabhängige Unterschiede identifiziert werden können und dass es insbesondere zu einer positiven Beurteilung der jeweils heimischen Biermarken kommt.

4.7 Konsumentenethnozentrismus

Tabelle 4-13: *Konsumentenethnozentrismus (1 = trifft voll und ganz zu, …, 6 = trifft über-haupt nicht zu)*

Statements	GS (n = 316)	DO (n = 104)	BO (n = 106)	DU (n = 106)
\<Stadt\>er sollten sich immer, wenn möglich, für \<Stadt\>er Produkte entscheiden, anstatt Produkte anderer Regionen zu kaufen.	2,97	2,80	3,07	3,04
Kauft \<Stadt\>er Produkte. Sichert unsere Arbeitsplätze.	2,66	2,40	2,85	2,72
Es ist nicht richtig, Produkte aus anderen Regionen zu kaufen, wenn es möglich ist, \<Stadt\>er Produkte zu kaufen, weil dadurch \<Stadt\>er arbeitslos werden.	3,18	3,08	3,42	3,04
Ein echter \<Stadt\>er sollte immer, soweit möglich, in \<Stadt\> hergestellte Produkte kaufen.	3,35	3,31	3,53	3,23
Wir sollten aus anderen Regionen nur die Produkte kaufen, die wir in \<Stadt\> nicht bekommen.	3,40	3,16	3,66	3,37
Ich kaufe immer, wenn möglich, Produkte aus \<Stadt\>, um die lokale Wirtschaft zu unterstützen.	3,33	3,14	3,44	3,41
Nahrungsmittel aus \<Stadt\> würde ich anderen immer vorziehen.	3,63	3,47	3,67	3,75
\<Stadt\> liegt mir sehr am Herzen.	1,90	1,85	1,87	1,97
Ich bin stolz auf unsere lokalen Produkte.	2,47	2,29	2,65	2,48

4.8 Ergebnisse der Conjoint-Analyse

Die Bewertungen der neun fiktiven Biere (Stimuli) des reduzierten Designs wurden mittels einer **gemeinsamen Conjoint-Analyse** mit dem Modul Conjoint des Statistikprogramms SPSS für insgesamt 316 Probanden, die sich an dem Experiment beteiligten, durchgeführt und ausgewertet. Um die Analyse nicht im Vorfeld zu beeinflussen, wurde darauf verzichtet, Annahmen über Zusammenhänge zwischen den Eigenschaften und den erhobenen Rangdaten zu unterstellen. Die Ergebnisse fasst Tabelle 4-14 zusammen.

Tabelle 4-14: *Ergebnisse der Conjoint Analyse*

Durchschnittliche relative Wichtigkeit	GS (n = 316)	DO (n = 104)	BO (n = 106)	DU (n = 106)
Marke des Bieres	16,75	18,25	13,99	18,04
Herstellungsstadt des Bieres	32,69	34,55	32,63	30,96
Preis des Bieres	29,45	27,43	31,11	29,75
Geschmack des Bieres	21,11	19,77	22,28	21,25
Nutzenwert				
Harpoon Pilsner	-,0021	-,1359	-,1226	-,0157
Lakefront Pilsner	-,0180	-,0680	-,0314	,0440
Acadian Pilsner	,0201	-,0680	,1541	-,0283
hergestellt in Dortmund	,1217	1,2427	-,5126	-,3333
hergestellt in Duisburg	-,1238	-,9191	-,5472	1,0723
hergestellt in Bochum	-,0021	-,3236	1,0597	-,7390
11,99 DM pro Kiste	-,3228	-,1942	-,2547	-,5157
16,99 DM pro Kiste	,2889	,2362	,3208	-,3082
19,99 DM pro Kiste	,0339	-,0421	-,0660	-,2075
herb schmeckend	,3897	,2500	,4693	-,4458
mild schmeckend	-,3897	-,2500	-,4693	-,4458
Statistiken				
Pearson´s R	,997	1,000	,995	1,000
Significance	,0000	,0000	,0000	,0000
Kendall´s Tau	1,000	1,000	,944	,986
Significance	,0001	,0001	,0002	,0001

5   Teaching Notes

5.1   Leitfragen

Durch die Fallstudie der Pott's Brauerei sollen die Studierenden zu einer aktiven und selbstständigen Auseinandersetzung mit einer praxisnahen, unternehmerischen Entscheidungssituation angeregt werden. Allerdings kann der Dozent durch gezielte Fragestellungen den Prozess der Problemanalyse und Entscheidungsfindung unterstützen und Impulse für die spätere Gruppendiskussion geben. Die Fallstudie selbst soll dabei speziell eine Analyse der folgenden Fragen ermöglichen, welche als Ziel beantwortet werden sollen:

- Warum ist ein Umdenken auf Seiten der Pott's Brauerei notwendig?

- Wie könnte dieses Umdenken aussehen?

- Könnte eine regional/lokal differenzierte Positionierung helfen?

- Wie kann gegebenenfalls eine solch regional beziehungsweise lokal differenzierte Positionierung operativ ausgestaltet werden?

5.2   Analysen

Dass ein Umdenken auf Seiten der Pott's Brauerei notwendig erscheint, lässt sich an einer Vielzahl unterschiedlicher Beobachtungen festmachen. So ist beispielsweise in Deutschland, dem Stammland der Pott's Brauerei, der Bierausstoß in den letzten Jahren kontinuierlich gesunken. Bei Betrachtung des Verlaufs der Jahre 1992 bis 2007 ergibt sich insgesamt ein Rückgang von etwas mehr als 13,5 Prozent (in der Zeit von 1995 bis 2006: circa 8 Prozent), was insbesondere aufgrund der Tatsache fatal ist, dass dieser Rückgang gegenläufig zum Trend in anderen Ländern der europäischen Union ausgeprägt ist. Eine ähnliche Beobachtung lässt sich nicht nur für Deutschland im Allgemeinen, sondern auch für Nordrhein-Westfalen im Speziellen machen, so dass hier bereits erste Indizien hinsichtlich der Notwendigkeit zum Umdenken erkennbar sind (Rückgang in der Zeit von 1995 bis 2006: circa 15 Prozent).

Die Ursachen des rückläufigen Ausstoßes sind insbesondere auch im zurückgehenden Bierverbrauch pro Einwohner zu sehen. Während dieser im Jahr 1993 noch bei durchschnittlich 135,9 Liter pro Einwohner lag, so reduzierte sich der Verbrauch auf nur noch 112,5 Liter im Jahr 2007. Insbesondere aufgrund der Tatsache, dass Experten aus der Brauindustrie einen weiteren Rückgang auf unter 100 Liter bis zum Jahr 2015 prognostizieren, ist hier eine Reaktion seitens der Brauereien unumgänglich.

Zusätzliche Gründe für den Rückgang des Bierkonsums sind im weiteren Konsuman-stieg anderer alkoholischer Getränke wie zum Beispiel Wein zu sehen. Dies lässt sich daran festmachen, dass in den entsprechenden Produktkategorien die durchschnittli-chen Haushaltsausgaben für Bier mit 30,7 Prozent zum ersten Mal unterhalb der Aus-gaben für Wein (32,4 Prozent) zu finden sind. Darüber hinaus machen sich die Braue-reien durch die Einführung und aggressive Distribution der Biermischgetränke teilweise selbst Konkurrenz für die Angebote im Bereich **normaler** Biere, wobei die Mischgetränke in den letzten Jahren Zuwachsraten von bis zu 17 Prozent (im Jahr 2007) aufweisen konnten. Diese veränderten Konsumgewohnheiten können im schlimmsten Fall auch in Zukunft zu einem weiteren Konsumrückgang im Bierbereich führen, was die Notwendigkeit einer Reaktion durch die Brauereien verdeutlicht.

Zuletzt ist zu beobachten, dass aufgrund der Veränderungen im Pfandsystem ein weiterer Rückgang im Bierkonsum stattgefunden hat. Dies geht insbesondere auf die Erhebung des Dosenpfands sowie die Erhebung von Pfand auf Einwegflaschen zu-rück, welche zuvor einen nicht zu vernachlässigenden Anteil an den Verpackungsfor-men besaßen. Allein in den ersten Monaten nach Einführung des Dosenpfands ist der Dosenabsatz bundesweit um gut 40,7 Prozent bei 0,5-Liter-Dosen sowie um 54,5 Pro-zent bei 0,33-Liter-Dosen gesunken, was durch einen entsprechenden Anstieg im Ab-satz von Mehrwegflaschen nicht wieder aufgefangen werden konnte. Allerdings ist der letztgenannte Punkt für regionale Brauereien nicht besonders relevant, da sich hier das Mehrwegsystem sehr stark durchgesetzt hat und der Vertrieb von Dosen kaum stattfindet.

Ein solches Umdenken könnte auf verschiedene Weisen durchgeführt beziehungswei-se vorgenommen werden. Eine besonders viel versprechende Idee scheint die spezielle Herausstellung der regionalen oder lokalen Herkunft zu sein, was an verschiedenen Stellen erkennbar ist. Aus der Konsumentenforschung ist allgemein bekannt, dass Konsumenten Produkte mit einer lokalen Herkunft durchaus stärker präferieren kön-nen. Dies lässt sich insbesondere durch die Angst begründen, die nationale und auch regionale Identität verlieren zu können, was zu einer Rückbesinnung auf originäre Werte und zur Betonung nationaler, aber auch regionaler oder lokaler Eigenschaften führt (Müller 1990, Head 1992). Dies führt in vielen Bereichen zu einer stärkeren Präfe-renz heimischer beziehungsweise zu einer Ablehnung nicht-heimischer Produkte. Dass eine entsprechende Ausprägung des sogenannten Konsumentenethnozentrismus existiert, zeigen die Ergebnisse in Tabelle 4-13. Hierbei zeigt sich, dass ein gewisser Stolz für die lokalen Produkte in allen drei Städten existiert und darüber hinaus auch das Bedürfnis, lokale Produkte zur Unterstützung der lokalen Wirtschaft zu konsu-mieren, vorhanden ist.

Dabei ist es im Vorfeld allerdings wichtig herauszuarbeiten, ob die lokale Herkunft auch aus Konsumentensicht positiv bewertet wird. Andernfalls könnte eine regionale beziehungsweise lokale Ausrichtung der Kommunikation kontraproduktiv sein. Wäh-rend beispielsweise auf nationaler Ebene das Label „Made in Germany" in vielen

Branchen mit positiven Assoziationen belegt ist, so existieren manche Länder, bei denen dies nicht der Fall ist. Dabei lässt sich diese Ausrichtung auch auf intranationaler Ebene fortsetzen, so dass beispielsweise Regionen oder vielleicht sogar Städte zur Positionierung und Kommunikation verwendet werden können.

Dass dies bei einer positiven Belegung der Region oder Stadt insbesondere in der Brauindustrie notwendig erscheint, lässt sich an dem starken Konsolidierungsprozess festmachen, welcher aktuell und auch schon in den letzten Jahren zu beobachten ist. Die sich hieraus ergebende Konsequenz liegt in einer immer stärkeren Verwischung der regionalen und lokalen Herkunft existierender Biermarken. Als Beispiel sei in diesem Zusammenhang unter anderem die Übernahme der Brau und Brunnen AG durch die zum Bielefelder Oetker-Konzern gehörende Radeberger Gruppe genannt, so dass das Marken-Portfolio der Brau und Brunnen AG nun in ostwestfälischer Hand liegt und dies eventuell eine automatisierte regionale, aber auch lokale Positionierung erschwert beziehungsweise verhindert. Dies ist insbesondere in weitere Betrachtungen mit einzubeziehen, da auch für die Zukunft eine Fortsetzung dieses Kurses in der Brauwirtschaft erwartet wird.

Dass eine solche regionale Positionierung für Biermarken sinnvoll erscheint beziehungsweise zu einer stärkeren Präferenz auf Seiten der Konsumenten führen kann, zeigt sich im Rahmen der durchgeführten Marktforschung bei einer Vielzahl der Ergebnisse. So lässt sich beispielsweise in Tabelle 4-3 erkennen, dass Biere aus einzelnen Städten – im konkreten Fall Dortmund, Bochum und Duisburg – in den jeweiligen Städten als sehr sympathisch angesehen werden, ein hohes Ansehen besitzen und gern getrunken werden. Tabelle 4-6 und Abbildung 4-1 verdeutlichen darüber hinaus, dass es für die Probanden aus allen Städten sehr wichtig erscheint, dass die präferierte Marke aus der Region stammt. Dieses Kriterium erscheint in der direkten Abfrage wichtiger als beispielsweise die Bekanntheit oder der Preis der jeweiligen Marke.

Eine Schwierigkeit besteht hierbei jedoch in dem Wissen über die jeweilige Herkunftsregion beziehungsweise die Herkunftsstadt einzelner Biersorten. Auch wenn die Probanden selbst – wie in Tabelle 4-8 gezeigt – angeben, ein relativ hohes Herkunftswissen zu besitzen, so ergibt sich bei einer objektiven Überprüfung die Erkenntnis, dass dies nicht bei allen Probanden der Fall ist. Dies zeigt sich insbesondere bei Betrachtung von Abbildung 4-2, welche das objektive Herkunftswissen der Probanden getrennt nach den Erhebungsstädten dokumentiert. Auch wenn unabhängig von den Städten eine Vielzahl von Probanden existiert, welche die Herkunft – sowohl bezogen auf die Region und die Stadt – von mindestens 21 der 28 Biere richtig einschätzt, so existieren doch darüber hinaus ebenfalls viele Probanden, welche dieses entsprechende Wissen nicht besitzen, was sich an der Vielzahl nicht korrekter Nennungen verdeutlichen lässt.

Auch wenn jedoch dieses Wissen nicht für alle Marken existiert, so zeigt sich doch eine entsprechende Kenntnis bei den existierenden regionalen Produkten, wie beispielsweise Kronen Pilsener für Dortmund, Fiege Pils für Bochum und König Pilsener für

Duisburg. Darüber hinaus lässt sich festhalten, dass insbesondere die Präferenz für diese lokalen Biersorten mit 75,8 Prozent für König Pilsener in Duisburg, 55,7 Prozent für Fiege Pils in Bochum und immerhin noch 17,6 Prozent für Kronen Pilsener in Dortmund sehr hoch erscheint (vgl. Tabelle 4-9). Ein ähnliches Bild spiegelt auch ein Experiment mit Bierdeckeln wider, welche die Probanden gemäß ihrer Präferenz in eine entsprechende Reihenfolge bringen sollten. Auch hier existiert in den jeweiligen Städten eine starke Präferenz für die lokalen Marken, wie beispielsweise 1,97 von 14 (König Pilsener in Duisburg) oder 3,08 von 14 (Fiege Pils in Bochum, vgl. Tabelle 4-11).

In einem letzten Schritt sollte im Rahmen der empirischen Untersuchung herausgefunden werden, inwiefern eine regionale beziehungsweise lokale Positionierung der Biere tatsächlich helfen kann, die Präferenz für diese Produkte tatsächlich zu erhöhen. Hierzu wurde ein Experiment in drei Städten (Bochum, Dortmund und Duisburg) mit insgesamt 316 Probanden durchgeführt, wobei die Probanden im Rahmen dieses Experiments die Ihnen vorgestellten Biersorten gemäß der eigenen Präferenz sortieren sollten. Damit keine Beeinflussung durch die Marke entstehen konnte, wurde auf amerikanische, in Deutschland eher unbekannte Markennamen zurückgegriffen und die vorgestellten Biere anhand der Eigenschaften „Markenname" (Harpoon Pilsner, Lakefront Pilsner, Acadian Pilsner), „Herkunftsstadt" (Bochum, Dortmund, Duisburg), „Preis" (11,99DM/16,99DM/19,99DM pro Kiste) und „Geschmack" (herb schmeckend, mild schmeckend) bewertet.

Die Ergebnisse dieses Conjoint Experiments sind recht eindeutig, wie Tabelle 4-14 erkennen lässt. Beginnend mit den Ergebnissen der Gesamtstichprobe, also den gemittelten Ergebnissen über alle Städte hinweg verteilt, zeigt sich, dass die „Herkunftsstadt" des Bieres aus Sicht der Konsumenten mit einer Wichtigkeit von 32,69 Prozent eine herausragende Bedeutung für die Kaufentscheidung besitzt. Diese Wichtigkeit liegt sogar noch oberhalb der Wichtigkeit, welche dem „Preis" (29,45 Prozent) als kaufentscheidendes Kriterium eingeräumt wird. Als deutlich weniger wichtig wurden der „Geschmack" des Bieres (21,11 Prozent) und die „Marke" (16,75 Prozent) erachtet.

Bei den jeweiligen Ausprägungen zeigt sich insbesondere bei Betrachtung der Eigenschaften „Preis" und „Geschmack" ein eindeutiges Bild. Der Preis des Bieres darf aus Probandensicht nicht zu niedrig sein, d.h. die Existenz einer Preisuntergrenze für eine Kiste Bier wird deutlich belegt. Erkennen lässt sich dies insbesondere an der Tatsache, dass der Teilnutzenwert für den niedrigen Preis (11,99 DM) mit -0,3228 deutlich geringer ausfällt als die Teilnutzenwerte für den mittleren (0,2889 für 16,99 DM) und den hohen (0,0339 für 19,99 DM) Preis. Gleichermaßen existiert eine eindeutige Präferenz für herb schmeckendes Bier, da auch hier der Teilnutzenwert mit 0,3897 deutlich größer war als der Teilnutzenwert für mild schmeckendes Bier (-0,3897).

Interessanterweise lassen sich die zuletzt diskutierten Beobachtungen auch bei Betrachtung der drei Teilstichproben aus Dortmund, Bochum und Duisburg bestätigen. Der Preis besitzt in allen drei Städten die zweithöchste Wichtigkeit (27,43 Prozent in Dortmund, 31,11 Prozent in Bochum und 29,75 Prozent in Duisburg) mit der weiteren

Ausführung, dass erneut der mittlere Preis (16,99DM) den höchsten Teilnutzenwert zugewiesen bekommt beziehungsweise der niedrige Preis (11,99DM) den geringsten Teilnutzenwert erreicht, unabhängig von der jeweiligen Stadt. Ähnlich übergreifende Beobachtungen lassen sich auch für den Geschmack des Bieres erstellen – es zeigt sich einerseits, dass der Geschmack das jeweils drittwichtigste Kaufentscheidungskriterium darstellt (19,77 Prozent in Dortmund, 22,28 Prozent in Bochum und 21,25 Prozent in Duisburg) und andererseits, dass erneut das herb schmeckende Bier deutlich gegenüber dem mild schmeckendem Bier präferiert wird.

Insbesondere die Beobachtung einer Preisuntergrenze wird durch weitere sekundärstatistische Ergebnisse gestützt. Dabei zeigt sich insbesondere, dass der Absatz und das Angebot im Bereich der Premium-Segmente stark angestiegen sind. Dies lässt sich insbesondere dadurch erklären, dass Premium-Angebote sehr von dem im Handel immer deutlicher zu beobachtenden Preiskampf profitieren, da diese in die Preis- und Angebotskommunikation der entsprechenden Händler mit einbezogen werden. Dies ist insbesondere bei Bieren, die bislang ausschließlich über den günstigen Preis positioniert wurden, nicht möglich.

Zuletzt interessiert natürlich besonders, wie die jeweilige Herkunftsstadt des Bieres in den Kaufentscheidungsprozess einfließt. Erwartungsgemäß zeigt sich zunächst, dass auch in den drei Teilstichproben die Herkunft des Bieres das wichtigste Kriterium darstellt, mit relativen Wichtigkeiten von 34,55 Prozent in Dortmund, 32,63 Prozent in Bochum und 30,96 Prozent in Duisburg. Darüber hinaus ergibt sich ebenfalls wie erwartet, dass der Teilnutzenwert „hergestellt in Dortmund" in der Dortmunder Stichprobe mit Abstand am größten ausfällt (1,2427 vs. -0,3236 für „hergestellt in Bochum" beziehungsweise -0,9191 für „hergestellt in Duisburg"). Dieselbe Beobachtung lässt sich auch für die anderen beiden Teilstichproben machen – in Bochum erzielt die Ausprägung „hergestellt in Bochum" ebenso den größten Teilnutzenwert (1,0597 vs. -0,5126 für „hergestellt in Dortmund" beziehungsweise -0,5472 für „hergestellt in Duisburg") wie dies in Duisburg für „hergestellt in Duisburg" der Fall ist (1,0723 vs. -0,3333 für „hergestellt in Dortmund" beziehungsweise -0,7390 für „hergestellt in Bochum").

Somit lässt sich zusammenfassend als Ergebnis der Conjoint-Analyse und auch der vorherigen Betrachtungen eindeutig festhalten, dass die Herkunft des Bieres eine ganz entscheidende Rolle im Kaufentscheidungsprozess der Konsumenten spielt.

5.3   Empfehlungen und praktische Konsequenzen

Die lokale Produktherkunft beeinflusst als zentrale Eigenschaft das Kaufentschei-
dungsverhalten der Konsumenten.[2] Dabei zeigten die Untersuchungsergebnisse bei
den Probanden eine klare Präferenz für die in der eigenen Stadt hergestellten Biere,
und das, obwohl die Städte der Untersuchung räumlich sehr nah beieinander lagen.
Die Tatsache, dass beispielsweise die Dortmunder sich eindeutig von den Bochumer
Konsumenten in ihrer Herkunftspräferenz unterschieden und beide die jeweils heimischen Biermarken bevorzugten, unterstreicht die Notwendigkeit, neben den allgemeinen Marketingmaßnahmen auch lokal angepasste Aktivitäten durchzuführen, um die
Absatzchancen in den Zielmärkten zu verbessern. Darum erscheint es für die Brauereien sinnvoll, differenzierte Kommunikationsstrategien zu entwickeln, einerseits
bezogen auf die Kommunikationsmaßnahmen für den Bereich innerhalb der Herstellungsstadt und andererseits bezogen auf Maßnahmen, die sich mit dem Zielmarkt
außerhalb der Herstellungsstadt eines Bieres auseinander setzen. Im Folgenden werden beide Betrachtungsweisen bei der Ableitung von praktischen Konsequenzen für
die Vermarktung der Produkte berücksichtigt.

Die in der empirischen Untersuchung gewonnenen Erkenntnisse ermöglichen nunmehr die Ableitung von Handlungsempfehlungen für die strategischen und operativen Marketingentscheidungen im Biermarkt. Dabei werden auf der strategischen Ebene insbesondere Entscheidungen bezüglich der Standortwahl, des Markteintritts, der
lokalen Marktbearbeitung und der Identifikation von Segmenten beeinflusst, währenddessen sich die Implikationen im Rahmen der operativen Entscheidungen auf die
Ausgestaltung des Marketing-Mix, und dabei vor allem auf die kommunikationspolitischen Maßnahmen, beziehen. Im Weiteren wird der Fokus auf die kommunikationspolitischen Maßnahmen gerichtet.

Auf Grund der Präferenz der Konsumenten für deren Heimatstadt als Herkunft von
Bieren erscheint es für die Brauereien im Rahmen der **Kommunikationspolitik** sinnvoll, zusätzlich zu einer allgemeinen Basiskampagne eine lokal differenzierte Kommunikationsstrategie durchzuführen. Die konkrete Ausgestaltung der lokalen kommunikationspolitischen Maßnahmen ist dann in Abhängigkeit von den ausgewählten
Zielmärkten festzulegen. Die Einbindung der Herkunft in die Werbeaussagen besitzt
damit in Abhängigkeit vom jeweiligen Zielmarkt eine unterschiedliche Wirkung. Innerhalb der eigenen Herkunftsstadt kann die aktive Kommunikation der Herkunft
somit zu einer effizienten Vermarktung der Biere beitragen, während deren Effekt
außerhalb der Herstellungsstadt entgegengesetzt wirken kann.

---

[2]   Die in der Conjoint-Analyse ermittelte und im Vergleich zur Herkunft geringere Bedeutung
des Preises unterstreicht die besondere Relevanz der Herkunft bei der Kaufentscheidung.

Nachfolgend werden die aus den vorliegenden Untersuchungsergebnissen resultierenden praktischen Konsequenzen für das lokale Marketing aufgezeigt und diskutiert.
Es werden einige konkrete Maßnahmen bezüglich der Ausgestaltung der kommunikationspolitischen Maßnahmen skizziert.

Im Allgemeinen ergab die Datenauswertung, dass der überwiegende Anteil der Befragten (87,7 Prozent) eine Lieblingsmarke besitzt, die hauptsächlich aus der jeweiligen Erhebungsstadt kommt. Dabei entfiel auf die lokalen Marken in Dortmund[3] ein
Anteil von 50,6 Prozent, während sich in Bochum 55,7 Prozent und in Duisburg 75,8
Prozent für die lokalen Marken entschieden. Diese Anteile für die Präferenz lokaler
Produkte weisen zwar relativ hohe Werte auf, dokumentieren aber gleichzeitig das
bislang noch nicht ausgeschöpfte Absatzpotenzial der lokalen Hersteller in ihren Heimatmärkten. Deshalb sollte durch den Einsatz geeigneter lokaler Marketingmaßnahmen die Präferenz für die heimischen Biere gestärkt und damit in der Konsequenz der
Absatz der eigenen Produkte gesteigert werden.

Zusammenfassend lassen sich die allgemeinen Auswirkungen für das lokale Marketing folgendermaßen beschreiben: Vor dem Hintergrund eines atomistischen Biermarktes kommt dem lokalen Marketing-Mix, und darin insbesondere der Kommunikationspolitik, eine große Bedeutung zu. Dabei sollte die heimische Herkunft in der
jeweiligen Herstellungsstadt des Bieres als kaufentscheidungsrelevante Eigenschaft in
lokalen Kampagnen konsequent und offensiv herausgestellt werden, um einen positiven Absatzeffekt zu ermöglichen. Im Gegensatz dazu sollte die Betonung der Herkunft in Märkten außerhalb der Herstellungsstadt unterbleiben. Die konkreten
Empfehlungen werden nachfolgend skizziert.

Auf Grund der Existenz der lokalen Herkunftspräferenz bei den Konsumenten ergibt
sich die beschriebene Notwendigkeit einer lokal differenzierten Kommunikationsstrategie. Dabei ergeben sich für das Brauereimarketing bei der konkreten Ausgestaltung
der kommunikationspolitischen Maßnahmen in Abhängigkeit der verschiedenen
Zielmärkte grundsätzlich zwei strategische Ansatzpunkte. Dabei ist zwischen der
Vermarktung des Bieres innerhalb und außerhalb der Herstellungsstadt zu differenzieren. Für die Vermarktung der Produkte bedeutet es im Allgemeinen, dass die Produktherkunft im Rahmen kommunikationspolitischer Maßnahmen innerhalb der
Herstellungsstadt besonders hervorgehoben werden sollte, während diese bei Maßnahmen außerhalb der Herstellungsstadt nicht betont werden sollte.

Bei der Vermarktung der Produkte **innerhalb der Stadt** ist es den Brauereien deshalb
zu empfehlen, neben der allgemeinen Basiskampagne insbesondere im Rahmen von
lokalen Werbe- und Verkaufsförderungsmaßnahmen sowie der lokalen Öffentlichkeitsarbeit den Lokalbezug explizit herauszustellen. Das kann sich im Werbebereich

---

3   In Dortmund wurden mehrere Marken in die Untersuchung einbezogen, so dass hier unab-
    hängig von der konkreten Marke nur die jeweilige Herkunft relevant war.

darin zeigen, dass zusätzlich zur Basiskampagne gezielt lokale Medien für Werbemaßnahmen gebucht werden, in denen der Herkunftsbezug deutlich kommuniziert werden kann, beispielsweise durch die Betonung des Labels „made in <Stadt>". Aber auch die Kommunikation der Herkunft als Verkaufsargument über andere verbale und nonverbale Herkunftszeichen ist denkbar. Das umfasst Werbemaßnahmen einerseits in den lokalen Printmedien wie beispielsweise Lokalzeitungen, Stadtteilzeitungen und Anzeigenmagazinen, andererseits allerdings auch in den mittlerweile in vielen Städten vorhandenen Lokalradios. Darüber hinaus ist die Einbindung des Lokalbezugs in Anzeigen in Speisekarten der lokalen Gastronomie oder auf Bierdeckeln und Biergläsern möglich.

Der Schwerpunkt der Kommunikationsstrategie sollte indes im Rahmen von Verkaufsförderungsmaßnahmen auf dem lokalen Marketing am Point of Sale (POS) liegen, wobei die nachfrage- und kundenorientierte Warenpräsentation durch verschiedene verkaufsfördernde Maßnahmen unterstützt werden sollte. Das umfasst den Einsatz von Displays und Dekorationsmaterial mit Lokalbezug wie beispielsweise Zweitplatzierungsdisplays, Kastenstecker oder Regalstopper, bezieht sich aber gleichermaßen auch auf lokal ausgerichtete Promotions, Preisausschreiben und Gewinnspiele. Begleitend können dazu im POS-Radio Werbespots geschaltet werden. Im Bereich des Sponsorings sollte verstärkt darauf geachtet werden, bei Festveranstaltungen in der Stadt präsent zu sein und dabei die besondere Beziehung zur Stadt herauszustellen. Gleichermaßen wichtig ist in diesem Zusammenhang die Unterstützung lokaler Vereine und ein Engagement im sozialen und kulturellen Bereich. Insgesamt sollten die Brauereien umso stärker mit dem Lokalbezug arbeiten, je kleiner ihr Distributionsgebiet ist.

Außerhalb der Herstellungsstadt hängt die Ausgestaltung der Kommunikationsstrategie entscheidend davon ab, wie weit der Zielmarkt räumlich von der Herkunftsstadt der Biere entfernt ist und ob es in der jeweiligen Stadt Brauereien gibt oder nicht. Zudem kann davon ausgegangen werden, dass im Zielmarkt andere Konsumentenpräferenzen existieren, die bei der Ausgestaltung der Kommunikationspolitik berücksichtigt werden müssen. Existieren im Zielmarkt keine Brauereien und liegt dieser in der Nähe der Herkunftsstadt des Bieres, sollten die lokalen Anbieter versuchen, außerhalb der eigenen Stadt den Regionalbezug in den Vordergrund der kommunikationspolitischen Maßnahmen zu stellen und in ähnlicher Weise zu verfahren wie bei den Maßnahmen mit Lokalbezug. Allerdings sollte zuvor überprüft werden, ob die Konsumenten über einen Regionalbezug zum Kauf der eigenen Produkte motiviert werden können. Existiert in dem ausgewählten Zielmarkt dagegen eine Brauerei, kann von stärkeren Präferenzen für die dort heimische Marke ausgegangen werden, und demzufolge sollte die Produktherkunft dann nicht in den Werbe- und Qualitätsaussagen thematisiert werden.

Befindet sich der Zielmarkt nicht in der heimischen Region, sollte von einer Kommunikation der Produktherkunft vollständig abgesehen werden. Dann sollte versucht werden, durch geeignete Kommunikationsmaßnahmen zwischen der Biermarke und der Stadt eine emotionale Beziehung aufzubauen, um den Nachteil, nicht aus der Stadt zu kommen, zu kompensieren. Auch hier bieten sich die bereits diskutierten Maßnahmen der Werbung, der Verkaufsförderung sowie der Öffentlichkeitsarbeit an, wobei in diesem Kontext keine Betonung der Herkunft erfolgen sollte. Stattdessen ist der jeweilige Zielmarkt stärker in den Fokus zu rücken. Werden dort beispielsweise gezielte Maßnahmen zur Unterstützung lokaler Vereine, von Festveranstaltungen, Bibliotheken, Musikschulen oder des Theaters vorgenommen, kann dadurch die emotionale Nähe zu den Konsumenten im Zielmarkt verstärkt werden. Das kann gleichermaßen durch die Schaltung lokaler Anzeigen oder Werbespots im Lokalradio unterstützt werden. So ist es möglich, von den Konsumenten als Marke wahrgenommen zu werden, die sich um die Stadt bemüht, woraus eine bessere Position der Biermarke im Wahrnehmungsraum der Verbraucher in der jeweiligen Stadt resultieren kann.

Literaturverzeichnis

APS, B., R. BÖHLKE; G. LANGE; H. JÄCKEL: Brauereien 2015: Wege aus der Krise, Eschborn: Ernst & Young, 2003.

ASKEGAARD, S.; G. GER: Product-Country Images: Toward a Contextualized Approach, in: Advances in Consumer Research, 1998.

GORGS, C.: Nette Zwerge, in: WirtschaftsWoche, 21, S. 48-54, 2003.

HEAD, D.: Made in Germany, London, Sydney, Auckland: Hodder & Stoughton, 1992.

HOOLEY, G. J.; D. SHIPLEY; N. KRIEGER: A Method for Modelling Consumer Perceptions of Country of Origin, in: International Marketing Review, 5, S. 67-77, 1988.

LEVITT, T.: The Globalization of Markets, in: Harvard Business Review, May/June, S. 92-102, 1983.

MÜLLER, R.: Das Image eines Landes wird auch durch Produkt- und Firmenmarken geprägt, in: Markenartikel, 52, 7, S. 335, 1990.

O.V.: Pflichtpfand beflügelt: Ostwestfalen-Lippes Brauereien spüren Absatzbelebung, in: Neue Westfälische, 173, 2003.

PAPADOPOULOS, N.; L. A. HESLOP: Product Country Images: Impact and Role in International Marketing, New York: International Business Press, 1993.

PAPADOPOULOS, N.; L. A. HESLOP; J. MARSHALL: Strategic Implications of Product and Country Images: A Modelling Approach, in: E.S.O.M.A.R., 41, S. 69-90, 1988.

SCHIRRMANN, E.: Lokale Produktherkunft und Konsumentenverhalten – Der Einfluss der City-of-Origin auf die Kaufentscheidung, Wiesbaden, 2005.

SCHULTE, A. T.: Die Internationalisierung der deutschen Brauwirtschaft: Notwendigkeit, Potentiale und Bereitschaft zu internationalen Markterweiterung, in: Schriftenreihe für die Brauwirtschaft, Band 9, Lück, W. (Hrsg.), Krefeld, 1999.

SCHWEIGER, G.; G. HÄUBL: Kausale Wirkungszusammenhänge zwischen Herkunftsland und Marke bei der Beurteilung eines neuen PKW, in: Automobilmarktforschung — Nutzenorientierung von PKW-Herstellern, Bauer, H. H., E. Dichtl und A. Herrmann (Hrsg.), München: Vahlen, S. 93-118, 1996.

SCHWEIGER, G.; H. KURZ: Herkunftstypische Positionierung und Werbung: Die Nutzung des Image Österreichs und österreichischer Regionen für die Vermarktung österreichischer Produkte, in: der markt, 36, 140, S. 84-92, 1997.

SINKOVICS, R.: Ethnozentrismus und Konsumentenverhalten, Wirtschaftsuniversität Wien, 1999.

TROMMSDORFF, V.: Konsumentenverhalten, Stuttgart: Kohlhammer, 2003.

Gunther Olesch

Fachkräftemangel als Herausforderung
Fallstudie Phoenix Contact GmbH & CO. KG

1 Herausforderung Demografie

Die größte Herausforderung neben dem globalisierten Markt ist die demografische Entwicklung Deutschlands. Uns werden die Fachkräfte in den nächsten Jahren ausgehen, da die Geburtenzahlen seit vielen Jahren stagnieren. Von 2005 bis 2010 werden wir 1,6 Mio. Menschen in Arbeit verlieren, bis 2015 werden es sogar 3,5 Mio. sein. Deutschland hat leider zu wenig junge Menschen, die nachwachsen. Wir brauchen jedoch dringend hoch qualifizierte Fachkräfte, um unsere Kernkompetenz in komplexen Technologien auf dem Weltmarkt zu sichern und auszubauen. Ziel von HR Managern sollte sein, unsere Position an der Weltspitze zu halten. Daher müssen ambitionierte Unternehmen heute Maßnahmen einleiten, um morgen bei einer geringer werdenden Bevölkerung über genügend Fachkräfte zu verfügen. Und morgen wird bereits 2010 sein. Dann wird die Demografie einen deutlicheren Mangel an Fachkräften hervorbringen, der sich in den weiteren Jahren noch verschlimmern wird.

Gegen die Herausforderungen einer Qualifizierten-Dürre kann man etwas unternehmen. Arabische Länder z.B., auf die eine Dürre zukommt, bauen Wasserreservoirs. Dadurch können sie bei Trockenheit in ihren geschaffenen Oasen bestens leben. Was können für die deutsche Wirtschaft Reservoirs sein? Heute mehr Aus- und Weiterbilden, um beim zukünftigen Fachkräftemangel, diese Führungskräfte zur Verfügung zu haben.

Daher sind Initiativen und Personalstrategien notwendig, um diese Herausforderung erfolgreich zu meistern. Es ist eine große Chance für Human Resources Verantwortliche eine wichtige Leadershiprolle zu übernehmen. Phoenix Contact wendet pragmatische Maßnahmen an, die in diesem Beitrag geschildert werden. Dabei wird die demografische Entwicklung in Deutschland und die Globalisierung unserer Wirtschaft als ein primärer Initiator vieler personalpolitischer Aktivitäten betrachtet. Sie wird die zentrale Herausforderung der nächsten Jahre sein.

2 Aus- und Weiterbildung intensivieren

Der natürliche Feind des Bildungswesens sind seine Kosten. Leider werden im Falle eines Sparauftrages an einen Manager primär im Personal- und Bildungsbereich Kosten und somit Potenziale reduziert (Abbildung 2-1). Hier gilt es für die HR-Manager, Überzeugungsarbeit zu leisten und Durchsetzungsfähigkeit zu beweisen, um genügend Budget für die Bildungsaufgaben zur Verfügung gestellt zu bekommen.

Abbildung 2-1: *Bugetkürzungen in Unternehmen*

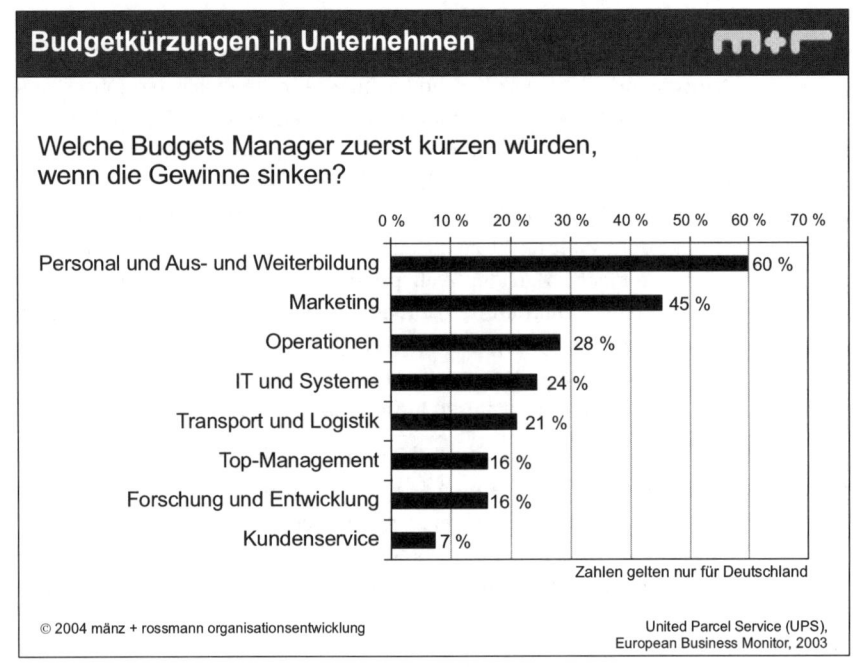

Ohne ausgeprägte Aus- und Weiterbildung wird die deutsche Technologieführerschaft in der Welt verloren gehen. Und dass hier Nachholbedarf besteht, zeigt sich darin, dass die Bildungsinvestitionen der deutschen Wirtschaft hinter denen vieler anderer Industrienationen in den letzten Jahren zurückgefallen sind. Daher setzt z.B. Phoenix Contact ein doppelt so hohes Bildungsbudget ein, wie es in der Industrie üblich ist. Gerade die Entwicklung der Mitarbeiter ist ein zentrales Thema bei den schriftlich fixierten Kulturwerten bei Phoenix Contact.

Da Weiterbildung teuer ist, betreiben wir Insourcing von Bildungsmaßnahmen, um Kosten zu reduzieren. Es wird z.B. kleineren Unternehmen, die über keine Ausbildungsmöglichkeiten verfügen, angeboten, junge Menschen bei Phoenix Contact ausbilden zu lassen. Weiter werden Weiterbildung, Personalentwicklung sowie Coaching von Mitarbeitern für andere Unternehmen geleistet. Dadurch erwirtschaftet das HR Management einen Umsatz, der die eigenen Kosten um 15 % reduziert. So werden Personaldienstleistungen finanziell entlastet und daher für das eigene Unternehmen attraktiver (Olesch, 2003). Für seine Aktivitäten hat Phoenix Contact den Arbeitgeberpreis für die beste betriebliche Ausbildung in Deutschland 2007 erhalten.

3   Frauen in technische Berufe

Heute sind primär Männer in technischen Berufen tätig, und die Demografie lässt sie weniger werden. Technologisch Ausgebildete sind für unsere Export-Marktführerschaft unbedingt notwendig. Immer noch sind zu wenige Frauen heute daran interessiert. Daher müssen mehr motiviert werden, technische Berufe zu erlernen. Hier sollten Personalmanager ansetzen, um ein erfolgreiches Personalmarketing dafür zu entwickeln. Das ist nicht leicht, da ein konservatives Rollenverständnis in vielen Frauen-, Mädchen-, Eltern- und Männerköpfen nach wie vor besteht: „Für Mädchen ist Technik nix. Frauen haben kein Händchen dafür!" habe ich von diversen Eltern gehört, was natürlich einen starken Einfluss auf die Berufswahl ihrer Töchter hat. Fakt ist, und das haben wir in unserem Unternehmen seit langem erkannt, dass Frauen motiviert werden können, erfolgreich in technischen Berufen tätig zu werden. Hier müssen Personalmarketingprogramme entwickelt und realisiert werden, um das traditionelle Bewusstsein zu verändern. Dabei müssen neben jungen Frauen vor ihrer Berufswahl auch ihre Eltern eingebunden werden. Unternehmen müssen zusammen mit Schulen, Hochschulen und Eltern häufige und regelmäßige Veranstaltungen initiieren, die das Interesse von jungen Frauen an technischen Berufen nachhaltig wecken.

Bei Phoenix Contact finden regelmäßig Frauenpower Tage und Girls Days statt, in denen Mädchen und deren Eltern Technik von berufserfahrenen jungen Ingenieurinnen oder Facharbeiterinnen vermittelt bekommen. Wir beteiligen uns ebenfalls an vielen Veranstaltungen an Hochschulen, Schulen und Messen zum gleichen Thema. Hier leisten wir kontinuierliche Bewusstseinsentwicklung mit erheblichen, aber notwendigen finanziellem Aufwand.

4   Generation Gold

Um gegen den demografischen Wandel zu wirken, ist es notwendig, ältere Mitarbeiter einzustellen und zu entwickeln. Ende der neunziger Jahre und Anfang 2000 haben viele Großkonzerne Mitarbeiter, die älter als 50 Jahre waren, entlassen. Häufig wurde zu Felde geführt, dass Leistungsfähigkeit nicht mehr wie bei jüngeren Mitarbeitern vorhanden ist. Außerdem wurde auf die altersbedingten längeren Krankheitszeiten verwiesen. Es folgten daher Entlassungen. Es gibt genügend Arbeitslose über 50 Jahre, die unverschuldet wie durch Insolvenz ihres Unternehmens ihren Arbeitsplatz verloren haben. Diese sind, so haben wir es erlebt, hoch motiviert, wieder eine Berufschance in einem Unternehmen zu bekommen.

Unternehmen, die ältere Mitarbeiter abgebaut haben, betonten häufig nur die Nachteile dieser Altersgruppe und haben sie den Vorteilen jüngerer Mitarbeiter gegenübergestellt. Der Vergleich hinkt jedoch. Wenn ich eine Gegenüberstellung von jung und alt vornehme, muss ich die jeweiligen Vor- und Nachteile miteinander vergleichen. Dabei kommen ältere Mitarbeiter besser weg als ihr Ruf, wie die folgende Auflistung zeigt.

Tabelle 4-1:   *Ältere Mitarbeiter*

Vorteile	Nachteile
– Erfahrungswissen	– geringere Lernfähigkeit
– Arbeitsdisziplin	– geringere Risikobereitschaft
– Einstellung zur Qualität	– mangelnde körperliche Belastbarkeit
– Loyalität	– höherer Krankenstand
– Gelassenheit	– weniger Innovationsfähigkeit
– Belastungsfähigkeit bei sozialen Themen	
– Führungskompetenz	

Tabelle 4-2:   *Jüngere Mitarbeiter*

Vorteile	Nachteile
– Dynamik	– Unerfahrenheit
– Mut	– Risikofehleinschätzung
– Körperliche Leistungsfähigkeit	– mangelnde Unternehmensbindung
– Innovationskraft	– geringeres Qualitätsbewusstsein
– Gesundheit	– weniger Gelassenheit

Um der demografischen Herausforderung zu trotzen, empfiehlt es sich, 50-jährige einzustellen und den Anforderungen entsprechend weiter zu bilden. Phoenix Contact führt z.B. Weiterbildungsmaßnahmen durch, in denen über 50-jährige Arbeitslose in neue Berufe wie Mechatroniker entwickelt werden. Sie erhalten durch die klassische Prüfung bei der IHK den Facharbeiterbrief. Häufig werden die Qualifizierungsmaßnahmen von den Agenturen für Arbeit gefördert, wodurch eine finanzielle Entlastung des Unternehmens erfolgt.

Aber auch langjährige Mitarbeiter über 50 – die Generation Gold – nehmen aktiv an den Weiterbildungsmöglichkeiten im Unternehmen teil. Denn schließlich müssen auch sie auf dem aktuellsten technischen Stand gehalten werden, um die fortschreitende Entwicklung der deutschen Wirtschaft mit forcieren zu können. Zum Beispiel können 50- bis 58-jährige eingestellt werden, um die Unterdeckung von Fachkräften zu reduzieren. Sie können aber auch engagiert werden, um jüngere High Potentials zu Führungskräften zu entwickeln.

> So wurde ein 54-jährige ehemaliger Werksleiter eingestellt, um einen 32-jährigen, potenziellen Nachfolger zu entwickeln und zu coachen. Man stelle sich wie in vielen Unternehmen praktiziert vor, ein 38-jähriger soll einem 32-jährigen sein Knowhow vermitteln. Das kann häufig nicht funktionieren. Durch das ähnliche Alter entsteht eine starke Konkurrenzsituation, wo eher das gegenseitige Sägen als das Fördern im Vordergrund stehen kann. Denn der 32-jährige will den 38-jährigen nicht erst nach seiner Pensionierung beerben. Sondern eher. Eine ältere Führungskraft dagegen gibt eher sein Wissen an eine jüngere weiter, weil diese Konkurrenzsituation nicht besteht.

5 Entwicklung von Migranten

Hauptschüler stellen eine Personengruppe dar, die in Zukunft die Nachfrage an Personal der Unternehmen decken könnten. Gerade ausländische Jugendliche besuchen primär Hauptschulen. Leider reicht ein solcher Abschluss häufig nicht aus, um einen anspruchsvollen Beruf zu erlernen. Defizite in Schlüsselqualifikationen sind leider auch vorhanden. Man kann darüber lamentieren, dass unser Bildungssystem Mängel aufweist. Das Jammern wird jedoch keine Lösung herbeiführen.

Phoenix Contact hat mit Hauptschulen seit einigen Jahren ein Programm entwickelt, um deren Schüler ausbildungsfähig zu machen. Ein Jahr vor ihrem Hauptschulabschluss werden sie mit ihren Lehrern in den betrieblichen Alltag parallel zum Schulunterricht integriert. So lernen sie alles kennen, was später für ihre betriebliche Ausbildung notwendig ist. Die meisten dieser Schüler entwickeln sich derart positiv, dass sie nach ihrem Hauptschulabschluss in ein festes Ausbildungsverhältnis übernommen werden. Für diese Initiative erhielt Phoenix Contact den zweiten Platz im Wettbewerb „Ausbildungsass in Deutschland" vom Bundesministerium für Bildung und Forschung.

Weiterhin gilt es, jungendliche Migranten zum Studium zu motivieren. Schließlich ist Deutschland ein Hochtechnologie-Standort und benötigt entsprechend hoch qualifizierte Mitarbeiter, ganz besonders Ingenieure. Nun denken viele Migrantenfamilien weniger daran, ihre Kinder studieren zu lassen. Hier muss man als Unternehmen in die sozialen Gemeinschaften der Migranten gehen, sei es mit russlanddeutschem oder türkischem Hintergrund, um dort zu „missionieren". Es muss bei den Eltern das Bewusstsein geschaffen werden, dass ihre Kinder studieren können. Wir haben viele positive Erfahrungen bei solchen Maßnahmen gewonnen. So lassen wir jugendliche Migranten, die bei uns ein Studium absolvieren, bei Veranstaltungen vor ihresgleichen vortragen, wie ein Studium erfolgreich absolviert werden kann.

6 Duales Studium

Zu dem zukünftigen Mangel an Fachkräften werden auch Akademiker gehören. Daher bieten moderne Unternehmen lern- und leistungswilligen Jugendlichen eine Ausbildung mit parallelem Studium an. In vier Jahren können sie den Facharbeiterbrief und den Bachelor-Abschluss erlangen. Hochschulen richten sich heute gerne nach den Ausbildungsprogrammen der Unternehmen, so dass eine Synchronisation von Ausbildung und Studium möglich ist. Der Vorteil für Unternehmen ist, dass sie den jungen Menschen über vier Jahre mit seinen Stärken und Schwächen kennen lernen und ihn optimal entwickeln können. Eine teure Fehlbesetzung ist nach diesen Erfahrungen fast nicht möglich. Der Jugendliche andererseits kann sich besser fachlich und menschlich integrieren. Daraus resultiert erfahrungsgemäß eine starke Unternehmensbindung, so dass ein großer Bedarf an zukünftigen Akademikern gedeckt werden kann (Olesch, 2001).

Darüber lohnt es sich, z.B. Lehrstühle, Laboratorien zu finanzieren. Weiterhin empfiehlt es sich, Lehrbeauftragte für die umgebenden Hochschulen zur Verfügung zu stellen, wodurch rechtzeitige Kontakte, ja auch Bindungen zwischen angehenden Akademikern und den Unternehmen entstehen und man trotz des War of Talent genügend von ihnen gewinnen kann.

7 Strategien gegen zukünftigen Fachkräftemangel

Wenn aufgrund der Demografie ein Mangel an Fachkräften entstehen wird, werden Unternehmen untereinander versuchen, sich gute Mitarbeiter abzuwerben. Hochqualifizierte Kräfte werden eine große Auswahl von Arbeitsplatzangeboten erhalten. Dadurch wird die Fluktuation in deutschen Unternehmen zwangsläufig steigen. Also wird neben den bereits geschilderten strategischen Personalentwicklungsmaßnahmen, die Bindung von Qualifizierten eine weitere Herausforderung für die Unternehmen sein (Olesch & Paulus, 2000).

Um qualifizierte Mitarbeiter zu halten, sollte man adäquate Karrierechancen anbieten. Diese werden einmal durch die klassische Führungslaufbahn repräsentiert. Da heute schlanke Organisationen gefragt sind, wird es in Zukunft nicht genügend Führungsfunktionen geben, die die Leistungsträger an das Unternehmen binden. Daher müssen Fachleiter- oder Projektleiter-Laufbahnen entwickelt werden. Diese Funktionen benötigen ein überdurchschnittlich hohes und differenziertes Fachwissen, um komplexe Aufgaben zu erfüllen. Fachleiter erhalten hohe Kompetenzen und tragen umfassende unternehmerische Verantwortung. Dadurch können sie ein adäquates Einkommen erhalten, wie es einer Führungskraft entspricht. Der primäre Unterschied zur Führungskraft liegt darin, dass ihnen keine Mitarbeiter unterstellt sind.

8 Gesundheitsmanagement – Präventive Erhaltung der Leistungsfähigkeit

Wie bereits erwähnt, wird die deutsche Bevölkerung immer älter. Dadurch verlagern sich bei Menschen auch die Lebensprioritäten. Während bei Jüngeren eher das Karrierestreben im Vordergrund steht, wollen Ältere eher ein ausgewogenes Leben zwischen Arbeitsleistung, Gesundheit und Lebensqualität erreichen. Daher wird es für Unternehmen zwingend werden, diese Entwicklung von Mitarbeiterbedürfnissen zu berücksichtigen, um qualifizierte Mitarbeiter zu binden und ihre Leistungsfähigkeit zu erhalten.

Gesundheitsförderung für Mitarbeiter wird daher einen hohen Stellenwert in der Personalpolitik von Unternehmen einnehmen. Denn schließlich steigt mit dem Älterwerden der Krankenstand zwangsläufig. Jüngere Menschen erkranken zwar auch, dafür aber nur wenige Tage. Ältere Mitarbeiter erkranken weniger häufig, dafür werden sie jedoch für längere Zeit krank. Bandscheibenvorfälle z.B. ereignen sich eher bei ihnen und deren Heilung dauert nun mal länger. Ein hoher Krankenstand und daher gering leistungsfähige Mitarbeiter verschieben das Preis-Leistungsverhältnis von deutschen Mitarbeitern negativ. Daher sollte der Begriff Personalentwicklung nicht mehr nur die geistige Qualifizierung beinhalten, sondern auch physische. Mens sana in corpore sano. Personalentwicklung für den Körper wird ein entscheidender Faktor für erfolgreiches HR Management. (Olesch, 2005)

9   Bildung als Fundament der Unter-
nehmensstrategie

Über Bildung wird in Politik und Wirtschaft viel diskutiert, beschwört und visioniert. Leider bleibt es zu häufig nur bei Worten und weniger bei Taten. Und dabei drängt uns die Zeit zum Handeln. Deutschland besitzt wie erwähnt keine Rohstoffe wie Öl und Diamanten, die uns wirtschaftliche Prosperität sichern. Unser Vermögen besteht aus dem Know-how unserer Menschen. Dieses Qualifikationskapital hat uns z.B. zum wiederholten Exportweltmeister gemacht. Das ist nur möglich, weil unsere Mitarbeiter über ein hohes Qualifikationsniveau verfügen. Leider sind wir auf bestem Wege, unser wichtigstes Vermögen, die Bildung und damit unsere gute Position in der Weltwirtschaft zu verlieren.

Zwei Tatsachen setzen Deutschland unter dringenden Handlungsbedarf. Erstens ist es die PISA-Studie, die uns eine mangelnde Bildungsqualität attestiert und zweitens die erwähnte demographische Entwicklung. In Deutschland werden in Zukunft Know-how Träger fehlen. Diese Aspekte lassen nur eine Konsequenz zu: Intensivierung der Bildungsarbeit, um unsere Zukunft zu sichern und auszubauen. Daran müssen sich die Unternehmen aktiv beteiligen. Bildungsarbeit muss zu einem ihrer Primärziele werden. Das sollte sich jedes Unternehmen zu Herzen nehmen. So hat Phoenix Contact Personalentwicklung als festen Bestandteil in die Unternehmensstrategie aufgenommen:

Abbildung 9-1:   *Corporate Strategy Human Resources*

Corporate Strategy
Human Resources

Phoenix Contact setzt innovative Personalsysteme ein, um erfolgreiche Mitarbeiter zu entwickeln. Fach- und Führungskräfte werden primär aus der Unternehmensgruppe gewonnen.

Unsere Unternehmenskultur fördert Vertrauen und die Entwicklung der Mitarbeiter zum Erreichen vereinbarter Ziele.

Das sind nicht nur schöne Worte, sondern selbst auferlegte Verpflichtungen nach denen wir handeln. Wie sieht das nun in der Praxis aus? „Phoenix College" ist der Markenname, der alle Facetten unserer Bildungsarbeit beinhaltet.

Phoenix Contact bildet überdurchschnittlich viel aus. 8 % der Belegschaft sind Auszubildende. 50 % der jetzigen Belegschaft sind Facharbeiterinnen, die in den letzten fünfzig Jahren im Unternehmen entwickelt worden sind. Unternehmens- und Personalplanung sind bei uns eng verzahnt. Wir bilden gezielt nach Bedarf aus und übernehmen die Auszubildenden, wenn Leistung und Verhalten o. k. sind.

Um den aktuellen Ausbildungsplatzmangel zu bekämpfen, hat sich Phoenix Contact bereit erklärt, 20 % über Bedarf auszubilden. Diese Jugendlichen erhalten eine Berufsausbildung, die ihnen anschließend eine hohe Wahrscheinlichkeit gewährt, als Facharbeiter in einem Unternehmen eingestellt zu werden. Hier erfüllt Phoenix Contact eine soziale Verantwortung.

Wichtig ist, dass junge Menschen auch über den Tellerrand des eigenen Unternehmens blicken. Von daher praktizieren wir Bildungskooperationen z.B. mit VW und Daimler, die gleichzeitig Kunden von uns sind. Unsere Azubis bearbeiten gemeinsame Projekte und pflegen einen regen Bildungs- und Gedankenaustausch mit den jeweiligen Azubis und Ausbildern dieser Unternehmen. Darüber hinaus lernen sie bereits im frühen Stadium die Bedürfnisse unserer Kunden kennen und können sich in ihrer zukünftigen Arbeit optimal auf sie einstellen.

Ein international wachsendes Unternehmen muss frühzeitig junge Menschen den globalisierten Markt erleben lassen. Daher werden ambitionierte Azubis in unsere Niederlassungen ins Ausland entsandt, um Arbeit, Kultur, Land und Leute kennen zu lernen. Denn „Kommunikation macht aus Nationen Freunde!" Englische und andere Sprachenkenntnisse sind dabei selbstverständlich und werden auch während der Ausbildung vermittelt.

Lebenslanges Lernen ist heute ein klassischer Begriff. Für Phoenix Contact bedeutet dies, eine umfassende Personalentwicklung zu betreiben. Gerade wenn man Innovationskraft als eine wesentliche Unternehmensstrategie definiert hat, ist es unumgänglich, die Mitarbeiter stets auf hohem Qualifikations-Know-how zu halten. Die Anzahl der eigenen Weiterbildungsteilnehmer pro Jahr entspricht daher der Mitarbeiterzahl des Unternehmens.

Um Mitarbeitern Berufsperspektiven im Unternehmen zu ermöglichen, werden Fach- und Führungskräfte primär aus eigenen Reihen gewonnen. Dafür bestehen umfangreiche Personalentwicklungsmaßnahmen, in denen neben fachlicher die soziale Kompetenz einen besonderen Stellenwert einnimmt. Diese Softskills, wie Unternehmens- und Führungskultur, wurden ebenfalls in der Phoenix Contact Strategie verankert:

„Unser Tun wird von wechselseitig verpflichtendem Geist, von Freundlichkeit und Aufrichtigkeit getragen. Unsere Beziehungen sind auf beiderseitig nachhaltigen Nutzen ausgerichtet."

Zur unserer Unternehmenskultur gehört, dass sie nicht — wie traditionell üblich — von externen Unternehmensberatern, sondern von der von Phoenix Contact Geschäftsleitung selber entwickelt und anschließend in Bildungsmaßnahmen den verschiedenen Mitarbeitergruppen vermittelt wurde. Nur durch eine solche Vorgehensweise kann eine Unternehmenskultur wahrhaftig leben: „Denn die Treppe kann nur von oben gefegt werden! Unternehmensstil ist nur dann vorbildlich, wenn er als Vorbild gelebt wird."

Bildung lebt nicht nur innerhalb der Unternehmensgrenzen. Synergien mit anderen Bildungsinstitutionen können die eigene Effizienz steigern. So hat Phoenix College Bildungskooperationen mit den Kultusministerien verschiedener Bundesländer, wie Hessen, Niedersachsen, Rheinland Pfalz, Bremen und Berlin abgeschlossen.

Ziel ist, innovative Bildungsentwicklungen mit Schulen und Hochschulen zu betreiben. Darüber hinaus hat unser Unternehmen den alle zwei Jahre international stattfindenden Bildungswettbewerb „xplore" ausgerufen. Weltweit können Schüler und Studenten mit ihren Lehrern von uns gestellte Automatisierungstechnik einsetzen, um zukunftsweisende Technologien, wie z.B. regenerative Energien, Wissensmanagement und Internet-basierende Projekte zu entwickeln. Schirmherren sind dabei Bundesministerien. Dadurch bindet man im frühen Stadium ihrer Ausbildung junge Menschen an das Unternehmen.

Bildungsarbeit ist kostspielig, was häufig kleinere Unternehmen dazu verleitet, in dieser Hinsicht wenig zu unternehmen. Ihnen fehlen häufig qualifizierte Aus- und Weiterbilder sowie Lehrwerkstätten. Von daher hat sich Phoenix College auf die Fahne geschrieben, für diese Unternehmen aus- und weiterzubilden sowie als Coach oder Berater für Personal- und Organisationsentwicklungsprozesse tätig zu sein. Dies trägt zu beiderseitig nachhaltigen Nutzen bei. Erstens sichern die kleinen Unternehmen ihre Know-how-Träger von morgen und somit ihre wirtschaftliche Zukunft. Zweitens nimmt Phoenix College durch diese Dienstleistung Beträge ein. Diese dienen dazu, die eigenen Bildungskosten zu reduzieren. 15 % ist dadurch unsere Qualifizierungsarbeit günstiger als bei vergleichbaren Unternehmen.

Alle diese Personalmaßnahmen haben dazu geführt, dass Phoenix Contact zum besten Arbeitgeber 2008 prämiert worden ist.

Literaturverzeichnis

OLESCH, G., Aktionen gegen Ingenieurmangel. In: Design & Verification, 5, 2001.

OLESCH, G.; PAULUS, G., Innovative Personalentwicklung in der Praxis. Beck-Verlag, München, 2000.

OLESCH, G., Insourcing von Personalentwicklung. In: Personal, 11, 2003.

HOHLBAUM, A.; OLESCH, G., Human Resources – Modernes Personalwesen. Merkur Verlag, Rinteln 3. Auflage, 2008.

OLESCH, G., Eine Alternative zur Führungskarriere. In Personal Magazin, 6 , 2003.

OLESCH, G., Mens sana in corpore sano. In: HR Services, 12, 2005.

Oliver Kruse/Stefan Lohr

Turnaroundmanagement
Fallstudie Albe Kunststofftechnik GmbH

1 Lernziele und notwendige Vorkenntnisse

Diese Fallstudie dient Studierenden in MBA-Studiengängen oder Teilnehmern anderer postgradualer Programme mit General-Management-Ansatz als Übungsmöglichkeit, um eine spezielle Krisensituation schnell richtig einzuschätzen und operative, mittelfristige und strategische Entscheidungen zu treffen. Die Studierenden werden in die Lage einer Unternehmenskrise versetzt, bei der eine Vielzahl von Maßnahmen in kürzester Zeit einzuleiten sind. Zudem sollen sie lernen, systematisch die Schritte eines Turnarounds auszuarbeiten. Die Bearbeitenden sollten erste Berufserfahrung in einem Unternehmen gesammelt haben und über Kenntnisse in Unternehmensführung, Produktionstechnik, Controlling, Vertrieb und Finanzierung verfügen. Technische Kenntnisse oder spezielles Branchenwissen im Bereich der Kunststofftechnik oder detaillierte Marktinformation im Automotiv-, Mobile- oder Kunststoffmarkbereich sind nicht erforderlich.

2 Die Fallstudie Albe Kunststofftechnik GmbH

2.1 Einleitung

Die im Jahre 1987 gegründete Firma Albe hat sich als globaler Partner für die Automobil-, Telekommunikations- und Haushaltsindustrie zu einem mittelständischen Unternehmen entwickelt. Im Jahre 1998 erfolgte die Übernahme durch einen Telekommunikationszulieferkonzern, im Zuge dessen die Marktposition deutlich ausgebaut werden konnte. Der damalige 85-Mann-Betrieb entwickelte sich innerhalb der nächsten Geschäftsjahre zu einem hochtechnologischen und profitablen Unternehmen. Albe produzierte in den stärksten Geschäftsjahren mit ca. 600 Mitarbeitern auf einer Fläche von 5.000 qm Folientechnologie für verschiedenste Bereiche und Kunden. Dass ein Markt so rasant wachsen würde, hatten die Geschäftsführer von Albe Kunststofftechnik GmbH nicht erwartet. Das Unternehmen konnte innerhalb der nächsten Jahre den Umsatz verdreifachen und wuchs im Zuge der Telekommunikationsentwicklung mit dem Mutterkonzern über Markt. Albe hatte in 2004 das beste Geschäftsjahr und erwirtschaftete überdurchschnittliche Renditen. Damals war eine Kehrtwende auf dem Markt der Telekommunikation nicht absehbar.

Das mittelständische Unternehmen ist heute ein Kompetenzzentrum für die Entwicklung und Herstellung von Folientechnologie. Die Kunden der Albe Kunststofftechnik GmbH sind in erster Linie Großkonzerne aus dem Telekommunikationsbereich und First Tier Supplier aus dem Automotivsektor. Große Namen wie Nokia, Siemens, VDO und Hella, um nur einige zu nennen, stehen auf der Kundenliste. Auch Haushalts- oder Elektronikgerätehersteller stellen eine potenzielle Zielgruppe dar.

Die Produkte wurden zunehmend anspruchsvoller und technologisch komplexer. So entstanden zum Beispiel dreidimensionale Tachosymbolfolien und gelaserte oder lackierte Kunststoffspritzteile. Die Kernkompetenz der Albe ist die Inmould Foiling kurz IMF- Technologie. In diesem Technologiebereich ist Albe eines der vier führenden Unternehmen weltweit. Dieses Verfahren kommt bei der präzisen Verbindung von bedruckten Folien mit Spritzgussteilen zur Anwendung.

2.2 Darstellen der Entscheidungssituation

Im Dezember 2006 wurde die Albe an eine Investorengruppe verkauft.

„Die verkaufen uns?", „Wollen sie uns nicht mehr?", „Was sind wir denn wert?", „Wie soll es jetzt weiter gehen?", „Wer sind die Neuen?", „Schaffen wir die neuen Anforderungen?" so oder so ähnlich fühlen sich viele Betroffene innerhalb eines Unternehmensverkaufsprozesses, wenn ein Unternehmen aus einer Gruppe oder einem Konzern herausgekauft wird. Oftmals sind die Betroffenen mit der neuen Situation überfordert, gerade wenn es in schwierigen wirtschaftlichen Zeiten zum Verkaufsprozess kommt. Die Anforderungen der neuen Gesellschafter sind hoch, die Unternehmenspolitik oft eine ganz andere, die Interessen der Mitarbeiter und anderen Stakeholder sind stark, und der Druck auf die Geschäftsleitung gewaltig.

Ziel der neuen Gesellschafter ist die kurzfristige Identifikation, Planung und Umsetzung von strategischen und operativen Maßnahmen zur schnellen Stabilisierung und Ertragsoptimierung. Langfristig soll es ein erfolgreiches Unternehmen mit einem durchschnittlichen EBIT von mindestens 10 % pro Jahr werden.

Die Geschäftsleitung sah sich am 01.01.2007 mit sehr vielen Informationen und Tatsachen gleichzeitig konfrontiert, so dass sich schnell Interessenkonflikte einstellten. Stark sinkende Umsätze, kaum eigene Vertriebsaktivitäten, Kapazitätsüberhänge in der Produktion, zu hohe Kosten in allen Bereichen, Kürzung der Kreditlinien durch die Banken und Kreditinstitute und Wegfall der Sicherung durch den Mutterkonzern, sind nur einige Beispiele für die neue Situation. Auch der Geschäftsleitung wurde sehr schnell klar, dass ein Arbeiten wie bisher zur Insolvenz führen würde.

2.3 Situation zu Beginn des Geschäftsjahres 2007

2.3.1 Gesellschaft

Zum Verkauf wurden den Investoren zwei voneinander getrennte Gesellschaften angeboten, welche aber nur gemeinsam gekauft werden konnten. Die Haupttransaktion betraf die Albe Kunststofftechnik GmbH, wobei der Kaufpreis sich an den zukünftig erwirtschafteten Gewinnen orientierte. Die Nebentransaktion beinhaltete die Albe Grundstücksverwaltung GmbH mit einem Bilanzwert von ca. 2,5 Mio. Euro. Dieser Grundstückswert richtete sich nach den regional üblichen Bodenwerten mit einer geringen Abwertung aufgrund bestehender Altlasten. Die Investoren kauften zu Beginn des Jahres 2007 beide Gesellschaften.

2.3.2 Marktentwicklung und Stellung des Unternehmens im Markt

Die deutschen Unternehmen der kunststoffverarbeitenden Industrie erzielten in 2005 Umsatzerlöse von insgesamt 44,8 Mrd. Euro. Diese Umsätze verteilen sich auf das In- und Ausland. Auf das Inlandsgeschäft entfallen 28,97 Mrd. Euro mit einer durchschnittlichen Wachstumsrate von 1,1 % jährlich. Der Anteil am Auslandsgeschäft beträgt 15,83 Mrd. Euro mit einer durchschnittlichen Wachstumsrate von 6,4 % jährlich[1]. Die Exporte bzw. das Geschäft mit den international agierenden Kunden stellen den wesentlichen Wachstumsfaktor dar. Der Gesamtverband der kunststoffverarbeitenden Industrie erwartet für die Marktentwicklung im Jahr 2006 ein Wachstum von 2,5 bis 3 %[2]. Das Preisniveau für Kunststoffprodukte steigt gegenwärtig stark an. Der Markt für hochwertige Kunststoff-Spritzgussteile auf IMF- Basis weist hohe Wachstumschancen aufgrund verschiedener Faktoren auf. Es existiert ein steigender Bedarf an hochwertigen Lösungen auf Seiten der Hersteller im Rahmen der Produktdifferenzierung. Immer kürzer werdende Produktlebenszyklen beschleunigen den Bedarf nach neuen Formteilen innerhalb kurzer Zeiträume. Das Prozess-Know-how wird honoriert, wenn dadurch die Gesamt-Herstellkosten bei den Produzenten reduziert werden.

Albe zählt weltweit zu den wenigen Unternehmen, die über die gesamte Prozesskette verfügen. Insofern handelt es sich um einen voll integrierter Anbieter, denn von der

---

[1] Gesamtverband der kunststoffverarbeitenden Industrie, Studie über die Marktentwicklung, 2005.
[2] Gesamtverband der kunststoffverarbeitenden Industrie, Studie über zukünftige Marktentwicklung 2005.

Forschung & Entwicklung über den Werkzeugbau und das Prozess-Management bis hin zur Realisierung und Leitung vollständiger Projekte können alle kundenrelevanten Wertschöpfungsstufen angeboten werden. Zur Umsetzung bzw. Produktion sind alle erforderlichen Fertigungstechnologien verfügbar. Insgesamt wird Albe in den nächsten Jahren ihre relevanten Märkte qualitativ und quantitativ deutlich vergrößern, welche sich auf die drei Bereiche Automotive, New Business und Telekommunikation aufteilen.

2.3.3 Organisation und Personal

Zu Beginn des Geschäftsjahres 2007 sind 400 Mitarbeiter im Unternehmen beschäftigt. 275 Arbeitskräfte sind fest angestellte Arbeitskräfte, wovon sich noch 19 in der Ausbildung befinden. Bei den weiteren 125 handelt es sich um Zeitarbeitskräfte. Eine Tarifbindung existiert nicht. Die Mitarbeiter erhalten Entgelte, die im Durchschnitt rd. 12 % unter dem IG-Metall-Tarif liegen. Das Unternehmen verfügt über einen siebenköpfigen Betriebsrat, von denen ein Mitglied als Vorsitzender freigestellt ist[3]. Albe wird von zwei Geschäftsführern geleitet, wobei die Aufgabenverteilung klar nach den kaufmännischen und technischen Bereichen getrennt ist. Die zweite Führungsebene setzt sich aus insgesamt sechs leitenden Angestellten zusammen. Diese leitenden Angestellten verantworten die Bereiche Logistik, Vertrieb, Projektmanagement, Industrial Engineering und Werkzeugbau, Produktion sowie Qualitätswesen. Die einzelnen Bereiche sind mehr oder weniger gut aufgestellt. Es existieren in der Produktion zum Teil Überhangkapazitäten, welche aufgrund der unzureichenden Betriebsdatenerfassung nur schwer ermittelbar sind.

In den vergangen Geschäftsjahren war Albe mit ihren Vertriebsaktivitäten sehr stark abhängig von dem Mutterkonzern, so dass ein eigenständiger Vertrieb nicht existierte und sich gerade im Aufbau befindet. Die Bereiche Verwaltung, Projektmanagement, Werkzeugbau und Qualitätswesen sind für die Betriebsgröße optimal strukturiert.

2.3.4 Standort und Einrichtung

Der Standort Auebach liegt im Schwarzwald in der Nähe von Lahr und Offenburgen. Die optimalen Verkehrsanbindungen durch verschiedene Autobahnen, den Flughafen Lahr und die ICE-Verbindungen über Offenburgen bieten der Logistik optimale Voraussetzungen, die Kunden zeitgerecht zu beliefern. Albe zählt zu den größten Arbeitgebern in der Region und konnte durch verschiedene Programme den Namen weit über die Region hinaus bekannt machen. Regelmäßige Beiträge in Fachzeitschriften

---

3   Geschäftleitung, Personalstatistik 2006.

und eine ausgeprägte Öffentlichkeitsarbeit zählen zu den Marketingaktivitäten der Albe. Die Albe verfügt über eine gute Infrastruktur mit getrennten Verwaltungs- und Produktionsgebäuden, in denen noch freie Kapazitäten vorhanden sind. Das Produktionsgebäude entspricht einer Art Reinraum mit eigener Klimaanlage und Luftaufbereitung. Die Bereiche der Produktion sind übersichtlich und klar getrennt und gliedern sich in Druckerei, Stanzerei und Verformanlagen, Spritzguss und Endkontrolle. In den vergangenen Jahren wurde in Folge der starken Umsatzzuwächse kräftig investiert und der Betrieb kann heute als hochmodern bezeichnet werden. Der größte Teil des Maschinenparks ist Eigentum der Albe und das EDV-System ist auf die Bedürfnisse der einzelnen Abteilungen ausgerichtet. So wird eine ERP-Software genutzt, die alle gängigen Anwendungen eines mittelständischen Betriebes vereinigt.

2.3.5 Beziehung zur Unternehmensgruppe

Hinsichtlich aller relevanten Funktionen ist Albe bereits heute in der Lage, unabhängig vom Konzern zu agieren. Bisher unterlag der Vertrieb erheblichen Restriktionen in Bezug auf die Ansprache bestimmter potenzieller Kunden, insbesondere im Bereich der Hersteller von Telekommunikationsgeräten. Nach Wegfall der Konzernzugehörigkeit und damit der Aufhebung der Kundenrestriktion bietet sich die Chance, weitere Abnehmerkreise zu erschließen. Der dafür notwendige Ausbau des Vertriebs wurde in Angriff genommen. Zudem sieht die Geschäftsführung erhebliche Kosteneinsparpotenziale durch den Wegfall der Konzernzugehörigkeit. Albe hat während der Konzernzugehörigkeit stets unter eigenem Markennamen agiert und ist somit als eigenständiger Player am Markt präsent geblieben. Diese Eigenständigkeit bildet die Grundlage für den guten Ruf des Unternehmens in der Automobilindustrie und im Telekommunikationssektor.

2.3.6 Perspektiven

Durch die Loslösung vom Konzern und die damit verbundenen größeren unternehmerischen Freiheiten haben sich für die Albe neue Perspektiven ergeben. Diese liegen im Wesentlichen in einem qualitativ und quantitativ expansiven Entwicklungspfad. Die technologischen Perspektiven liegen in der systematischen Weiterentwicklung der IMF-Technologie, der natürlichen Metalloberflächendekoration und der Sicherung der Technologieführerschaft durch Beibehaltung der gesamten Wertschöpfungskette auf hohem Qualitätsniveau. Perspektiven bei der Organisation und der Standortwahl bieten sich durch das Bedienen der verstärkt in Asien agierenden Kunden durch Aufbau eines Produktionsstandortes in Asien und dem Reduzieren der Fertigungskosten durch weitere Produktionsverlagerung in europäische Länder mit geringem Lohnniveau. Im Marketing und Vertrieb bieten sich vorrangig die Perspektive der Neuausrichtung sowie die Belieferung vormals gesperrter Kundengruppen.

Im Ergebnis bietet sich für Albe in den kommenden Jahren durch den Wegfall der Konzernzugehörigkeit die Chance, ihre Kostenstruktur maßgeblich zu verbessern und das Marktpotenzial qualitativ und quantitativ stärker zu heben.

2.3.7 Finanzdaten

2.3.7.1 Allgemeines

Die Albe verfügt im kaufmännischen Bereich über die gängigen Instrumente des Rechnungswesens und des Controllings. Allerdings ist das Kreditoren- und Debitorenmanagement optimierungsbedürftig. Hohe Forderungen gegenüber Kunden und offene Rechnungen gegenüber Lieferanten sind die Folge. Zudem kann die Deckungsbeitragsrechung nur näherungsweise durchgeführt werden, da für das Controlling nur auf eine unzureichende Datenbasis zurückgegriffen werden kann. Zwar werden die üblichen Betriebsdaten erfasst, es existiert jedoch keine Aufzeichnung der Maschinendaten. Die Kalkulationen bei Angebotsabgabe oder die Nachkalkulationen basieren sehr häufig auf Annahmen der Projektverantwortlichen. Eine ABC-Analyse im Produktbereich wurde bisher nicht durchgeführt. Die Berechung der Herstellkosten basiert auf den Solldatenbeständen im EDV-System.

2.3.7.2 Kostenstruktur

Die vergangenen Entwicklungen speziell im Telekommunikationssektor spiegeln sich am deutlichsten im Umsatzrückgang von ca. 3 Mio. € von 2005 zu 2006 wider. Dieser Rückgang konnte nicht kompensiert werden und ergab einen Teil des in 2006 negativen Betriebsergebnisses. Ein weiterer Umsatzrückgang von ca. 4,5 Mio. € ist in 2007 zu erwarten[4]. Aus der Gliederung der Kostenstruktur bei der Albe ergeben sich die drei Kostentreiber Material, Personalaufwand und Sonstige Betriebliche Aufwendungen. Alle drei Kostenblöcke werden als Budget für das folgende Geschäftjahr geplant. Bisher war für die Einhaltung des Budgets und dem daraus resultierenden Soll-Ist-Vergleich allein der Controllingbereich verantwortlich. Bezogen auf den Gesamtumsatz lagen die Materialkosten in 2006 bei 35 %, die Personalkosten bei 51 % und die Sonstigen Betrieblichen Aufwendungen bei 18 %. Da in Summe die Kosten höher als der Umsatz sind, wurde in den vergangenen Jahren also ein negativer EBIT erwirt-

---

4   Geschäftsleitung, Reporting 2005/ 2006 und Budgetplan 2007.

schaftet. Der Wettbewerb verfügt im Vergleich dazu über Materialkosten in Höhe von 27 %, Personalkosten in Höhe von 46 % und Sonstige Betriebliche Aufwendungen in Höhe von 16 %.[5]

Aufgabenstellung

Analysieren Sie mit Hilfe der ihnen bekannten Unternehmenskennzahlen die Situation der Albe Kunststofftechnik GmbH.

Erarbeiten Sie, wie ein tragfähiges Turnaroundkonzept erstellt werden sollte.

Erstellen Sie für die Albe Kunststofftechnik GmbH ein Turnaroundkonzept.

2.4 Anlagen zur Fallstudie

Zur Analyse der Entscheidungssituation sind im Folgenden Darstellungen, Tabellen und Textdokumente als Anlage zusammengestellt. Für weitere Informationen oder aktuellere Daten können die folgenden Quellen hilfreich sein:

- Gesamtverband kunststoffverarbeitender Industrie
- Statistische Bundesamt   www.destatis.de
- Kunststoffe   www.kunststoffe.de
- Plastverarbeiter   www.plastverarbeiter.de
- Automobil-Produktion   www.automobil-produktion.de
- Zulieferer   Fachzeitschrift

---

5   Geschäftsleitung, Reporting 2006.

Abbildung 2-1: *Entwicklung der Branchenstruktur 2005-2007*

> Die Marktsegmente **AUTOMOTIVE** sowie **NEW BUSINESS** weisen steigende Umsatzanteile auf, während der Bereich **INFOCOM** ein wesentliches Standbein bleibt, jedoch an Bedeutung verliert.

IST 2005	IST 2006	Budget 2007
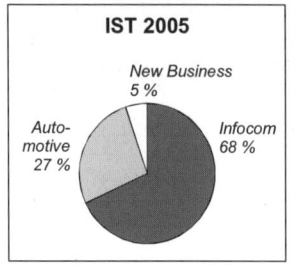	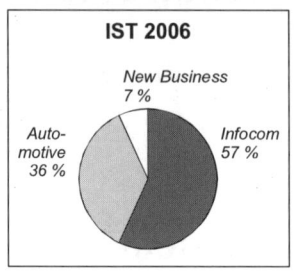	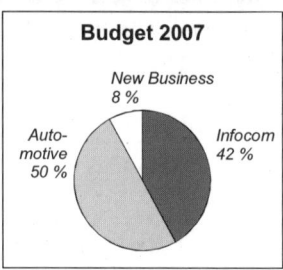

Quelle: Präsentation Jahresabschluss 2006 und Budget 2007 – 2009 der Albe Kunststofftechnik GmbH, 2007, S. 6

Abbildung 2-2: *Entwicklung des Umsatzes nach Kunden 2006-2007*

Bereich	Unternehmen	Umsatz 2006		Umsatz 2007	
		T€	in %	T€	in %
Infocom	**Gesamt**	**8.728**	**57 %**	**4.700**	**42 %**
davon	Gruppe	4.552	30 %	170	10 %
	Siemens AG	3.558	23 %	1.700	24 %
	Jabil	589	4 %	550	10 %
Automotive		**5.981**	**35 %**	**5.800**	**50 %**
davon	Siemens AG	1.904	9 %	1.705	14 %
	Marquardt	1.351	8 %	1.372	11 %
	Alps	566	3 %	518	5 %
	Borg (JCI)	406	2 %	363	3 %
	Kostal	201	1 %	162	1 %
	Reum	200	1 %	156	2 %
New Business		**1.235**	**7 %**	**900**	**8 %**
davon	Electrolux (AEG)	351	2 %	250	2 %
	Gesamt	**15.944**	**100 %**	**11.400**	**100 %**

Quelle: Präsentation Jahresabschluss 2006 und Budget 2007 – 2009 der Albe Kunststofftechnik GmbH, 2007, S. 7

Abbildung 2-3:   Ergebnis 2006

G.u.V.	Ist 2005 in T€	in %	Budget 2006 in T€	in %	Ist 2006 in T€	in %
Artikelumsatz	18.294		15.000		14.098	
Bestandsveränderung - Artikel	138		50		-58	
Materialaufwendungen - Artikel	-4.592	-24,9%	-3.630,5	-24,1%	-4.373,5	-31,2%
Rohertrag - Artikel	**13.839**	**75,1%**	**11.419,5**	**75,9%**	**9.666,5**	**68,8%**
Werkzeugumsatz	1.031		1000		1438,5	
Bestandsveränderungen - Werkzeuge	182		0		-101,5	
Materialaufwendungen - Werkzeuge	-1.034	-85,3%	-850	-85,0%	-1043	-78,0%
Rohertrag - Werkzeuge	**178**	**14,7%**	**150**	**15,0%**	**294**	**22,0%**
Gesamtumsatz	16.300		16.000		15.536,5	
Bestandsveränderungen	319		50		-159,5	
Materialaufwendungen	-5.626	-32,9%	-4.480,5	-27,1%	-5.416,5	-34,5%
Sonstige betriebliche Erträge	495		500		318,5	
Rohertrag - Gesamt	**11.488**	**67,1%**	**12.069,5**	**72,9%**	**10.279**	**65,5%**
Lohn- u. Gehalt - eigene Mitarbeiter	-6.628		-6726		-6.115,5	
Aufwendungen für Zeitarbeitskräfte	-2.549		-998,5		-1.911,5	
Personalaufwendungen - Gesamt	**-9.177**	**-53,6%**	**-7.724,5**	**-46,7%**	**-8.027**	**-51,1%**
Sonstige betrieblichen Aufwendungen	-2.781	-16,2%	-2.667	-16,1%	-2.876,5	-18,3%
Abschreibungen	-1.021	-6,0%	-1.077,5	-6,5%	-1.033,5	-6,6%
Gesamtaufwendungen	**-12.978**	**-75,8%**	**-11.469**	**-69,3%**	**-11.937**	**-76,1%**
EBIT	**-1.490**	**-8,7%**	**600,5**	**3,6%**	**-1658**	**-10,6%**
Zinseinnahmen	0		0		0	
Zinsaufwendungen	-216		-194		-251,5	
Finanzergebnis	**-216**	**-1,3%**	**-194**	**-1,2%**	**-251,5**	**-1,6%**
EBT	**-1.706**	**-10,0%**	**406,5**	**2,5%**	**-1.909,5**	**-12,2%**
Gewerbesteuer	0		0		0	
Ergebnis vor Beteiligungsergebnis	**-1.706**	**-10,0%**	**406,5**	**2,5%**	**-1.909,5**	**-12,2%**
Erträge aus Beteiligungen	0		0		163,5	
Gesamtergebnis	**-1.706**	**-10,0%**	**406,5**	**2,5%**	**-1746**	**-11,1%**

Quelle: Präsentation Jahresabschluss 2006 und Budget 2007 – 2009 der Albe Kunststofftechnik GmbH, 2007, S. 15

Abbildung 2-4: *Erste Überlegung zum Budget 2007-2009*

G.u.V.	Budget 2007 in T€	Budget 2007 in %	Budget 2008 in T€	Budget 2008 in %	Budget 2009 in T€	Budget 2009 in %
Artikelumsatz	11.770		11.450		14.500	
Bestandsveränderung - Artikel	0		0		0	
Materialaufwendungen - Artikel	-3.255	-27,7%	-3.349	-29,3%	-4.307	-29,7%
Aufwendungen für Fremdbearbeitung	-725	-6,2%	-950	-8,3%	-1.050	-7,2%
Rohertrag - Artikel	**7.790**	**66,2%**	**7.151**	**62,5%**	**9.144**	**63,1%**
Werkzeugumsatz	1.000		850		1.200	
Bestandsveränderungen - Werkzeuge	0		0		0	
Materialaufwendungen - Werkzeuge	-335	-33,5%	-285	-33,5%	-402	-33,5%
Rohertrag - Werkzeuge	**665**	**66,5%**	**565**	**66,5%**	**798**	**66,5%**
Gesamtumsatz	12.770		12.300		15.700	
Bestandsveränderungen	0		0		0	
Materialaufwendungen	-3.590	-27,7%	-3.634	-29,1%	-4.709	-29,6%
Aufwendungen für Fremdbearbeitung	-725	-5,6%	-950	-7,6%	-1.050	-6,6%
Sonstige betriebliche Erträge	200		200		200	
Rohertrag - Gesamt	**8.655**	**66,7%**	**7.916**	**63,3%**	**10.142**	**63,8%**
Lohn- u. Gehalt - eigene Mitarbeiter	-4.480		-3.470		-3.591	
Aufwendungen für Zeitarbeitskräfte	-100		0		0	
Personalaufwendungen - Gesamt	**-4.580**	**-35,3%**	**-3.470**	**-27,8%**	**-3.591**	**-22,6%**
Sonstige betrieblichen Aufwendungen	-2.060	-15,9%	-2.060	-16,5%	-2.060	-13,0%
EBITDA	**2.015**	**15,5%**	**2.386**	**19,1%**	**4.490**	**28,2%**
Abschreibungen	-1.000	-7,7%	-1.000	-8,0%	-2.000	-12,6%
EBIT	**1.015**	**7,8%**	**1.386**	**11,1%**	**2.490**	**15,7%**
Zinsaufwendungen	-400		-400		-300	
Finanzergebnis	**-400**	**-3,1%**	**-400**	**-3,2%**	**-300**	**-1,9%**
EBT	**615**	**4,7%**	**986**	**7,9%**	**2.190**	**13,8%**
Abfindungen	-1.640		0		0	
Mitarbeitertraining für Verlagerung	-175		0		0	
Verlagerungskosten	-1.100		0		0	
Außerordentliche Aufwendungen	**-2.915**	**-22,5%**	**0**	**0,0%**	**0**	**0,0%**

Quelle: Präsentation Jahresabschluss 2006 und Budget 2007 – 2009 der Albe Kunststofftechnik GmbH, 2007, S. 1

3 Teaching Note

Die Teaching Note dient als Anleitung und Hilfestellung für den praktischen Einsatz der Fallstudie in der Lehre. Sie beinhaltet eine Zusammenfassung der Fallstudie, die Beschreibung des unternehmerischen Problems, die Fallanalyse, allgemeine Lösungsvorschläge und schließlich die Lösung in der Praxis.

Da die Fallstudie einen hohen Komplexitätsgrad aufweist, wird eine Bearbeitungszeit von ca. 4 Stunden empfohlen. Der größte Teil der Bearbeitungszeit wird für die konzeptionelle Ausarbeitung der mittelfristigen und operativen Maßnahmen benötigt. Zur Bearbeitung der Fallstudie benötigen die Teilnehmer 45 Minuten intensive Lesezeit, 45 Minuten zur Vorbereitung der Analyse des unternehmerischen Problems, 120 Minuten zur Analyse und Ausarbeitung der unternehmerischen Entscheidungen und 30 Minuten für die Diskussionen im Plenum.

Die Fallstudie ist so angelegt, dass die Bearbeitenden mehrere Lösungsmöglichkeiten entwickeln können. In der Teaching Note wird aber nur eine Lösungsalternative dargestellt. Ein Vergleich der Lösungsalternativen mit der Wirklichkeit kann jederzeit durchgeführt werden, da die unternehmerischen Entscheidungen getroffen wurden und sich bereits ergebniswirksam auswirken. Das Unternehmen hat unter großer Kraftanstrengung den Turnaround geschafft und weist heute wieder ein positives Betriebsergebnis aus.

Zu den gewählten Analysemethoden können auch alternativ andere Hilfsmittel und Instrumente zur Bearbeitung herangezogen werden.

3.1 Zusammenfassung der Fallstudie

Die Albe Kunststofftechnik GmbH ist ein mittelständisches Unternehmen, das aufgrund typischer Ursachen und Managementfehler in eine Krisensituation geraten ist. Jahrelang war das Unternehmen im Zuge der positiven Entwicklung des Telekommunikationsmarktes eine Stütze des Konzerns, welcher sich als Kerngeschäft auf die Telekommunikationszulieferindustrie konzentrierte. Die schnellen Marktveränderungen wurden nicht rechtzeitig adaptiert und die drohenden Umsatzrückgänge durch Vertriebsaktivitäten nicht kompensiert. Die frühere Konzernmutter konzentrierte sich zunehmend auf den asiatischen Markt und vernachlässigte die Aktivitäten in Europa. Heute ist bekannt, dass der Konzern zukünftig alle Aktivitäten in Deutschland einstellen möchte. Auch die Geschäftsleitung der Albe verkannte die Marktentwicklung und versäumte es, die Umsatzrückgänge auszugleichen. Im Laufe der Zeit erfolgte weder die Anpassung der Kostenstruktur an die neue Situation noch das Treffen wichtiger strategischer Entscheidungen. Nach der strategischen Neuausrichtung der Konzernmutter, passte die Albe nicht mehr in das Unternehmensportfolio und wurde an eine private Investorengruppe verkauft. Diese Investoren hatten nicht die Absicht, dass Unternehmen zu zerschlagen und gewinnbringend zu veräußern, sondern wollten es neu ausrichten und damit langfristig stabilisieren. Die neuen Anforderungen der Gesellschafter, die hohen Kosten und die drohenden Umsatzeinbrüche setzten die Geschäftsleitung unter Druck. Sie mussten handeln.

Für die Produkte der Albe existiert ein großes Marktpotenzial in Europa. Die Kostenstruktur bietet in einigen Bereichen gutes Einsparpotenzial. Auch die Liquidität kann mit geeigneten Mitteln langfristig gesichert werden.

3.2 Problemstellung

Die Fallstudie der Albe Kunststoff GmbH beschreibt eine Unternehmenskrise, auf die die Studierenden zu reagieren haben und für die sie die notwendigen operativen und mittelfristigen Managemententscheidungen zu treffen haben. Die Studierenden sollen auf ihr praktisches und theoretisches Vorwissen bei der Bearbeitung zurückgreifen.

„Wie kann der Turnaround geschafft werden?" ist die zentrale Fragestellung dieser Fallstudie. Ziel ist, dass sich die Studierenden in die Lage der Geschäftleitung der Albe Kunststofftechnik GmbH hineinversetzen, die Situation richtig analysieren und operative sowie mittelfristige unternehmerische Entscheidungen treffen. Die ausgearbeiteten Lösungen sollten einen umfangreichen Maßnahmenkatalog enthalten, welcher den grundsätzlichen Weg des Turnarounds aufzeigt. Um den Einstieg in die Fallbearbeitung zu erleichtern, können folgende Fragestellungen zur Hilfe heran gezogen werden.

Wie sieht das grundsätzliche Vorgehen innerhalb eines Turnarounds aus?

Hier ist von den Studierenden eine Roadmap zu erstellen, um im weiteren Verlauf der Analyse und Entscheidungsfindung alle notwendigen Problemfelder systematisch abhandeln zu können. Diese Roadmap sollte möglichst übersichtlich sein, dabei dennoch pro Problemfeld das Ziel der Maßnahme, die Analyse der Situation, die Lösungsmöglichkeiten, das Abwägen der Möglichkeiten und das Treffen der Entscheidung beinhalten.

Welche notwendigen Analysen sind durchzuführen?

In einem Turnaroundprozess sind verschiedenste Analysen absolut notwendig. Die Studierenden sollen hier alle notwendigen Analyseergebnisse zusammentragen, um im weiteren Verlauf der Bearbeitung alle Informationen zusammenstellen zu können.

Wie kann die Liquidität gesichert werden?

Die Studenten sollen an dieser Stelle die Möglichkeit der Liquiditätssicherung durch Sale-and-Lease-Back erarbeiten. Wichtig ist hierbei zu erkennen, welche Vermögensgegenstände dazu genutzt werden können und welchen Wert diese aufzeigen. Diese Werte können dann später in den Liquiditätsvorschlag übernommen werden.

Wie sollte ein Turnaroundkonzept aussehen?

In diesem Teil sollen die Studierenden ein Grobkonzept entwickeln, welche Informationen in einem Turnaroundkonzept enthalten sein müssen. Diese Gliederung kann bei dem weiteren Bearbeiten hilfreich sein.

Welche Sofortmaßnahmen sind einzuleiten?

In jedem Turnaroundprozess sind Sofortmaßnahmen einzuleiten, um das kurzfristige Überleben des Unternehmens zu sichern. Die Aufstellung der Sofortmaßnahmen soll den Studenten die Möglichkeit geben, schnelle Entscheidungen zu treffen und kurzfristig zu handeln.

Mit welchen Kräften kann der Turnaround durchgeführt werden?

Jeder Turnaround wird in der Regel durch ein zuständiges Team durchgeführt. Hier ist vom Studierenden zu erarbeiten, welches Personal zum Turnaround herangezogen werden kann und wer sich am Besten dazu eignet.

Welche Kapazitäten sind vorhanden und werden externe Kapazitäten benötigt?

Um die richtigen Entscheidungen treffen und alle Maßnahmen durchführen zu können, bedarf es ausreichender Kapazität an Personal und finanzieller Ressourcen. Sind ausreichend Kapazitäten vorhanden, kann auf externe Hilfe verzichtet werden. In dieser Fallstudie kann ohne externe Hilfe der Prozess durchgeführt werden. Es kann aber auch auf externe Hilfe von Banken oder Beratern zurückgegriffen werden, um spezielle Problemstellungen zu lösen.

3.3 Analyse

Nachdem die einleitenden Fragen ausreichend beantwortet und die Vorbereitungen zur Bearbeitung der Fallstudie abgeschlossen sind, kann in einem ersten Schritt mit der Analyse der Ausgangsituation begonnen werden. Das Analyseergebnis sollte auf ein massives Liquiditätsproblem hinweisen, welches zunächst zu lösen ist. Danach sollte die Kostenstruktur aufgeschlüsselt und Einsparpotenziale systematisch erarbeitet werden. Das Erkennen von Personalüberhang und Kapazitätsressourcen ist ein weiterer wichtiger Bestandteil der Analysearbeit. Abschließend sollten die Umsätze nach Kunden aufgegliedert werden, da hier weiteres Potenzial zur Umsatzsteigerung vorhanden ist.

In einem zweiten Schritt sollte analysiert werden, welche notwendigen Betrachtungen durchzuführen sind. Hierbei lässt sich feststellen, dass eine Reihe von Auswertungen in einem Turnaroundprozess notwendig sind, welche bis zum Stichtag nicht vorhanden waren. Diese Auswertungen lassen tiefergehende Schlussfolgerungen zu und bilden die Basis für weitere Maßnahmen.

Zuletzt ist die Marktsituation zu analysieren, um das Unternehmen mittelfristig richtig ausrichten zu können. Hierbei zeigt sich, dass das künftige Kerngeschäft nicht mehr in der Zulieferung von Ausrüstungsgegenständen für die Telekommunikationsbranche liegt. Des Weiteren sind bei einer mittelfristigen Neuausrichtung des Unternehmens verschiedene Tatbestände und Gegebenheiten zu beachten.

3.4 Mögliche Lösungen

Das grundsätzliche Vorgehen

Ein Turnaround läuft in der Regel in vier Phasen ab.

Die **erste Phase** wird Crash-Phase genannt. In dieser Phase geht es zunächst um die Liquiditätssicherung des Unternehmens. Alle freien Mittel müssen mobilisiert, gleichzeitig alle Kernfunktionen verrichtet und die wesentlichen Geschäftsbeziehungen aufrechterhalten werden. Neben dem Tagesgeschäft sind viele Ad-hoc-Aufgaben, wie die kontinuierliche Kommunikation nach innen und außen oder das Beruhigen von Mitarbeitern und Lieferanten zu erledigen. Häufig ist die Geschäftsleitung mit diesen Aufgaben und der Selbstanalyse überfordert. Neben den liquiditätsichernden Aktivitäten sollte das Management schnelle und konkrete Restrukturierungsmaßnahmen einleiten, um die offensichtlichen organisatorischen Mängel zu beseitigen.

In der **zweiten Phase** geht es um die Einleitung des Turnarounds. Sie ist dadurch gekennzeichnet, dass hier die Ausgangsanalyse in allen relevanten Unternehmensbereichen stattfindet. Am Ende dieser Phase sollte ein realisierbares Restrukturierungskonzept erarbeitet sein.

Die konkrete Umsetzung des Konzepts und damit die strategische und organisatorische Restrukturierung stellt die Kernaufgabe in der **dritten Phase** dar. Alle Prozesse sind auf die Märkte und Kunden ausgerichtet. Die daraus resultierenden Ergebnisse werden in einer straffen Organisationsform umgesetzt. Diese Phase bestimmt den Erfolg oder Misserfolg eines Turnarounds. Sie bringt aber auch bei schneller und konsequenter Umsetzung des Managements Effizienzsteigerung und Ergebnisverbesserung.

In der abschließenden **vierten Phase** werden alle Veränderungen fest verankert und das Unternehmen auf seine Kernkompetenz fokussiert. Hierbei ist die Veränderungsgeschwindigkeit beizubehalten.

Die notwendigen Analysen

Zunächst sollte die Unternehmensentwicklung über die letzten 4-5 Jahre untersucht werden. Hierzu bieten sich die Analyse der Jahresabschlüsse sowie Cashflow-Berechnungen an. Die hierfür notwendigen Daten lassen sich oft dem Rechnungswesen entnehmen. Für die vergangenen Jahre werden Umsatz, Kostenstruktur sowie die operativen Ergebnisse zusammengestellt.

Als nächster Schritt sollten die Branchenkennzahlen verglichen werden. Schon mit wenigen Kennzahlen aus diesem Bereich lassen sich Rückschlüsse, aber auch wesentliche Defizite des Unternehmens erkennen. Diese Kennzahlen können aus verschiedenen Datenquellen gewonnen werden. Hierbei helfen oft Branchenzeitschriften oder Verbände. Es kommt bei dieser Analyse neben dem Vergleich der wirtschaftlichen Kennzahlen auf eine Betrachtung von technologischen Entwicklungen, Marktveränderungen, Bedrohung durch Ersatzprodukte und Veränderungen der Lieferantenstruktur an. Um diese Kennzahlen sinnvoll vergleichen zu können, sind Unternehmen mit ähnlichen Wertschöpfungsstufen zu identifizieren. Die Analyse kann Stärken und Schwächen des Unternehmens aufzeigen.

In den nächsten Analysen soll ein relativ hoher Detaillierungsgrad erreicht werden, denn die GuV gibt oftmals nicht genügend Auskunft über die Werterzeuger und Wertvernichter eines Unternehmens. Oftmals hat das Management nur einen unzureichende Vorstellung darüber, mit welchen Produkten Gewinn und mit welchen Produkten Verlust gemacht werden. Ziel ist eine differenziert Profitabilitätsbetrachtung auf Produktebene.

Im weiteren Verlauf der Analysearbeiten sollten die Markt- und Wettbewerbschancen genauer untersucht werden. Oftmals wird am Markt vorbei entwickelt, oder der Vertrieb verschwendet seine Energie auf Kunden mit stagnierendem oder rückläufigem Umsatz. Es kommt nicht selten vor, dass das Management den Wettbewerb und die damit verbundenen Risiken unterschätzt. Um die Situation richtig beurteilen zu können, muss ein Unternehmen grundsätzlich wissen, in welchen Märkten es aktiv sein möchte. Dabei sollte nicht nur eine Vergangenheitsbetrachtung durchgeführt werden. Die Szenarien und Positionierung am Markt sollten eine wesentliche Hilfestellung sein.

Als nächstes sollten die Kernprozesse und Kernfunktionen genauer untersucht werden, da hier bei vielen Unternehmen Defizite vorliegen. Prozesse werden nicht vollständig beherrscht oder hinterfragt. Bei den Produktionsbetrieben zählen neben der Auftragsabwicklung und dem Projektmanagement die Fertigung, Planung und Steuerung zu den Kernprozessen. Hierbei sind zunächst die relevanten die Ertragssituation maßgeblich beeinflussenden Kernprozesse zu analysieren. In einem zweiten Schritt ist zu untersuchen, wie die Aktivitäten der Prozesse tatsächlich miteinander verbunden sind. Des Weiteren muss eine qualitative Bewertung der einzelnen Prozessschritte erfolgen, um zu analysieren, welche Schnittstellen nicht aufeinander abgestimmt sind. Wenn die erforderlichen Analysen im Bereich der Prozesse abgeschlossen sind, ist zusammen mit den Mitarbeitern eine Optimierung der Prozesse zu erarbeiten. Können die Prozesse stabiler, schneller und optimal gestalten werden? Absolut notwendig ist hier das Einbeziehen der Mitarbeiter, da sie die Prozesse kennen und zukünftig ausführen werden. Doch da das Konzept mit der Nachhaltigkeit steht und fällt, ist immer wieder auf Probleme und Fehler hinzuweisen sowie ein hoher Standardisierungsgrad anzustreben. Im weiteren Verlauf sind Kostensituation nochmals zu hinterfragen, da sich durch die Neuausrichtung der Prozesse neue Kosteneinsparungspotenziale ergeben. Wichtig ist zu erkennen, welche Aktivitäten für die Fortführung des Unternehmens absolut notwendig sind. Der Grundsatz, dass keine Kostenart unangetastet bleiben darf, sollte von allen im Unternehmen akzeptiert werden.

Die Liquidität

Die Sicherstellung der Liquidität ist für ein Unternehmen in einer Krisensituation gleichbedeutend mit der Sicherstellung der Existenz. Grundlage jedes Liquiditätsmanagements ist ein guter Liquiditätsplan. In diesem Plan werden die Zahlungsströme aus Einnahmen und Ausgaben gegenübergestellt.

Maßnahmen zur Liquiditätssicherung können unter anderem sein:

- Aktives Debitorenmanagement
- Verhandlung mit Debitoren über Verkürzung der Zahlungsziele
- Verringerung der Ausgaben (Lagerbestände gering halten)
- Verlängerung der Zahlungsziele
- Verhandlungen mit Lieferanten über Stundungen, Vergleiche usw.
- Gespräche mit Banken (Kreditlinie erweitern)
- Gespräche mit Gesellschaftern (Darlehen)
- Sale and Lease Back Verfahren
- Factoring

Das Konzept

Ein Turnaroundkonzept kann verschieden gegliedert sein und sollte individuell nach den Bedürfnissen und Größe der Unternehmen aufgestellt sein. Wichtig ist, dass alle gesammelten Informationen darin enthalten sind. Aus den Analyseschritten ergeben sich alle wichtigen Informationen. Ein Anhalt für ein Konzept könnten 9 Punkte sein.

- Sicherung der Liquidität
- Neuausrichtung des Unternehmens

- Sofortmaßnahmen

- Veränderung in der Kostenstruktur

- Veränderung in der Organisation und den Prozessen

- Ergebnisse, die in den nächsten Jahren zu erzielen sind

- Veränderungen im Management

- Turnaroundteam

- Ergebniskontrolle

Sofortmaßnahmen

Es gibt Maßnahmen, die die Existenz des Unternehmens kurzfristig sichern können. Hierzu zählen neben den Maßnahmen zur Liquiditätssicherung, Gespräche mit dem Betriebsrat und den Mitarbeitern, Gespräche mit den öffentlichen Behörden, Maßnahmen zur Kostensenkung und Gespräche mit allen Gläubigern. Aus den Analysen ergeben sich weitere Sofortmaßnahmen, welche unmittelbar umgesetzt werden sollten.

Kapazitäten und Kräften

Jede Maßnahme, jeder Prozess und jede Aktivität bedarf einer genauen Berechung der Kapazität und verfügbaren Ressourcen. Ein Turnaround ist eine große Kraftanstrengung für das Unternehmen und deren Mitarbeiter. Daher muss zu Beginn genau analysiert werden, welche Kapazitäten und Ressourcen zur Verfügung stehen. Keine noch so starke Persönlichkeit kann den Turnaround allein durchführen. Im Laufe des Turnaroundprozesses sind viele Aufgaben zu bewältigen. Zudem muss das Management eines Unternehmens parallel dazu das Tagesgeschäft bewältigen. Deshalb ist es absolut notwendig, zunächst ein schlagfertiges Turnaroundteam aufzustellen. Die Mitglieder sollten aus dem Unternehmen selbst kommen und nur durch externe Hilfe unterstützt werden. In den schwierigen Situationen werden sich sehr schnell geeignete Kandidaten finden lassen. Die Mitglieder sollten eine Vielzahl von positiven Eigenschaften aufweisen und die Anforderungen eines leitenden Mitarbeiters erfüllen können. Idealerweise können sie mit Führungserfahrung aufwarten. Hierbei sollte auch der Betriebsrat aktiv mit einbezogen werden: Er ist oft nicht das lästige Übel für dass diese Institution gehalten wird, sondern kann helfen und Entscheidungen mittragen.

Die Albe Lösung

Die Liquidität des Unternehmens konnte mit Hilfe eines verbesserten Debitorenmanagement gesichert werden. Somit wurde in kürzester Zeit die Zahlungsfähigkeit gesichert.

In einem zweiten Schritt wurde ein schlagfähiges Turnaroundteam zusammengestellt, welches sich aus Mitarbeitern aus allen Bereichen und externen Beratern zusammensetzte. Unter der Leitung der Vertreter der Gesellschafter konnte nun mit der Arbeit des Turnarounds begonnen werden. Dieses Team erkannte viel Einsparpotenzial durch verschiedenste Sofortmaßnahmen. Unter anderem wurden alle Verträge der Sonstigen Betrieblichen Aufwendungen überprüft und neu verhandelt. Das Freisetzen aller Leiharbeiter reduzierte die Überkapazität in der Produktion zunächst auf ein akzeptables Maß. Es wurden zahlreiche Verträge im Bereich des Rohmaterials neu verhandelt und überflüssige Ausgaben reduziert. Parallel dazu begann die Analysearbeit. Die Analysen erstreckten sich über alle Unternehmensbereiche. Begonnen mit dem Bereich der Herstellkosten, wurden innerhalb des Zeitraums von 2 Monaten die Bereiche der Bestände, Beschaffung, Personalkosten, Materialkosten, Qualitätskosten, Produktivität, Stillstandzeiten und der Bereich des Vertriebes analysiert. Aus diesen Analysen ergaben sich weitere Maßnahmen, um die Prozesse zu verbessern und damit Kosteneinsparpotenzial zu erreichen. Die Einführung von Kaizen und das Umstellen der Fertigungssteuerung brachten weitere Prozessverbesserungen. Aufgrund der Marktanalyse erfolgte eine Neuausrichtung des Vertriebs in die Bereiche Automotiv und New Business. Die Aufstellung einer guten Entwicklungsabteilung wird die zukünftigen Produkte und Prozesse des Unternehmens maßgeblich beeinflussen. Der Turnaround wurde innerhalb von 10 Monaten geschafft und das Unternehmen weist heute ein positives Betriebsergebnis aus.

Literaturverzeichnis

ARLINGHAUS, OLAF (HRSG.): Praxishandbuch Turnaround Management, Gabler, Wiesbaden, 2007.

BUSCHMANN, HOLGER: Erfolgreiches Turnaround-Management, Gabler, Wiesbaden, 2006.

GRÜNERT, TIMO: Mergers & Acquisition in Unternehmenskrisen, Gabler, Wiesbaden, 2007.

HUNGENBERG, HARALD; MEFFERT, JÜRGEN: Handbuch strategisches Management, Gabler, 2. Auflage 2005.

KOLB, SUSANNE: Integriertes Turnaroundmanagement, Peter Lang, Frankfurt, 2006.

SCHUH, GÜNTHER: Change Management-Prozesse strategiekonform gestalten, Springer, Berlin etc., 2005.

SCHWEICKART, NIKOLAUS; TÖPFER, ARMIN: Werteorientiertes Management, Springer, Berlin etc., 2006.

TILK, STEFAN: Courage: Mehr Mut im Management, Wiley, Weinheim, 2006.

WEGMANN, CHRISTOPH; WINKLBAUER, HOLGER: Projektmanagement für Unternehmensberatungen, Gabler, Wiesbaden, 2006.

WIRTZ, BERND W.: Handbuch Mergers & Acquisition Management, Gabler, Wiesbaden, 2006.

WÖHE: Einführung in die allgemeine Betriebswirtschaftslehre, Vahlen, München, 23.

Auflage 2008.

Internetquellen:

www.automobil-produktion.de

Wolfgang Schlüter/Harald Schlüter

Korruption und Korruptionsprävention im Internationalen Geschäftsverkehr
Fallstudie Global GmbH

1 Lernziele und notwendige Vorkenntnisse

Ziel der Fallstudie ist es, die Risiken der Korruption insbesondere für mittelständische Unternehmen im Internationalen Geschäftsverkehr darzustellen und erprobte Methoden der Korruptionsprävention zu erörtern.

Im Ausland gelten häufig nicht nur andere Gesetze. Man trifft dort überwiegend auch auf andere Geschäftspraktiken. Nicht selten weichen diese von national und international anerkannten Rechtsgrundsätzen ab, z.B. wenn es um die Zahlung von Schmiergeld geht.

Heimliche Zahlungen werden häufig als Beratungsverträge, Provisionen oder Geschenke getarnt. Sie bergen das Risiko, dass Personen, die ihrem Dienstherrn zu besonderer Treue verpflichtet sind, durch die heimliche Zuwendung diese Treuepflicht verletzen, zumindest aber in einen Interessenkonflikt geraten.

Zu unterscheiden ist die aktive und die passive Bestechung. In dieser Fallstudie soll auf beide eingegangen werden. Aktive Bestechung ist Teil der Wirklichkeit insbesondere in vielen international ausgerichteten Unternehmen. Hier die Grenze zu definieren und den eigenen Mitarbeitern deutlich zu machen, ist wichtig und deshalb auch Bestandteil dieses Beitrages. Soweit es die passive Bestechung anbelangt, ist der Unternehmer gehalten, sein eigenes Unternehmen vor unkontrollierbaren und korrumpierenden Einflüssen von außen zu schützen und geeignete Maßnahmen zu ergreifen, um die Bestechung der eigenen Angestellten zu verhindern.

Die Risiken für ein Unternehmen sind deshalb mannigfaltig. Sie reichen von zivilrechtlichen Risiken, wie Unwirksamkeit von Verträgen und Schadensersatzansprüchen, über strafrechtliche Risiken, als Täter oder Teilnehmer, bis hin zu arbeitsrechtlichen Risiken, der Kündigung des Arbeitnehmers. Daneben spielen auch gesellschaftsrechtliche Risiken, Haftung der Vertretungsorgane, und steuerrechtliche Risiken, Haftung für Steuernachzahlungen aus Steuerhinterziehungen eine Rolle. Im Hinblick darauf sind auch die für diesen Fall erforderlichen Vorkenntnisse stark juristisch geprägt.

Hilfreich sind Grundkenntnisse des Vertrags- und Deliktsrechts, des Gesellschaftsrechts, des Steuer- und Strafrechts und des Arbeitsrechts.

2 Fallstudie

2.1 Das mittelständische Unternehmen

Die Global GmbH ist ein mittelständisches Unternehmen, welches überwiegend im internationalen Geschäftsverkehr tätig ist. Im Zuge der Globalisierung arbeitet es mit mehreren Handelspartnern in China zusammen. Um die Beziehungen zu festigen, wurde dort auch eine Niederlassung mit chinesischen Partnern gegründet, um die Geschäftsbeziehungen nach China zu vertiefen.

Nach einiger Zeit stellte sich heraus, dass sich der nach China entsandte deutsche Niederlassungsleiter durch chinesische Geschäftspartner Provisionen zahlen ließ und es dann bei der Verhandlung von Geschäftsabschlüssen nicht mehr so genau nahm, zu Lasten der deutschen Muttergesellschaft.

Gleichzeitig wurde bekannt, dass er seinerseits chinesische Angestellte der Geschäftspartner bestochen hat, um den Absatz der in Deutschland gefertigten Maschinen in China zu erleichtern.

Die deutsche Geschäftsleitung fragt nach den Maßnahmen, die sie ergreifen muss, zum einen hinsichtlich der passiven Bestechung des Niederlassungsleiters durch die chinesischen Geschäftspartner und zum anderen hinsichtlich der aktiven Bestechung des Niederlassungsleiters zur Absatzförderung.

2.2 Risiken der Korruption

2.2.1 Zivilrechtliche Risiken

In zivilrechtlicher Hinsicht sind vertragsrechtliche und deliktsrechtliche Risiken zu unterscheiden.

Von einer Schmiergeldvereinbarung spricht man, wenn der Vertreter eines Geschäftsherrn sich hinter dessen Rücken heimlich einen Vorteil zuwenden lässt, damit er dem Zuwendenden einen Vorteil verschafft, den dieser ohne die Zuwendung nicht erhalten hätte.

Der Vorteil kann in materiellen und immateriellen Gütern liegen, in materieller Hinsicht z.B. in Geld, Nutzungsvorteilen oder Wertgegenständen, in immaterieller Hinsicht z.B. die Aufnahme in einen exklusiven Club.

Jegliche Schmiergeldvereinbarung ist gemäß § 134 Abs. 1 BGB i.V. mit einem Verbotsgesetz oder gemäß § 138 Abs. 1 BGB unwirksam.

Fraglich ist, ob sich diese Unwirksamkeit auch auf die Verträge auswirkt, die aufgrund der Schmiergeldvereinbarung zustande gekommen sind, die sog. Hauptverträge. Nach überwiegender Auffassung ist ein Hauptvertrag dann rechtsunwirksam, wenn der Hauptvertrag durch die Schmiergeldvereinbarung eine zu Lasten des hintergangenen Geschäftsherrn wirkende Ausgestaltung erfahren hat. Wenn also z.B. der Niederlassungsleiter in China aufgrund des gezahlten Schmiergeldes für die Muttergesellschaft in Deutschland Verträge abschließt, die marktunüblich sind und deswegen eine zu Lasten der deutschen Muttergesellschaft wirkende Ausgestaltung haben. Nach neuer Auffassung des Bundesgerichtshofes sind demgegenüber die Verträge, die durch die Schmiergeldvereinbarung keine inhaltlich nachteilige Ausgestaltung erfahren haben, schwebend unwirksam und können durch den Geschäftsherrn genehmigt werden. Wird die Genehmigung verweigert, sind sie unwirksam.

Ein beträchtliches Risiko für ein Unternehmen ist ein schwebend unwirksamer oder unwirksamer Hauptvertrag insbesondere dann, wenn es vorleistungspflichtig ist und der Kaufpreiszahlungsanspruch nicht Zug um Zug, sondern erst nach Erfüllung der Vorleistungspflicht fällig und durchsetzbar wird. Da der Kaufpreisanspruch durch die Nichtigkeit des Hauptvertrages entfällt, hat der vorleistungspflichtige Unternehmer nicht nur einen Herausgabe- und bereicherungsrechtlichen Anspruch gegen den korrumpierenden Geschäftspartner aus dem fehlgeschlagenen Leistungsaustausch, sondern auch Schadensersatzansprüche.

Es ist ein Leichtes, sich vorzustellen, dass gerade im Internationalen Geschäftsverkehr die Unwirksamkeit eines Hauptvertrages also besondere wirtschaftliche Risiken mit sich bringt.

Die korruptive Absprache des Angestellten mit dem Geschäftspartner hat umfassende Schadensersatzansprüche gegen den Angestellten und den Geschäftspartner als Gesamtschuldner zur Folge. Die Rechtsprechung vermutet, dass dem hintergangenen Geschäftsherrn ein Schaden mindestens in Höhe des gezahlten Schmiergeldes entstanden ist, und vermutet dies prima facie.

Darüber hinaus haften der Angestellte und der korrumpierende Geschäftspartner für sämtliche entstandenen Schäden, wie auch die Kosten der Innenrevision, der wegen der Korruption mandatierten Berater und Kosten der Rechtsdurchsetzung. Der Geschäftsherr hat auch einen quasi-negatorischen Unterlassungsanspruch gegen den bestochenen Mitarbeiter. Dem Angestellten kann er aus wichtigem Grund kündigen, da er gegen seine Treuepflicht verstoßen hat, muss dabei jedoch eine Zweiwochenfrist nach Kenntnis der Tatsachen einhalten.

Auch Dritte können durch einen auf Schmiergeld beruhenden Hauptvertrag Schaden erleiden. Alle Parteien, die im Rahmen eines Folgevertrages mit dem hintergangenen Geschäftsherrn verbunden sind, können durch die Nichtigkeit des Hauptvertrages dann in Mitleidenschaft gezogen werden, wenn sich dessen Nichtigkeit auch auf den Folgevertrag auswirkt. Dies ist regelmäßig anzunehmen z.B. bei akzessorischen Sicherungsmitteln, wie der Bürgschaft. Das Sicherungsmittel teilt das Schicksal des besicherten Geschäftes. Hier gibt es u.U. Ausnahmen, auf die wir hier nicht näher eingehen möchten.

Schadensersatzansprüche können sich auch gegen den Geschäftsherrn selbst richten. Ist er das Organ einer Kapitalgesellschaft, kann die Gesellschaft Ansprüche gegen ihn als Organ haben, wenn er sich z.B. durch das Unterlassen korruptionspräventiver Maßnahmen nicht wie ein ordentlicher Kaufmann verhalten hat bzw. ein die Belange des Unternehmens berücksichtigendes Risikomanagement nicht implementiert hat. Dazu gehört auch, dass Mitarbeitern Verhaltensmaßstäbe an die Hand gegeben werden, wie sie mit aktiver und passiver Bestechung umzugehen haben.

Neben den Grundsätzen der zivilrechtlichen Organhaftung spielen für Vertreter und Organe von Gesellschaften auch strafrechtliche Fragen eine Rolle. Hinsichtlich der Straftatbestände sind im Wesentlichen zwei Gruppen zu unterscheiden, nämlich die Angestelltenbestechung auf der einen und die Bestechung und Bestechlichkeit bzw. Vorteilsnahme und Vorteilsgewährung von Amtsträgern auf der anderen Seite.

Die Angestelltenbestechung setzt voraus, dass der Bestechende bei dem Bezug von Waren und gewerblichen Leistungen im geschäftlichen Verkehr im Rahmen einer Wettbewerbssituation aufgrund der Zahlung von Schmiergeld an einen Angestellten bevorzugt wird. Die Angestelltenbestechung im nationalen und internationalen Geschäftsverkehr ist unter Strafe gestellt.

Bei der Bestechung und Bestechlichkeit geht es um eine pflichtwidrige Diensthandlung eines Amtsträgers, die der Bestechende herbeiführen will. Bei der Vorteilsnahme und -gewährung zahlt der Bestechende einem Amtsträger das Schmiergeld nicht für eine konkrete Diensthandlung, sondern für die allgemeine Dienstausübung.

Die Bestechung und Bestechlichkeit von Amtsträgern ist auch im internationalen Geschäftsverkehr unter Strafe gestellt, die Vorteilsnahme und Vorteilsgewährung nicht. Soweit es die Abgeordnetenbestechung anbelangt, ist diese bei der Bestechung deutscher Abgeordneter nur dann strafbar, wenn sie einen Stimmenkauf im unmittelbaren Zusammenhang mit einer parlamentarischen Abstimmung darstellt.

Hier ergeben sich also Strafbarkeitslücken hinsichtlich der Abgeordnetenbestechung, der Vorteilsnahme und Vorteilsgewährung im internationalen Geschäftsverkehr, der Bestechung des Betriebsinhabers und der Zahlung von Speed money zur Beschleunigung z.B. von Entscheidungen.

2.3 Darstellung der Entscheidungssituation

Sie sind Vorstand des mittelständischen Maschinenbauunternehmens und haben zwei Entscheidungen zu treffen:

1. Wie verhalte ich mich gegen den deutschen Niederlassungsleiter in China, der von Geschäftspartnern Schmiergeld angenommen hat?

2. Wie gehe ich hinsichtlich der Zahlung von Schmiergeld an chinesische Geschäftspartner zur Eröffnung von Vertriebskanälen um?

Sie sind vom Aufsichtsrat gebeten worden, in der wegen der Vorfälle anberaumten Sondersitzung des Aufsichtsrates dazu vorzutragen, wie Sie die konkreten Risiken für das Unternehmen einschätzen. Weiterhin sollen Sie darstellen, wie Sie gegen den Niederlassungsleiter vorgehen wollen und zuletzt, wie Sie zukünftig korruptive Angriffe auf das Unternehmen von innen und von außen verhindern wollen.

2.4 Marktinformationen

Laut einer Studie zur Wirtschaftskriminalität aus dem Jahre 2007 der Wirtschaftsprüfungs- und Steuerberatungsgesellschaft Price Waterhouse Coopers (PwC) sind zwischen 2005 und 2007 die Hälfte der 1.166 befragten deutschen Unternehmen Opfer von Wirtschaftskriminalität geworden. 10 % der Befragten sind Opfer von Korruptionsstraftaten geworden. PwC schätzt, dass der Gesamtschaden der Wirtschaftskriminalität in den Jahren 2005 bis 2007 auf gut 6 Mrd. EUR pro Jahr geschätzt werden kann. Dabei wären jedoch auch die 1,75 Mrd. EUR Managementkosten zur Bewältigung der Kriminalitätsfolgen berücksichtigt. Laut der Studie ist das Kriminalitätsrisiko in den Wachstumsmärkten, z.B. China und Russland, besonders hoch. Unter anderem dort beliefen sich die gemeldeten Schäden je Unternehmen inklusive Managementkosten auf nahezu 4,4 Mio. EUR innerhalb von zwei Jahren, während in den übrigen Ländern die durchschnittliche Schadenshöhe bei 1,6 Mio. EUR lag. Dabei ist augenfällig, dass sich deutsche Unternehmen weit weniger mit dem Thema Korruption bei Investitionen in z.B. China auseinandersetzen als ein Unternehmen aus anderen Ländern. In der Vergangenheit hätten sich nur 31 % der investierenden Unternehmen mit dem Thema befasst, wo hingegen 48 % der Unternehmen aus anderen Ländern das Thema vorab bedenken. Dies spiegelt sich auch in den Schäden wider. Deutsche Unternehmen haben in China in den vergangenen zwei Jahren mit durchschnittlich 3,66 Mio. EUR deutlich höhere finanzielle Verluste durch Wirtschaftskriminalität erlitten als Investoren aus der übrigen Welt mit durchschnittlich 1,33 Mio. EUR.

PwC kommt deshalb zu dem Schluss, dass deutsche Unternehmen im internationalen Vergleich bei der Kriminalitätsbekämpfung erheblichen Nachholbedarf haben. Insoweit erstaunt es, dass fast die Hälfte der befragten Unternehmen in Deutschland in den kommenden zwei Jahren keine größeren Veränderungen in der Kontrollinfrastruktur für notwendig erachtet. Gerade bei Investitionen in China zeigt der Vergleich, dass nur 39 % der befragten deutschen Unternehmen die Kontrollmaßnahmen in den kommenden zwei Jahren intensivieren wollen, wo hingegen 53 % der übrigen ausländischen Unternehmen dies konkret geplant haben.

Die Studie zeigt, dass Ethikrichtlinien in Deutschland stark unterschätzt werden. So haben mittlerweile 61 % der befragten deutschen Unternehmen Ethikrichtlinien, aber nur 37 % verfügen über ein Programm, welches Verhaltensstandards formuliert, diese vermittelt und ihre Einhaltung überwacht. In Nordamerika hingegen sind ethische Richtlinien nicht nur bei 94 % der Unternehmen vorhanden, sondern sie werden dort auch deutlich häufiger durch ein Programm überwacht (73 %). Weltweit wurden nur 38 % der Unternehmen mit Ethikregeln und Überwachungsprogrammen Opfer von Wirtschaftskriminalität, wo hingegen 54 % der vergleichbaren Unternehmen ohne Ethikrichtlinien Opfer von Wirtschaftskriminalität wurden. Entgegen der weit verbreiteten Meinung zeigen Ethikrichtlinien also Wirkung.

Die Studie Wirtschaftskriminalität 2007 von PwC zeigt, dass Korruptionsprävention nicht nur eine Frage der Ethik, sondern auch der Rendite ist.

2.5   Anlagen zur Fallstudie

Im Hinblick auf Korruptionspräventionen sind Prävention und Repression zu unterscheiden.

Repressive Maßnahmen zur Strafverfolgung stehen nur den staatlichen Verfolgungsorganen zu. Für Unternehmer von Interesse sind deshalb insbesondere die Maßnahmen der Korruptionsprävention.

Zur Prävention:

Hier sind Einzelmaßnahmen im Bereich Personal, Organisation und Aufträge/Vergaben zu unterscheiden.

Im Personalbereich ist erforderlich, die Mitarbeiter für das Problem der aktiven und passiven Korruption zu sensibilisieren und entsprechende Verhaltensmaßregeln aufzustellen, um das Risiko spontaner Fehlentscheidungen zu minimieren und die Position des Arbeitgebers deutlich zu machen.

Als weitere Personalmaßnahmen sind bewährt das Vieraugenprinzip und die Personalrotation. Wichtig ist auch unternehmensintern die Fachaufsicht zu definieren.

Abgerundet sollten Personalmaßnahmen durch stete Fortbildungen werden, um sicherzugehen, dass hinsichtlich der Position des Unternehmens und seiner Organe zum Thema Korruption keine Missverständnisse entstehen.

Im Bereich der Korruptionsprävention durch organisatorische Maßnahmen ist die Bedeutung der auf Daten basierenden Kontrolle hervorzuheben. Diese kann sich zum einen durch den besonderen oder dauernden Einsatz von betrugs- und korruptionsspezifischer Software ergeben.

Hierbei ist der von PwC eingesetzte Fraud Scan Verfahren besonders hervorzuheben. Damit können EDV gestützt bestimmte Korruptionsindikatoren kontrolliert werden und Indizien oder Beweise für korruptive Sachverhalte ermittelt und gesammelt werden.

Von erheblicher Bedeutung ist auch die Innenrevision.

Zuletzt sind die Bereiche Aufträge und Vergabe von Aufträgen zu nennen. Empfehlenswert ist es hier, zentrale Vergabestellen einzurichten, um die Angreifbarkeit des Unternehmens für korruptive Angebote zu verringern. Kombiniert mit den oben beschriebenen Personalmaßnahmen kann hier wirkungsvoll Korruption verhindert werden.

Unverzichtbar ist es, Korruptionsprävention als Daueraufgabe zu verstehen. Die Einführung eines Code of Conduct allein reicht nicht aus. Erst die regelmäßige Nachbearbeitung der Mitarbeiter z.B. durch die Pflicht der regelmäßigen Risikoanalyse der eigenen Abteilung durch deren Leiter, führt zum Erfolg.

Neben der Frage, wie Korruption wirksam verhindert werden kann, stellt sich auch stets die Frage, wie auf Korruption zu reagieren ist.

Die Praxis zeigt, dass die wenigsten Unternehmen und Behörden über einen Alarmplan verfügen.

Aus diesem Grund soll nachstehend das Vorgehen in Fällen der Korruption im eigenen Hause dargestellt werden.

Im Hinblick auf das Vertragsmanagement und die Durchsetzung nicht nur strafrechtlicher, sondern insbesondere auch zivilrechtlicher Sanktionen sind folgende Eckpunkte festzuhalten:

Ziel ist es, die eigenen Ansprüche zu sichern. Zu diesem Zweck muss der korruptive Sachverhalt festgestellt, die Schäden analysiert und die Beweismittel gesichert werden. Zur Durchsetzung etwaiger zivilrechtlicher Ansprüche sollte auch das Tätervermögen festgestellt und gesichert werden, ggf. auch im Wege einstweiligen Rechtsschutzes. Zu diesem Zeitpunkt stellt sich die Frage, welche Ansprüche gegen wen bestehen. Ziel ist es, diese Ansprüche durchzusetzen.

Zu diesem Zweck ist der Täter, Mittäter und Teilnehmerkreis zu identifizieren. Täter, Mittäter und Teilnehmer sind Anspruchsgegner. Ziel muss es sein, die Schadensersatzansprüche durch Verwertung deren Vermögen zu befriedigen. Als potenzieller Anspruchsgegner kommen in Frage der eigene Angestellte, der bestechende Geschäftspartner und die eigene Geschäftsleitung.

Je nach Tatbeitrag, aktives Tun oder Unterlassen, kommen unterschiedliche Anspruchsgrundlagen in Frage.

Bei der Durchsetzung der Anspruchsgrundlagen ist abzuwägen, ob Ansprüche außergerichtlich tituliert werden können, z.B. durch abstrakte notarielle Schuldanerkenntnisse mit Unterwerfung unter die sofortige Zwangsvollstreckung, z.B. gegen Verzicht auf Strafanzeige und Strafantrag, oder eine Klage unverzichtbar ist.

Zur Durchsetzung von Ansprüchen erforderlich ist die Feststellung des Sachverhaltes. Hier ist zu klären, wer wann was von wem wofür erhalten hat. Für die zivilrechtliche Durchsetzung ist die Sicherung von Beweismitteln unerlässlich, also die Sicherung aller Dokumente, Dateien, Aussagen von Zeugen und Mitwissern bis hin zum E-Mail-Verkehr der vergangenen Monate. An diesem Punkt ist jeweils zu entscheiden, ob die Staatsanwaltschaft mit einbezogen werden soll oder nicht. In Anbetracht des Imageschadens, den ein Korruptionsverfahren stets nach sich zieht, ist dies sorgfältig abzuwägen.

Gegenüber dem Angestellten ist ggf. eine schriftliche fristlose Kündigung des Anstellungsverhältnisses innerhalb von zwei Wochen ab Tatsachenkenntnis auszusprechen. Von einer Weiterbeschäftigung zwecks Sammlung weiterer Vorwürfe ist abzuraten. Eine Kündigung aus wichtigem Grund ist nach Verstreichen der Zweiwochenfrist nicht mehr begründet.

Dem Mitarbeiter sollte Hausverbot erteilt werden, da das Risiko der Verdunkelung durch Beweisvernichtung und Aussageabsprachen besteht.

Dann sind die von dem Schmiergeldgeschäft möglicherweise beeinflussten Verträge zu überprüfen. Zunächst sind die Hauptverträge zu analysieren. Was ist also Hauptvertrag, und was ist Folgevertrag? Der Geschäftsherr hat zu entscheiden, ob er an dem Hauptvertrag festhalten möchte. Wenn ja, kann er diesen u.U. gemäß § 177 Abs. 1 BGB analog ausdrücklich oder konkludent genehmigen. Wenn er den Hauptvertrag nicht gegen sich gelten lassen möchte, z.B. weil dieser besonders nachteilig ist, kann er diesen auch genehmigen und anschließend gemäß § 242 BGB kündigen mit dem Vorteil, dass ein vertragliches Rückabwicklungsverhältnis entsteht, kein bereicherungsrechtliches. Er kann jedoch auch die Genehmigung verweigern und eventuell bereicherungsrechtliche Ansprüche geltend machen.

Im Hinblick auf den Schadensersatz sind die weiteren Schäden festzustellen, wie entgangenen Gewinn und Rechtsverfolgungskosten.

Soweit es Folgeverträge betrifft, ist zunächst einmal festzustellen, ob Folgeverträge betroffen sind. Im Bereich der Sicherheiten ist hier zwischen akzessorischen und nicht-akzessorischen Sicherheiten zu unterscheiden. Wenn die Sicherheiten akzessorisch sind, leben und sterben diese mit der Rechtsunwirksamkeit des Hauptvertrages, was bei der Frage der Genehmigung des Hauptvertrages mit zu berücksichtigen ist.

In steuerlicher Hinsicht ist im Falle aktiver Bestechung zu überprüfen, ob diese als nützliche Ausgaben im Wege des Betriebsausgabenabzuges geltend gemacht wurden. Ein Ausgabenabzug wäre zu korrigieren.

3 Teaching note

3.1 Zusammenfassung der Fallstudie

Das mittelständische Unternehmen sieht sich zwei Problem ausgesetzt. Zum einen hat sich der deutsche Niederlassungsleiter in China Schmiergeld für die Vergabe von Aufträgen bezahlen lassen. Zum anderen hat er selbst Schmiergeld für die Ausweitung des Vertriebssystems gezahlt.

Gegenüber dem Aufsichtsrat hat der Vorstand also die Aufgabe, zunächst den Fall aktiver Bestechung, der durch die Geschäftsleitung nicht gebilligt wurde und nicht gebilligt wird, konsequent zu verfolgen und die Ansprüche der Gesellschaft geltend zu machen. Zum zweiten muss er unternehmensintern überzeugend deutlich machen, dass weder aktive noch passive Bestechung im Unternehmen geduldet werden und insoweit eine Nulltoleranzgrenze gilt. Hierfür sind die entsprechenden korruptionspräventiven Maßnahmen zu ergreifen und nicht nur als einmaliges Projekt zu begreifen, sondern dauerhaft zu verfolgen.

Dabei sollen auch die Unternehmensbelange berücksichtigt werden. Gerade exportorientierte Unternehmen, die in Wachstumsmärkte investieren, werden häufig mit korruptionsspezifischen Fragestellungen konfrontiert. Die Mitarbeiter dürfen hier nicht unvorbereitet in Situationen geschickt werden, in denen sie u.U. die Haltung der Geschäftsleitung in Deutschland fehlinterpretieren und meinen, ein Geschäft müsse um jeden Preis geholt werden.

3.2   Problemstellung

Das Beispiel des mittelständischen Maschinenbauunternehmens zeigt, dass bei Export von Maschinen weit über die Produktqualität hinausgehende Faktoren für den Geschäftserfolg ausschlaggebend sein können. Im Hinblick auf das Stichwort Korruption erwartet der Investor in Wachsturmmärkten manche Überraschung. Auch trotz vorliegender Genehmigungen können Hindernisse aufgebaut werden, um Schmiergeldpotenzial abzuschöpfen. Bestehende Rechtsunsicherheiten, seien sie auf fehlende sprachliche und rechtliche Kenntnisse oder problematische Verhältnisse im Bereich der Justiz zurückzuführen, können Investitionshemmnisse darstellen, die eine betriebswirtschaftlich vielversprechende Investition zu Fall bringen können.

3.3   Praktische Probleme

Praktische Probleme, die sich im Zusammenhang mit korruptionsspezifischen Sachverhalten stellen, sind stets die gleichen. Zum einen stellt sich stets die Frage, weshalb man Korruption im eigenen Unternehmen verbieten sollte. Wenn man selbst nicht besticht, besticht das andere Unternehmen und der Auftrag geht verloren. Ehrlichkeit zahlt sich also vermeintlich nicht aus.

Umgekehrt wird den eigenen Mitarbeitern viel Vertrauen entgegengebracht. Doch beweist die Studie von PwC über die Wirtschaftskriminalität, dass der typische Wirtschaftsstraftäter zwischen 31 und 50 Jahre alt ist, männlich, sozial unauffällig, in der Regel nicht vorbestraft, bereits länger im Unternehmen und in der Folge schwer zu identifizieren. Kurz: der typische Täter einer Wirtschaftsstraftat ist der angenehme Kollege, dem man es nicht zugetraut hätte. Korruptionsprävention wird deshalb zu Unrecht häufig als überflüssig erachtet.

Die Geschäftsleitung sollte im Hinblick auf ihre Haftungsrisiken ein besonderes Eigeninteresse an der Implementierung effektiver Sicherungsmaßnahmen und der Korruptionsprävention haben, da diese Risiken keine D & O Versicherung abdeckt.

3.4   Mögliche Lösungen

Der Vorstand ist gehalten, zunächst den Sachverhalt ordnungsgemäß aufzuklären und die Beweismittel zu sichern. Danach hat er die sich aus dem Sachverhalt ergebenden Ansprüche abzuleiten und gegenüber dem bestochenen Angestellten und ggf. den chinesischen Geschäftspartnern geltend zu machen. Zur Sicherung der bestehenden

Ansprüche sollte das Vermögen des Anspruchsgegners vor Übertragungen gesichert werden.

Hinsichtlich der Zahlung von Schmiergeld sollte eine klare Definition der Position gegenüber Korruption erarbeitet werden.

Wichtig erscheint es, durch Maßnahmen im Bereich Personal, Organisation und Aufträge/Vergabe das Unternehmen vor externen unlauteren Einflüssen zu schützen und durch interne Maßnahmen die Position der Geschäftsleitung und des Unternehmens unmissverständlich gegenüber den Mitarbeitern deutlich zu machen.

Literaturverzeichnis

BANNENBERG, BRITTA; SCHAUPENSTEINER, WOLFGANG: Korruption in Deutschland, 2. Auflage 2004, München.

BEKEMANN, UWE: Kommunale Korruptionsbekämpfung, 2007, Stuttgart.

BERG, CAI: Wirtschaftskorruption, Phänomen und zivilrechtliche Rechtsfolgen, 2004, Frankfurt am Main.

BLÜMLER, PETER: Zunehmende Risiken für Bankvorstände, BankPraktiker 11/2006, S. 530.

DÖLLING, DIETER (HRSG.): Handbuch der Korruptionsprävention, 2007, München.

HAUSCHKA, CHRISTOPH; GREEVE, GINA: Compliance in der Korruptionsprävention – was müssen, was sollen, was können die Unternehmen tun?, Betriebs-Berater 2007, S. 165.

KAUP, ANDREAS; SCHÄFER-BAND, URSULA; ZAWILLA, PETER (HRSG.): Unregelmäßigkeiten im Kreditgeschäft, 2005, Heidelberg.

PIETH, MARK; EIGEN, PETER (HRSG.): Korruption im internationalen Geschäftsverkehr, 1999, Neuwied.

ROHDE-LIEBENAU, BJÖRN: Whistleblowing, 2005, Düsseldorf.

SCHLÜTER, HARALD: Schmiergeldvereinbarung und Hauptvertrag in Deutschland, England und Spanien, 2005, Bielefeld.

SCHLÜTER, HARALD: Drittmitteleinwerbung von Klinikärzten, Deutsches Ärzteblatt 2006, S. 1856.

SCHLÜTER, HARALD: Zivilrechtliche Risiken der Schmiergeldkorruption, Zeitschrift für Risk, Fraud and Governance, 2006, S. 101.

SCHLÜTER, HARALD: Steuerrecht als Mittel der Korruptionsprävention, in Hoffmann, Karsten/ Schlüter, Harald (Hrsg.), Jahrbuch Accounting, Taxation & Law, 2007, Münster, S. 145.

SCHLÜTER, HARALD: Steuerliches Abzugsverbot von Schmiergeld, Zeitschrift für Risk, Fraud and Governance, 2007, S. 176.

SCHLÜTER, HARALD; NELL, MATHIAS: Rechtswirksamkeit auf Schmiergeld beruhender Hauptverträge – eine ökonomische Analyse, Neue Juristische Online Zeitschrift 2008, S. 238.

ZIMMER, MARK; STETTER, SABINE: Korruption und Arbeitsrecht, Betriebs-Berater 2006, S. 1445.

Oliver Kruse/Volker Hagemeyer

Chancen des Gesundheitsmanagements
Fallstudie Meyra GmbH & Co. KG

1 Lernziel und Vorkenntnisse

Diese Fallstudie behandelt die Thematik des betrieblichen Gesundheitsmanagements am Beispiel eines mittelständischen Unternehmens. Dabei wird mit den allgemeinen Vorurteilen, Gesundheitsmanagement sei zu kostenintensiv und daher nur für Großunternehmen darstellbar, abgeschlossen. Die Fallstudie zeigt, dass auch der Mittelstand auf ressourcenschonende Weise ein betriebliches Gesundheitsmanagement einführen und nachhaltig leben kann. Zudem kann das Gesundheitsmanagementsystem einen positiven Einfluss auf die Arbeitsprozesse und den Nutzen für die betriebliche Effizienz haben.

Die Bearbeitenden sollten über Grundkenntnisse in Unternehmensführung, Produktionstechnik, Organisationslehre und Personalmanagement verfügen. Spezielle Kenntnisse im Arbeits- und Gesundheitsmanagement sind nicht erforderlich.

2 Fallstudie – Chancen des Gesundheitsmanagements am Beispiel des Unternehmens Meyra

2.1 Einleitung

Dass die Umstellung des Unternehmens Meyra auf Gruppenarbeit ein komplizierter Prozess sein würde, war dem Produktionsleiter Herrn Bader schon bewusst. Auch war es damals schwer für ihn vorherzusagen, welchen Nutzen diese Restrukturierungsmaßnahme mit sich bringen würde. „Wir wollten damals unsere Organisation weitestgehend verschlanken", erinnert sich Herr Bader an den Schritt Meyras, die damit dem wirtschaftlichen Trend der 90er Jahre gefolgt sind und sich dezentraler Steuerung verschrieben hatten. „Durch die Verschlankung wollten wir eine Optimierung der Arbeitsorganisation erreichen", erklärt Herr Bader die Entscheidung der Geschäftsführung. Eine Erhöhung der Produktivität war Meyras Gebot, zusammen mit dem Versprechen der Optimierung der Termintreue dem Kunden gegenüber.

Meyra ist traditionell der Herstellung von medizinischen Geräten wie Rollstühlen, Gehhilfen, Rollatoren etc. verschrieben. „Wir versorgen Kinder, Erwachsene und Senioren qualifiziert im Rollstuhl-, Reha- und Pflegebereich", heißt es auf der Internetseite des Unternehmens. Die Mittelständler aus dem ostwestfälischen Kalletal mit über 1.000 Mitarbeitern haben eine hohe Fertigungstiefe in der Herstellung ihrer Produkte.

Von der Entwicklung von neuen Prototypen bis hin zur passgenauen Fertigung werden bei Meyra alle Arbeitsschritte integriert. Dabei produzieren sie nach DIN EN ISO 9001: 2000 und erfüllen mit ihrem Qualitätsmanagement sämtliche Anforderungen des Medizinproduktegesetzes. So wollen sie über solide Produktqualität zu Markenbewusstsein führen. Meyras Markenprodukte entstehen in Abstimmung mit Benutzern und Therapeuten. Ob Unikat oder Serienfertigung — derartig optimierte Produkte unterstützen den Menschen, was Meyras oberstes Gebot darstellt.

Und das schon seit Generationen. 1936 machte es sich der junge Schlossermeister Wilhelm Meyer zur Aufgabe, Hilfsmittel zu konstruieren, die körperbehinderten Menschen ihre Mobilität zurückgeben und gründete im ostwestfälischen Vlotho eine kleine Werkstatt für Krankenfahrzeuge. Tag und Nacht entwickelte Meyer seine Modelle und noch im selben Jahr baute er den ersten Rollstuhl mit Motorantrieb in Deutschland. Seine technischen Neuheiten stießen auf reges Interesse bei den Betroffenen, das Unternehmen begann zu wachsen und die Marke Meyra machte Karriere. Da die Nachfrage nach Meyra-Produkten stetig stieg, kam es zu einer ersten Expansion in den sechziger Jahren durch den Erwerb einer Firma aus Offenbach mit ihrem Spezialprogramm zur PKW-Umrüstung für körperbehinderte Autofahrer. Mittlerweile wirkten bei Meyra über 300 Mitarbeiterinnen und Mitarbeiter. Mit Außenlagern in Hamburg, Köln, Offenbach, Karlsruhe und München versorgte Meyra das ganze Bundesgebiet schnell und flächendeckend mit seinen Produkten. Mit Qualität und Zuverlässigkeit gewann Meyra überall neue Kunden – auch im Ausland. Die siebziger Jahre zeichnen sich durch die Gründung ausländischer Tochter- und Vertriebsgesellschaften in den Niederlanden, England und North Carolina aus. Inzwischen wurde mit Wilhelm Meyer jun. auch die zweite Generation in dem aufstrebenden Unternehmen nachhaltig aktiv. Der bisherige Stammsitz in Vlotho reichte nicht mehr aus, um die notwendigen Expansionen zu realisieren. Das Unternehmen erwarb in Kalldorf im Kreis Lippe ein größeres Grundstück für Produktion, Verwaltung, Lagerung und Versorgung. Weitere Investitionen in CNC-Maschinen und die Lagerhaltung optimieren die Produktion und verkürzten die Lieferzeiten.

Durch das Wachstum weitete sich auch Meyras Produktportfolio stetig aus: Standardrollstühle, Aktivrollstühle, Sportrollstühle, Elektro-Rollstühle und ein umfangreiches Rehabilitationssortiment trugen den anerkannten Markennamen Meyra. Der Erwerb des Unternehmens Ortopedia aus Kiel, das sich ebenfalls in vielen Jahren einen ausgezeichneten Ruf in der Herstellung von Rollstühlen und Rehabilitationsmitteln erworben hatte, verstärkte 1993 die Kompetenz der Unternehmensgruppe. Unter dem gemeinsamen Motto: „Wir bewegen Menschen" wurde die Entwicklung und Produktion neuer Produkte, wie z.B. Elektroscooter begünstigt, die sehr erfolgreich im In- und Ausland vermarktet werden. Forschungsaufträge und Partnerschaften mit Technischen Hochschulen und die intensive Zusammenarbeit mit Therapeuten und Anwendern kommen den neuen Produkten zugute. Das über die Jahre gewachsene Wissen der Mitarbeiter ist eine wichtige Grundlage für die hilfreichen und somit erfolgreichen Modelle von Meyra-Ortopedia. Die hohe Beratungskompetenz für ihre Produkte und

Anwendungen im Sinne der Heilmittelversorgung sowie die enge Kooperation mit dem Fachhandel, Leistungsträgern und Kliniken haben für das Unternehmen oberste Priorität.

Zahlreiche Preise wie der „red dot award" und die iF-Auszeichnung „gute Industrieform" bestätigen Meyras Engagement eindrucksvoll. Serviceorientiertes Handeln ist heute die Grundvoraussetzung für ein modernes Unternehmen. Für Meyra-Ortopedia bedeutet das: schnelle Lieferfähigkeit, produktkonforme Ersatzteile, Vorführprodukte sowie die aktive Händlerunterstützung durch professionelles Marketing und vorbildliche Verkaufsförderung.

2.2 Marktinformationen

Der Verkauf der Produkte erfolgt bei Meyra über die in der Branche üblichen Vertriebskanäle: er wird über den Vertrieb über den Sanitäts-, Medizinisch-Technischen- oder Orthopädie-Fachhandel durchgeführt. Nur so können eine fachliche Beratung, umfassende Betreuung sowie, falls notwendig, ein schneller Reparaturservice gewährleistet werden.

In der Regel beschreibt sich der Weg vom Krankenschein bis zum Rollstuhl wie folgt: Patienten richten ihre Forderungen an die Krankenkasse. Diese kauft beim Sanitätsfachhandel ein, welcher wiederum bei Meyra bestellt. Beim Endverbraucher besteht somit nur Kontakt mit der Krankenkasse und dem örtlichen Fachhandel, nie jedoch direkt mit Meyra, es sei denn, es handele sich um Spezialanfertigungen. Bei dem Fertigungsprozess für Unikate muss der Rollstuhl den Patienten angepasst werden und ist deshalb auf eine direkte Zusammenarbeit von Patient und Hersteller angewiesen. Der Versuch, diese scheinbar unnötige Trennung von Hersteller und Kunden zu überbrücken, ist jedoch fehlgeschlagen. „Wir haben unlängst versucht, einfache Gehhilfen direkt im Supermarkt zu vertreiben, sind dabei aber auf erheblichen Widerstand der Großhändler gestoßen", erklärt Herr Bader Meyras Versuch, den Vertrieb aktiv zu erweitern.

In Deutschland ist Meyra einer der größten Hersteller und sah sich jahrelang als großer Spieler in einem oligopolistischen Markt. Zunehmende Billigimporte aus Asien sind jedoch mittlerweile Beleg für die wachsende Konkurrenz und erklären den hohen Preisdruck im Wettbewerb. „Was uns jedoch noch ein wenig hilft, ist unser qualitativer Vorsprung", bewertet Herr Bader die gegenwärtige Lage am Markt. Meyra hat z.B. ein besonderes Herstellungsverfahren für die Rahmenkonstruktion entwickelt, dass trotz höchsten Qualitätsstandards eine relativ günstige Fertigung durch Löttechnik erlaubt. Auch logistische Faktoren begünstigen Meyras Vertrieb auf dem deutschen Markt gegenüber der Konkurrenz aus Fernost. „Was uns entgegenkommt sind die weltweit steigenden Transportkosten, was uns auf dem deutschen Markt zurzeit noch einen kleinen Wettbewerbsvorteil einräumt", bewertet Herr Bader die gegenwärtige Situation. Meyras internationale Ausrichtung zeichnete sich schon seit der Lieferung von Meyra-Rikschas für Indonesien in den fünfziger Jahren ab. Heute ist Meyra-Ortopedia weltweit im Einsatz, ist Distributionspartner in vielen Ländern.

2.3   Entscheidungssituation

Auf einer Messe für Gesundheitsförderung trifft Herr Bader eine Vertreterin einer großen Krankenkasse und kommt mit ihr ins Gespräch. Diese informiert ihn über ein aktuelles Bonusprogramm, in dem teilnehmende Unternehmen, die ein betriebliches Gesundheitsmanagement implementieren, ihre Beiträge für Krankenversicherungsschutz reduzieren können. „Wie ist dieses Bonusprogramm ausgestaltet und welche Vorteile und Nutzen bringt die Maßnahme unserem Unternehmen?", erkundigt sich Herr Bader.

Die Vertreterin erklärt, dass das Programm gestaffelt in drei Stufen aufgebaut sei. Je nach Maß der erfüllten Anforderungen könne eine höhere Stufe, die größere Boni abwerfe, erreicht werden. Grundsätzlich seien vom teilnehmenden Unternehmen personelle und finanzielle Ressourcen zur Verfügung gestellt. Ferner sei es wichtig, die betriebliche Gesundheitsförderung im Unternehmensleitbild, in Führungsgrundsätzen und in Zielvereinbarungen zu verankern. In der ersten Stufe konzentriere man sich dann auf die Erhebung systematischer, gesundheitsrelevanter Daten. Die zweite Stufe beinhalte die konkrete Ausgestaltung gesundheitsbezogener Maßnahmen, an denen Mitarbeiter aktiv, auch an der Ausgestaltung, teilnehmen. Um die dritte Stufe zu erreichen, müssten schließlich messbare Erfolge der Gesundheitsförderung vorliegen. Als Bonus sind Rückzahlungen bis zu einem Monatsbeitrag für den Krankenversicherungsschutz je Beschäftigtem zu realisieren.

Die Vertreterin erklärt Herrn Bader ferner, dass ein direkter Nutzen in erster Linie die Reduzierung des Krankenstandes im Unternehmen sein würde und dass sich langfristig Erfolge einstellen würden. Im Bereich des Gesundheitsmanagements lägen oft vernachlässigte Einsparpotenziale, wie z.B. die Reduzierung von Kosten durch Lohnfortzahlung, Überstunden, Einarbeitung, etc., bedingt durch an Krankheit ausfallende Arbeitskräfte. Ein gezieltes Gesundheitsmanagement könne im Umkehrschluss dazu die Erhöhung der Leistungsfähigkeit von Unternehmen und Mitarbeitern insgesamt ermöglichen. Durch die Gestaltung einer gesunden Arbeitsumgebung würde sich das Betriebsklima entscheidend verbessern. „Überlegen Sie sich doch mal, was es für Ihr Unternehmen bedeutet, wenn ein Mitarbeiter ausfällt", regt die Vertreterin Herrn Bader weiter zum Nachdenken an.

Herr Bader ist vom Konzept der Krankenkasse angetan. Vielleicht ließen sich durch die Einführung eines Gesundheitsmanagements noch weitere Verbesserungen und kohärente Synergieeffekte erzielen? „Im Prinzip hört sich das ja recht logisch an. Ich glaube, Sie haben da ein recht interessantes Konzept auf die Beine gestellt – allerdings müsste ich das noch mal für uns durchrechnen." Herr Bader bedankt sich für das Gespräch. Am nächsten Morgen spielt er sofort das Szenario für Meyra einmal durch und wägt Nutzen und Kosten miteinander ab.

2.4 Problemfragen

1. Macht es aus betriebswirtschaftlichen Gründen für Meyra Sinn, ein Gesundheitsmanagement zu implementieren?

2. Überlegen Sie, inwiefern Meyra Gesundheitsmanagement für das Marketing ihrer Produkte nutzen kann!

3. Überlegen Sie, inwieweit Gruppenarbeit ein Gesundheitsmanagementsystem fördern kann!

4. Wie kann eine nachhaltige Nutzung eines Gesundheitsmanagement-Konzeptes sichergestellt werden?

2.5 Anlagen zu Fallstudie

Abbildung 2-1: *Positive Effekte der Gesundheitsförderung (Ergebnis einer Umfrage bei 1451 europäischen Unternehmen)*

Unternehmen	Mitarbeiter
– weniger AU-Tage· – weniger Arbeitsunfälle· – besseres Unternehmensimage· – größere Arbeitszufriedenheit· – verbesserte Kommunikation und Kooperation· – zufriedene MitarbeiterInnen· – höhere Produktivität· – bessere Qualität· – geringere Fluktuation· – Vermeidung der Verschwendung betrieblicher Ressourcen (Engagement / Ideen)	– gesündere Arbeitsbedingungen· – gesteigertes gesundheitliches Wohlbefinden· – stärkere Bindung an das Unternehmen· – Höhere Motivation· – besseres Arbeitsklima

Quelle 1: Janssen, H. 1991

Abbildung 2-2: *Wieder kaum Anstieg bei den Hilfsmitteln*

Die gesetzlichen Kassen hatten 2006 Ausgaben in Höhe von 147,58 Mrd. Euro (+ 2,6 %). Der Überschuss liegt bei 1,73 Mrd. Euro nach plus 1,67 Mrd. Euro im Jahr 2005. Diese Entwicklung brachte, dass die gesamte GKV über ein Vermögenspolster von 1,3 Mrd. Euro verfügt. 2003 lag die Verschuldung noch bei rund sechs Mrd. Euro. Unter allen aktiven Leistungsbereichen hatten die Hilfsmittel den geringsten Anstieg mit nur 0,6 Prozent je Versicherten auf insgesamt 4,5 Mrd. Euro. Dabei entfielen 3,7 Mrd. Euro (+/- 0 %) auf die alten und 0,8 Mrd. Euro auf die neuen Bundesländer (+ 1,6 %). Mittlerweile liegt der Anteil der Hilfsmittel an den gesamten GKV-Ausgaben bei nur noch 3,05 Prozent. Interessant ist die Hilfsmittelentwicklung nach Kassenarten: AOK plus 1,3 %, BKK plus 1,4 %, IKK minus 4,6 %, Landwirtschaftliche Kassen plus 2,4 %, Seekasse plus 0,1 %, Bundesknappschaft plus 3,7 %, Angestelltenersatzkassen minus 0,2 % und Arbeiterersatzkassen minus 9,4 %.

Quelle 2: Fachverband für Ortopädietechnik

Abbildung 2-3: *OT-Hilfsmittel sind keine Kostentreiber*

An der Kostenexplosion im Gesundheitswesen sei der Hilfsmittelbereich nicht beteiligt, teilte der Bundesinnungsverband für Orthopädie-Technik mit. Vielmehr seien die Hilfsmittelausgaben nach der GKV-Statistik KV 45 im 1. Halbjahr 2006 im Vergleich zum 1. Halbjahr 2005 sogar um 1,6 % (2,125 Mrd. Euro zu 2,158 Mrd. Euro) gesunken. Noch deutlicher verlaufe nach den Angaben des BIV die Entwicklung bei den orthopädischen Hilfsmitteln. Seien im 1. Halbjahr 2005 noch 1,122 Mrd. Euro für OT-Hilfsmittel von den gesetzlichen Krankenkassen aufgewendet worden, seien dies im 1. Halbjahr 2006 nur noch 1,09 Mrd. Euro, d. h. 2,6 % weniger, gewesen.

Quelle 3: Fachverband für Ortopädietechnik

Abbildung 2-4: *Vor- und Nachteile der Gruppenarbeit*

Vorteile der Gruppenarbeit	Nachteile der Gruppenarbeit
– Unterschiedliche Sicht auf das Problem	– Missverständnisse zwischen den Mitarbeiten
– Verschiedene Herangehensweisen an dessen Lösung	– Uneinigkeiten wegen der Aufgabenstellung oder der Lösung
– Mitglieder ergänzen einander durch ihre Stärken	– Es muss ständiger Informationsaustausch stattfinden
– Aufteilung der Arbeit zwischen den Mitgliedern	
– Vereinfachung der Arbeit	

Quelle 4: Charakteristika der Gruppenarbeit

Abbildung 2-5: *Wettbewerbsstärke*

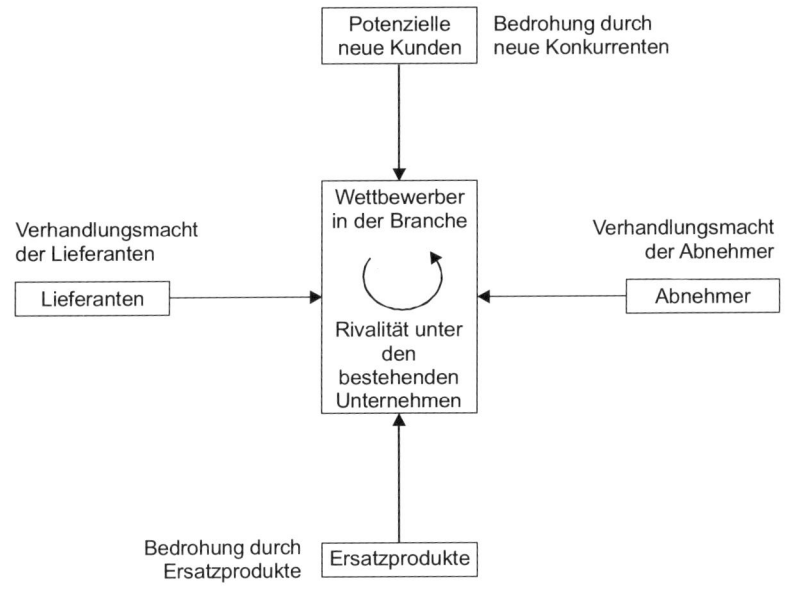

Quelle 5: *Wettbewerbskräfte nach Porter, Wikipedia*

Abbildung 2-6: *Bonussystem*

Stufe 1: Einen Bonus in Höhe von bis zu je 100 € für Sie und Ihre IKK-versicherten Beschäftigten erhalten Sie, wenn Sie uns alle folgenden Aktivitäten nachweisen:

1. Ihr Betrieb erstellt jährlich einen betrieblichen Gesundheitsbericht unter Beteiligung der Vereinigte IKK. Bei Kleinbetrieben (bis zu 30 IKK-versicherten Beschäftigten) reicht unter Wahrung des Datenschutzes ein Branchenbericht aus.

2. Ihr Betrieb erhebt jährlich gesundheitsrelevante Informationen in einer Mitarbeiterbefragung.

3. Ihr Betrieb wertet systematisch gesundheitsrelevante Informationen aus, die in anderen innerbetrieblichen Routinen/Prozessen erhoben werden. Dies kann geschehen durch:
   a) Gesundheitszirkel
   b) Qualitätszirkel oder vergleichbare Verbesserungsprozesse
   c) Mitarbeitergespräche
   d) Führungs- und Zielvereinbarungsgespräche
   e) Betriebliches Vorschlagswesen
   Mindestens zwei der Punkte a) – e) müssen umgesetzt werden.

Stufe 2: Einen Bonus in Höhe von bis zu einem halben Monatsbeitrag für Sie und jeden Ihrer IKK-versicherten Beschäftigten erhalten Sie, wenn Sie uns zusätzlich zu den in Stufe 1 geforderten Aktivitäten Folgendes nachweisen:

1. In Ihrem Unternehmen werden betriebliche Gesundheitsförderungsmaßnahmen angeboten, die sichtbar Gesundheit und Wohlbefinden der Beschäftigten zugute kommen. Mindestens vier der folgenden Punkte müssen umgesetzt und von mindestens 10 Prozent Ihrer Beschäftigten aktiv und regelmäßig genutzt werden:·
   - Vorhalten von Gymnastik- und/oder Ruheräumen·
   - Gewährung zusätzlicher bezahlter Kurzpausen·
   - Wirksame Nichtraucherschutzregelung·
   - Ermöglichung von IKK-Check-Ups während der Arbeitszeit
   - Unterstützung von Betriebssportaktivitäten·
   - Angebote von Gesundheitssportaktivitäten·
   - Angebote zur Stressbewältigung·
   - Angebote zur gesunden Ernährung·
   - Schulung der Führungskräfte in mitarbeiterorientierter Führung·
   - Angebote zur betrieblichen Suchtvorbeugung·
   - Geschlechts- und lebensphasenspezifische Angebote für Beschäftigte
     (z. B. ältere Mitarbeiter, Azubis, Mütter)

2. Alle Mitarbeiter erhalten die Gelegenheit, sich aktiv mit betrieblichen Gesundheitsfragen auseinander zu setzen und sich an Veränderungen zu beteiligen.

3. Alle Mitarbeiter sind durch geeignete Mittel der internen Kommunikation über die Vorhaben im Bereich der betrieblichen Gesundheitsförderung informiert.

Stufe 3: Einen Bonus in Höhe von bis zu einem Monatsbeitrag für Sie und Ihre IKK-versicherten Beschäftigten erhalten Sie, wenn Sie uns nachweisen, dass die in Stufe 1 und 2 beschriebenen und in Ihrem Betrieb durchgeführten Maßnahmen folgende gesundheitsbezogenen Effekte bewirkt haben:

a) Senkung des Krankenstandes
b) Senkung der Arzneimittelausgaben
c) Senkung der Krankenhauskosten

Kostensenkungen infolge gesetzlicher Änderungen oder Entlassung kranker Mitarbeiter werden nicht bewertet. Als Referenzwert für die Ermittlung gesundheitsbezogener Effekte werden die jeweils über die vorangegangenen zwei Jahre ermittelten durchschnittlichen, altersstandardisierten Kosten herangezogen. Die Auswertungen zu den oben genannten Punkten a) – c) erfolgen durch Ihre IKK und werden Ihnen natürlich zur Verfügung gestellt. Bitte nehmen Sie hierzu rechtzeitig vor Ablauf Ihres Bonusjahres mit der IKK Kontakt auf.

Quelle 6: Bonussystem der Vereinigten IKK

Abbildung 2-7: *Gesundheitsausgaben Meyra*

1.	Sitzungen Gesundheitszirkel	1,320.00 €
2.	Sitzungen Gesundheitsmanagement (Kosten mit unter 3)	
3.	Anteil der Personal-Kosten des Betriebsrates am Gesundheitsmanagement	17,437.00 €
4.	Schulungen Suchtbeauftragter	2,609.00 €
5.	Bonusauszahlung	1,606.00 €
6.	Gehöruntersuchung	122.60 €
7.	Rückenschule	1,700.00 €
8.	Stressbewältigungs-Seminar	12,200.00 €
9.	Nordic Walkingkurs	775.00 €
10	Präventionskurse Fitness	10,271.00 €
11.	Sportabzeichen	240.00 €
12.	Gesundheitsbefragung	3,555.00 €
13.	Back-Check	320.00 €
14	Grippeschutzimpfung	276.00 €
15.	Augenuntersuchung	6,957.00 €
16.	Nachschulung Ersthelfer-Training	1,625.00 €
17.	Anschaffungen	1,288.00 €
		62,301.60 €

Quelle 7: Gesundheitsausgaben Meyra (2006)

Abbildung 2-8: *Einsparungen durch Gesundheitsausgaben*

Meyra-Krankenstand	3.6	%
Branchenschnitt	4.5	%
Differenz	0.9	Meyra besser als der Schnitt

Betrachtung 1 aus Sicht MEYRA (nach dem Schema der IKK)

Reduzierung um	0.50	%
entspricht	584	eingesparten AU Tagen
Kosten pro AU-Tag	150	Euro
		(IKK rechnet mit 100 €, zu niedrig!)
MY Reduzierung um	0.90	%
entspricht	1051.2	eingesparten AU Tagen
SUMME	**157,680.00**	**Euro**

Betrachtung 2 aus Sicht MEYRA

pro Jahr bei Meyra	600,000.00	Anwesenheitsstunden
Reduzierung Krankenstands pro Jahr um	0.90	%
entspricht	5,400.00	Anwesenheitsstunden
Durchschnittliches Entgelt pro Arbeiter-Wochenstunde (AWS)	45.00	Euro (mit Lohnnebenkosten)
SUMME	**243,000.00**	**Euro**

Quelle 8: Einsparungen durch Gesundheitsausgaben bei Meyra (2006)

3 Teaching Note

Die Teaching Note umfasst didaktische Hinweise und mögliche Lösungen.

3.1 Didaktische Hinweise

Da die Fallstudie einen mittleren Komplexitätsgrad aufweist, wird eine Bearbeitungszeit von ca. 1,5 Stunden empfohlen. Der größte Teil der Bearbeitungszeit wird für das Erfassen der Fallstudie (30 min) und die ausführliche Beantwortung der Fragen (30 min) benötigt. Danach sollten die Lösungen im Plenum vorgestellt und diskutiert werden (30 min).

Im Zusammenhang mit der Wirtschaftlichkeit von Gesundheitsmanagementsystemen erscheint insbesondere die Frage 2 von Bedeutung. Meyra ist ein gelebtes Beispiel dafür, dass trotz fehlender Marketing- und Vertriebsgewinne für die Einführung eines Gesundheitsmanagementsystems neben einem humanistischen Wert an sich eine Reihe von betriebswirtschaftlichen rationalen Argumenten sprechen.

3.2 Mögliche Lösungen

1) Macht es aus betriebswirtschaftlichen Gründen für Meyra Sinn, ein Gesundheitsmanagement zu implementieren?

Die Ziele der betrieblichen Maßnahmen zur Gesundheitsförderung bauen auf die Prinzipien der Risikoprävention und des Gesundheitslernens auf und streben das Ausbauen sowie die Nutzung von Gesundheitsressourcen an. Die Risikoprävention besteht aus der Ermittlung und Beseitigung von gesundheitlichen Gefahren, der Verringerung von gesundheitsgefährdenden Arbeitsbelastungen und der gesundheitsgerechten Gestaltung des Arbeitsumfeldes. Das Gesundheitslernen hingegen verkörpert die Sensibilisierung der Mitarbeiter für gesundheitsgerechtes Verhalten, die Verminderung von Risikoverhalten und die Reduzierung von Erkrankungen. Durch die Einführung des Gesundheitsmanagements im Unternehmen versprach sich die Geschäftsführung eine gesündere Arbeitsumgebung und eine Verbesserung des Betriebsklimas. Die Motivation sollte gesteigert und die Mitarbeiterfluktuation durch stärkere Bindung an das Unternehmen reduziert werden. Eine Verringerung der Fehlzeiten und die Verbesserung der Qualität waren weitere Ziele. Schließlich erhoffte man sich eine striktere Einhaltung der Termintreue gegenüber Kunden, eine Erhöhung der Produktivität und eine einhergehende Optimierung der Arbeitsorganisation. Letztere sollte das Heben von Einsparpotenzialen, wie die Reduzierung teurer Überstunden sowie die Verringerung von Lohnfortzahlungen durch weniger Krankheitsfälle ermöglichen. Durch die Gesundheitsmanagementmaßnahmen sollte somit insgesamt die Leistungsfähigkeit von Unternehmen und Mitarbeitern gesteigert werden.

Abbildung 3-1:   *Säulen des Gesundheitsmanagements*

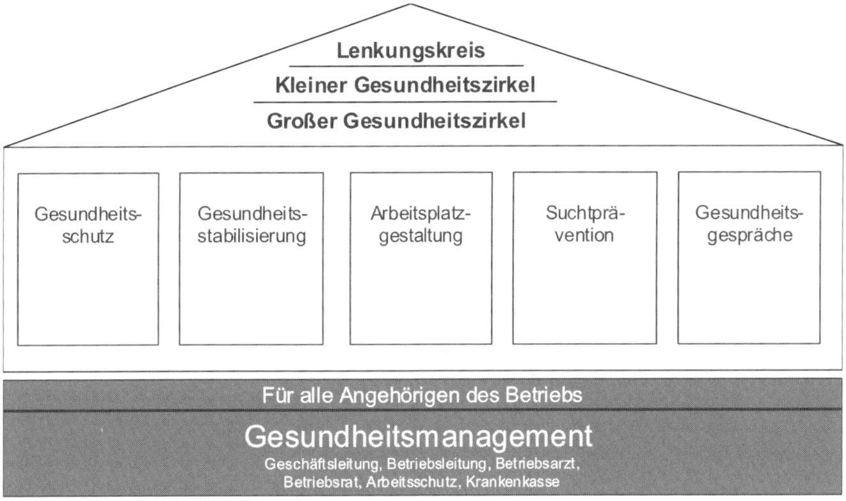

Quelle 9: Säulen des Gesundheitsmanagements bei Meyra

Abbildung 3-2:   *Ziele des Gesundheitsmanagements bei Meyra*

Ziel	Instrumente	Evaluation
Fehlzeiten	Gesundheitszirkel Gesundheitsgespräche	Erfassung der Fehlzeiten Auswertung der Gespräche
Unfallzeiten	Gesundheitszirkel Gefährdungsbeurteilung	Erfassung der Unfälle
Arbeitsumgebung Arbeitsorganisation	Gesundheitszirkel und andere Instrumente	Mitarbeiterbefragung Be-/Entlastung
Gesundes Verhalten	Aktivitäten der Mitarbeiter unterstützen (Sport, Kurse, Informationsveranstaltungen, etc.)	Mitarbeiterbefragung Verhalten vor/nach Aufnahme der Aktivitäten Screenings

Motivation	Gesundheitszirkel Gruppensitzungen	Mitarbeiterbefragung Engagement
Engagement Ideen	Gruppensitzungen Verbesserungsvorschläge	Verbesserungsmaßnahmen Dokumentation von Ideen
Betriebsklima	Kooperative Strukturen Teilautonome Gruppen	Mitarbeiterbefragung Kooperation und Kommunikation
Qualität	Gesundheitszirkel Gruppensitzungen Qualitätsmanagement	Qualitätskennzahlen Störfälle, Fehlproduktion
Produktivität	Gruppensitzungen Gesundheitszirkel	Produktivitätskennzahlen Auslastung, Überstunden

Quelle 10: Ziele des Gesundheitsmanagements bei Meyra – Instrumente, Evaluation

2) Überlegen Sie, inwiefern Meyra Gesundheitsmanagement für das Marketing ihrer Produkte nutzen kann!

Obwohl es auf den ersten Blick sinnvoll erscheint, das Gesundheitsmanagement in das Marketingkonzept zu integrieren, ist dies aufgrund der Vertriebsstrukturen des Unternehmens und des Marktes nicht direkt realisierbar. Durch eine gezielte Betrachtung der Wettbewerbskräfte über eine Porteranalyse (Modell der Wettbewerbskräfte), sollte erkenntlich werden, dass die Marktmacht des Sanitäts-Fachhandels überwiegt und Einfluss von Produzent und Endverbraucher stark beschnitten sind.

Abbildung 3-3: *Analyse der Wettbewerbsstärke*

Marktmacht der Zulieferer:	Beschränkt, da es für die Zuliefererindustrie für Rohre und Elektromotoren polypolistisch ausgeprägt ist.
Marktmacht der Kunden:	Sehr hoch, da Vertrieb nur über den Großhandel erfolgt, der einen hohen Preisdruck ausübt.
Neueinsteiger in der Branche:	In Deutschland unwahrscheinlich, allerdings nimmt Konkurrenz aus Fernost zu.
Bedrohung durch Substitut Produkte:	Niedrig
Rivalität innerhalb der Branche:	In Deutschland mittelmäßig durch oligopolistische Struktur des Marktes. Weltweit jedoch steigende Konkurrenz.

Quelle 11: Analyse der Wettbewerbssituation Meyras

3) Überlegen Sie, inwieweit Gruppenarbeit ein Gesundheitsmanagementsystem fördern kann!

Gruppenarbeit ist ein zentraler Faktor für die Einführung des Gesundheitsmanagements bei Meyra. Dies bedeutet nicht, dass Gesundheitsmanagement nicht ohne Gruppenarbeit implementiert werden könnte; dennoch begünstigt Gruppenarbeit ein Gesundheitsmanagementsystem. Zentrale Idee der Teamarbeit ist das Nutzen von Synergien. Diese gebündelten Potenziale sind besonders in Prozessen von Ideenfindung entscheidend, da diese durch gezielte Zusammenarbeit überproportional ansteigen. Da ein Gesundheitsmanagementsystem auf das Erkennen von Schwachstellen und somit auf den Input der Mitarbeiter, die sich an der Quelle der Probleme befinden und somit über Spezialwissen verfügen, angewiesen ist, ist Gruppenarbeit ein guter Weg, um Verbesserung und Ideenmanagement voranzutreiben. Somit kümmern sich Mitarbeiter selbst um deren „eigene" Belange, arbeiten Lösungsvorschläge aus und beantragen eine entsprechende Verbesserungsmaßnahme bei der Geschäftsführung. Diese ist durch die Dezentralisation von Entscheidungen und Kompetenzen stark entlastet und muss lediglich eine endgültige Entscheidung von Verbesserung treffen.

Die Steuerung des GM erfolgt bei Meyra über drei Instanzen, den Gesundheitszirkeln und dem Lenkungskreis Gesundheit. Gesundheitszirkel sind betriebliche Gesprächskreise, die unter Einbeziehung der Beschäftigten gesundheitliche Belastungen am Arbeitsplatz aufdecken und Lösungsvorschläge für deren Vermeidung erarbeiten. Gerade die Beschäftigten sollen aktiv in die Gesundheitsförderung einbezogen werden und aktiv an der Verbesserung mitwirken. Da die Beschäftigten am besten über die Bedingungen an deren Arbeitsplatz Bescheid wissen, liegt es auf der Hand, sie an den Veränderungsmöglichkeiten teilhaben zu lassen. Dies kann vor dem Hintergrund von Gruppenarbeit am besten gewährleistet werden.

4) Herr Bader fragt sich, wie eine nachhaltige Nutzung eines Gesundheitsmanagement-Konzeptes sichergestellt werden kann?

Für die nachhaltige Sicherung des Gesundheitsmanagement-Konzeptes bedarf es dessen Verankerung in der Unternehmensphilosophie. Sobald sich möglichst viele Stakeholder am Konzept beteiligen, kann ein nachhaltiger Erfolg sichergestellt werden. Insbesondere das Management spielt eine wichtige Rolle. Durch das Erkennen der Bedeutung wurden Ressourcen bei Meyra für das Gesundheitsmanagement zur Verfügung gestellt. Ein Gesundheitsmanagement muss gelebt werden. Dies verlangt eine organisationelle Verankerung in Gruppen und Arbeitskreisen wie Gesundheitszirkel, die die Verbesserungen betreuen, Vorschläge einbringen und somit das Gesundheitsmanagementsystem ständig verbessern. Verstärkt wird dies durch die Ernennung eines facilitators, z.B. eines Gesundheitskoordinators, der sich des Systems annimmt und somit das System selbst verkörpert. Fokus auf stetige Verbesserung lässt das System weiterleben und verhindert das unwillentliche Degradieren zur Einzelmaßnahme in der Gesundheitsförderung.

Abbildung 3-4: *Nachhaltigkeitsfaktoren*

- organisationelle Verankerung
- Verankerung in Unternehmensphilosophie / Leitsätzen
- Gesundheitszirkel
- Arbeitskreise
- Gesundheitskoordinator (facilitator)

Quelle 62: Faktoren für Nachhaltigkeit eines Gesundheitsmanagementsystems

---

Teil B

Management mittel-
ständischer Unternehmen

Werner Krämer/Karsten Ranger

Trends im Mittelstand
Fallstudie G. Bee GmbH

1 Lernziele und notwendige Vorkenntnisse

Ziel der Fallstudie ist es, die Entscheidungsdeterminanten im betriebswirtschaftlichen und volkswirtschaftlichen Bereich zu vermitteln. Die Bedeutung der Kompetenz in Fragen, die über den rein innerbetrieblichen Rahmen hinausgeht, soll für die strategische Unternehmensplanung deutlich gemacht werden. Gerade durch die flachen Hierarchien in kleinen und mittleren Unternehmen (KMU), in denen keine spezialisierten Abteilungen zur Verfügung stehen, sondern die Unternehmensführung auch sehr stark in das operative Geschäft eingebunden ist, muss die Entscheidungsfindung durch die Berücksichtigung nationaler und internationaler Rahmenbedingungen abgesichert werden. Die Globalisierung hat die Entwicklungen im Mittelstand dynamisiert und den Spielraum der Führungskräfte in KMU verändert. Dieser Zusammenhang wird in der Fallstudie speziell verdeutlicht, indem die komplexen Beziehungen der KMU zu Wirtschaft, Politik und Gesellschaft sowie deren Wandlungen analysiert werden, ohne die immer vorhandene betriebliche Perspektive zu vernachlässigen. In den Mittelpunkt rücken dabei zunehmend Aspekte der Internationalen Wirtschaft: Internationalisierungsprozesse im Mittelstand spiegeln zum Beispiel wie ein Fokus sehr anschaulich die Auswirkungen der Globalisierung und des technischen Fortschritts.

Im Hinblick darauf sind auch die notwendigen Vorkenntnisse zu sehen: Studenten sollten einen guten Überblick über die aktuellen wirtschaftlichen, sozialen und politischen Vorgänge in der Welt haben, verbunden mit einem großen internationalen Interesse, Motivation und Neugier. Grundkenntnisse der Volkswirtschaftslehre, der Betriebswirtschaftslehre und der Strategischen Planung, die aufgrund des aktuellen wirtschaftlichen Wandels eine besondere Wertigkeit erlangt haben, sind vorauszusetzen. Darüber hinaus sollten die Studenten in der Lage und bereit sein, analytisch, interdisziplinär und interkulturell zu denken und zu handeln.

2 Fallstudie

2.1 Vorstellung der G. BEE GmbH

Die Firma BEE wurde 1909 durch den Mechanikermeister Gottlob Bee in Bietigheim-Bissingen (Baden-Württemberg, Region Stuttgart) gegründet. Das Unternehmen tätigte einen Jahresumsatz von über 17,6 Mio. Euro im Jahre 2006 (2004: 13,9 Mio., 2005:

14,9 Mio., 2007: voraussichtlich knapp 20 Mio.). Bilanzkennzahlen sowie Auslandsumsatz werden nicht näher seitens der Geschäftsführung angegeben. Der Umsatz verteilt sich zu 50 % auf Handelsware (vornehmlich der Messing-Kugelhahnbereich) und zu 50 % auf die Selbstfertigung von Kugelhähnen im Flansch-Kugelhahnbereich (Sphäroguss/DIN DVGW Stahl und Edelstahl) und DIN DVGW zugelassenen Muffen-Kugelhähnen sowie selbst gefertigten Pneumatik-Antrieben. Zurzeit sind ca. 65 Mitarbeiter im Unternehmen beschäftigt, darunter auch befristete Verträge und Zeitarbeiter. Damit gehört das Unternehmen sowohl nach der Definition des Bundesministeriums für Wirtschaft und Technologie als auch nach den Kriterien der EU-Kommission eindeutig zu den kleinen und mittleren Unternehmen. Weitere Informationen zum Unternehmen können auf der Internetseite der Firma unter http://www.g-bee.de abgerufen werden. Das Unternehmen hat eine Tochter (WFOE) in Ningbo, China, und hat ein kleines Schweizer Unternehmen übernommen.

2.2 Informationen zum Produkt bzw. der Produktion, zur Branche, zur Region und zum Markt

Die Firma G. BEE produziert Kugelhähne, sowohl im Zusammenhang mit Sicherheitsarmaturen als auch im Sonderkugelhahnbereich (Metalldichtungen, Mehrwegkugelhähne). Um den hohen Qualitätsanforderungen der anspruchsvollen Kunden gerecht zu werden, wurde das Unternehmen 1994 nach ISO 9001 zertifiziert.

Je nach Baureihentyp variieren die Produktionsschritte. So wird u. a. teilweise das angelieferte Messing-Stangematerial automatisch zugesägt. Die Einzelteile werden dann erhitzt, um sie anschließend pressen zu können. Danach erfolgt die mechanische Bearbeitung. In größerem Ausmaß ist dies Drehen und Bohren, teilweise auch Fräsen. Sofern erforderlich, kommt auch noch das Fertigungsverfahren Stanzen zum Einsatz. Danach erfolgt, sofern laut Spezifikation gefordert, das Veredeln, z. B. durch Verchromen und Vernickeln. Nach der mechanischen Fertigung erfolgt die Montage, die mit der Dichtheitsprüfung endet. Die Kugelhähne werden bei letzterer dabei in offener und halboffener Stellung mit unterschiedlichen Luftdrücken und unterschiedlicher Dauer geprüft. Alternativ dazu werden je nach Baureihe von externen Lieferanten gefertigte Pressteile bezogen, die anschließend dann im eigenen Werk zum Endprodukt weiterverarbeitet werden.

Das Unternehmen gehört zur Metallverarbeitenden Branche, die in Deutschland stark mittelständisch geprägt ist. Bietigheim-Bissingen, der Sitz des Unternehmens, liegt im Großraum Stuttgart, der Region mit den meisten KMU in Deutschland. Die Region hat den Charakter eines Industrieclusters; es ist das erfolgreichste Cluster in Deutschland.

Der Markt für das Produkt ist weltweit vorhanden. Alle Länder benötigen Kugelhähne. Der Wettbewerb wird in der Hauptsache geprägt von den Merkmalen Preis, Lieferzeit und Qualität.

2.3 Darstellung der Entscheidungs- und Marktsituation

In den letzten 17 Jahren haben die italienischen Messing-Kugelhahn-Hersteller den deutschen Markt als Produzenten beherrscht. Bisher war es gängige Verfahrensweise, dass die deutschen Händler als Vertriebskanäle genutzt wurden. Durch die Verschärfung der Marktsituation in den letzten fünf Jahren hatten sich die italienischen Hersteller dazu entschlossen, mit eigenen Vertriebsleuten auf dem deutschen Markt zu agieren. Durch diese Veränderungen verlieren die bisher eingebundenen Vertriebspartner teilweise ihre Existenzberechtigung.

Parallel zu dieser aus der Sicht von BEE negativen Entwicklung haben sich in den letzten Jahren chinesische Messing-Kugelhahn-Hersteller durch Qualitätsverbesserungen entscheidend hervor getan, so dass der eingebundene deutsche Händler mit einem entsprechend preiswerten Produkt wieder wettbewerbsfähig diese Produkte anbieten kann. Ungeachtet der Tatsache, dass BEE weiterhin von italienischen Herstellern Handelsware bezieht, ist inzwischen konsequenterweise China als Produzent von Messing-Kugelhähnen durch die Qualitätsverbesserungen, die mit zunehmender internationaler Wettbewerbsfähigkeit einhergehen, neben Italien als führender Anbieter auf dem Markt avanciert. Vor allem auf der Kostenseite treten die Unterschiede chinesischer und italienischer Produzenten eindeutig zutage. Unter Berücksichtigung sämtlicher Transaktionskosten beispielsweise Transport- und Abwicklungskosten (aber ohne Nacharbeit bei reinem Import!) treten bis zu 50 %ige Kostenersparnis bei chinesischen Lieferungen auf, was für mittelständische Unternehmen sehr attraktiv ist. Jedoch muss in diesem Kontext auch der unterschiedliche Kapitalstock der jeweiligen Produzentenländer berücksichtigt werden. Wo in Italien mit einer vollautomatisierten Produktionsanlage gefahren wird, werden in China konventionelle und numerisch gesteuerte Maschinen sehr einfacher Bauart verwendet.

Vor dem Hintergrund steigender internationaler Wettbewerbsfähigkeit chinesischer Hersteller legt die Erfahrung der vergangenen Jahre nahe, dass es nur eine Frage der Zeit ist, ehe die chinesischen Produzenten versuchen werden, mit eigenen Vertriebsleuten auf dem europäischen bzw. deutschen Markt zu agieren. Um diesem wahrscheinlichen Szenario erfolgreich entgegen wirken zu können, hatte sich die Firma BEE entschlossen, eine eigene Messing-Kugelhahn-Produktion in China zu errichten.

2.4 Anlagen zur Fallstudie

2.4.1 Trends im Umfeld der KMU (Rollenwandel notwendig)

Auch KMU müssen auf die veränderten Rahmenbedingungen reagieren, die einen Wandel der Rolle von KMU in der Globalisierung auslösen. Dies zeigt sich auf drei Feldern: in der Außenwirtschaft, im Währungsrisiko und bei den Beziehungen zu Großunternehmen. Generell liegen die Chancen mittelständischer Unternehmen in der Globalisierung in größenspezifischen Vorteilen: Dies sind Wettbewerbsvorteile durch hohe Flexibilität bezüglich Produktion und Service, überschaubare Größenordnung (dadurch sind sie z.B. gut für Direktinvestitionen einzuschätzen), Innovativität verbunden mit hohem Know-how, höhere Motivation aufgrund niedrigerer Arbeitsteilung, Ausnutzen günstiger Faktorkosten, wenn sie als Zulieferer ihren Kunden ins Ausland folgen. So nehmen auch viele Klein- und Mittelunternehmen nur in dem Maße an der Außenwirtschaft teil, wie sie sich an Außenwirtschaftsaktivitäten der Grossunternehmen zuliefernd, wartend, reparierend oder dienstleistend anhängen können. Andererseits gibt es auch hunderte deutscher mittelständischer Unternehmen, die eine unabhängige Leistung erbringen und die durch Exporte Spitze am Weltmarkt sind, d.h. sie sind die Nummer eins oder zwei. Diese Unternehmen werden „Hidden Champions" genannt [Sim07]. Sie zeichnen sich vor allem durch technische Spitzenleistungen verbunden mit besonders engen Kundenbeziehungen und ausgefeilten Servicekonzepten aus. Außerdem haben sie ganz besondere Führungsphilosophien. Allgemein dürfte aber trotzdem folgende Hypothese gelten: Je kleiner die Unternehmen sind, desto weniger sind sie in der Außenwirtschaft engagiert.

Den kleinen und mittleren Unternehmen steht — wie allen Unternehmen — ein großes Spektrum von außenwirtschaftlichen Partizipationsmöglichkeiten zur Verfügung. Dieses reicht von der reinen Markttransaktion (normalerweise Export) über die Kooperation bis zur Fusion. Wichtigstes Unterscheidungsmerkmal ist der Internalisierungsgrad, der charakterisiert, inwieweit der Handlungsspielraum des Unternehmens selbst bestimmt werden kann. Die gewählte Strategie wird stark vom angestrebten Globalisierungsgrad beeinflusst, aber auch von den Fragen „Was" (Güter, Leistungen, Know-how), „Wo" (Märkte, Regionen, Distanzen) und „Wie" (Internationalisierungsstrategie), (vgl. [Welt02], S. 13). Zurzeit arbeiten ca. 2 % der deutschen Unternehmen auf globalen Märkten, sind also weltweit fast überall vertreten. 12 % der Unternehmen sind auf internationalen Märkten präsent, also neben dem europäischen Binnenmarkt zumindest in Nordamerika und Südostasien. 20 % der Unternehmen sind auf regionalen und nationalen Märkten zu finden. 66 % aller Unternehmen haben mit lokalen Märkten zu tun. In diese Klasse dürften fast ausschließlich kleinere und mittlere Unternehmungen und Betriebe gehören (vgl. [Fiet97], S. 21).

Die Globalisierung erhöht auch das Wechselkursrisiko kleiner und mittlerer Unternehmen. Diese erratischen Schwankungen des Wechselkurses — Volatilität genannt — bedeuten ein Wechselkursrisiko für alle im Extrahandel (Handel mit Nicht-EU Ländern) tätigen Unternehmen. Dabei haben die kleinen und mittleren Unternehmen in der Regel kein Währungsumrechnungsrisiko, wie es etwa Kapitalgesellschaften haben, die eine Bilanz zu einem bestimmten Zeitpunkt erstellen müssen. KMU sind mit einem Währungstransaktionsrisiko konfrontiert, da zwischen der Veröffentlichung verbindlicher Preise, der Angebotsabgabe und dem Vertragsabschluß und dem Zahlungseingang in Fremdwährung bzw. der Umwechslung in Bezugswährung ein langer Zeitraum (6 Monate und mehr) vergehen kann. Vollständig können sich die Unternehmen gegen dieses Risiko nur absichern, indem sie „barter trade" (Ware gegen Ware) betreiben oder die eigene Währung als Denominationswährung durchsetzen. Weniger wahrscheinlich, aber möglich, wäre auch eine Vorauszahlung in Euro bei Vertragsabschluß oder der Einbau einer Preisgleitklausel in den Vertrag. Sind diese sicheren Wege nicht durchsetzbar, müssen Gegengeschäfte zur Absicherung auf Finanzebene (Hedging) getätigt werden oder eine bestimmte Wechselkursprognose (Investmentbanken arbeiten mit hauseigenen Modellen) in der unternehmerischen Kalkulation berücksichtigt werden. Kurzfristige Wechselkursprognosen sind eher unzuverlässig, was viele Finanzkrisen (Asienkrise, Südamerika und andere) gezeigt haben, so dass normalerweise derivative Finanzinstrumente zum Zuge kommen. Viele Mittelständler schrecken davor zurück.

Die Reaktionen auf Wechselkursschwankungen im Falle von Extrahandel bei mittelständischen Unternehmen hängen erst einmal vom Engagement im Außenhandel ab. Bei entsprechendem umfangreichem Außenhandel wird die Betroffenheit von der Situation des Unternehmens geprägt: Mit fortschreitendem Lebenszyklus des Produktes dürfte der monopolistische Spielraum abnehmen. Auch bei homogenen Massengütern dürfte für KMU die Exportquote sehr gering sein. Bei spezialisierten Produkten besteht ein großer monopolistischer Spielraum, den die KMU zu ihren Gunsten nutzen können (vgl. [Fiet97], S.291). Der Wechselkurs hat entscheidenden Einfluss auf die Exporttätigkeit, da sowohl Exportpreise als auch gehandelte Mengen davon abhängen. Der monopolitische Spielraum bestimmt die Preiselastizität der Nachfrage. Man spricht von einem monopolistischen Markt, wenn sehr viele kleine Anbieter vorhanden sind, so dass sich keine vollkommene Konkurrenz ergibt. Das wichtigste Merkmal eines monopolistischen Anbieters ist die doppelt geknickte Preisabsatzkurve („kinky demand curve"). Im Bereich des Knickes ist die Preiselastizität der Nachfrage sehr gering (fast 0), d.h. bei einer Preiserhöhung wandern kaum Kunden ab.

Kleine und mittlere Unternehmen (KMU) und multinationale Unternehmen (Multis) sind die beiden extremen Unternehmensgrößen auf einem Kontinuum von Kleinunternehmen bis multinationale Unternehmen. Multinationale Unternehmen zeichnen sich dadurch aus, dass sie über Direktinvestitionen in vielen Ländern präsent sind. So liegt das Schwergewicht der Geschäftätigkeit nicht mehr nur in einem Staate, wenn auch die lenkende Muttergesellschaft in einem Heimatland zu Hause ist. Abhängig von der exakten Definition gibt es etwa 500 bis 1000 Multis weltweit, wobei die meisten in den USA angesiedelt ist. Ungefähr ein Fünftel des Weltinlandsprodukts und schätzungsweise bis zu einem Drittel des Welthandels geht auf die Multis zurück. Gründe für das

Entstehen liegen in Größenvorteilen (economies of scale), in Diversifizierungsvorteilen (economies of scope), in Finanzierungsvorteilen und in der noch bestehenden Möglichkeit, staatliche Rahmenbedingungen auszunutzen (Subventionen) oder zu umgehen (Zölle). Diese Aspekte sind — zusammen mit weiteren — im Internationalisierungsansatz zusammengefasst. (vgl. [Krug06], S. 234ff.). Seit Mitte der Neunzigerjahre hat zudem eine Fusionswelle eingesetzt, deren Intensität frühere Wellen übertrifft. Dadurch ist die Größe der Multis gewachsen, und es bilden sich immer mehr Multis auf der Welt.

Diese Vorgänge können nicht ohne Auswirkungen auf die Entwicklung der kleinen und mittleren Unternehmen bleiben. Multinationale Unternehmen sind die Träger der Direktinvestitionen in der Welt, wobei diese ganz überwiegend innerhalb der Industrieländer und großen Schwellenländer getätigt werden. Tatsache ist, dass die Direktinvestitionen in der Welt seit Mitte der Siebzigerjahre explodiert sind und als weltweit dominierende Internationalisierungsstrategie die reinen Exporte abgelöst haben. Die Frage ist nun, inwieweit KMU von den Exportsteigerungen durch die Direktinvestitionen profitieren können. Die Gruppe der reinen Zulieferunternehmen unter den kleineren Unternehmen wird, um zu überleben, mit den Direktinvestitionen inländischer Großunternehmen mitgehen müssen. Andernfalls dürften etwaige Qualitäts- und Know-how-Vorteile die höheren Transaktionskosten des Exports nicht aufwiegen können. Viele KMU dürften aber, wenn die Arbeitsintensität relativ hoch ist, der billigeren Konkurrenz vor Ort unterlegen sein. Insofern entstehen die zusätzlichen Arbeitsplätze, die durch Direktinvestitionen im Ausland im Heimatland geschaffen werden (durch mehr Exporte von Vor- und Zwischenprodukten), eher bei den Multis selbst als bei den kleineren Unternehmen. Genaue Untersuchungen hierüber fehlen allerdings. Zumindest geraten die mittelständischen Zulieferer unter Anpassungsdruck, weil die Multis in stärkerem Maße von den Möglichkeiten der globalen Beschaffung Gebrauch machen. Dieser Anpassungs- und Kostendruck dürfte sich in den nächsten Jahren noch verstärken (vgl. [Fiet97], S. 86). Durch die Ausdehnung der Multis kommt es darüber hinaus zu einer Oligopolisierung vieler Märkte und Segmente des Weltmarktes. Dadurch sind immer mehr kleine und mittlere Unternehmen dem Machtmissbrauch großer Firmen ausgesetzt. Auf der anderen Seite gibt es supranational und international kaum funktionierende Wettbewerbsbehörden. Eine Rolle dürfte auch der Einfluss der Multis auf die nationale Souveränität der Einzelstaaten spielen, wo Rahmenbedingungen zugunsten der Multis geschaffen wurden und werden.

2.4.2 Bedeutungszuwachs Asiens (Daten zur Information)

In der Globalisierung hat Asien immer mehr an Bedeutung gewonnen, es ist sogar ein Motor der Globalisierung. 60,3 % der Weltbevölkerung leben in Asien. 29,6 % beträgt der Anteil Asiens am Welthandel im Jahre 2006 (1956: 13,7 %). Die Asienregion hat ihren Anteil am Welthandel in den vergangenen 15 Jahren verdoppelt. Durch die großen Schwellenländer China und Indien ist mit einem weiteren schnellen Wachstum der Wirtschaft zu rechnen. China wächst mit 10 %, Indien mit 8,4 % (2006, BIP). Aber auch Vietnam, Indonesien, Philippinen und Malaysia liegen über dem Weltdurchschnitt des Wachstums des Bruttoinlandsproduktes mit 5,2 % im Jahre 2006 [Mül07]. Der Anteil Asiens allein am Zuwachs der Weltproduktion liegt bei ca. 25 %. Bisher scheut der deutsche Mittelstand aber Asien für Direktinvestitionen und bevorzugt hier wegen der räumlichen und kulturellen Nähe Osteuropa. Begrenzte Managementressourcen und Kapital, aber auch unkalkulierbare Risiken, halten die KMU von Asien fern. Strategisch gesehen kann der deutsche Mittelstand wegen der aufgezeigten Daten diese Region jedoch nicht links liegen lassen, sondern ist gefordert, in Anbetracht der Schwerpunktverlagerung der Weltwirtschaft schnell Fuß zu fassen. Deutschland exportiert insgesamt für 27,5 Mrd. € nach China, 13,9 Mrd. € beträgt der Export von Deutschland nach Japan im Jahre 2006. Diese beiden Länder nehmen in Asien die meisten deutschen Exporte auf, die Importe aus diesen beiden Ländern sind jeweils höher als die Exporte (48,8 Mrd. € aus China, 23,7 Mrd. € aus Japan 2006). Asien ist nicht immun gegen Konjunktur- und Finanzkrisen. Ungefähr zwei Drittel des asiatischen Wachstums geht auf das Konto des Exportsektors. Hier nehmen die USA und die EU eine Schlüsselrolle ein. China und Japan verfügen über eine ungeheure Summe an Devisenreserven als finanzielles Gegengewicht (2007 2,4 Billionen US-$).

2.4.3 Strategische Reaktionen der KMU darauf (Theoretisches Modell zur Orientierung)

Die skizzierten Umfeldbedingungen müssen angemessen im Management Anklang finden, wenn das Unternehmen erfolgreich sein will. Sie müssen zunächst auf die spezifischen Bedingungen der KMU ausgerichtet werden.

Die Stärken und Schwächen der KMU können in einen allgemeinen Zusammenhang gebracht werden, der eine Art Wirtschaftstheorie für KMU darstellt. Dabei müsste sie unter Berücksichtigung aller oben aufgezählten Kriterien die folgende Grundstruktur aufweisen (vgl. [Krae03], S. 13).

$$Z_{KMU} = f\ (FA,\ R,\ U,\ O,\ E)$$

Die Ziele kleiner und mittlerer Unternehmen (Z_{KMU}) müssen im Zusammenhang (f = Funktion) mit den Führungsaktionen der Personen (Personal) im Unternehmen (FA), mit den Ressourcen (R), mit dem Umfeld (U), mit der Organisationsstruktur des Unternehmens (O) und mit der Entwicklung des Unternehmens (E) erklärt werden. Die Grundstruktur einer derartigen KMU-Theorie ist derzeit in einer realen Theorie noch nicht zu sehen, sondern die vorhandenen Theorien legen ihren Schwerpunkt in der Regel auf einen dieser Aspekte. Aus dieser Grundstruktur kann eine Gesamtkonzeption über die Anpassung der KMU an ihr Umfeld entwickelt werden. Diese Konzeption ist in Abbildung 2-1 dargestellt. Im Zuge der Globalisierung und der Dynamik der anderen Märkte müssen sich die KMU immer schneller anpassen. Dabei sollten gezielt die dargestellten Stärken und Defizite berücksichtigt werden [Jon03]. Den Ressourcen kommt eine Schlüsselposition zu: Zu den Ressourcen zählen die finanziellen Ressourcen, die physischen Ressourcen (materielles Eigentum), die Human Resources (Personal), technologische Ressourcen und organisatorische Ressourcen. Diese Ressourcen müssen für Innovationen eingesetzt werden (vgl. [Fue04], S. 59, 121), die die Entwicklung der KMU adäquat zum Umfeld sicherstellen. Innovationen sind die „erstmalige wirtschaftliche Anwendung einer neuen, technischen, wirtschaftlichen, organisatorischen und sozialen Problemlösung im Sinne einer ökonomischen Orientierung der Wissensverwertung, die darauf ausgerichtet ist, Unternehmensziele auf neuartige Weise zu erfüllen". Die Außenbeziehung muss über eine funktionsfähige Innenbeziehung sichergestellt werden. Dazu gehören eine lernende Organisation und eine effiziente Personalführung, insbesondere die Personalentwicklung. Erst der systematische Zusammenhang aller dieser Elemente kann zum Erfolg führen. Entscheidend ist, dass die KMU die aufgezeigten Stärken und Schwächen für sich selbst erkennen, um sie in bewusstere und strukturiertere Managementkonzepte umsetzen zu können. Die richtige Anpassung an die dargestellten Umfeldbedingungen muss einen entsprechenden Wandel des Unternehmens auslösen (vgl. [Krae06], S. 221).

Abbildung 2-1:   *Analytische Konzeption einer KMU-Theorie*

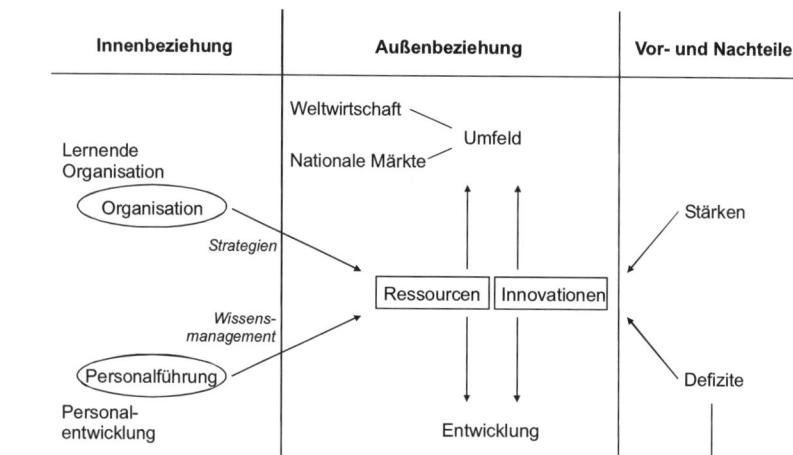

2.4.4 Leitfaden für die Durchführung einer Direktinvestition in China (Konzeption zum Vorgehen)

Eine China-Strategie muss mindestens Vision, Produkt, Geschäftsplan und Marktentwicklungsstrategie beinhalten [Krae07]. Am wichtigsten ist ein gutes Produkt [Las06]. Unter diesen Voraussetzungen können auch KMU aus Deutschland Direktinvestitionen in China tätigen. Sie sollten aber schon über Erfahrungen mit dem Export nach China verfügen.

Konkret sollten zunächst die externen Faktoren („Uncontrollables" in China) geprüft werden [Ran05]. Dazu gehören rechtliche und steuerliche Rahmenbedingungen, Kulturstandards, tarifäre und nichttarifäre Handelshemmnisse sowie Produktion, Markt- und Wettbewerbssituation. Im Anschluss sind die internen Faktoren („Controllables" der KMU) durchzukalkulieren: Finanzierung und Personal sowie Technologie und Standortwahl. Daraufhin muss eine effiziente Abstimmung der internen Faktoren auf die externen Faktoren erfolgen. So ist zwischen Export, Kooperation und Tochtergesellschaft zu unterscheiden [Krae07].

Ein Patentrezept für eine effiziente Strategie gibt es nicht (vgl. [Welt03], S. 211f.). Große Marktmöglichkeiten liegen in der stetig wachsenden Kaufkraft und den Problemen Chinas im Umweltbereich. Von den Markt-Erfahrungen in China kann man auf jeden Fall für eine globale Strategie lernen (vgl. [Pen05], S. 136f.).

3 Teaching Note

3.1 Zusammenfassung der Fallstudie

Die kleine Unternehmung G. BEE aus Bietigheim-Bissingen bei Stuttgart wurde 1909 gegründet und produziert sowie verkaufte Kugelhähne im Auftrag des europäischen Marktführers aus Italien (der Umsatz von 14 Mio. 2004 verteilte sich zu 50 % auf Handelsware). Dieser übernahm vor einigen Jahren nach Einführung des Europäischen Binnenmarktes selbst den Vertrieb in Deutschland, und die Firma BEE war gezwungen, sich im Rahmen der Europäisierung und Globalisierung neu zu orientieren, um zu überleben. Sie richtete sich an dem quantitativen Weltmarktführer China aus und führte eine Direktinvestition in China durch. Die ursprünglich veranschlagte Kosteneinsparung von 50 % gegenüber einer Produktion in Deutschland musste im Zuge der Produktion in China reduziert werden. Kostensteigerungen bei Löhnen, Energie und Rohstoffen und Qualitätsprobleme, die zu Nacharbeiten in Deutschland führen, waren nicht vorhersehbar. Insgesamt kann die Produktionsstätte in China mittlerweile aber als Erfolg gelten. Dies ist vor allem auch auf die Flexibilität und Lernfähigkeit bzw.

-schnelligkeit der chinesischen Seite zurückzuführen, die in einem kontinuierlichen Verbesserungsprozess ständig Fortschritte macht. Dies auch durch eine Versuch-Irrtum-Methode. War Anfangs kaum Expertise bzgl. der Kugelhahntechnologie vorhanden, wurden bestehende Wissenslücken schnell geschlossen. Durch die Ausweitung der Geschäftsaktivitäten wurden auch im heimischen Werk zusätzliche (sozialversicherungspflichtige) Vollzeitjobs geschaffen. Inwieweit steigende Rohstoffpreise und andere Kostenfaktoren die weitere Entwicklung der Tochter negativ beeinflussen, muss abgewartet werden. Die strategische Entscheidung, sich global zu orientieren und in China zu produzieren, hat sich als richtig erwiesen. Operationale Kostenziele konnten deshalb nicht erreicht werden, weil nicht alle Trends in China vorhersehbar waren.

3.2   Problemstellung

Das Beispiel G. BEE zeigt, dass auch Kleinstunternehmen erfolgreich die Chancen der Globalisierung nutzen können. Die Firma war gegen den Marktführer aus Italien langfristig in Europa nicht konkurrenzfähig. Sie musste den risikoreichen Schritt nach China wagen, um sich entscheidende komparative Kostenvorteile zu sichern. Die Trends in China waren jedoch nicht exakt berechenbar. Insgesamt hat die Firma mit ihrer Internationalisierungsentscheidung ihre Existenz gesichert. Sie hat aus den Trends im Mittelstand strategisch die richtigen Schlüsse gezogen und erfolgreich darauf reagiert.

3.3   Leitfragen

Die Fallstudie als Lehr- und Lerntechnik kann komplexe Probleme – wie sie hier ersichtlich sind – gut darstellen und ganzheitlich lösen. Sie fördert das gehirngerechte Lehren, indem sie das Wiederholen von Erfahrungen und ein Andocken ermöglicht. Ihr Nachteil ist die eingeschränkte Generalisierung. Sie kann aber – wie hier – der Illustration, der Entwicklung von komplexen Konzepten und von Leitfragen dienen und durchaus in einen generellen Kontext eingebettet werden.

■ **Welche Trends haben das Problem der Firma G. BEE hervorgebracht?**

Hier sollen die Studierenden wichtige Entwicklungen der Vergangenheit rekapitulieren. Als Auslöser des Problems ist die Einführung des Europäischen Binnenmarktes zu analysieren. Zusammen mit dem Euro hatte dieser eigentlich positive Effekte auf KMU. Aber der Wettbewerbsdruck innerhalb Europas ist gestiegen, so dass der italienische Marktführer eine Entscheidung treffen musste.

▨ **Wie sah der Spielraum von G. BEE aus, d. h. welche Alternativen standen zur Verfügung?**

Es soll abgewogen werden, ob eine Produktionsausweitung in Deutschland möglich gewesen wäre. Ebenso ist abzuschätzen, ob eine Übernahme des Vertriebs in der EU für den chinesischen Weltmarktführer nicht besser gewesen wäre. Langfristig wollte man jedoch bei BEE als „gebranntes Kind" nicht den gleichen Fehler wie beim italienischen Hersteller noch einmal machen.

▨ **Wie waren Chancen und Risiken der gewählten Lösungsalternative zu beurteilen?**

Anhand einer Checkliste mit dem Aufsatz „Chancen und Risiken kleiner und mittlerer Unternehmen in der VR China" [Krae07] sollen die Studenten die relevanten Aspekte kennen lernen.

▨ **Warum wurde die Direktinvestition in China und nicht in Osteuropa getätigt?**

Normalerweise werden Direktinvestitionen von deutschen KMU wegen räumlicher und kultureller Nähe in Osteuropa vorgenommen. Wahrscheinlich hätte BEE aber von hier aus auch nicht mit dem italienischen Marktführer in Europa erfolgreich konkurrieren können. Insofern erfolgte eine Orientierung im Hinblick auf den Weltmarktführer.

▨ **Was kann man aus dem Vorgehen der Firma BEE lernen?**

Für Unternehmen, die in China investieren wollen, ist die Fertigung wettbewerbsfähiger Produkte mit einer hohen Qualität die größte Barriere. Hinzu kommen fehlende Motivation und Arbeitsmoral großer Teile der chinesischen Belegschaft. Die Loyalität gegenüber ausländischen Unternehmen ist nicht besonders stark ausgeprägt. Da Chinesen in der Regel sehr extrinsisch motiviert sind, kann dem teilweise durch finanzielle Anreize entgegengewirkt werden. Persönliche Instruktionen und detaillierte Arbeitsanweisungen sind unabdingbar. Trotzdem werden öfter nach Gutdünken in Eigenregie Veränderungen im Produktionsprozess von Chinesen vorgenommen.

3.4 Lösung in der Praxis (Fahrplan der G. BEE GmbH bei der Realisierung der Direktinvestition in der VR China in Ningbo)

	Start	Ende	Dauer
Informationsphase	Aug. 2004	Okt. 2004	23 Tage

Grobkonzeption, Beratungen, Besuche, Eruierung der Investitionsbedingungen.

	Start	Ende	Dauer
Konzeptionsphase	Sept. 2004	Nov. 2004	16 Tage

Produktplan, Kostenplan, Stellenbeschreibungen, Miet-/Kaufanalyse, Standortanalyse/-wahl, Pflichtenheft, Produktion und Produktionshalle, Festlegung der Importe, Ermittlung Energieverbrauch, Finanzplan.

	Start	Ende	Dauer
Administrative Phase	Nov. 2004	Dez. 2004	10 Tage

Miet-/Kaufvertrag, Projektvorschlag, Namensregistrierung, Erstellen von Fragenkatalog, Articles of Association, Gründungsantrag, Business Licence.

	Start	Ende	Dauer
Rekrutierung	Nov. 2004	Jan. 2005	12 Tage

Festlegung der Organisation, Erstellung von Jobprofilen, Anzeigentexte erstellen und schalten, Besuch Jobmessen, Arbeitsverträge, Job Interviews, Lieferantenverträge

	Start	Ende	Dauer
Finanzen	Dez. 2004	Dez. 2004	8 Tage

Transfer des Stammkapitals, Verifizierung des Stammkapitals, Konteneröffnung gemäß 3-Kontenmodell, Registrierung bei SAFE

	Start	Ende	Dauer
Dokumente	Dez. 2004	Dez. 2004	2 Tage

Erhalt von: Genehmigungsurkunde, Satzung, Fragenkatalog, Business Licence.

	Start	Ende	Dauer
Behördengänge	Dez. 2004	Jan 2005	10 Tage

Umweltamt, Finanzamt, Steueramt, Statistikamt, Zollanmeldung, Stempelabwicklung, z. B. Gesellschaftsstempel, Finanzstempel, Vertragsstempel etc.

	Start	Ende	Dauer
Einrichtungsphase	Dez. 2004	Jan. 2005	12 Tage

Fitting out, Betriebsmittelbelegung, Feuerschutz, Abwasserregelung, Wasser- und Energieversorgung, Umweltauflagen.

Es sei in diesem Kontext vermerkt, dass diese Zeiten aufgrund der in den einzelnen Provinzen existierenden lokalen Differenzen stark variieren können.

Literaturverzeichnis

DE, DENNIS A.: Entrepreneurship, München (Pearson) 2005.

FIETEN, ROBERT; FRIEDRICH, WERNER; LAGEMAN, BERNHARD : Globalisierung der Märkte – Herausforderung und Optionen für kleine und mittlere Unternehmen, insbesondere für Zulieferer, Stuttgart (Schäffer Poeschel) 1997.

FREILING, JÖRG: Entrepreneurship, München (Vahlen) 2006.

FUEGLISTALLER, URS; MÜLLER, CHRISTOPH; VOLERY, THIERRY: Entrepreneurship, Wiesbaden (Gabler) 2004.

KRÄMER, WERNER: Mittelstandsökonomik. Grundzüge einer umfassenden Analyse kleiner und mittlerer Unternehmen, München (Vahlen) 2003.

KRÄMER, WERNER: Personalführung und Organisation im Wandel. Die Berücksichtigung von Entwicklungen im Umfeld der kleinen und mittleren Unternehmen im Management, in: Schauf, Malcolm (Hrsg.): Unternehmensführung im Mittelstand, München und Mering (Rainer Hampp) 2006, S. 204-244.

KRÄMER, WERNER: Chancen und Risiken deutscher kleiner und mittlerer Unternehmen in der VR China, in: Lethmathe, P./Eigler, J./Welter, F./Kathan, D./Heupel, T. (Hrsg.): Management kleiner und mittlerer Unternehmen, Stand und Perspektiven der KMU-Forschung (Gabler Edition Wissenschaft), 2007, S. 489-504.

KRUGMAN, PAUL R.; OBSTFELD, MAURICE: Internationale Wirtschaft. Theorie und Politik der Außenwirtschaft, München (Pearson) 2006.

LASSERE, PAUL; SCHÜTTE, H.: Strategies for Asia Pacific. Meeting New Challenges, New York 2006.

MÜLLER, OLIVER; KNIPPER, H.-J.; KUCKUCK, F.M.: Keine Angst vor Asien, in: Handelsblatt, 8. 10. 2007, S. 12.

PENG, M. W.: Perspectives from China Strategy to Global Strategy, in: Asia Pacific Journal of Management, 22. Jg., 2005, S. 123-141.

RANGER, KARSTEN: Direktinvestitionen deutscher KMU in der VR China am Beispiel der G. BEE GmbH, Diplomarbeit am Ostasieninstitut (OAI) der FH Ludwigshafen 2005.

SIMON, HERMANN: Hidden Champions des 21. Jahrhunderts. Die Erfolgsstrategien unbekannter Weltmarktführer, Frankfurt (Campus) 2007.

WELTER, FREDERIKE: Strategien, KMU und Umfeld, Berlin (Duncker & Humblot) 2002.

Informationen für KMU über China

APEC Center for Technology and Training for SME
www.actetsme.org

China International Cooperation Association of SME (CICASME)
www.chinasme.org.cn

Department of Small and Medium – Sized Enterprises (SETC, China)
www.setc.gov.cn

Die Deutsche Außenhandelskammer China
www.china.ahk.de

German Centers (Markteintritt deutscher KMU in China)
www.germancentre.com

Informationsportal für Auslandskompetenz in KMU
http://ixpatriate.de/index.php

Initiative Deutscher Mittelstand in China
www.initiative-deutscher-mittelstand-in-china.de

Invest in China (Regierungsseite)
www.fdi.gov.cn

Informationen über Trends im Umfeld der KMU

Das Außenwirtschaftsportal
www.ixpos.de

Country Briefings
www.economist.com/countries/

Economist Intelligence Unit
www.ein.com

Länderprofile (Index Mundi)
www.indexmundi.com

Statistisches Bundesamt
www.destatis.de

Jochen Zülka

SKM-Modellkommunengesetz Niedersachsen
Fallstudie Landkreis Osnabrück

1   Vorbemerkung

Die nachfolgende Fallstudie ist eine Zusammenfassung des Abschlussberichtes der von der Bielefelder Unternehmensberatung NordWestConsult GmbH im Auftrag des Landkreises Osnabrück durchgeführten Ermittlung der Auswirkungen des niedersächsischen Modellkommunengesetztes auf die Bürokratielasten des Landkreises nach dem Standardkosten-Modell (SKM). Für weitere Informationen steht der Verfasser gerne unter zuelka@nordwestconsult.de zur Verfügung.

2   Zusammenfassendes Ergebnis der Messung

2.1   Gesamtergebnis

Das Land Niedersachsen hat konkrete Maßnahmen beschlossen, um Bürokratie abzubauen. Zum 1. Januar 2006 ist das „Gesetz zur Erprobung erweiterter Handlungsspielräume in Modellkommunen" (Modellkommunengesetz – ModKG) in Kraft getreten. Mit dem Gesetz werden für einen Versuchszeitraum von drei Jahren für die fünf teilnehmenden Modellkommunen (die Landkreise Cuxhaven, Emsland, Osnabrück und die Städte Lüneburg, Oldenburg) bestimmte landesrechtliche Regelungen außer Kraft gesetzt bzw. modifiziert. Der Landkreis Osnabrück ist eine der im Gesetz genannten Modellkommunen. Der Landkreis möchte die administrativen Erleichterungen des ModKG nicht nur operationell umsetzen, sondern diese Implementierung qualitativ **und quantitativ** bewerten (lassen). Der Landkreis hatte dazu aus den rund 60 Regelungsbereichen des ModKG 14 Geschäftsprozesse identifiziert und ausgewählt, die sich besonders auf Unternehmen bzw. Dritte (Bürger, Verbände und Einrichtungsträger) auswirken. Im Laufe der Untersuchung wurde der Geschäftsprozess A5 unterteilt in A5/1 (Zulässigkeit von Werbeanlagen an Land- oder Kreisstraßen) und A5/2 (Errichtung von baulichen Anlagen an Land- oder Kreisstraßen). Untersucht wurden daher die folgenden 15 Geschäftsprozesse bezüglich des Zeit- und Kostenaufwandes für Verwaltung, Unternehmen und Bürger vor (Ex-Post-Messung 1 - SKM EP1) und nach (Ex-Post-Messung 2 – SKM EP2) Inkrafttreten des ModKG.

Tabelle 2-1:   *Untersuchungsbereich SKM ModKG*

SKM EP1	SKM EP2	Vorschrift	Regelungsinhalt
A1	A15	§ 3 Nr. 2 a ModKG	Zuverlässigkeit zusätzlicher Werbeanlagen im Außenbereich
A2	A16	§ 3 Nr. 2 b ModKG	Genehmigungsfreiheit für Gaststätten-Außenbewirtschaftung
A3	A17	§ 3 Nr. 2 c ModKG	Beglaubigung von Baulastenerklärungen durch Gemeinden
A4	A18	§ 3 Nr. 3 ModKG	Beschränkung der Mitwirkung der anerkannten Vereine auf UVP-Vorhaben
A5/1 A5/2	A19/1 A19/2	§ 3 Nr. 4 ModKG	Zulässigkeit von Werbeanlagen an Land- oder Kreisstraßen Errichtung von baulichen Anlagen an Land- oder Kreisstraßen
A6	A20	§ 3 Nr. 8 ModKG	Genehmigungsfiktion im Wasserrecht und Verfahrenserleichterungen
A7	A21	§ 4 Nr. 2 ModKG	Verringerung der räumlichen Mindestanforderungen in Kitas
A8	A22	§ 4 Nr. 4 ModKG	Verzicht auf Teilungsgenehmigung
A9	A23	§ 5 Abs. 1 Nr. 1 b ModKG	Fristverkürzung bei Nachbarbeteiligung im Baugenehmigungsverfahren
A10	A24	§ 5 Abs. 1 Nr. 1 c ModKG	Fristverkürzung bei Behördenbeteiligung im Baugenehmigungsverfahren
A11	A25	§ 5 Abs. 1 Nr. 1 d ModKG	Fristverkürzung bei Behördenbeteiligung im Baugenehmigungsverfahren
A12	A26	§ 5 Abs. 1 Nr. 2 a ModKG	Fristverkürzung bei Behördenbeteiligung im Abgrabungsverfahren
A13	A27	§ 5 Abs. 1 Nr. 2 b ModKG	Fristverkürzung bei Verbändebeteiligung im Abgrabungsverfahren
A14	A28	§ 5 Abs. 1 Nr. 2 c ModKG	Fristverkürzung bei Verbändebeteiligung nach Naturschutzrecht

Die Ermittlung der Auswirkungen des ModKG auf die administrative Belastung von Unternehmen, Bürgern und Verwaltung(en) anhand dieser ausgewählten Regelungsbereiche mit Hilfe des SKM hat zum Ergebnis, dass die Bürokratielasten im Landkreis Osnabrück in den untersuchten Geschäftsprozessen durch das ModKG **um 16 % bzw. 601.856 € p. a. gesunken** sind. Bei einer räumlichen Ausweitung des Geltungsbereichs des ModKG auf das gesamte Land Niedersachsen lässt sich in einer einfachen, auf die Einwohnerzahlen bezogenen Hochrechnung (1:23) eine potenzielle Reduzierung der Bürokratielasten für Unternehmen, Bürger und Verwaltung allein durch die für diese Untersuchung ausgewählten 15 Rechtserleichterungen im ModKG – obwohl in erster Linie als Entlastungsgesetz für die Kommunen beschlossen – um **rd. 14 Mio. €** jährlich prognostizieren. Die nachfolgende Tabelle gibt einen Überblick über die Messergebnisse in den einzelnen Geschäftsprozessen vor und nach Inkrafttreten des ModKG im

Hinblick auf die Kosten im Einzelfall und die administrative Gesamtbelastung in jedem der untersuchten Regelungsbereiche:

Tabelle 2-2: *Vergleich Ergebnisse SKM ModKG EP1 und EP2*

Messung	Preis in €			Menge	Administrative Lasten in €			Reduktion
	B/U	V	Gesamt		B/U	V	Gesamt	in %
A1	585	365	951	8	4.682	2.924	7.605	
A15	551	741	1.292	3	1.654	2.223	3.876	-49,0%
A2	388	164	552	2	776	329	1.105	
A16	42	3	45	4	169	12	81	-83,6%
A3	338	84	423	372	125.803	31.371	157.174	
A17	308	100	408	372	114.650	37.301	151.950	-3,3%
A4	3.668	1.535	5.203	16	58.694	24.557	83.251	
A18	3.668	1.522	5.191	5	18.342	7.612	25.954	-68,8%
A5/1	537	1.201	1.738	23	12.345	27.621	39.965	
A19/1	537	794	1.330	23	12.345	18.251	30.595	-23,4%
A5/2	235	1.142	1.377	44	10.323	50.245	60.568	
A19/2	235	1.142	1.377	44	10.323	50.245	60.568	0,0%
A6	669	1.065	1.734	64	42.828	68.157	110.985	
A20	669	1.028	1.697	64	42.843	65.783	108.625	-2,1%
A7	30.809	131	30.939	13	400.515	1.697	402.211	
A21	28.501	131	28.632	13	370.515	1.697	372.211	-7,5%
A8	353	82	436	1.131	399.667	93.250	492.917	
A22	-	-	-	0	-	-	-	-100,0%
A9	324	1.728	2.052	2	648	3.456	4.104	
A23	324	1.728	2.052	2	648	3.456	4.104	0,0%
A10	677	1.741	2.418	870	589.353	1.514.529	2.103.882	
A24	677	1.741	2.418	870	589.353	1.514.529	2.103.882	0,0%
A11	-	-	-	0	-	-	-	
A25	-	-	-	0	-	-	-	0,0%
A12	8.857	11.233	20.090	6	53.144	67.399	120.544	
A26	8.857	11.227	20.085	6	53.144	67.364	120.509	0,0%
A13	3.697	2.453	6.150	16	59.151	39.243	98.394	
A27	3.697	2.453	6.150	16	59.151	39.243	98.394	0,0%
A14	3.697	2.498	6.195	16	59.151	39.968	99.119	
A28	3.697	2.498	6.195	16	59.151	39.968	99.119	0,0%

(B = Bürger, U = Unternehmen, V = Verwaltung)

82 % dieser Entlastung werden durch den Verzicht auf die Teilungsgenehmigung realisiert, die restlichen 18 % verteilen sich auf weitere 7 der 14 untersuchten Geschäftsprozesse. Die Ursachen für die Reduzierung der Bürokratielasten sind entweder der Wegfall einer Genehmigungspflicht oder einer Beteiligungspflicht. Fristverkürzungen und Zustimmungsfiktionen wirken sich – solange mit Ihnen keine Geschäftsprozessänderung einhergeht — **quantitativ** nicht bürokratieentlastend aus. Durch überlagernde Fristen z. B. aufgrund bundesrechtlicher Normen ergibt sich im Regelfall sogar eine „kritische" Beteiligungsfrist von 6 Wochen, wodurch landesrecht-

lichen Fristkürzungen oder Zustimmungsfiktionen keine (messbare) Wirkung auf die Verfahrensdauer entfalten können. Die Wirkungen zeigen sich zu 80 % bei der Entlastung von Unternehmen und Bürgern (- 484.793 €) und zu 20 % bei der Reduzierung des Verwaltungsaufwandes (- 117.063 €). Die Fallmenge je Geschäftsprozess bewegt sich zwischen Null und 1.131 Fällen. Die Einzelkosten der untersuchten Geschäftsprozesse bewegten sich vor Inkrafttreten des ModKG (SKM EP 1) zwischen rd. 400 € und rd. 20.000 € (ohne Sonderfall „Verzicht auf Mindestanforderung 1. DVO-KiTaG" [A7/A21] – s. u. Kap. 2.2). Die Belastungen der Unternehmen bzw. Bürger bewegten sich dabei vor Inkrafttreten des ModKG (SKM EP 1) pro Einzelfall zwischen 235 € und rd. 8.850 € (ohne Sonderfall A7/A21). Der Verwaltungsaufwand schwankte vor Inkrafttreten des ModKG (SKM EP 1) je Geschäftsprozess zwischen rd. 80 € und rd. 11.230 €. Die administrativen Belastungen vor Inkrafttreten des ModKG (SKM EP 1) reichten in den einzelnen untersuchten Normbereichen von rd. 1.100 € bis zu rd. 2,1 Mio. €.

2.2 Sonderfall „Verzicht auf Mindestanforderungen nach der 1. DVO-KiTaG" (A7/A21)

Der Verzicht auf die Mindestanforderungen der 1. DVO-KiTaG[1] gemäß § 4 Nr. 2 ModKG stellt im Hinblick auf die Bürokratiekostenermittlung mit Hilfe des SKM einen Sonderfall dar, denn der Verzicht auf die Mindestanforderungen zeigt sich weniger in der messbaren Reduzierung von Informationsanforderungen oder des administrativen Verwaltungsaufwandes als in Form von Einsparungen bei den Bau- und Einrichtungskosten oder in Form von Mehreinnahmen für den Einrichtungsträger durch die Möglichkeit, größere Gruppen bilden zu können. Hinzukommt, dass für diesen Sonderfall nur wenige Daten vorliegen. Trotz der hohen Zahl an Einrichtungsträgern (520 in den Modellkommunen) sind nur sehr wenige darunter, die bereit sind, die Gesamtevaluation und damit mittelbar auch diese Untersuchung zu unterstützen. Daher konnte im Landkreis Osnabrück nur **ein** Fall ermittelt werden, in dem der Verzicht auf die Mindestanforderungen nach der 1. DVO-KiTaG unter die Anwendung des ModKG unmittelbar und nachweislich zu **Einsparungen von 30.000 € Baukosten** geführt hat, weil der kommunale Einrichtungsträger – trotz anders lautender Beratung durch das Landesjugendamt – die Betriebserlaubnis erhalten und die (deklaratorischen) baulichen Hinweise des Landjugendamtes nicht umgesetzt hat.

---

1   Verordnung über Mindestanforderungen an Kindertagesstätten (1. DVO-KiTaG) vom. 28. Juni 2002 (Nds. GVBl. S. 137), geändert durch Artikel 2 der Verordnung vom 15. November 2004 (Nds. GVBl. S. 457)

2.3 Optimierung der Ergebnisse

Im Rahmen der Untersuchung des Ausmaßes der Auswirkungen des ModKG auf die Bürokratiebelastung im Landkreis Osnabrück wurde nicht nur das realisierte Reduzierungspotenzial durch Anwendung des ModKG ermittelt, sondern auch das maximale Einsparpotenzial durch Optimierung der untersuchten Geschäftsprozesse analysiert. Dabei stand in Frage, ob die in der Modellkommune verfügbaren Entscheidungs- und Handlungsspielräume oder die landesrechtlichen Rechtssetzungskompetenzen im Hinblick auf die untersuchten Regelungsbereiche noch weitere Einsparungen ermöglichen. Auf Basis der Ergebnisse der SKM-Messungen EP1 und EP2 wurden die untersuchten Geschäftsprozesse nach Preis, Menge und Bürokratielast gewichtet und die für die Optimierung „lohnenswerten" Geschäftsprozesse von den „Bagatellfällen" unterschieden.

Von den danach in Betracht kommenden Geschäftsprozessen A3/A17 (Unterschriftsbeglaubigung bei der Abgabe von Baulasterklärungen), A6/A20 (Genehmigungsfiktion im Wasserrecht – bauliche Anlagen an oberirdischen Gewässern), A19/A24 (Behördenbeteiligung im Baugenehmigungsverfahren) und A12/A26 (Behördenbeteiligung im Bodenabbauverfahren) wurden die beiden Erstgenannten nach Beurteilung durch eine Expertenrunde auf weitere Einsparpotenziale untersucht. Die nachfolgende Übersicht gibt einen Überblick über die mögliche Reduktionswirkung der untersuchten Optimierungsvorschläge:

Tabelle 2-3:   *Ergebnis Optimierung SKM ModKG EP2*

Messung	Optimierungs-vorschlage	Preis in €			Menge	Administrative Lasten in €			Reduk-tion
		B/U	V	Gesamt		B/U	V	Gesamt	in %
A3		338	84	423	372	125.803	31.371	157.174	
A17	§ 3 Nr. 2c ModKG	308	100	408	372	114.650	37.301	151.950	-3,3%
A17optV1	Online-Formularservice Baulasterklärung	257	105	362	372	95.611	39.067	134.678	-11,4%
A17optV2	Online-Service Kataster- und Grundbuchdaten	257	105	362	372	96.611	39.067	134.678	0,0%
A17optV3	Exklusiv-Beurkundung Notare	286	81	367	372	106.441	30.187	136.628	-10,1%
A17optV4	Ersatz Baulast durch Grunddienstbarkeit	209	61	270	372	77.817	22.598	100.415	-33,9%
A6		669	1.065	1.734	64	42.828	68.157	110.985	
A20	§ 3 Nr. 8 ModKG	669	1.028	1.697	64	42.843	65.783	108.625	-2,1%
A20optV1	Wegfall Genehmigungs-pflicht für einfache Stan-dardvorhaben	436	315	751	64	27.905	20.158	48.063	-55,8%
A20optV2	Wegfall Beteiligungsver-fahren bei Zustimmung vor Antragstellung	651	937	1.587	64	41.643	59.942	101.585	-6,5%
A20optV3	Online-Antragsformular	601	1.021	1.622	64	38.435	65.353	103.787	-4,5%

■ = *realisierte Bürokratiekostenentlastung*   ▢ = *Reduktionspotenzial durch Optimierung*

3 Die Ausgangssituation

3.1 Anlass der Messung

Bürokratieabbau wird angesichts des schärfer werdenden globalen Wettbewerbs der Regionen und im Zeichen des demografischen Wandels als Standortfaktor immer wichtiger. Städte und Gemeinden konkurrieren in diesem Wettstreit untereinander um Menschen, Investoren und Arbeitsplätze. Die Attraktivität einer Kommune wird in Zukunft auch daran gemessen werden, wie effizient und effektiv ihre Verwaltung mit vorhandenen Ressourcen und ihrem rechtlichen Instrumentarium auf Problemlagen der Bürger und der Wirtschaft eingeht. Während harte Standortfaktoren wie geografische Lage und Lohnkosten oft nicht beeinflussbar sind, ist der Faktor Dienstleistungsqualität aus eigener Kraft der Kommunen gestaltbar. Fortschrittliche Kommunen greifen das Ziel der Deregulierung aktiv auf. Selbstverständlich sollen und werden der Vollzug bundes- und landesrechtlicher sowie eigener kommunaler Rechtsvorschriften in aller Regel dem geltenden Recht entsprechen, und für die Existenz der allermeisten Bestimmungen werden sich gute Gründe anführen lassen. Gleichwohl zwingt die Vielzahl der vorhandenen Bestimmungen zu der kritischen Frage, ob die Belange der Bürger und Unternehmen stets umfassend gesehen und abgewogen sind und ob alle Bestimmungen wirklich notwendig sind. Das Land Niedersachsen hat konkrete Maßnahmen beschlossen, um Bürokratie abzubauen. Zum 1. Januar 2006 ist das „Gesetz zur Erprobung erweiterter Handlungsspielräume in Modellkommunen" (Modellkommunengesetz – ModKG) in Kraft getreten. Mit dem Gesetz werden für einen Versuchszeitraum von drei Jahren für die fünf teilnehmenden Modellkommunen (die Landkreise Cuxhaven, Emsland, Osnabrück und die Städte Lüneburg, Oldenburg) bestimmte landesrechtliche Regelungen außer Kraft gesetzt bzw. modifiziert. Ziele des Gesetzes sind erstens die Entlastung der Kommunen von Vorgaben und die Schaffung neuer Handlungsspielräume. Zweitens steht die zeitnahe und sachgerechte Wahrnehmung der öffentlichen Aufgaben ohne unverhältnismäßigen Verwaltungsaufwand und ohne lange Verfahren im Fokus des Experiments. Und drittens soll die durch überbordende Detailregelungen eingeschränkte Handlungsfähigkeit der Kommunen wiederhergestellt werden. So sollen Spielräume geschaffen werden; statt wie bisher alles und jedes zu regeln, geben Landesregierung und Gesetzgeber (Wirkungs-)Ziele und Rahmen mit möglichst kurzen Fristen vor. Inhaltlich verfolgt das ModKG die Lockerung von Zuständigkeitsregelungen zwischen Landkreisen und ihren kreisangehörigen Gemeinden zur Erhöhung der Flexibilität, die Verkürzung von Fristen zur Beschleunigung von Verfahren, die Ausdehnung von Prüfungsintervallen und den Wegfall von verschiedenen Genehmigungserfordernissen, den Verzicht auf eine Beteiligung der Personalvertretungen bei bestimmten Maßnahmen (z.B. Neu-, Um- und Erweiterungsbauten sowie die Anmietung von Diensträumen), die mit viel Aufwand aber wenig Bedeutung verbunden sind, die Aussetzung der Fortschreibung von Schulentwicklungsplänen, den Verzicht auf Vorgaben zum Bau von Spielplätzen sowie den Verzicht auf die Durchsetzung von räumlichen Mindeststandards in Kindertagesstätten. Damit sollen nach Absicht des niedersächsischen Gesetzgebers nicht nur die Kommunen, sondern vor allem auch die Bürgerinnen und Bürger sowie die Unternehmen von bürokratischen Vorgaben entlastet werden. Anders als üblich, wenn neue Gesetze normalerweise mehr Aufwand für die Kommunen bedeuten, ist das ModKG nach Auffassung der Landesregierung ein erster mutiger Schritt zur „Entrümpelung" von Gesetzen. Die Ergebnisse des Modellprojektes sollen zeigen, bei welchen Themen und Handlungsfeldern eine Übertragung auf das gesamte Land möglich und sinnvoll ist. Zum Zwecke der Evaluation werden die Modellkommunen im Rahmen der 3-jährigen Projektlaufzeit wissenschaftlich von der Fachhochschule Osnabrück und der Universität Lüneburg begleitet. Bei dieser wissenschaftlichen Untersuchung der Wirkungen des ModKG geht es zum einen um den Zielerreichungsgrad gemäß den Intentionen des Gesetzes. Zum anderen geht es um Beobachtung und Analyse der nicht intendierten Wirkungen, also der Neben- und Wirkungswirkungen. Von den beiden Hochschulen wurde dazu ein Kennzahlen- und Indikatorenset entwickelt, um Daten zu erheben, die die durch die Anwendung des ModKG initiierten Veränderungen – z. B. bei der Arbeitszeit, der Verfahrensdauer, dem Personaleinsatz und den Fallkosten – anzeigen sollen. Um die intendierten und nicht intendierten Wirkungen des ModKG im Hinblick auf Bürgerzufriedenheit, wirtschaftliche Entwicklung und Qualität des Verwaltungshandelns beobachten zu können, werden zudem auf Basis der Methoden der empirischen Sozialforschung halbstrukturierte Befragungen durchgeführt. Die qualitative Auswertung der Daten erfolgt entsprechend der jeweiligen regionalstrukturellen Besonderheit der beteiligten Modellkommunen. Der Landkreis Osnabrück ist eine der im Gesetz genannten Modellkommunen. Der Landkreis möchte die administrativen Erleichterungen des ModKG nicht nur operationell umsetzen, sondern diese Implementierung in diesem Projekt qualitativ und quantitativ bewerten (lassen). Während die vorgenannte wissenschaftliche Begleitevaluation der beiden Hochschulen eher die qualitativen Aspekte des niedersächsischen „Bürokratieabbaugesetzes" in einer Art „umgekehrten" Gesetzesfolgen- und Wirkungsanalyse in den Blick nimmt, richtet der Landkreis an dieses Projekt mehr die Frage, wie groß die quantitativ messbaren Auswirkungen des ModKG auf die bürokratischen Lasten von Unternehmen und Bürgern und den internen Verwaltungsaufwand der betroffenen Behörden sind. Dabei sollen auch Überlegungen eingebunden werden, in welcher Weise bei dieser quantitativen Erfassung noch verfügbare zusätzliche Einsparpotenziale identifiziert und für die Verwaltungspraxis im Landkreis erschlossen werden können. Mit dem Standardkostenkosten-Modell in seiner kommunalen Ausprägung lassen sich darauf messbare Antworten finden, die helfen, notwendige und überflüssige Bürokratie zu unterscheiden und Bürokratismus abzubauen. Der Landkreis hatte die Staatskanzlei des Landes Niedersachsen vor Projektbeginn gebeten, die beiden, evaluierenden Hochschulen um kooperative Unterstützung dieses ergänzenden Projektes zu bitten. Die Fachhochschule Osnabrück hat dementsprechend die für den Landkreis Osnabrück im Rahmen der Evaluation für die Jahre 2001 bis 2005 und vom 01. Januar 2006 bis 31. März 2007 erhobenen Kennzahlen und Indikatoren zur Verfügung gestellt. Diese wurden im Wesentlichen für die Häufigkeitsermittlung im Standardkosten-Modell benötigt und verwendet. Der inzwischen den Modellkommunen zur Stellungnahme vorliegende Entwurf eines Zwischenberichts der Evaluation konnte dagegen ausdrücklich nicht zur Auswertung für diese Untersuchung herangezogen werden, weil er der Arbeitsgemeinschaft nicht vorliegt.

3.2 Das Modellkommunengesetz als Untersuchungsgegenstand des Standardkosten-Modells

3.2.1 Die Regelungen des ModKG aus dem Blickwinkel des SKM

Die Regelungen des ModKG enthalten nur vereinzelt Informationspflichten im Sinne des klassischen SKM. Die Änderungen der durch das ModKG betroffenen Regelungsbereiche wirken sich entsprechend der gesetzgeberischen Zielsetzung nicht nur innerhalb der Administration der Modellkommunen aus, sondern haben auch zum Teil Einfluss auf die Bürokratiekosten der Unternehmen und Bürger. Die Messung der quantitativen Reduzierung bürokratischer Lasten bzw. von Verwaltungsaufwand durch ein Bürokratieabbaugesetz oder aufgrund von Experimentierklauseln ist prinzipiell etwas Anderes als die nach Standardkostenmodell übliche und zuvor beschriebene ex-post-Messung bestehender Informationspflichten in einzelnen Gesetzgebungsbereichen oder auf ganzen Regulierungsebenen. Die mit den verschiedenen Regelungen des ModKG beabsichtigten Erleichterungen für die Modellkommunen, Betriebe und Bürger im Geltungsbereich des ModKG sind einer quantitativen Messung nach den Grundsätzen des SKM aber dennoch zugänglich. Dafür ist Voraussetzung, dass die für die Messung einer Bürokratiebelastung oder eines Verwaltungsaufwandes maßgeblichen Messparameter Zeit, Tarif und Häufigkeit (Fallzahlen) auch dann erhoben werden können, wenn die untersuchten Vorschriften keine Informationspflichten enthalten. Grundsätzlich gilt, dass die Regelungen des ModKG zwar mehrheitlich keine Informationspflichten enthalten, jedoch – zumindest für den zu untersuchenden Einzelfall — die maßgeblichen Messparameter aufweisen. Der Landkreis hatte vor Projektbeginn aus den Änderungen des ModKG diejenigen identifiziert, die sich besonders auf Unternehmen bzw. Dritte auswirken. Die Auswahl der Geschäftsprozesse erfolgte dabei nach folgenden Kriterien:

1. Die Regelung des ModKG bewirkt eine Bürokratiekosten-Entlastung für die Unternehmen selbst,

2. dabei ggf. auch eine Entlastung für die Verwaltung des Landkreises oder

3. einen „Mehrwert" für die Unternehmen.

Nach der Definition des Landkreises bringt die betroffene Regelung dann einen „Mehrwert" für die Unternehmen mit sich, wenn

▓ eine schnelle Investition (durch Verfahrensverkürzung) ermöglicht wird

▓ bessere Möglichkeiten zur Auftragsakquise oder zur Kundengewinnung (z. B. durch bessere Werbung) gewährt werden

▓ die Sicherung von Arbeitsplätzen bzw. die Schaffung zusätzlicher Arbeitsplätze ermöglicht wird

▓ ein Standortvorteil entsteht oder

▓ ein (zusätzlicher) wirtschaftlicher Gewinn ermöglicht wird.

Nach diesen Kriterien wurden vom Landkreis aus den rund 60 Regelungen des ModKG 14 Geschäftsprozesse für die Ermittlung der Entlastungswirkung des ModKG ausgewählt. Im Laufe der Untersuchung wurde der Geschäftsprozess A5 unterteilt in A5/1 (Zulässigkeit von Werbeanlagen an Land- oder Kreisstraßen) und A5/2 (Errichtung von baulichen Anlagen an Land- oder Kreisstraßen). Untersucht wurden daher die folgenden 15 Geschäftsprozesse bezüglich des Zeit- und Kostenaufwandes für Verwaltung, Unternehmen und Bürger vor (Ex-Post-Messung 1 - SKM EP1) und nach (Ex-Post-Messung 2 – SKM EP2) Inkrafttreten des ModKG:

Tabelle 3-1:   *Auswahlkriterien Geschäftsprozesse SKM ModKG*

SKM EP1	SKM EP2	Vorschrift	Regelungsinhalt	Entlastung für Unternehmen	Entlastung für die eigene Verwaltung	Mehrwert für die Unternehmen
A1	A15	§ 3 Nr. 2 a ModKG	Zulässigkeit zusätzlicher Werbeanlagen im Außenbereich	ja	ja	ja
A2	A16	§ 3 Nr. 2 b ModKG	Genehmigungsfreiheit für Gaststätten-Außenbewirtschaftung	ja	ja	ja
A3	A17	§ 3 Nr.2 c ModKG	Beglaubigung von Baulastenerklärungen durch Gemeinden	ja	ja	nein
A4	A18	§ 3 Nr. 3 ModKG	Beschränkung der Mitwirkung der anerkannten Vereine auf UVP-Vorhaben	ja	ja	ja

A5/1	A19/1	§ 3 Nr. 4 ModKG	Zulässigkeit von Werbeanlagen an Land- oder Kreisstraßen	ja	ja	ja
A5/2	A19/2		Errichtung von baulichen Anlagen an Land- oder Kreis-straßen	ja	ja	ja
A6	A20	§ 3 Nr. 8 ModKG	Genehmigungsfiktion im Wasserrecht und Verfah-renserleichterungen	ja	ja	ja
A7	A21	§ 4 Nr. 4 ModKG	Verringerung der räumlichen Mindestanforderungen in Kitas	ja	ja	ja
A8	A22	§ 4 Nr. 2 ModKG	Verzicht auf Teilungsgenehmi-gung	ja	ja	ja
A9	A23	§ 5 Abs. 1 Nr. 1 b ModKG	Fristverkürzung bei Nachbar-beteiligung im Baugenehmi-gungsverfahren	ja	nein	ja
A10	A24	§ 5 Abs. 1 Nr. 1 c ModKG	Fristverkürzung bei Behörden-beteiligung im Baugenehmi-gungsverfahren	ja	nein	ja
A11	A25	§ 5 Abs. 1 Nr. 1 d ModKG	Fristverkürzung bei Behörden-beteiligung im Baugenehmi-gungsverfahren	ja	nein	ja
A12	A26	§ 5 Abs. 1 Nr. 2 a ModKG	Fristverkürzung bei Behörden-beteiligung im Abgrabungsver-fahren	ja	nein	ja
A13	A27	§ 5 Abs. 1 Nr. 2 b ModKG	Fristverkürzung bei Verbände-beteiligung im Abgrabungsver-fahren	ja	nein	ja
A14	A28	§ 5 Abs. 1 Nr. 2 c ModKG	Fristverkürzung bei Verbände-beteiligung nach Naturschutz-recht	ja	nein	ja

Um diese Geschäftsprozesse nach der Methode des Standardkosten-Modells messen zu können, waren im Rahmen der Untersuchung Veränderungen und Anpassungen der klassischen Standardkosten-Methode, so wie sie in den verschiedenen in Deutschland erschienenen Handbüchern beschrieben ist, an die Besonderheiten der Ermittlung der Entlastungswirkung eines Bürokratieabbau – oder Erleichterungsgesetzes notwendig. Das veränderte methodische Vorgehen, das auch den Pilotcharakter dieses Projektes ausmacht, wird nachfolgend beschrieben.

4   Methodisches Vorgehen

Mit der vorliegenden Untersuchung sollen in erster Linie die Auswirkungen des niedersächsischen Modellkommunengesetzes auf die Bürokratielasten im Landkreis Osnabrück mit Hilfe des Standardkosten-Modells (SKM) ermittelt werden. Die Besonderheit der Messung besteht darin, dass nicht – wie sonst im Regelfall beim Standardkosten-Modell — die administrativen Belastungen einer bestehenden oder geplanten Vorschrift gemessen werden. Vielmehr findet eine retrospektive Messung statt. Dafür mussten zunächst zwei verschiedene Situationen erfasst und mittels SKM gemessen werden:

- **Ex-Post-Messung 1:** Situation vor Erlass des ModKG (SKM EP1)

- **Ex-Post-Messung 2:** Situation nach Erlass des ModKG (SKM EP2)

Aus der Differenz zwischen den Ex-Post-Messungen 1 und 2 wurde das bereits durch die Anwendung des ModKG im Landkreis Osnabrück realisierte Einsparpotenzial ermittelt.

4.1   Geschäftsprozessanalyse

Grundlage der Ermittlung war hier eine eingehende Analyse der 15 ausgewählten Geschäftsprozesse durch die Gutachter, die in Interviews mit den betroffenen Fachdiensten zunächst anhand von schematischen Übersichten zum Verfahrensablauf sowohl im Hinblick auf die Situation vor Erlass des ModKG (SKM EP1) als auch auf die Situation nach Erlass des ModKG (SKM EP2) überprüft wurden. Dabei wurde zugleich die Praxisrelevanz möglicher Varianten, z. B. Erteilung der Genehmigung oder die Ablehnung eines Antrages mit Widerspruchsverfahren und Klage, und deren Fallzahlen p.a. hinterfragt. Über die Zielsetzung des Projektes und das methodische Vorgehen der Gutachter wurden die betroffenen Fachdienste am 7. März 2007 in einer Kick-off-Veranstaltung informiert. Die nachfolgende Übersicht zeigt am Beispiel der durch § 3 Nr. 2 c ModKG eingeräumten Möglichkeit, die Unterschrift unter die Verpflichtungserklärung zur Eintragung einer Baulast auch bei den Gemeinden öffentlich beglaubigen zu lassen (A3/A17), die Vorgehensweise und das entsprechende Ergebnis der Befragung:

Abbildung 4-1: *Öffentliche Beglaubigung einer Unterschrift bei einer Gemeinde (Beispiel Baulasteintragung)*

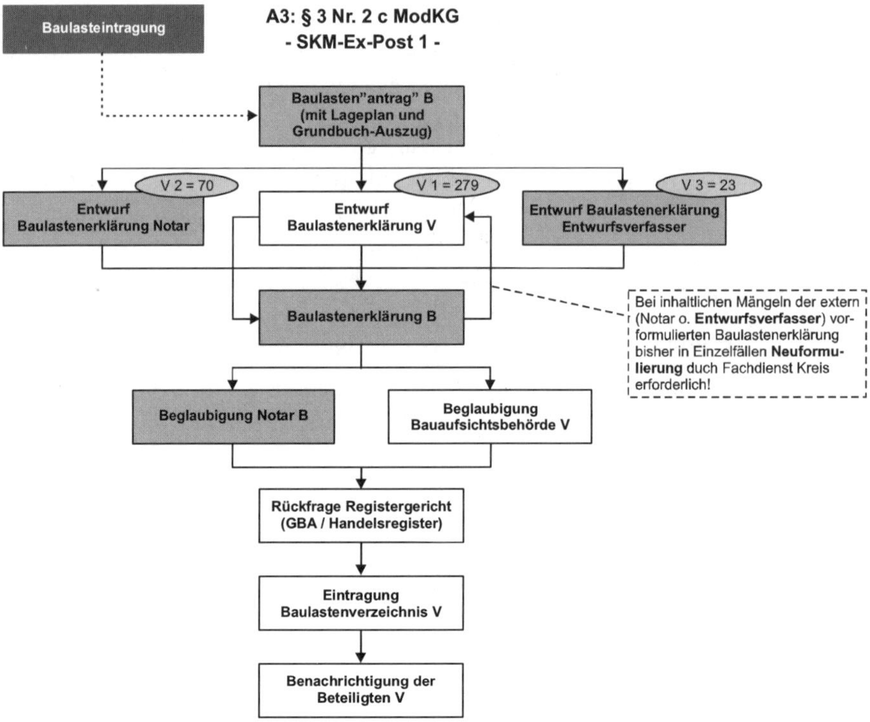

Anschließend wurde anhand eines speziell für diese Untersuchung entwickelten detaillierten Analysebogens jeder Geschäftsprozess in seine einzelnen Arbeitsschritte unterteilt und in den Interviews mit den Fachdiensten die fragliche Zuordnung einer jeden Aktivität zu einer Standardaktivität sowie deren Komplexitätsgrad erfragt. Dabei wurde jeder Aktivität des Geschäftsprozesses auch deren jeweiliger Akteur (Unternehmen [U], Bürger [B] oder Verwaltung [V]) zugeordnet und damit die Geschäftsprozessanalyse auch auf die im gesamten Verfahrensablauf externen, also außerhalb der Verwaltung erforderlichen Handlungen (Datenanforderungen/Aktivitäten) erweitert. Zugleich wurden in den Interviews mit den Fachdiensten auch die Kostenparameter jeder Aktivität (Zeit und Tarif) eines Geschäftsprozesses erhoben, sowie Besonderheiten und mögliche Optimierungsmaßnahmen eines jeden Geschäftsprozesses erfragt. Zu den besonderen Erkenntnissen dieser Geschäftsprozessanalyse gehört, dass nahezu alle Aktivitäten im Rahmen der untersuchten Geschäftsprozesse Standardaktivitäten des Standardkosten-Modells zugeordnet werden konnten.

4.2 Ermittlung der (quantitativen) Entlastungswirkung des ModKG

Die aus den Interviews mit den Fachdiensten und den Expertengesprächen resultierenden Ergebnisse wurden alsdann gesondert dokumentiert und von den betroffenen Fachdiensten nochmals geprüft. Die damit abschließend dokumentierte Geschäftsprozessanalyse war anschließend Grundlage der Ermittlung der (quantitativen) Auswirkungen des ModKG auf die Bürokratiebelastung der Unternehmen, Bürger und Verwaltung im Landkreis Osnabrück anhand eines für dieses Projekt speziell weiterentwickelten SKM-Tools (Version 1.5.3) auf Basis des Tabellenkalkulationsprogramms MS-Excel. Aus der Differenz zwischen den SKM-Messungen Ex-Post 1 und Ex-Post 2 wurde das bereits durch die Anwendung des ModKG im Landkreis Osnabrück realisierte Einsparpotenzial ermittelt und nach Validierung durch eine Expertenrunde am 7. Mai 2007 abschließend in einem Zwischenbericht dokumentiert.

4.3 Ermittlung möglicher Optimierungspotenziale

Die Ergebnisse der SKM-Messungen Ex-Post 1 und Ex-Post 2 waren nachfolgend die Basis für die Optimierung der Ergebnisse durch Identifizierung des „maximalen" Einsparpotenzials anhand einer Auswahl der dafür „lohnenswerten" Geschäftsprozesse. Dazu wurden auf Basis der SKM –Messungen alle untersuchten Geschäftsprozesse nach Preis, Menge und Bürokratielast in einer „Top-Ten"-Betrachtung gewichtet und die für die Optimierung „lohnenswerten" Geschäftsprozesse von den „Bagatellfällen" unterschieden. Von den danach in Betracht kommenden Geschäftsprozessen A3/A17 (Unterschriftsbeglaubigung bei der Abgabe von Baulasterklärungen), A6/A20 (Genehmigungsfiktion im Wasserrecht – bauliche Anlagen an oberirdischen Gewässern), A19/A24 (Behördenbeteiligung im Baugenehmigungsverfahren) und A12/A26 (Behördenbeteiligung im Bodenabbauverfahren) wurden die beiden Erstgenannten nach Beurteilung durch die Expertenrunde am 7. Mai 2007 auf weitere Einsparpotenziale untersucht. Aus der Analyse des maximalen Einsparpotenzials nach ModKG und des bereits realisierten Einsparpotenzials wurde sodann ermittelt, inwieweit das Potenzial zur Bürokratieentlastung durch das ModKG tatsächlich ausgeschöpft ist. Die Untersuchung der Optimierungsmaßnahmen in den ausgewählten Geschäftsprozessen mit Hilfe des SKM hat gezeigt, dass noch weitere Einsparpotenziale durch die Ausnutzung der Entscheidungs- und Handlungsspielräume des Landkreises oder der landesrechtlichen Rechtssetzungskompetenzen im Hinblick auf die untersuchten Regelungsbereiche erschlossen werden können. Ferner wurde abschließend geprüft, ob und inwieweit durch Übertragung der praktischen Erfahrungen mit der Anwendung des ModKG auf weitere vergleichbare Geschäftsprozesse weitere Entlastungen von unverhältnismäßiger Bürokratie erzielt werden können. Das ModKG soll neue kommunale

Handlungsspielräume eröffnen, Verwaltungshandeln beschleunigen und Kosten – vor allem der Modellkommunen – verringern. Es hat damit als Zielrichtung im Wesentlichen die Entlastung der kommunalen Verwaltung im Auge, auch wenn es zugleich die Bürger- und Unternehmensorientierung der Verwaltung verbessern und weiter intensivieren soll. Das ModKG gibt konkrete Anweisungen, etwa bei der Befreiung oder Neufassung von bestehenden Genehmigungspflichten, macht Vorgaben und setzt Randbedingungen, die die verwaltungsinternen Bearbeitungszeiten verkürzen, oder es werden dadurch Verfahrensfristen abgekürzt bzw. Erlaubnisse bei Fristüberschreitung fingiert. Zugleich lässt das ModKG im Sinne von Experimentierklauseln Entscheidungs- und Handlungsspielräume für die Verwaltungspraxis in den Modellkommunen offen. Konkret bedeutet dies, dass die Modellkommunen auch bei den Pflichtaufgaben zur Erfüllung nach Weisung weitergehender über gewisse Aspekte des Normvollzuges innerhalb eines bestimmten Rahmens selbst entscheiden können als die Nicht-Modellkommunen im übrigen Niedersachsen. Dies hat Auswirkungen z. B. auf Art und Umfang von Dienstleistungen, die Gestaltung von Schnittstellen mit Unternehmen und Bürgern (Front-Office, One-Stop-Agency u. a .m.) oder die Geschäftsprozesse im Back-Office-Bereich. Die Art und Weise, wie eine Modellkommune mit diesen Entscheidungs- und Handlungsspielräumen umgeht, hat somit direkte Auswirkungen auf die Arbeitsweise der Verwaltung und die Bürokratiebelastung der Betriebe und Bürger in der jeweiligen Kommune.

4.4 Geschäftsprozesse als Basis der Bürokostenermittlung

In der Verwaltung berührt dies die Belastung der Organisation durch Geschäftsprozesse und erfüllt nicht den herkömmlichen Begriff der Bürokratiebelastung durch Informationsverpflichtungen im Sinne des (klassischen) Standardkosten-Modells. Die Modifizierung bei der Anwendung des Standardkosten-Modells auf der kommunalen Ebene geht deshalb dahin, die Messung der Informationskostenbelastung von Bürgern und Unternehmen mit dem internen Aufwand der Verwaltung durch Geschäftsprozesse im Zusammenhang mit der Erfüllung von Informationspflichten und sonstiger kommunaler Aufgaben zu verbinden. Geht es für Unternehmen und Bürger im Verhältnis zum Staat bei der Anwendung des SKM um die Belastung durch Informationspflichten, ist die Bürokratiebelastung im Verhältnis Kommune – Bürger bzw. Unternehmen vor allem durch Fragen bestimmt, die die Inanspruchnahme einer Leistung der Gemeinde oder die Erfüllung einer Verpflichtung ihr gegenüber betreffen: was muss ein Bürger/Unternehmen dafür tun, was tun dabei Landkreis oder Gemeinde oder andere beteiligte Behörden, und wie lange dauert das? Die Analyse von administrativen Abläufen ist in der Organisationsuntersuchung und -entwicklung der Kreise, Städte und Gemeinden üblich und der Kommunalverwaltung in der Regel vertraut.

Ein in der vorstehend erläuterten Form modifiziertes SKM erweitert die Analyse der für die Leistungserbringung oder die Normerfüllung internen Geschäftsprozesse auf die externen Aktivitäten von Bürgern und Unternehmen, die deren Bürokratiebelastung bei der Erfüllung von Informationspflichten bewirken. Damit wird der Blick bei der Geschäftsprozessanalyse auch auf die externen Ursachen und Wirkungen des Verwaltungshandelns gerichtet. SKM ermöglicht so, den Output kommunaler Wirtschafts- und Bürgerfreundlichkeit nicht nur qualitativ, sondern auch quantitativ zu dokumentieren und zu bewerten. Es bietet sich daher an, im kommunalen Bereich im Sinne des Lebenslagen-Prinzips Produkte und die dazu gehörigen Geschäftsprozesse als Basis für die Bestandsaufnahme der Bürokratiebelastung zu durchleuchten bzw. zu messen. Das (klassische) Strukturmodell der Methode wird dabei wie folgt modifiziert: Die Vorgehensweise für die Bewertung der quantitativen Entlastungswirkungen des ModKG richtet dementsprechend den Fokus auf die internen und externen Geschäftsprozesse bei der Erfüllung bzw. Umsetzung der im ModKG enthaltenen Regelungsgegenstände und nicht wie bei herkömmlichen Messungen auf die Bürokratiebelastung einzelner Vorschriften, ganzer Regelungsbereiche oder Regulierungsebenen aufgrund von Informationspflichten. Beim Vollzug einer bestimmten Rechtsnorm oder Vorschrift durch eine kommunale Verwaltung wird regelmäßig ein Geschäftsprozess gestartet. Ein Geschäftsprozess ist eine Abfolge von Tätigkeiten, die zur Schaffung eines Produktes dienen und in einem direkten Zusammenhang stehen. Hierbei können – bezogen auf den Untersuchungsgegenstand — zwei verschiedene Geschäftsprozesse unterschieden werden: zum einen Geschäftsprozesse, die durch die kommunale Verwaltung gestartet werden, und zum anderen Geschäftsprozesse, die durch Unternehmen oder Bürger gestartet werden. Zu Beginn der Untersuchung wurden in den Geschäftsprozessen wie oben erläutert die einzelnen Tätigkeiten der Kommune (K) und der Unternehmen (U) bzw. Bürger (B) erfasst. Die einzelnen Geschäftsprozesse wurden wie dargestellt hinsichtlich der Kriterien „Zeit" und „Tarif" (Kosten) sowie „Fallzahlen" und „Frequenz" (Häufigkeit) analysiert. Die direkten Kosten (Out-of-Pocket-Kosten) wie z.B. Honorare und Gebühren wurden dabei ebenfalls pro Tätigkeit erfasst. Die Belastung der kommunalen Verwaltung durch den Geschäftsprozess ergibt sich dabei durch die Summe der Tätigkeiten, die in der zweiten Spalte mit K gekennzeichnet sind. Die Belastung des Unternehmens durch den Geschäftsprozess ergibt sich durch die Summe der Tätigkeiten, die in der zweiten Spalte mit U gekennzeichnet sind.

Abbildung 4-2: *Erfassung der Bürokratiekostenparameter in Geschäftsprozessen*

Aufgrund der erforderlichen Zeiten und der Stundentarife wurden daraus die Kosten berechnet. Auf diese Weise wird die jeweilige Belastung bzw. Entlastung für einen im Gesetz enthaltenen Regelungsgegenstand erkennbar. Daraus wird auch ersichtlich, dass eine Veränderung bzw. Vereinfachung der Geschäftsprozesse unmittelbar eine Veränderung des (internen) Verwaltungsaufwandes bzw. der (externen) Bürokratiebelastung verursacht.

4.5 Die Datenbasis der Bürokratiekostenermittlung

Die einzelnen Geschäftsprozesse wurden wie geschildert hinsichtlich der Kriterien „Zeit" und „Tarif" (Kosten) sowie „Fallzahlen" und „Frequenz" (Häufigkeit) analysiert, woraus sich die Belastung bzw. Entlastung für einen im ModKG enthaltenen Regelungsgegenstand ermitteln lässt.

4.5.1 Der Kostenparameter „Zeit"

Die Validierung der Kostenparameter erfolgt beim herkömmlichen Standardkosten-Modell in der Regel auf der Grundlage der vorbereitenden Analyse über die Ermittlung empirischer Daten aus Interviews bei einer Auswahl von typischen Unternehmen, die von der zu untersuchenden Regelung betroffen sind. Aufgabe ist es dabei, für das jeweilige Analyse-Segment die standardisierten Kennzahlen für jede Informationsverpflichtung, Datenanforderung, administrative Aktivität anhand der ermittelten

Kostenparameter in die vorgegebene Datenstruktur einzutragen. In den meisten Fällen erfolgt dieses auf der Basis von wenigstens 3 ausführlichen Interviews mit typischen Unternehmen in einem jeden der festgelegten Analyse-Segmente. Im Fall der vorliegenden Untersuchung einzelner Geschäftsprozesse, deren Produkt entweder aus einer Mischung administrativer Verwaltungstätigkeiten und externer Tätigkeiten in Unternehmen bzw. bei Bürgern oder nur durch interne Verwaltungsabläufe entsteht, erfolgte die Datenaufnahme der zeitlichen Aufwendungen ausschließlich durch Einzelgespräche mit den zuständigen Verwaltungssachkundigen der betroffenen Fachdienste des Landkreises Osnabrück. Auf Interviews mit Mitarbeitenden in von der Regelung betroffenen Betrieben wurde ebenso verzichtet wie auf Befragungen von Mitarbeitenden anderer beteiligter Behören. Einzige Ausnahme bildet der Sonderfall der Regelung des § 4 Nr. 2 ModKG (A7/A21), weil sich der Verzicht auf die Mindestanforderungen nach der 1. DVO-KiTaG weniger in der messbaren Reduzierung von Informationsanforderungen oder des administrativen Verwaltungsaufwandes als in Form von Einsparungen bei den Bau- und Einrichtungskosten oder in Form von Mehreinnahmen für den Einrichtungsträger zeigt. Hier wurden ausführliche Einzelgespräche mit auskunftswilligen Einrichtungsträgern geführt, um vermutete Auswirkungen durch das ModKG verifizieren zu können. Der Grund dieses Vorgehens liegt darin, dass bei der vorliegenden Untersuchung nicht die administrative Gesamtbelastung von betroffenen Unternehmen, Bürgern und Verwaltungen untersucht wurde, sondern ausschließlich die Entlastungswirkung durch das ModKG in 15 ausgewählten Geschäftsprozessen. Da dabei in nahezu 100 % aller Aktivitäten auf die Standardaktivitäten der deutschen CASH-Tabelle zurückgegriffen werden konnte, erübrigte sich eine weitergehende Ermittlung der Zeitbedarfe bei Unternehmen, Bürgern und anderen beteiligten Behörden. Soweit z.B. die externe Erstellung eines Entwurfs für einen Bauantrag ebenso bei der Bestandsaufnahme zur Situation vor Erlass des ModKG als auch bei der Bestandsaufnahme zur Situation nach Inkrafttreten des ModKG jeweils mit dem Zeitbedarf „x Minuten" erfasst wurde, spielt es für die Berechnung der Differenz zwischen den beiden SKM-Messungen EP1 und EP2 keine Rolle, ob x=280 oder x= 360 ist. Bei der Schätzung der verwaltungsexternen Zeitbedarfe wurde daher, soweit kein Standardzeitwert verwendet wurde, auf Schätzungen der betroffenen Fachdienste und eigenes Erfahrungswissen zurückgegriffen.

4.5.2 Der Kostenparameter „Tarif"

Die Tarife der Verwaltung wurden anhand der einschlägigen Tarifwerke des öffentlichen Dienstes ermittelt. Der Tarif für Unternehmen wurde nicht gesondert aus Tarifwerken der Wirtschaft entnommen, sondern es wurde ein gemeinsamer Tarif für Unternehmen und Bürger berücksichtigt, der nach den folgenden Grundsätzen berechnet wurde. Dieses von den Grundsätzen des herkömmlichen Standardmodells differenzierte Vorgehen beruht auf der Tatsache, dass alle untersuchten Geschäftsprozesse, wie z.B. die Beantragung einer Baugenehmigung, nicht ausschließlich Unternehmen betreffen, sondern ebenso Privatpersonen, die keinen wirtschaftlichen Zweck verfolgen.

4.5.2.1 Der „Bürgertarif"

Die Ermittlung der Verwaltungsbelastung für Bürger ist in Deutschland noch nicht erprobt. Nach dem Methodenhandbuch der Bundesregierung soll beim Bürger nur die Zeit als Aufwandskomponente berücksichtigt werden. Die Ausklammerung einer monetären Komponente beim Bürger ist schon grundsätzlich problematisch, im Falle der hier zu untersuchenden Entlastungswirkung durch das ModKG aber auch sachlich nicht gerechtfertigt. Eine rein zeitorientierte Betrachtung verharmlost die finanzielle Belastung der Bürgerinnen und Bürger durch bürokratische Belastungen. Man muss nicht den allgemein gültigen Spruch „Zeit ist Geld" zitieren, der in der Selbstwahrnehmung auch für die Bürgerinnen und Bürger gilt, um zu erkennen, dass administrative Belastungen der Bürger auch monetäre Konsequenzen haben können. Der halbe Tag Urlaub, den ein abhängig Beschäftigter braucht, um sein Auto wegen Wohnsitzwechsels oder privaten Gebrauchtwagenkaufs anzumelden, kostet nicht nur wertvolle Zeit, sondern auch Geld. Der Bürger hat nicht nur für Bescheinigungen und Stempel in der Regel Gebühren zu entrichten, die wegen der auch in der staatlichen und kommunalen Verwaltung eingekehrten Produktsicht nicht niedrig sind. Er wendet nämlich dabei nicht nur „Freizeit", sondern auch Zeit auf, in der er in der Regel ansonsten seine Arbeitskraft „verkauft". Man könnte die monetäre Komponente bei Bürgern z.B. in Anlehnung an das Warenkorbprinzip im früheren Sozialhilferecht oder über Werte aus den Entschädigungsregelungen für Zeugen vor Gericht herleiten. Sehr viel weiterführender sind jedoch die in den Niederlanden im Zuge der dortigen SKM-Messungen entwickelten Ansätze für Bürgerkosten, auf die daher bei der hier vorliegenden Fragestellung ggf. zurückgegriffen wurde. In den Niederlanden wurden dazu zwei unterschiedliche Ansätze gewählt:

■ **Ansatz 1: der offizielle Ansatz für Bürgerkosten bei Bestandsaufnahmen (Nullmessungen)**

Die Verwaltungsbelastung für Bürger wird im Allgemeinen durch zwei verschiedene Parameter ausgedrückt, die immer zusammen erwähnt werden, wenn es sich um Verwaltungslasten für Bürger handelt:

- Die Zeit, die Bürger aufwenden (in Stunden).

- Die Kosten, die Bürger bezahlen (Out-of-pocket-Kosten wie z.B. Amtskosten und Stempelmarken in €/Jahr).

Diese zwei Parameter wurden in den Niederlanden für die Nullmessung gewählt, da es in der praktischen Anwendung des SKM stets ein Problem war, der von Bürgern aufgewendeten Zeit einen Stundensatz in €/Stunde zuzuordnen.

▨ Ansatz 2: Die Bürgerkosten in gemischten SKM-Anwendungen

Der erste Ansatz kann jedoch nicht verwendet werden, wenn es um die Verwaltungslasten eines bestimmten Gesetzes geht, bei dem die überwiegenden Bürokratiekosten auf Betriebe entfallen und nur ein kleiner Anteil der Bürokratiekosten für Bürger entsteht. Gleiches muss gelten, wenn Regelungen untersucht werden, die sowohl internen Aufwand in der Verwaltung als auch externe Bürokratiebelastung bei Betrieben und/oder beim Bürger auslösen und wie in diesem Fall kostenmäßig in Euro einmalig oder für eine bestimmte Referenzperiode gemessen werden sollen. In diesem Fall wird

a) entweder ein Stundensatz von € 35,00 pro Stunde (inklusive Gemeinkosten) angenommen oder

b) ein Stundensatz nach der folgenden Formel berechnet:

$$\text{Stundensatz} = \frac{BIP}{B * h}$$

Dabei bedeutet

- ▨ Stundensatz = [€/Stunde]

- ▨ BIP = Brutto Inland Produkt in [€/Jahr]

- ▨ B = Anzahl der Berufsbevölkerung (ausgebildete Erwachsene zwischen 18 und 65 Jahren)

- ▨ h = Anzahl der produktiven Stunden pro Jahr, meistens mit 2000, in [Stunden/Jahr] angenommen bei 250 Arbeitstagen/Jahr von 8 Stunden Arbeitszeit

Für Deutschland kann nach dieser Formel folgender Tarif ermittelt werden:

$$\textbf{Stundensatz} = \frac{\textbf{BIP} = 2.245.500.000.000~\text{€}}{\textbf{B} = 38.730.000 * \textbf{h} = 2000}{}^2$$

Daraus ergibt sich ein Tarif von 28,98 Euro pro Stunde für Bürgerkosten, der ohne Gemeinkostenanteil auf 29,- Euro aufgerundet wird. Dieser Tarif wurde in der vorliegenden Untersuchung für alle Aktivitäten von Unternehmen, Bürgern und sonstigen privaten Institutionen verwendet.

---

2   Alle Angaben beziehen sich auf das Jahr 2005 - Quelle BIP: DESTATIS; Quelle B: ILO-Arbeitsmarktstatistik; DESTATIS; Quelle h: SIRA Consulting (Deutsche Statistiken weisen mal mehr mal weniger Jahresarbeitsstunden aus. Die hier verwendete Zahl der Jahresarbeitsstunden dürfte aber für Deutschland an der oberen Grenze liegen, so dass ggf. auch von einem höheren Tarif ausgegangen werden kann).

4.5.2.2 Die „Verwaltungstarife"

Die Tarife für die Verwaltung sind als Mittelwerte der Personalkosten für Beschäftigte und Beamte in den Laufbahnen mittlerer, gehobener und höherer Dienst nach dem Bericht der Kommunalen Gemeinschaftsstelle für Verwaltungsvereinfachung (KGSt) Nr. 12/2006 gebildet worden. Sach- und Verwaltungskosten, die in der Berechnung der KGSt für die Gesamtkosten pro Jahr und Stunde für die Beschäftigten und Beamten der jeweiligen Tarif- und Eingruppierungsgruppen üblicherweise enthalten sind, wurden dabei nicht berücksichtigt. Stattdessen wurden 25 % Gemeinkosten pauschal zugeschlagen. Nach dieser Berechnung ergaben sich folgende „Verwaltungstarife" für die SKM-Messung:

Tabelle 4-1: *Verwaltungstarife*

Verwaltung (mittlerer Dienst)	Verwaltung (gehobener Dienst)	Verwaltung (höherer Dienst)
28,00 €	36,00 €	55,00 €

Diese Tarife wurden je nach Aufgabenzuordnung der jeweiligen Aktivität zu den einzelnen Laufbahnen durch die befragten Fachdienste für alle Verwaltungsaktivitäten, gleichviel ob sie durch den Landkreis Osnabrück oder andere beteiligte Behörden ausgeführt werden, verwendet.

4.5.3 Die Quantitätsparameter „Fallzahlen" und „Frequenz"

Für die Berechnung der Quantität wurden für jeden untersuchten Geschäftsprozess und jede darin untersuchte Fallvariante die Fallzahlen und die Anzahl der jeweiligen Aktivität (z.B. anhand der Anzahl der zu beteiligenden Behörden) erhoben. Die Frequenz (Häufigkeit) der Aktivitäten ist jeweils mit einmal jährlich (=1) berücksichtigt. Im Rahmen der wissenschaftlichen Begleitevaluation zum ModKG wurde von den beteiligten Hochschulen ein Kennzahlen- und Indikatorenset entwickelt, in dem Daten erhoben werden, die die durch die Anwendung des ModKG initiierten Veränderungen, z.B. bei der Bearbeitungszeit, der Verfahrensdauer und den Fallzahlen anzeigen sollen. Mit Unterstützung der niedersächsischen Staatskanzlei hat die Fachhochschule Osnabrück die für den Landkreis Osnabrück im Rahmen der Evaluation für die Jahre 2001 bis 2005 und vom 01. Januar 2006 bis 31. März 2007 erhobenen Kennzahlen und Indikatoren zur Verfügung gestellt. Diese wurden im Wesentlichen für die Häufigkeitsermittlung im Standardkosten-Modell benötigt und verwendet. Für die Regelung des § 5 Abs. 1 Nr. 1 c ModKG (Geschäftsprozesse A11/A21 – Fiktion der Zustimmung oder des Einvernehmens einer anderen Behörde nach Landesrecht im Baugenehmigungsverfahren) konnten keine Fallzahlen erhoben werden, da der Landkreis im Rahmen der Evaluation „Fehlanzeige" gemeldet hatte und sich auch auf gesondertes Befragen des betroffenen Fachdienstes keine Fallrelevanz für diese Regelung feststellen lassen konnte. Auch die Nachfrage des Landkreises Osnabrück bei anderen Modellkommunen erbrachte keine verwertbaren Erkenntnisse. Der inzwischen den Modellkommunen zur Stellungnahme vorliegende Entwurf eines Zwischenberichts der Evaluation konnte nicht zur weiteren Auswertung für diese Untersuchung herangezogen werden, weil er der begutachtenden Arbeitsgemeinschaft nicht vorliegt, auch nicht in Auszügen, die die untersuchten Geschäftsprozesse betreffen.

4.5.4   Direkte Kosten und Gemeinkosten

Die direkten Kosten – soweit solche in den untersuchten Geschäftsprozessen anfallen – wurden ebenfalls den von der Fachhochschule Osnabrück bereitgestellten Kennzahlen und Indikatoren entnommen, da diese in der Regel auch die Jahresergebnisse der in der Haushaltsrechnung des Landkreises in den Jahren 2001 - 2005 erfassten Gebühreneinnahmen enthielten. Für die vorliegende Untersuchung wurden daraus Durchschnittsgebühren pro Einzelfall ermittelt und der Berechnung in den beiden SKM-Messungen zugrunde gelegt. Die Gemeinkosten umfassen bestimmte Kosten, die den direkten Lohnkosten eines einzelnen Angestellten hinzuzurechnen sind. Im gegebenen Zusammenhang gehören hierzu Fixkosten z. B. für Immobilien des Unternehmens (Miete oder Abschreibung). Telefon, Heizung, Elektrizität, IT-Ausstattung usw. Zu den Gemeinkosten gehören auch Fehlkosten für Krankheit, da die Stundenlohnkosten für die Kalkulation von administrativen Kosten soweit als möglich die Kosten pro effektive Stunde sein sollten. Der Prozentsatz für Gemeinkosten wird in jedem Land ermittelt. Basis der Ermittlung sind oft detaillierte Statistiken. Da es jedoch keine zentrale statistische Quelle gibt, die zuverlässige Angaben für die Gemeinkosten in allen Branchen und allen Unternehmensgrößen angeben kann, ist es schwierig, einen Prozentsatz für Gemeinkosten anzugeben, der sowohl allgemein anwendbar wie auch hinreichend genau ist. Aus diesem Grunde werden bei den Berechnungen nach dem SKM auf Bundesebene Gemeinkosten nicht berücksichtigt. Im Fall eines internationalen Vergleichs (Benchmarking) soll ein Gemeinkostenaufschlag in jeweils vergleichbarer Höhe vorgenommen werden (zum Beispiel bei einem Vergleich mit den Niederlande 25 % und mit Großbritannien 30 %). Hierzu sollen die weiteren Entwicklungen – insbesondere auf der EU-Ebene – abgewartet werden. Um möglichst die tatsächliche Höhe der Bürokratiebelastung vor und nach Inkrafttreten des ModKG und den Umfang ihrer durch Anwendung des ModKG realisierten Reduzierung schätzen zu können, wurden der vorliegenden Bürokratiekostenermittlung pauschale Gemeinkosten von 25 % zugrunde gelegt.

5 Ergebnis der Messung

Die mit Hilfe des Standardkosten-Modells durchgeführte Berechnung der Auswirkungen des ModKG auf die Bürokratiebelastung im Landkreis Osnabrück in den 15 ausgewählten Regelungsbereichen anhand der in den einzelnen Geschäftsprozessen relevanten Kriterien „Zeit" und „Tarif" (Kosten) sowie „Fallzahlen" und „Frequenz" (Häufigkeit) hat in den zwei untersuchten Situationen,

- **Ex-Post-Messung 1:** Situation vor Erlass des ModKG (SKM EP1)

- **Ex-Post-Messung 2:** Situation nach Erlass des ModKG (SKM EP2)

zu den nachfolgend im Einzelnen dargestellten Ergebnissen geführt. Das aus der Differenz zwischen den Ex-Post-Messungen 1 und 2 durch die Anwendung des ModKG im Landkreis Osnabrück realisierte Einsparpotenzial wird anschließend erläutert. Daran anknüpfend wird das Ergebnis der Berechnung des maximalen Einsparpotenzials in den ausgewählten Geschäftsprozessen nach Zeitaufwand und Kosten bei optimaler Anwendung des ModKG gezeigt. Die aus dieser Untersuchung resultierenden Empfehlungen zur Übertragung der bisherigen Erfahrungen mit der Anwendung des ModKG auf andere Geschäftsprozesse schließen sich an.

Die Auswertung der Messergebnisse führt dabei zu den folgenden zentralen Aussagen:

- Die Absicht des niedersächsischen Landesgesetzgebers, mit den Regelungen des Modellkommunengesetzes nicht nur die Kommunen, sondern vor allem auch die Bürgerinnen und Bürger sowie die Unternehmen von bürokratischen Vorgaben zu entlasten, wird erreicht. Die Bürokratieentlastung kann dabei nicht nur „gefühlt" wahrgenommen werden, sondern lässt sich auch quantitativ in Euro/Jahr spürbar nachweisen.

- Diese nennenswerte Entlastung ist maßgeblich durch die Auswahl der Maßnahmen zur Reduzierung der Bürokratielast beeinflusst. Die Ursachen für die Reduzierung der Bürokratielasten liegen entweder in strukturellen Maßnahmen des ModKG wie dem Wegfall einer Beteiligungspflicht oder in der Änderung von Genehmigungs- oder Autorisierungserfordernissen etwa dem Wegfall einer ganzen Genehmigungspflicht. Effizienzmaßnahmen zur Verkürzung von Bearbeitungs- und Liegezeiten wie Fristverkürzungen und Zustimmungsfiktionen wirken sich – solange mit Ihnen keine entlastende Geschäftsprozessänderung einhergeht — allerdings quantitativ nicht bürokratieentlastend aus.

- Mit weiteren, relativ einfach zu realisierenden Optimierungsmaßnahmen können sowohl der Landkreis Osnabrück als auch das Land Niedersachsen die Entlastungswirkung des ModKG noch erheblich steigern.

■ Das Standardkosten-Modell ist in seiner modifizierten Anwendung bestens geeignet, auch auf kommunaler Ebene die Größenordnung administrativer Belastungen zu identifizieren und aufgrund der prognostizierten Kosten eine Entscheidungshilfe für Maßnahmen auch zur Verhinderung zukünftiger unverhältnismäßiger administrativer Mehrbelastungen oder zur Verringerung bestehender Bürokratiekosten zu geben.

5.1 Ergebnisse der SKM-Messung Ex-Post-Situation 1 (EP1)

Um die Auswirkungen des ModKG auf die Bürokratiebelastung für Unternehmen, Bürger und Verwaltung einschätzen zu können, bedurfte es zunächst der Bestandsaufnahme der Situation vor Inkrafttreten des ModKG in den vom Landkreis ausgewählten Regelungsbereichen. Die Kosten pro Einzelfall in den untersuchten Geschäftsprozessen bewegten sich vor Inkrafttreten des ModKG zwischen 436 € und 20.090 € (ohne Sonderfall A7). Die Belastungen der Unternehmen bzw. Bürger bewegten sich dabei vor Inkrafttreten des ModKG pro Einzelfall zwischen 235 € und 8.857 € (ohne Sonderfall A7). Der Verwaltungsaufwand schwankte vor Inkrafttreten des ModKG je Geschäftsprozess zwischen 84 € und 11.233 €. Die Fallmenge je Geschäftsprozess bewegte sich zwischen Null und 1.131 Fällen. Die aus der Multiplikation von Menge und Preis resultierenden administrativen Belastungen vor Inkrafttreten des ModKG reichten in den einzelnen untersuchten Normbereichen von jährlich 1.105 € bis zu rd. 2,104 Mio. €. Dabei bewegten sich die jährlichen Bürokratielasten der Unternehmen und Bürger in den einzelnen Regelungsbereichen zwischen 648 € und 589.353 € und der Verwaltungsaufwand zwischen 329 € und 1.514.529 € p.a.

5.2 Ergebnisse der SKM-Messung Ex-Post-Situation 2 (EP2)

Um letztlich die Reduzierung der Bürokratielast durch die Regelungen des ModKG für Unternehmen, Bürger und Verwaltung berechnen zu können, bedurfte es im nächsten Schritt der Bestandsaufnahme der Situation nach Inkrafttreten des ModKG in den vom Landkreis ausgewählten Regelungsbereichen. Die Kosten pro Einzelfall in den untersuchten Geschäftsprozessen bewegten sich nach Inkrafttreten des ModKG zwischen 0 € und 20.085 € (ohne Sonderfall A21). Die Belastungen der Unternehmen bzw. Bürger bewegten sich dabei unter Anwendung des ModKG pro Einzelfall zwischen 0 € und 8.857 € (ohne Sonderfall A21). Der Verwaltungsaufwand schwankte nach Inkrafttreten des ModKG je Geschäftsprozess zwischen 0 € und 11.227 €. Die

Fallmenge je Geschäftsprozess bewegte sich zwischen Null und 870 Fällen. Die aus der Multiplikation von Menge und Preis resultierenden administrativen Belastungen nach Inkrafttreten des ModKG reichten in den einzelnen untersuchten Normbereichen von jährlich 0 € bis zu rd. 2,104 Mio. €. Dabei bewegten sich die jährlichen Bürokratielasten der Unternehmen und Bürger in den einzelnen Regelungsbereichen zwischen 0 € und 589.353 € und der Verwaltungsaufwand zwischen 0 € und 1.514.529 € p.a.

5.3 Vergleich der Situationen SKM EP1 zu SKM EP2

Um die Auswirkungen des ModKG auf die administrative Belastung von Unternehmen, Bürgern und Verwaltung(en) anhand der ausgewählten Regelungsbereiche mit Hilfe des SKM zu ermitteln, wurden die Situationen vor und nach Inkrafttreten des ModKG miteinander verglichen. Der Vergleich beider Situationen hat zum Ergebnis, dass die Bürokratielasten im Landkreis Osnabrück in den untersuchten Geschäftsprozessen durch das ModKG **um 16 % bzw. 601.856 € p. a. gesunken** sind. Bei einer räumlichen Ausweitung des Geltungsbereichs des ModKG auf das gesamte Land Niedersachsen lässt sich in einer einfachen, auf die Einwohnerzahlen bezogenen Hochrechnung (1:23) eine potenzielle Reduzierung der Bürokratielasten für Unternehmen, Bürger und Verwaltung allein durch die für diese Untersuchung ausgewählten 15 Rechtserleichterungen im ModKG – obwohl in erster Linie als Entlastungsgesetz für die Kommunen beschlossen – um **rd. 14 Mio. €** jährlich prognostizieren. Ein Vergleich mit der Nettoentlastung der Wirtschaft durch das im Gesetzgebungsverfahren befindliche Zweite Mittelstandsentlastungsgesetz (MEG II), mit dem die gesamte bundesdeutsche Wirtschaft um rd. 58 Mio. € entlastet werden soll, macht die Dimension der möglichen Entlastung durch eine landesweite Übertragung der Regelungen des ModKG deutlich. Die Entlastungswirkung des ModKG – vorliegend untersucht nur für das Viertel der Rechtsänderungen, für die Auswirkungen auf die Bürokratiebelastung der Wirtschaft und der Bürger vermutet wurde – könnte bei einer räumlichen Ausweitung des Geltungsbereichs des ModKG auf das gesamte Land Niedersachsen etwa ein Viertel der Nettoentlastung durch das MEG II betragen. Die Entlastungswirkung der einzelnen Geschäftsprozesse bewegt sich zwischen jährlich 35 € und 492.917 € sowie zwischen minus 2,1 % und minus 100 %. 82 % dieser Entlastung werden durch den Verzicht auf die Teilungsgenehmigung (§ 4 Nr. 4 ModKG) realisiert, die restlichen 18 % verteilen sich auf weitere 7 der 14 untersuchten Geschäftsprozesse. Die Ursachen für die Reduzierung der Bürokratielasten sind entweder der Wegfall einer Genehmigungspflicht oder einer Beteiligungspflicht. Fristverkürzungen und Zustimmungsfiktionen wirken sich – solange mit Ihnen keine Geschäftsprozessänderung einhergeht — quantitativ nicht bürokratieentlastend aus. Durch überlagernde Fristen z. B. aufgrund bundesrechtlicher Normen ergibt sich im Regelfall sogar eine „kritische" Beteiligungsfrist von 6 Wochen, wodurch landesrechtlichen Fristkürzungen oder Zustimmungsfiktionen keine (messbare) Wirkung auf die Verfahrensdauer entfalten können. Die Wirkungen zeigen sich zu 80 % bei der Entlastung von Unternehmen und Bürgern (- 484.793 €) und zu 20 % bei der Reduzierung des Verwaltungsaufwandes (- 117.063 €).

6   Optimierung der Ergebnisse

Im Rahmen der Untersuchung des Ausmaßes der Auswirkungen des ModKG auf die Bürokratiebelastung im Landkreis Osnabrück wurde nicht nur das realisierte Reduzierungspotenzial durch Anwendung des ModKG ermittelt, sondern auch das maximale Einsparpotenzial durch Optimierung der untersuchten Geschäftsprozesse analysiert. Dabei stand in Frage, ob die in der Modellkommune verfügbaren Entscheidungs- und Handlungsspielräume oder die landesrechtlichen Gesetzgebungskompetenzen im Hinblick auf die untersuchten Regelungsbereiche noch weitere Einsparungen ermöglichen. Allerdings ist zu berücksichtigen, dass der Landreis Osnabrück mit Erfolg seit Jahren um eine Optimierung seiner Verwaltungsabläufe und Dienstleistungsqualität bemüht ist. Die Tatsache, dass der Landkreis Osnabrück eine der Kommunen ist, die das Modellkommunengesetz erproben dürfen, ist Beleg genug. Infolgedessen darf unterstellt werden, dass bei den „Modellkommunen" die Organisationsreife hoch und weitere Optimierungen der Verwaltungsabläufe schwierig sind. Denn mit der Organisationsgüte der Verwaltung steigt der Aufwand, sie weiter zu reformieren. Aber auch bei den „Modellkommunen" sind nicht alle Abläufe gleichermaßen optimal organisiert und so „hervorragend", dass die Organisation insgesamt als Best Practice gesehen werden könnte. Vielmehr gibt es auch beim Landkreis Osnabrück Geschäftsprozesse, für die ein normales oder mittleres Veränderungspotenzial gegeben ist. Um den Optimierungsaufwand bei gleichzeitig möglichst großem Ertrag entsprechend zu minimieren, ist es daher erforderlich, aus den untersuchten Geschäftsprozessen diejenigen zu identifizieren, die dies ermöglichen. Entsprechend wurden auf Basis der SKM –Messungen alle untersuchten Geschäftsprozesse nach Preis, Menge und Bürokratielast in einer „Top-Ten"-Betrachtung gewichtet und die für die Optimierung „lohnenswerten" Geschäftsprozesse von den „Bagatellfällen" unterschieden. Wie bereits erläutert wurden von den in Betracht kommenden Regelungsbereichen die beiden Geschäftsprozesse A3/A17 und A6/A20 in der Situation nach Inkrafttreten des ModKG auf weitere Einsparpotenziale untersucht. Aus der Gegenüberstellung des dabei ermittelten maximalen Einsparpotenzials nach ModKG und des bereits realisierten Einsparpotenzials lässt sich abschätzen, inwieweit das Potenzial zur Bürokratieentlastung durch das ModKG tatsächlich ausgeschöpft ist. Die Untersuchung der Optimierungsmaßnahmen in den ausgewählten Geschäftsprozessen mit Hilfe des SKM hat gezeigt, dass noch weitere Einsparpotenziale durch die Ausnutzung der Entscheidungs- und Handlungsspielräume des Landkreises oder der landesrechtlichen Rechtssetzungskompetenzen im Hinblick auf die untersuchten Regelungsbereiche erschlossen werden können.

Andres Brevis

IT-Projektmanagement

Die Schaffung und Umsetzung neuer IT-Strukturen –
eine Herausforderung für das IT-Projektmanagement

Fallstudie Jamba! GmbH

1 Lernziele und notwendige Vorkenntnisse

Die Fallstudie beschreibt die Durchführung eines IT- Projektes im Zuge einer Abspaltung und De-Integration aus einem Konzern und die damit einhergehenden strukturellen Veränderungen in einer Organisation. Zur erfolgreichen Bearbeitung der Fallstudie sind in erster Linie Vorkenntnisse (erweitertes Wissen) zum Projektmanagement erforderlich. Gängige Begriffe der Datenverwaltung und generelle Trends im IT-Bereich sollten bekannt sein. Fachliche Spezialkenntnisse zur Fallstudie beschränken sich auf grundlegende IT-Kenntnisse, jedoch keine Programmierungskenntnisse.

Obgleich Jamba durch seine Konzernzugehörigkeit heute streng genommen nicht mehr als mittelständisches Unternehmen bezeichnet werden kann, lässt sich die Problematik gut auf mittelständische Unternehmen übertragen. Dass Jamba nicht mehr den Mittelstandskriterien entspricht, geht vor allem auf das schnelle Wachstum des Unternehmens zurück.

2 Die Fallstudie Jamba! GmbH

Als Anbieter für Klingeltöne und Spiele für den Mobiltelefonmarkt ist das im Jahr 2000 gegründete Unternehmen Jamba bekannt geworden und hatte ursprünglich stark von dem Wachstum des deutschen Mobilfunkmarktes profitiert. Stetig wachsender Zulauf von Abonnenten und Nutzern der Jamba Dienstleistungen haben das Unternehmen in nur sieben Jahren zu beachtlicher Größe verholfen, in denen sich eine stetige Expansion, gekoppelt mit dem Erschließen neuer Märkte, vollzogen hat.

Jamba hat den Durchbruch geschafft: heute ist das Unternehmen mit 800 Beschäftigten der führende Anbieter für mobile Unterhaltung und erreicht weltweit mehr als eine Milliarde Konsumenten in 35 Ländern auf fünf Kontinenten in 25 Sprachen. Jamba unterstützt mehr als 2.800 Mobiltelefone und ermöglicht die einfache Abrechnung über die Mobilfunkrechnung bei mehr als 125 Netzbetreibern weltweit. Zu ihrem Portfolio gehören heute Produkte von mehr als 800 Partnern aus der ganzen Welt. Darunter beliebte Markeninhalte und bekannte Fox-Produkte wie beispielsweise „Die Simpsons", qualitativ hochwertige Musikhits großer Plattenfirmen, Handyspiele bekannter Hersteller sowie Inhalte, die ausschließlich für das Mobiltelefon produziert werden.

Das erfolgreiche Unternehmen ist seit 01. Februar 2007 ein Joint Venture der News Corporation und Verisign, Inc. mit Hauptsitzen in Beverly Hills, Kalifornien, und

Berlin. Mit den zwei Eignern – New Corporation 51 % und Verisign Inc. 49 % – war es für Jamba erforderlich, die IT-Systeme aus einer Konzernstruktur herauszulösen und einen neuen Standort für das IT-System zu finden und gleichzeitig den Anforderungen des Sarbanes-Oxley Acts[1] gerecht zu werden. Dieser verlangt eine erhöhte Transparenz von Finanzdaten und ein verbessertes Reporting von börsennotierten Unternehmen.

Die Abspaltung und De-Integration aus einem Konzern heraus – zuvor war VeriSign Alleineigentümer – hatten einen starken Einfluss auf das Unternehmen Jamba und dessen interne Strukturen. Es galt beiden Shareholdern gerecht zu werden. Für dieses ambitionierte Vorhaben fungierte der Leiter des Bereichs Jamba Business Systems als Gesamtprojektmanager. Die Anforderungen an das Projekt waren von Anfang an hoch. Es galt, die neuen Strukturen und Anforderungen an das Rechnungswesen mit in das neue IT-System zu integrieren. Insbesondere die Umstellung und Vereinheitlichung des Reportingsystems vom Kalenderjahr und Geschäftsperioden auf den US-Kalender, der durch die hohen Anforderungen und gesetzlichen Bestimmungen zum Schutz der Aktionäre geprägt ist, stellten eine Herausforderung an die gesamte Organisation von Jamba und speziell für dessen IT-Abteilung dar. Zum einen sollte den Tochtergesellschaften soviel Freiheiten wie möglich eingeräumt werden und damit die Firmenphilosophie gewahrt bleiben. Zum anderen sollte das Reporting standardisiert werden und trotzdem Berichte flexibel erstellen werden können – egal ob Wirtschaftsjahr, Kalenderjahr, Monat oder Woche als Berechnungszeitraum zugrunde gelegt werden.

Herr PM sieht sich nun der Frage gegenübergestellt, wie er alle diese Wünsche erfüllen kann. Ihm ist bewusst, dass seine internen Ressourcen in der Organisation und das bisherige Softwaresystem nicht ausreichen, um das Ziel zu erreichen. Folglich sind externe Ressourcen hinzuzufügen. Doch das Zukaufen einer Standardsoftwarelösung scheint für diesen Anwendungszweck unzureichend, denn dadurch könnte der flexible Charakter der Organisation gefährdet werden. Zudem muss ein System gefunden werden, das sich dem Wachstum der Organisation flexibel anpasst.

Als Herangehensweise entscheidet sich PM daher für eine öffentliche Ausschreibung des Auftrages. Der Auftrag umfasste die Schaffung einer neuen Organisationsstruktur, ein neues Konzept sowie die Überführung der Daten in eine neue Abrechnungs- und Reportingsoftware. Aus der Ausschreibung ging die Firma Oracle als Sieger hervor. Auf diese Weise konnte das Hauptziel, die IT zu verlagern und eine neue Abrechnungs- und Reportingsoftware zu implementieren, mit Hilfe tatkräftiger Unterstützung von Außen in Angriff genommen werden. Durch diese Vorgehensweise kann zudem eine Entwicklung zusammen mit dem externen Partner stattfinden, und es können Synergien aus Ideen für die Entwicklung genutzt werden. Für Jamba hat das

---

[1] Vergl. Quelle 1

den weiteren Vorteil, dass sie an der Entwicklung ihres Systems beteiligt sind und nicht in ein Abhängigkeitsverhältnis durch einen Softwareanbieter geraten.

Ein weiterer Grund, warum Jamba den Auftrag für diese Leistungen an Oracle erteilt hat: Oracle Consulting verfügt über umfassende Erfahrung bei der Migration umfangreicher geschäftskritischer Daten, an die man nur Personen des Vertrauens heranlässt – ein entscheidendes Argument für das Eingehen einer Partnerschaft. Vor allem vor dem Hintergrund der langfristigen Zusammenarbeit der beiden Unternehmen ergab sich dadurch eine win win-Situation.

Zu den Oracle Produkten, die bei Jamba eingesetzt werden, gehören unter anderem die Oracle E-Business Suite mit den Komponenten General Ledger, Payables, Receivables, Fixed Assets, Cash Management, Procurement, iProcurement, iSupport und Human Resources. Die bisherige Infrastruktur bestand aus einer Oracle E-Business Suite Umgebung in der VeriSign Global Single Instance, von der aus ein Teil der Daten in die Host-Umgebung des Oracle On Demand Partners NTT Europe Online migriert wurde.

Die Aufgabe bestand zunächst darin, alle Jamba Daten aus der VeriSign Global Single Instance herauszulösen, da VeriSign vermeiden wollte, dass bei der Migration eigene Daten betroffen werden. Nachdem die neue Systemstruktur beim Oracle On Demand Partner NTT Europe Online durch OCS angelegt war und die Daten durch Oracle Solution Services International migriert waren, wurde die neue Umgebung getestet. Um dem engen Zeitrahmen gerecht zu werden, wurden zwei Testläufe parallel ausgeführt. Nachdem die Tests erfolgreich abgeschlossen waren, konnte die neue Umgebung rechtzeitig vor dem Ende des Berichtsquartals ab dem 18. Juli 2007 produktiv genutzt werden.

Die Herausforderung dieses komplexen Migrationsprojektes lag zweifelsfrei in dem kurzen Zeitrahmen, der für die Umstellung zur Verfügung stand, da der neue Berichtstermin für die Finanzergebnisse unbedingt eingehalten werden musste. Die erfolgreiche Migration erreichte alle gesetzten Ziele: das Einhalten des engen Zeitrahmens, minimale System-Stillstandszeiten, nahtloser Übergang in eine Oracle On Demand Umgebung beim Partner. Der Schlüssel für diesen Erfolg lag in der Erfahrung von Oracle Consulting, der genauen Planung, den gründlichen Tests durch alle Beteiligten sowie der engen und zielgerichteten Zusammenarbeit zwischen Oracle Consulting, NTT Europe Online, VeriSign und Jamba. Doch der langfristige Nutzen einer Partnerschaft bedeutet weitaus mehr als nur das erfolgreiche Abschließen eines herausfordernden Projektes in nur vier Monaten.

3   Teaching Note

Die Lernziele der Fallstudie liegen in erster Linie darin, den Studierenden die Anforderungen eines erfolgreichen Projektmanagements nahezubringen. Am Beispiel eines IT-Migrationsprojektes wird gezeigt, mit welchen besonderen Herausforderungen Unternehmen im Zuge von Abspaltungen, Fusionen und Übernahmen zu kämpfen haben und womit die ernannten Projektleiter in der Umsetzung ihrer Aufgabe folglich konfrontiert sind. Die Fallstudie arbeitet gezielt Erfolgsfaktoren heraus, deren Beachtung die Wahrscheinlichkeit eines Projekterfolges erhöht. Auch eine genaue Betrachtung der Zusammensetzung von Teams sowie möglicher Synergiepotenziale, aber auch Konflikte, erfolgt im Rahmen dieser Arbeit.

Zur Bearbeitung der Fallstudien eignen sich verschiedene Formate. Sie können in Klausurform, in Einzelarbeit als Hausaufgabe oder als Gruppenarbeit im Unterricht genutzt werden. Der Lehrkraft bleibt zu überlegen, welche Herangehensweise für seinen/ihren Kurs angebracht ist. Zur Auswertung der Fallstudie sind Präsentationen der einzelnen Gruppen, Gruppendiskussionen oder Hausarbeiten möglich. Für eine effiziente Reflektion empfiehlt es sich jedoch, die Lösungen aus der Teaching Note vorzustellen. Nicht unter der Annahme es handele sich um eine Musterlösung, sondern, um weiteren Diskussionsstoff in die Gruppen einzubringen. Bestandteile der „Teaching Note" sind die Problembeschreibung, mögliche Lösungsansätze, Lernziele sowie die erforderlichen Vorkenntnisse. Sie sollen den Instruktoren einer Fallstudie als Anleitung und Hilfestellung für den praktischen Einsatz in der Lehre dienen.

■ **Welches waren die Gründe für Jamba die IT-Struktur neu zu ordnen?**

Das Unternehmen Jamba war in den letzten Jahren auf konstantem Wachstumskurs. Die Abspaltung und De-Integration aus einem Konzern heraus, um wieder selbständig agieren zu können und den Anforderungen beider Shareholder zu genügen, machte einen Neuordnung der IT-Strukturen notwendig. Mit den zwei Shareholdern Verisign und News Corporation wurde das Unternehmen über Nacht neuen Verhältnissen ausgesetzt.

Einer der Hauptgründe ist in den gestiegenen Anforderungen an die Organisation zu sehen: Transparenz für Aktionäre unter dem Sarbanes-Oxley Act machten eine Vereinheitlichung des IT-Reporting Systems notwendig. Der ganze Konzern durchlief eine gezielte Vernetzung. Durch das Wachstum waren Datenmengen erheblich gestiegen. Unter Transparenz- und Sicherheitsaspekten wurde daher eine Zentralisierung der Daten und Server angeordnet. Zudem wurde auch eine einheitliche Konzernsprache (Englisch) und entsprechende Angleichung von Software erforderlich. Die Rechnungserstellung sollte länderübergreifend vereinheitlicht werden.

■ **Welches sind die Herausforderungen der Aufgabe?**

Im Wesentlichen sind hier folgende drei Herausforderungen zu nennen:

1. Das Projekt stand unter einem hohen Zeitdruck. Durch die Umstellung der Reporting- und Bilanzzeiträume des Konzerns bleiben von Projektbeginn bis Ende lediglich vier Monate.

2. Die Migration hoher Datenmengen, die durch das Projekt vereinheitlicht und zusammengeführt werden müssen.

3. Die beschränkten Ressourcen innerhalb der Organisation, die das erfolgreiche Durchführen des Projektes ohne externe Hilfe im vorgesehen Zeitraum unmöglich machten. Es mussten also schnell verlässliche Partner gefunden werden und alle Voraussetzungen geschaffen werden, um eine unmittelbare Integration in das Projekt zu ermöglichen.

■ **Auf welche Erfolgsfaktoren muss PM achten, um die Komplexität der Aufgabenstellung in den Griff zu bekommen und das Projekt optimal zu strukturieren?**

PM ist sich der Wichtigkeit einer Projektkultur bewusst und berücksichtigt die damit einhergehenden harten und weichen Erfolgsfaktoren des Projektmanagements. Ferner baut er das Projekt auf den 7 Säulen des IT-Projektmanagements auf:

1. *Kundenbedürfnisse*: Im ersten Schritt wird eine Definition der Bedürfnisse für das Projekt und damit die vorgegebenen Ziele von der Jamba Konzernführung vorgenommen, an denen sich das Projekt orientiert.

2. *IT-Architektur*: Die bestehende IT-Architektur Jambas wird in das Projekt einbezogen. Auf ihr basierend soll das neue System erstellt werden.

3. *Softwareentwicklungsprozess*: Für den Softwareentwicklungsprozess werden mit den Experten von Oracle einzelne, aufeinander folgende Schritten geplant.

4. *Werkzeuge*: Die Berücksichtigung von Werkzeugen zur Umsetzung der Softwareentwicklung ist entscheidend. Es gilt zu klären, welche Tools besonders effektiv für das Projekt sind.

5. *Integration*: Im Zuge des Projektes soll es zu einer Integration einer Softwarelösung kommen. Das bedeutet, dass eine Einbettung der neuen Softwarekomponenten in das bestehende IT-System Jambas stattfinden soll. Hier gilt es, die richtigen Schnittstellen zu finden und Konnektivität zu gewährleisten.

6. *Teambildung*: Die Auswahl und Bildung des Projektteams ist von entscheidender Bedeutung. Es gilt fachlich kompetente projekterfahrene Mitarbeiter für das Projekt zu gewinnen, die sich gegenseitig ergänzen. Bei der Auswahl der Mitglieder achtet der PM besonders auf die Teamfähigkeit der Mitarbeiter und auf möglichst viel Fachkompetenz. Dadurch kann auch sichergestellt werden, dass interne und

externe Projektmitglieder in etwa „dieselbe Sprache" sprechen. Da Aufgaben und Prozessziele in kurzer Zeit zu bewältigen sind, wird er einen hohen Fokus auf zielgerichtete Kommunikation und Mitarbeitermotivation legen. Zudem sind neben der richtigen Teamgröße (ca. 7 Mitglieder) auch die Pflichten der einzelnen Mitglieder zu bestimmen.

7. *Prozesssicherheit*: Abschließend ist das Projekt als ganzheitlicher Prozess zu sehen, den es abzusichern gilt. Sowohl die Qualitätssicherung als auch ein Projektcontrolling sind zu gewährleisten. Dafür gilt es, Meilensteine im Zeitplan des Projektes einzuplanen um einer Überprüfbarkeit des Projektablaufes und eine Messbarkeit zu gewährleisten.

■ **Welchen Nutzen und Grenzen ergibt die Einbindung von ORACLE-Mitarbeitern in das Jamba Team im Rahmen der Projektarbeit?**

Durch die Integration von Oracle Mitarbeitern wird das Projektteam durch weitere Experten gestärkt. Dies erzeugt einen zusätzlichen Lerneffekt für eigene Mitarbeiter und Synergien zwischen den zwei Parteien. Die Integration von Oracle Mitarbeitern erleichtert auch eine Kontrolle seitens Jamba. Eine erfolgreiche Zusammenarbeit kann eventuelle Folgeprojekte nach sich ziehen. Daher ist es wahrscheinlich, dass sich Partnerschaften aus dieser Konstellation entwickeln. Dadurch gewinnt Jamba in Oracle einen verlässlichen Partner und Oracle kann im Gegenzug Jamba als Kunden an ihr Unternehmen binden. Es ergeben sich also beidseitige Vorteile durch die Partnerschaft.

Auch hat die Projektleitung eine Absicherung gegenüber der Konzernführung, da externe Experten (Oracle) konsultiert wurden. Oracle würde somit eine Legitimationsfunktion für Jamba übernehmen, sollte das Projekt nicht nach der vollen Zufriedenheit der Konzernspitze erledigt werden. Im Gegenzug haben Oracle und die daran beteiligten Mitarbeiter die Möglichkeit, sich durch die Fertigstellung dieses Prestigeprojektes zu empfehlen und marketingwirksam zu nutzen.

Ein Problembereich könnte jedoch das insider-outsider Verhältnis der Oracle und Jamba Projektteilnehmer darstellen. Es könnte zu „Spartenegoismus" führen. Mitarbeiter könnten sich untergraben fühlen, in Konkurrenz zu den Externen sehen und so eventuell Wissen nicht teilen wollen. Hier wird es Aufgabe der Projektleitung sein, synergetische Vorteile aufzuzeigen und die Projektteilnehmer dementsprechend zu motivieren.

Jamba!	Oracle
– Verlässlicher Partner – Legitimation – Lernen der eigenen IT – Externe Expertise integrieren	– Stärkung der Kundenbindung – Prestigeprojekt

Quelle 1: Vorteile der Integration / Win-Win Situation

4   Anlagen zur Fallstudie

Sarbanes-Oxley-Act
aus WirtschaftsWiki, der freien Wissensdatenbank

Die massiven Bilanzfälschungen beim US-Telekommunikationskonzern Worldcom und beim Energiehändler Enron erschütterten das Vertrauen der Anleger in den amerikanischen Kapitalmarkt grundlegend. Um das Vertrauen wiederzugewinnen und betrügerischen Machenschaften des Managements vorzubeugen, verabschiedete der amerikanische Kongress im Jahr 2002 den Sarbanes-Oxley-Act (SOA) of 2002, der nach seinen Verfassern benannt ist, dem demokratischen Senator Paul S. Sarbanes und dem Republikaner-Abgeordneten Michael Oxley. Der SOA enthält eine Vielzahl neuer Corporate-Governance-Regeln.

Das Gesetz zwingt alle Unternehmen, die an US-Börsen gelistet sind, sowie ausländische Tochtergesellschaften amerikanischer Unternehmen, ihre Rechnungslegung grundlegend zu verbessern und transparenter zu gestalten. Damit sind auch deutsche Unternehmen betroffen, deren Aktien in den USA gehandelt werden. Die Konzernchefs werden durch das Gesetz verpflichtet, ihre Unterschrift unter die Unternehmensbilanz zu leisten. Damit soll gewährleistet werden, dass die Bilanz korrekt ist und der Unterzeichner für die Bilanz gerade steht. Im Falle, dass die Bilanz verfälscht ist, droht dem Konzernchef eine Haftstrafe von bis zu 25 Jahren. Vorstand und Abschlussprüfer werden somit stärker in die Pflicht genommen und dafür haftbar gemacht, dass die von ihnen veröffentlichten Finanzdaten der Wahrheit entsprechen. Wissentlich falsch veröffentlichte Daten gelten als Straftat.

Die Ergebnisse interner Revisionen müssen veröffentlicht werden. Der Verwaltungsrat (Board) ist mehrheitlich mit unabhängigen Mitgliedern zu besetzen; Vorstandschefs sollen nicht mehr den Vorsitz führen. Ein vom Vorstand unabhängiger Prüfungsausschuss ("Audit-Komitee") trägt die Verantwortung für die Berufung, Festlegung der Vergütung und Überwachung externer Prüfer. Wirtschaftsprüfer dürfen nicht mehr gleichzeitig Berater sein oder in anderer wirtschaftlicher Abhängigkeit zu ihren Mandanten stehen.

Handelsblatt.com

Quelle 2: Sarbanes-Oxley-Act

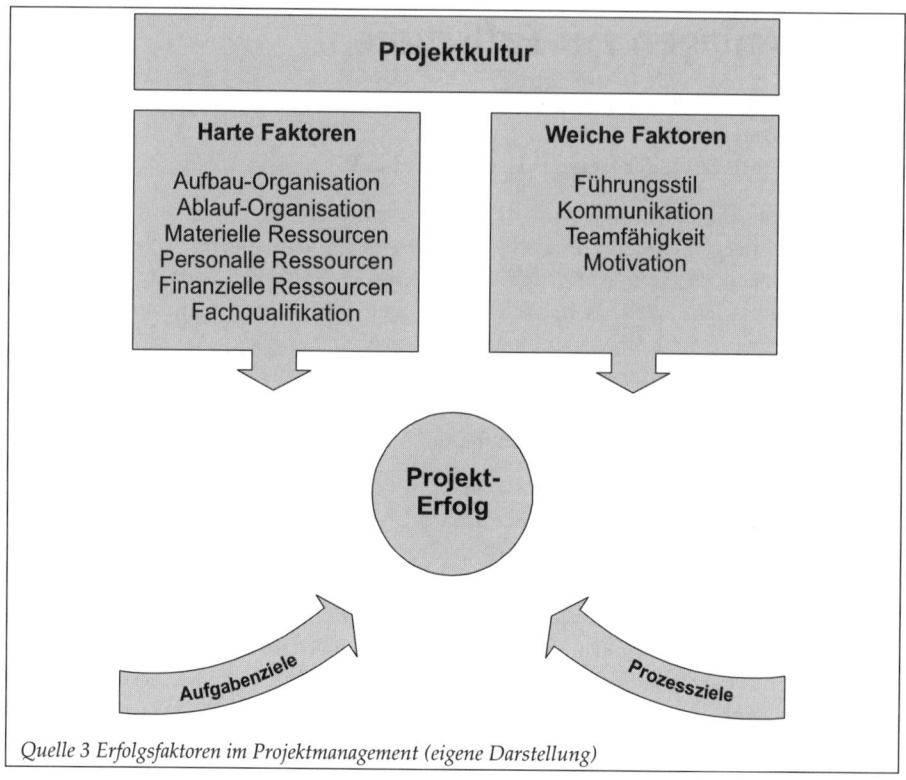

Quelle 3 Erfolgsfaktoren im Projektmanagement (eigene Darstellung)

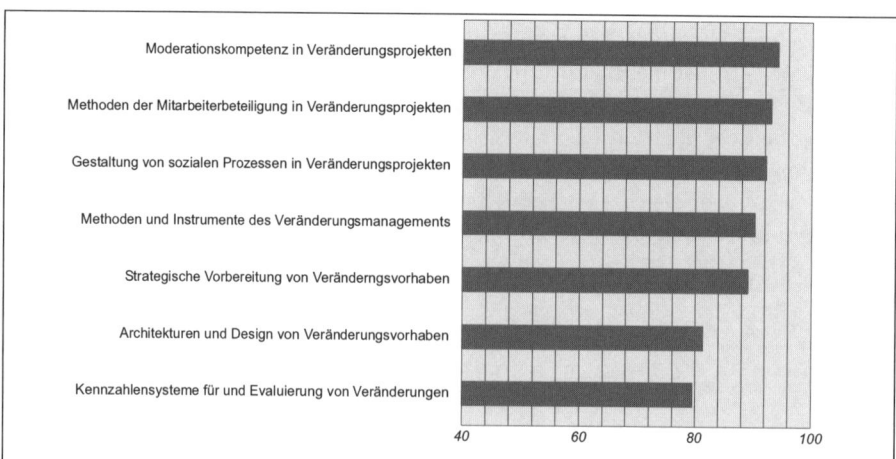

Quelle 4: Relevanz Veränderungsmanagement für IT-Projektmanagement (GPM Deutsche Gesellschaft für Projektmanagement e.V.)

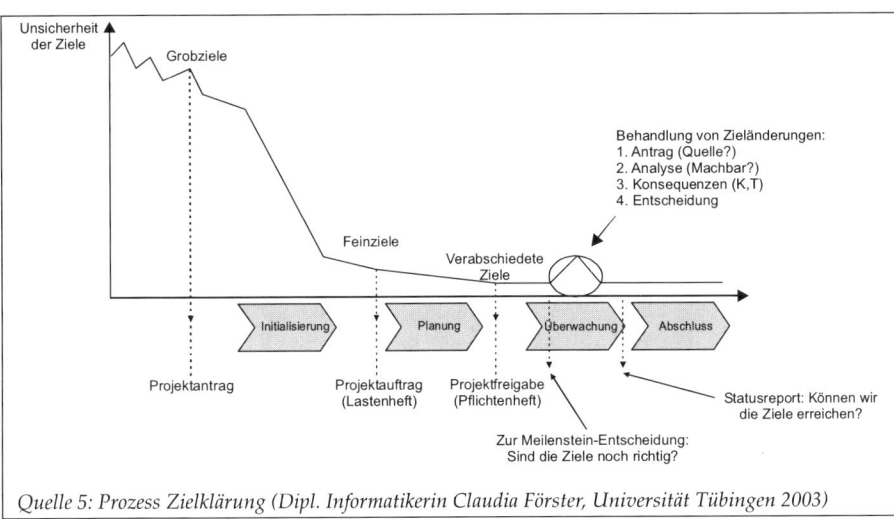

Quelle 5: Prozess Zielklärung (Dipl. Informatikerin Claudia Förster, Universität Tübingen 2003)

Die Frage nach den ausschlaggebenden Faktoren für den Erfolg eines Produktes oder eines Projektes lässt sich meist erst im Nachhinein beantworten. Aus dem Erfahrungswissen lassen sich jedoch eine Reihe von notwendigen, wenn auch nicht hinreichenden Faktoren benennen:

- Die Unterstützung der obersten Führungsebene (Management Attention)

- Die richtige Zusammensetzung des Projektteams, sowohl fachlich als auch persönlich

- Die Kommunikation im Projektteam·

- Die Führungsqualität des Projektleiters·

- Die richtige Zieldefinition des Projekts

Quelle 6: Erfolgsfaktoren für Projektmanagement (projektmagazin.de)

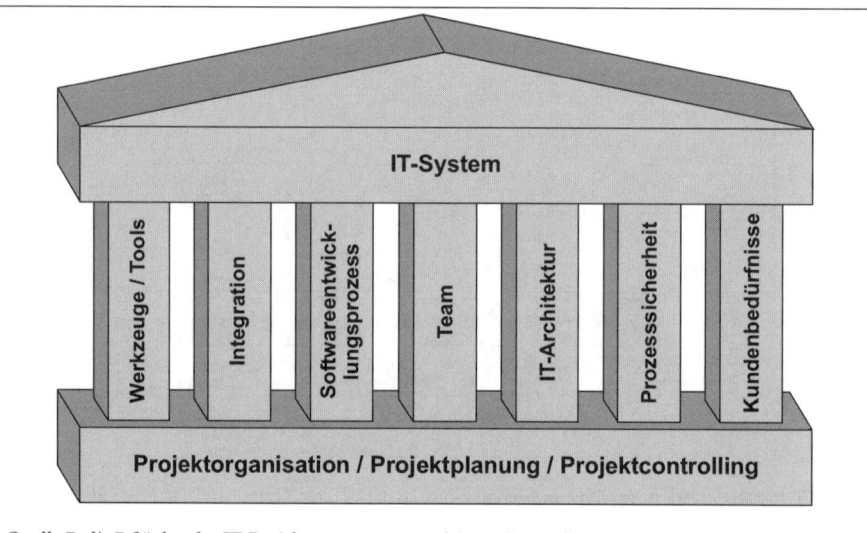

Quelle 7: die 7 Säulen des IT-Projektmanagements - (eigene Darstellung nach Heilmann et al.)

Basiswissen und Kompetenzen für IT-Projektleiter:

Übersichtswissen IT

■ Notwendig bei Systemarchitektur, Wahl von effizienten Werkzeugen, Schnittstellen etc.

■ Kompetente Schnittstelle im Austausch mit Experten

■ Unverzichtbar für Risikobewertungen und -management

Erfahrungen in Prozess-Abwicklungen

■ Sensibilität für Stolpersteine und Problembereiche auf Auftraggeber und -nehmer-Seite

■ Notwendig: Routine, Durchsetzungskraft, Zähigkeit, Konsequenz, Cleverness

Soziale Kompetenzen

■ Teamführung einer der wichtigsten Erfolgsfaktoren, Empathie

■ Zielgerichtete Kommunikation: Zuhören, Verstehen, Erklären, Orientieren, Begeistern

⇨ **Breite Querschnitts-Fähigkeiten gefordert**

Quelle 8: IT-Projektmanagement - Aufgaben und Qualifikationen (Heilmann et al.)

Literaturverzeichnis

Heilmann, Heidi; Etzel, Hans-Joachim; Richter, Reinhard: IT-Projektmanagement - Fallstricke und Erfolgsfaktoren. Erfahrungsberichte aus der Praxis, Dpunkt Verlag, 2003

Bernd Kießling

Kundenbeziehungsmanagement: Kunden in Innovationsallianzen einbinden
Fallstudie DB Training, Learning & Consulting

1 Lernziele und notwendige Vorkenntnisse

Die Fallstudie ist auf den Einsatz in MBA- oder vergleichbaren Post Graduate Studiengängen zugeschnitten. Der Fokus liegt auf dem Bereich Kundenbeziehungsmanagement mit dem Schwerpunkt Kundenkommunikation (Kommunikation des Unternehmens mit den Kunden).

Lernziel der Fallstudie ist die Gewinnung der Einsicht in die Bedeutung und Notwendigkeit der Etablierung eines Instrumentariums, mit dem sich ein Unternehmen der Erwartungen und Anforderungen seiner Kunden systematisch vergewissern kann. In der Fallstudie geht es nicht um Kundenbeziehungsmanagement in einem umfassenden Sinn.[1] Vielmehr steht ein Instrument für die Kommunikation eines Unternehmens mit seinen Kunden im Mittelpunkt, das auch und gerade in kleinen und mittelständischen Unternehmen eingesetzt werden kann[2] – anders als viele Methoden und Instrumente des Kundenbeziehungsmanagement, die ihrer Komplexität wegen nur in größeren Unternehmen sinnvoll zum Einsatz kommen können. Bei dem Instrument „Kundenforum" geht es freilich nicht nur darum, die Erwartungen und Anforderungen der Kunden zu ermitteln, vielmehr werden die Kunden direkt und unmittelbar in Entwicklungs- und Innovationsprozesse (Produkte, Services, Strukturen, Prozesse) eingebunden (**„Cooperative Engineering"**).[3]

Die Fallstudie zum Kundenbeziehungsmanagement kann ohne Vorkenntnisse studiert werden. Allenfalls sind Kenntnisse im Strategischen Management und im Innovationsmanagement vorausgesetzt: Kundenbeziehungsmanagement ist wesentlicher Aspekt und Teil des Strategischen Managements – in genau dem Sinne, dass es Strategisches Management ohne die Referenzierung auf die Erwartungen und Anforderungen der Kunden nicht geben kann. Branchenkenntnisse werden nicht vorausgesetzt: Die Fallstudie wird so aufbereitet, dass die Argumentation ohne den Bezug auf konkrete Branchenstrukturen nachvollziehbar ist.

An dieser Stelle sei der Hinweis darauf gegeben, dass die hier vorgestellte Fallstudie sich nicht auf den Einsatz des Instruments Kundenforum in einem mittelständischen Unternehmen bezieht. Im Fokus steht DB Training, der Personal- und Organisations-

---

[1] Vgl. hierzu etwa das von Manfred Bruhn und Christian Homburg herausgegebene „Handbuch Kundenbindungsmanagement" (Bruhn / Homburg [Hg.] 2007).

[2] Zum Thema „CRM für den Mittelstand" vgl. bspw. das gleichnamige Werk von Michael Brendel (Brendel 2003).

[3] Das Instrument Kundenforum ist in Deutschland ursprünglich für Autohäuser der Volkswagen AG entwickelt worden: als organisatorischer Rahmen für die Kommunikation bzw. den Dialog mit den Endkunden („Autokäufer"). Vgl. hierzu das von Bernd Kießling und Hans Koch verfasste Handbuch „Kundenforum. Wie Unternehmen herausfinden, was ihre Kunden wirklich wollen" (Kießling / Koch 1999).

entwicklungsdienstleister der Deutsche Bahn AG. DB Training ist Teil eines großen, international operierenden Mobilitäts- und Logistik-Konzerns (organisatorisch ist DB Training im Vorstandsressort Personal der Deutschen Bahn AG angesiedelt) und insofern in seiner Strategieformulierung von der übergreifenden Konzernstrategie abhängig.

Allerdings ist DB Training mit seinen ca. 800 Mitarbeitern zumindest der Größe nach mit einem mittelständischen Unternehmen vergleichbar. Die Auseinandersetzung mit der Fallstudie Kundenforum DB Training bietet insofern auch dem Leser, der in einem mittelständischen Unternehmen für das Kundenmanagement und für die Kundenkommunikation verantwortlich ist, eine interessantes Anregungspotenzial – nicht zuletzt in der Hinsicht des möglichen Transfers von Lösungsansätzen, die sich in einem Konzernverbund bewährt haben („**Best Practice**"), in einen mittelständischen Unternehmenskontext hinein.

2 Das Unternehmen DB Training, Learning & Consulting

2.1 Informationen zum Unternehmen DB Training

DB Training ist seit mehr als 10 Jahren der Trainings-, Beratungs- und Personalentwicklungsdienstleister der Deutsche Bahn AG. Als Trainingsdienstleister bildet DB Training Jahr für Jahr über 200.000 Teilnehmer in 20.000 Veranstaltungen und an bundesweit 80 Standorten aus und weiter. Das Spektrum von DB Training geht aber über die Umsetzung von Trainings und Qualifizierungsmaßnahmen weit hinaus. Zum Portfolio von DB Training gehört auch die Konzeptionierung und Umsetzung von integrierten Personal- und Organisationsentwicklungsmaßnahmen sowie die Durchführung von Projekten im Bereich des Qualitäts-, Prozess- und Kundenbeziehungsmanagements.[4]

Das umfangreiche Bildungs- und Trainingsangebot reicht von der beruflichen Erstausbildung über ein breit gefächertes Spektrum an Weiterbildungsmaßnahmen bis hin zu berufsbegleitenden Studiengängen. Weitergebildet und qualifiziert werden Mitarbeiter und Führungskräfte („Führung und Management") des Bahn Konzerns gleichermaßen.

Den Löwenanteil der aktuell ca. 800 Mitarbeiter machen die Trainer und Ausbilder aus: 620 Mitarbeiter arbeiten in diesem Bereich. Daneben gehören aber auch ca. 50

---

[4] Für weitere Information siehe auch die Homepage von DB Training (www.db-t.de).

Berater (Schwerpunkt Qualitäts- und Prozessmanagement, Business Excellence, Organisationsentwicklung / Change Management), 12 Psychologen (Schwerpunkt Potenzial-/Managementdiagnostik, Unfallbetreuung) und 60 Simulator-Instruktoren zum Team von DB Training. Über 300 freiberufliche Trainer, Ausbilder und Berater aus einem Netzwerk von Kooperationsunternehmen helfen dabei, Auftragsspitzen abzufedern und externes Know how ins Unternehmen einzuschleusen.

DB Training zählt zu den größten Qualifizierungs- und Beratungsdienstleistern auf dem europäischen Verkehrsmarkt. Hauptmarkt ist nach wie vor der Bahn Konzern. Allerdings – das soll hier betont werden – beschränkt sich DB Training nicht auf die Unterstützung des Bahn Konzerns in der Personal- und Organisationsentwicklung und Beratung. Die Trainings und Beratungsdienstleitungen werden vielmehr auch extern angeboten und vermarktet („konzernexterner Markt"). So werden Führungstrainings – um nur ein Beispiel zu nennen – seit 2005 auch im Bereich der öffentlichen Schulen durchgeführt. In einer Art Know-how-Transfer werden die Erfahrungen, die DB Training bei der Begleitung und Unterstützung der Bahn in ihrem Modernisierungsprozess gesammelt hat, eingesetzt, um Modernisierungsprozesse in den öffentlichen Schulen voranzutreiben. Hauptmarkt von DB Training bleibt aber der konzerninterne Markt.

Die zum Einsatz kommenden Trainings und Qualifizierungsmaßnahmen werden von DB Training selbst entwickelt. Das ist Aufgabe des Bereichs Trainingsentwicklung. Bei der Entwicklung der Lern- und Lehrmittel stehen die Orientierung an den Kundenwünschen und die Abstimmung mit den Fachdiensten des Konzerns im Mittelpunkt. Neben den Methoden der „klassischen" Wissensvermittlung setzt DB Training zunehmend auf moderne elektronische und digitale Ausbildungsmittel (z.B. **„web-based"** Trainings). DB Training verfügt europaweit über die modernsten Ausbildungsmethoden.

Die Qualität der Leistungserstellung ist bei DB Training das oberste Gebot. Für optimale Lösungen und Prozesse, die zugleich modernen Standards, fachlicher Notwendigkeit sowie zukunftsorientierter und wirtschaftlicher Planung entsprechen, wurde DB Training die Zertifizierung nach der Qualitätsnorm DIN EN ISO 9001 im Jahr 2006 erneut bestätigt. Daneben ist DB Training auch nach der Norm DIN EN 45013 und ferner gemäß der AZWV (Anerkennungs- und Zulassungsverordnung – Weiterbildung) zertifiziert. Die Orientierung am etablierten Qualitätsmanagementsystem gewährleistet die Stabilität der Prozesse und eine gleichbleibend hohe Qualität von Produkten und Serviceleistungen.

Eine ganze Reihe von Evaluationsverfahren kommt regelmäßig zur Anwendung, um die Entwicklung der Qualität der Leistungserstellung zu „controllen". Im Mittelpunkt steht die Organisation von Feedbackkanälen – also die Organisation und Strukturierung der Kommunikation mit Trainings-Teilnehmern und Kunden. Eine zentrale Rolle spielt aber auch das Kompetenzmanagement: Leistungsoptimierung und Innovation setzen die systematische Qualifizierung der eigenen Mitarbeiter und Führungskräfte voraus (vgl. hierzu die folgende Abbildung).

Abbildung 2-1: *Feedbackkanäle*

Teilnehmerfeedback	**Kundenbefragung**
Feedback von 200.000 Teilnehmern pro Jahr (Vollerhebung)	1 Mal im Jahr Ermittlung des CSI (Kundenzufriedenheitsindex)
Elektronische Auswertung mit dem Programm EvaSys	Kriterien:
Weiterempfehlungsrate: 96%	■ Produkte
Seminarbewertung gesamt: Note 1,98	■ Service
	■ Nutzen
Trainerqualität: Note 1,6	■ Berufsausbildung
Bei Bedarf: direkte Initiierung von Verbesserungs-maßnahmen	■ Trainingsumfeld
	■ Qualifikation
Die Ergebnisse aus EvaSys bilden 5 BSC-Werte (Balanced Score Card)	Dieses Feedback spiegelt den Lerntransfererfolg wider
	CSI für 2006 von 78,1%

Kundenforum	**Kompetenzmanagement**
Dialog mit den Kunden	Stellt die bedarfsgerechte und gezielte Entwicklung der Kompetenzen jedes einzelnen Mitarbeiters von DB Training sicher
Informationsquelle, um die Meinung der Kunden zu Angebot & Portfolio zu diskutieren („Kundenanforderungen")	Ermöglicht eine systematische Mitarbeiterqualifizierung und -entwicklung
Regionale und zentrale Kundenforen	

Für die Kontaktpflege und den Dialog mit den Kunden ist bei DB Training in erster Linie die Funktion Kundenmanagement zuständig. In der Perspektive einer aktiven Steuerung und Koordination aller kundenbezogenen Aktivitäten für das gesamte Portfolio von DB Training geht es darum, die Aufgaben des Vertriebs, des Marketings und der Kommunikation mit den Kunden zu einem stimmigen Ganzen zu bündeln.

2.2 Position und Situation des Entscheiders (Fallstudie DB Training)

Sie befinden sich in der Rolle des Leiters der Funktion Kundenmanagement. Als solcher sind sie u.a. zuständig für die Kommunikation mit den Kunden, für die Marktforschung und insbesondere für die konsequente und kontinuierliche Ermittlung der Erwartungen und Anforderungen der Kunden an DB Training. Ihr Dienstsitz befindet sich in Frankfurt am Main, der Zentrale von DB Training. Sie haben Ihre Arbeitsstelle vor einem halben Jahr angetreten und haben von der Geschäftsleitung zum Dienstbeginn auch die „Anregung" mit auf den Weg bekommen, bei der Ermittlung der Erwartungen und Anforderungen der Kunden an das Unternehmen innovative Wege zu gehen. Insbesondere ist Ihnen der Hinweis gegeben worden, bei der Ermittlung der Kundenanforderungen doch verstärkt auch auf qualitative Ansätze zu setzen und in diesem Zusammenhang auch ein Instrumentarium zu etablieren, welches erlaubt, die Kunden direkt und unmittelbar in Innovationsprozesse, in die Prozesse des Designs und der Entwicklung von Produkten und Services einzubinden (**„Cooperative Engineering"**).

Dieser Hinweis fällt bei Ihnen auf fruchtbaren Boden. Sie haben in den USA studiert und dort auch einige Jahre in der Marktforschung gearbeitet. Hier haben Sie Erfahrungen beim Einsatz des Instruments „Fokusgruppe" („focus group") sammeln können. Zurück in Europa haben Sie das Handbuch „Kundenforum" von Bernd Kießling und Hans Koch (1999) gelesen und brennen darauf, das in diesem Buch begründete **„Communicating"**[5] in der Praxis Ihres neuen Unternehmens zur Anwendung zu bringen. Das im Mittelpunkt des Kundenforums stehende „Communicating" soll dazu dienen, das Kundenbeziehungsmanagement von DB Training und insbesondere die Kommunikation und den Dialog mit den Kunden zu optimieren – und die Kunden möglichst direkt und unmittelbar in die Entwicklung und Weiterentwicklung der Produkte und Services und überhaupt in den Innovationsprozess einzubinden.

In den ersten Monaten seit Ihrem Dienstantritt haben Sie sich mit den bisher bei DB Training zum Einsatz kommenden Instrumenten Teilnehmer- und Kundenfeedback vertraut gemacht. Nun machen Sie sich an die Arbeit, um das erste Kundenforum bei DB Training zu konzeptionieren, vorzubereiten und schließlich durchzuführen.

3 Fallstudie Kundenforum DB Training

3.1 Teaching Note

Diese Teaching Note dient als Anleitung und Hilfestellung für die Erarbeitung der Fallstudie DB Training und den praktischen Einsatz in der Lehre. Neben einer detaillierten Vorstellung der Falles und einer Beschreibung der konkreten unternehmerischen Aufgabe umfasst die Teaching Note eine Analyse des Fallbeispiels sowie die Skizze eines Lösungsvorschlags.

---

[5] Kießling / Koch 1999, S. 38ff.

Die Fallstudie DB Training wurde für den Einsatz in MBA- und vergleichbaren Studiengängen konzipiert. Entsprechend zeichnet sich die Fallstudie durch einen mittleren Komplexitätsgrad aus. Für den Einsatz in der Lehre wird eine Bearbeitungszeit von zweieinhalb Stunden empfohlen. Davon entfallen circa 30 Minuten auf das intensive Lesen der Fallstudie, 30 Minuten auf die Vorbereitung der Analyse, eine Stunde auf die Analyse der Entscheidungssituation und die Entwicklung von Lösungsvorschlägen sowie 30 Minuten auf die Präsentation der Lösung und die Diskussion im Plenum.

Die Darstellung im Folgenden ist so strukturiert, dass zunächst der klassische Prototyp des Instruments Kundenforum vorgestellt wird: Als Referenz für die – davon durchaus abweichend konzeptionierten – Varianten des Instruments Kundenforum, wie sie bei DB Training bisher durchgeführt worden sind.

In der akademischen Lehre sollte es darum gehen, zunächst zu zeigen, wie mit Bezug auf die Referenz des klassischen Prototyps das erste Kundenforum DB Training konzeptioniert worden ist. Im Anschluss daran, soll dann auch noch auf das Konzept des zweiten Kundenforums, das genau ein Jahr nach dem ersten veranstaltet wurde, Bezug genommen werden. Im Mittelpunkt der hier vorgestellten Fallstudie steht das Konzept (bzw. die Aufgabe der Konzeptionierung) des Kundenforums bzw. der Kundenforen DB Training – und weniger die praktische Umsetzung. „Konzept" meint hier vor allem das **Gesamtszenario** eines Kundenforums sowie die einzelnen Designs, die in ihrer Sequenz das Szenario ausmachen. Ziel ist immer, bei der Konzeptionierung die Designs so aufeinander zuzuschneiden, dass der Zweck des Instruments Kundenforums: die Inszenierung und Organisation der Kommunikation eines Unternehmens mit seinen Kunden, optimal erreicht und umgesetzt werden kann.

3.2 Das Instrument Kundenforum: der klassische Prototyp

Die kontinuierliche Ermittlung der Kundenanforderungen gehört zu den zentralen strategischen Aufgaben eines Unternehmens („**Customer Focus Prozess**"). Oben ist darauf hingewiesen worden, dass bei DB Training ein nach DIN EN ISO 9001 zertifiziertes Qualitätsmanagementsystems die gleichbleibend hohe Qualität der Leistungserbringung gewährleistet. In der Norm DIN EN ISO 9001 ist die Verpflichtung eines Unternehmens auf die kontinuierliche Ermittlung der Kundenanforderungen ausgesprochen und kodifiziert. Wörtlich heißt es in der Norm (Element 5.2) hierzu: „Die oberste Leitung muss sicher stellen, dass die Kundenanforderungen ermittelt und mit dem Ziel der Erhöhung der Kundzufriedenheit erfüllt werden." Daraus folgt die Notwendigkeit der Etablierung eines systematischen Instrumentariums zur Ermittlung der Kundenanforderungen (Element 7.2.1). Zugleich ist in der Norm – zumindest implizit – die Verpflichtung ausgesprochen, dass der Ermittlung der Kundenanforderungen die konsequente Umsetzung in der nachfolgenden Prozessarbeit folgen muss: die ermittelten Kundenanforderungen müssen in den Entwicklungs- und Innovationsprozessen des Unternehmens Berücksichtigung finden.

Für die Ermittlung der Kundenanforderungen stehen verschiedene Instrumente zur Verfügung.[6] Die Nutzung von Vertriebskontakten gehört genauso dazu wie die regelmäßige Durchführung von Kundenbefragungen. Letztere haben den Vorzug, dass sie ein exaktes (auf Kennzahlen basiertes) Controlling des Customer Focus Prozesses ermöglichen. Dem steht allerdings der gewichtige Nachteil gegenüber, dass mit einem standardisierten und quantitativ orientierten Befragungsinstrument kaum Ansatzpunkte für zukunftsweisende Innovationen ausgelotet werden können (**„Trend Scouting"**). Aber genau darauf kommt es an, wenn es für ein Unternehmen gilt, im Wettrennen mit den Wettbewerbern die Nase vorn zu haben.

An dieser Stelle kommt das Instrument Kundenforum ins Spiel. Dieses Instrument zeichnet sich zum einen dadurch aus, dass es in seinen flexibel kombinierbaren Designs vor allem auf das Element der Gruppendynamik setzt, um gerade auch bislang latent gebliebene Kundenerwartungen erschließen bzw. transparent machen zu können. Nicht um ein quantitatives Controlling der Kundenzufriedenheit im Zeitverlauf (**„Panels"**) geht es hier also, sondern um die gruppendynamisch fundierte Arbeit mit den Kunden zur Ermittlung bzw. Erschließung von Innovationspotenzialen (Fokus: Produkte und Services – aber auch Prozesse und Strukturen). Zum anderen unterscheidet sich das Kundenforum von anderen Instrumenten des Kundenbeziehungsmanagements darin, dass die Führungskräfte und Mitarbeiter des Unternehmens selbst ganz unmittelbar und direkt in das Setting eingebunden werden: Führungskräfte und Mitarbeiter des Unternehmens hören mit eigenen Ohren, was die Kunden von dem Unternehmen erwarten und was diese ggf. zu kritisieren haben. Das motiviert zum kundenorientierten Handeln weit mehr als eindimensionale Top-down-Anweisungen. In diesem Sinne ist das Kundenforum ein dialogisches Verfahren, das Kunden auf der einen und Führungskräfte und Mitarbeiter des Unternehmens auf der anderen Seite in ein umfassendes Szenario des Kundenbeziehungs- und Innovationsmanagement einbindet.[7]

Im Konzernverbund Bahn ist das Instrument Kundenforum bereits wiederholt zum Einsatz gekommen, z.B.. bei DB Services Immobilien (2003, 2004, 2006),[8] bei DB Telematik (2006), bei der SüdostBayernBahn (Partnerforum 2006) und beim Redesign der Personalprozesse (Projekt „Fit für die Zukunft", 2006). Begleitet und unterstützt wurde die Konzeptionierung, Vorbereitung, Durchführung und Nachbereitung dieser Kundenforen von der Beratungseinheit von DB Training. Zu den Aufgaben der Berater gehörte hier die Entwicklung der jeweiligen Szenarios und Designs der Kundenforen,

---

6 Vgl. Gündling 1997
7 Kießling 2003.
8 ebd.

die Unterstützung bei der Organisation und Vorbereitung des Kundenforums, die Moderation des Kundenforums sowie schließlich auch die Unterstützung bei der Nachbereitung des Kundenforums (Aufbereitung und Analyse der Ergebnisse, Ableitung der Kundenanforderungen und von Maßnahmen zur Optimierung von Produkten, Services und Prozessen).

Die Szenarien und Designs der bisher im Bahn Konzern realisierten und von DB Training unterstützten Kundenforen waren recht aufwändig: Immer ging es in erster Linie darum, die Bedingungen dafür zu schaffen, dass die Kunden in zwangloser Kommunikation ihre Erwartungen und Anforderungen, aber auch ihre Kritik und konkreten Verbesserungsvorschläge formulieren und an die entsprechenden Bereiche bzw. Organisationseinheiten der Bahn herantragen konnten.

Für den Erfolg eines Kundenforums ist neben einer professionellen Konzeptionierung eine gründliche Vorbereitung aller Beteiligten unabdingbare Voraussetzung. Führungskräfte und Mitarbeiter des Unternehmens, die direkt eingebunden sind, dürfen nicht unvorbereitet in ein Kundenforum geschickt werden. Im Prozess der Vorbereitung eines Kundenforums werden in der Regel mehrere Workshops durchgeführt, in dem es um folgende Themen bzw. Fragen geht:

- Welche Geschäftsfelder bzw. Themen-/Problemschwerpunkte sollen im Fokus stehen?
- Welcher Kundenkreis soll eingeladen werden?
- Was will das Unternehmen von den Kunden wissen?
- Wo sollen die Schwerpunkte des Kundenforums liegen?
- Konzeptionierung des Kundenforums: Welches Szenario soll realisiert werden?
- Und welche Designs sollen in das Szenario eingebaut werden?
- Briefing der Moderation: Was die Moderatoren alles wissen müssen!
- Briefing der einbezogenen Führungskräfte und Mitarbeiter des Unternehmens

Nur wenn in der Konzeptionierungs- und Vorbereitungsphase die Zielsetzung des Kundenforums exakt definiert worden ist, kann ein Erfolg versprechendes Szenario entwickelt und umgesetzt werden. Gute Erfahrungen sind in der Beratungseinheit von DB Training wiederholt damit gemacht worden, drei Einzeldesigns in das Gesamtszenario eines Kundenforums einzubinden. Dabei ist grundsätzlich darauf hinzuweisen, dass in Abhängigkeit von dem jeweiligen „Erkenntniszweck" des Kundenforums eine Vielzahl unterschiedlicher Szenarios und Designs denkbar ist.

Im **„Kunden-Marktplatz"** geht es darum, den Kunden die Möglichkeit dazu zu geben, Stärken und Schwächen mit Blick auf die zentralen Geschäftsfelder bzw. -prozesse des Unternehmens oder zu ausgewählten Themen- bzw. Problemschwerpunkten namhaft zu machen. Mit Blick auf dieses Design ist deshalb von einem „Marktplatz" die Rede, weil die Kunden wie auf einer italienischen Piazza zwischen den einzelnen Themenständen (für jedes ausgewählte Geschäftsfeld oder Thema wird ein Markt-Stand vorbereitet bzw. organisiert) „hin und her spazieren" und ihre Hinweise posten können:

- Was finde ich mit Blick auf das Geschäftsfeld oder den Themenschwerpunkt vorteilhaft bzw. gut?

- Wo sehe ich Probleme bzw. Optimierungspotenzial?

- Welche konkreten Verbesserungshinweise möchte ich nennen?

Viel spricht dafür, den Marktplatz so zu organisieren, dass die Kunden ihre Hinweise an Pinnwände posten können. Damit kommt ein Schuss Gruppendynamik ins Spiel: die Kunden sehen, was andere gepostet haben und können untereinander ins Gespräch kommen. An den Themenständen stehen die verantwortlichen Führungskräfte und Mitarbeiter des Unternehmens als Ansprechpartner zur Verfügung. Gegen Ende des „Marktplatzes" können die Kunden gebeten werden, die geposteten Hinweise mit Klebepunkten zu bewerten. Das gibt Aufschluss über die Relevanz der einzelnen Hinweise.

Nach dem „Marktplatz" werden in unserem Kundenforums-Prototyp **Kunden-Workshops** durchgeführt: Wieder mit Blick auf die zentralen Geschäftsfelder und Prozesse oder Schwerpunktthemen erarbeiten die Kunden konkrete Vorschläge zum optimierten Leistungsprofil des Unternehmens. Die Ergebnisse werden später als Input in die abschließende Plenumsdiskussion eingesteuert.

Das dritte prototypische Design ist die moderierte **Plenumsdiskussion**: Sie hat ihren Platz typischerweise gegen Ende eines Kundenforums. In der Diskussion gilt es, die Ergebnisse, die in den vorangegangenen Designs erarbeitet worden sind, weiter zu vertiefen. Die Moderation vermittelt das Gespräch zwischen den Kunden auf der einen und der Geschäftsleitung des Unternehmens sowie den Verantwortlichen für die Geschäftseinheiten und / oder Themenschwerpunkte auf der anderen Seite.

Ein Kundenforum schließt in der Regel damit, dass die Geschäftsleitung des Unternehmens ihren Willen ausspricht und bekräftigt, die gesammelten und dokumentierten Hinweise sorgfältig zu analysieren und (nach Möglichkeit) umzusetzen.

Das Kundenforum als **einzelne Veranstaltung** ist damit zu Ende – das Kundenforum als Prozess (Customer Focus Prozess) allerdings nicht: Die Nachbereitung gehört zum Kundenforum wesentlich dazu! Dabei geht es zunächst um die Auswertung und Analyse der Ergebnisse. Die Ergebnisse werden zu Innovationsthemen geclustert. In diesem Zusammenhang muss das Unternehmen entscheiden, welche Kundenerwartungen im Einklang mit der Unternehmensstrategie tatsächlich umgesetzt werden sollen. In der Terminologie des Excellence Modells der **European Foundation for Quality Management**[9] steht jetzt die Transformation der dokumentierten Kunden**erwartungen** in tatsächliche Kunden**anforderungen** auf der Agenda: in Anforderungen also, die das

---

[9] Gucanin 2003.

Unternehmen erfüllen **kann** und **will**. Ist diese Arbeit geleistet, müssen noch die passenden Maßnahmen zur Umsetzung der Kundenanforderungen abgeleitet und priorisiert werden. In diesem Zusammenhang müssen typischerweise auch Prozesse und Organisationsstrukturen angepasst bzw. modifiziert werden. Als optimales Vorgehensmodell hat sich in dieser Phase die Begleitung der Projekt- und Prozessarbeit in (einer Reihe) von Workshops erwiesen. Ziel ist die Überführung der definierten Maßnahmen in die Linie.

Etwa 12 Monate nach dem ersten Kundenforum kann und sollte ein zweites Kundenforum veranstaltet werden: Der Dialog mit den Kunden muss kontinuierlich gepflegt und intensiviert werden. Auf diese Weise wird der Customer Focus Prozess des Unternehmens vertieft und vorangetrieben.

Für das zweite Kundenforum hat sich in der praktischen Arbeit folgendes Design bewährt: Zunächst werden die Kunden noch einmal konzentriert über die Ergebnisse des ersten Forums sowie über den erreichten Stand der auf den Weg gebrachten Maßnahmen informiert. Die detaillierte Vorstellung der Projekte ist dabei kein Selbstzweck, vielmehr die Voraussetzung für die Evaluation der geleisteten Arbeit durch die Kunden selbst.

Im Mittelpunkt des zweiten Kundenforums steht damit die **gemeinsame** Prozessarbeit mit den Kunden: Notwendige Modifikationen der Projekte und Prozesse werden **gemeinsam** entwickelt und abgestimmt: In Kunden-Workshops, in die auch die Projekt- und Prozessverantwortlichen des Unternehmens eingebunden sind, geht es um ein „Feintuning" der Projekte und Maßnahmen. Das ist die Crux des Instruments Kundenforum: Nicht nur werden die Erwartungen und Anforderungen der Kunden ermittelt, vielmehr werden die Kunden **direkt** in die Arbeit am Redesign der Produkte, Serviceleistungen, Prozesse und Strukturen und damit in den Customer Focus Prozess insgesamt eingebunden. Genau das ist gemeint, wenn hier von einem „Cooperative Engineering" die Rede ist.

Das Kundenforum erweist sich in dieser umfassenden Perspektive als probates Heilmittel gegen die Gefahr – der nach wie vor viele Unternehmen erliegen – die Kunden in erster Linie als Störenfriede wahrzunehmen. Ganz im Gegenteil werden mit dem Kundenforum die Kunden in das Unternehmen **integriert**: und zwar gerade als **Störenfriede** (!) – als Störenfriede, die die Routinen durchbrechen und Innovationen vorantreiben helfen.[10] Die Aufgabe, eine konsequente Kultur der Kundenorientierung („**Customer Focus**") zu etablieren, wird damit leichter umsetzbar: wenn es nämlich mit dem Tool Kundenforum tatsächlich gelingt, die Kunden selbst **unmittelbar** in die Weiterentwicklung und Optimierung der Produkte und Services und in das Reengineering der Prozesse einzubinden.

---

[10]   Kießling 1999.

3.3 Fallbeispiel Kundenforum DB Training (Lösungskonzept)

3.3.1 Ausgangssituation und Zielsetzung

DB Training verfügt seit langem über ein differenziertes Kundenbeziehungsmanagement. Neben intensiven Vertriebskontakten und einem Beschwerdemanagementsystem spielen darin **quantitativ** orientierte Instrumente ein zentrale Rolle: ein ausgefeiltes Teilnehmerfeedback und ein jährlich wiederholtes Kundenfeedback. Mit der Implementierung des Instruments Kundenforum soll das Portfolio des Kundenbeziehungsmanagements von DB Training in **qualitativer** Hinsicht abgerundet werden – Ziel ist es, nicht nur rückblickend sich der Einschätzungen der Kunden bezüglich der Qualität der Produkte und Serviceleistungen zu vergewissern, sondern gemeinsam mit den Kunden einen Blick in die Zukunft werfen, die Kunden also in die Weiterentwicklung der Produkte und Services und in das Reengineering der Prozesse direkt und unmittelbar einzubinden.[11]

Das Vorgehen bei der Entwicklung des Lösungskonzepts orientiert sich an dem klassischen Prototyp des Kundenforums, wie dieser bereits außerhalb des Bahn Konzerns, aber auch im Bahn Konzern regelmäßig zum Einsatz gekommen ist. Die nachfolgenden Ausführungen fokussieren auf die konkrete Umsetzung („Lösungen") des Instruments Kundenforum bei DB Training. Es wird im Einzelnen dargestellt, wie das Instrument Kundenforum bei DB Training implementiert worden ist. Mittlerweile sind zwei zentrale Kundenforen[12] durchgeführt worden – das dritte zentrale Kundenforum ist in Vorbereitung.[13]

3.3.2 Vorgehensweise bei der Umsetzung

Das erste Kundenforum DB Training wurde im November 2004 durchgeführt. Mit der Konzeptionierung und Vorbereitung des Kundenforums wurde im Sommer 2004 begonnen. Leitthema des ersten Kundenforums von DB Training war das Thema „Vertiefung der Wertschöpfungspartnerschaft mit den Kunden". Zielgruppe des Kundenforums waren ausschließlich Kunden aus dem Bahn Konzern (interne Kunden). Konkrete Ansprechpartner und Teilnehmer waren die Entscheider, die in den Kunden-Organisationen für die Bestellung bzw. Beauftragung von Qualifizierungs-, Personalentwicklungs- und Beratungsleistungen verantwortlich sind.

---

11   Vgl. hierzu noch einmal Abschnitt 2.2 (Position und Situation des Entscheiders).
12   Daneben sind Kundenforen aber auch in den Regionen durchgeführt worden.
13   Stand März 2008.

Das erste Kundenforum DB Training war als Tagesveranstaltung geplant. Das Konzept will dem Zweck dienen, dem Dialog und Austausch mit den Kunden eine möglichst optimale Arena zu bieten. Dazu gehören die einzelnen Designs wie auch die Pausen – in denen die Kommunikation und der Austausch ja weiter gehen. Die folgende Abbildung gibt einen Überblick über die Agenda des ersten Kundenforums DB Training.[14]

Abbildung 3-1: *Agenda des ersten Kundenforums DB Training*

Agenda 1. Kundenforum DB Bildung, 03.11.2004 (Fulda)

11.00 – 11:15 Uhr	**„Herzlich willkommen!"** - Eröffnung des Kundenforums 2004 durch die Geschäftsleitung
11.15 – 11:50 Uhr	**„Wie Sie DB Bildung sehen!"** - Impulsstatements der Kunden
11:50 – 12:30 Uhr	**„Worüber wir sprechen sollten!"** - Marktplatz für Kunden
12:30 – 13:30 Uhr	**„Wie können wir die Wertschöpfungspartnerschaft Kunden - DB Bildung vertiefen?"** - Arbeit in 4 Gruppen
13:30 – 14:30 Uhr	Lunch
14:30 – 15:10 Uhr	**„Wie können wir die Wertschöpfungspartnerschaft Kunden - DB Bildung vertiefen?"** - Präsentation der Gruppenergebnisse
15:10 – 15:50 Uhr	**„Was ist Ihnen wichtig?"** - Moderierte Plenumsdiskussion
15:50 – 16:00 Uhr	**„Wie geht es weiter?"** - Abschluss des Kundenforums durch die Geschäftsleitung
16:00 – 18:00 Uhr	Vertiefung der Themen in Einzelgesprächen (optional)
ab 16:00 Uhr	Begleitprogramm „Simulatorfahrt" (optional)

Eröffnet wird ein Kundenforum typischerweise durch die Geschäftsleitung. Als Gastgeberin heißt die Geschäftsleitung die Kunden „herzlich willkommen." In ihrem eröffnenden bzw. einleitenden Statement stellte die Geschäftsleitung von DB Training die Leitperspektive des Kundenforums vor und lud die Kunden mit allem gebotenen Nachdruck dazu ein, sich proaktiv in das Kundenforum einzubringen.

Unmittelbar im Anschluss an die Eröffnung durch die Geschäftsleitung erhielten ausgewählte Kunden die Gelegenheit dazu, in kurzen Impulsstatements (jeweils 5 Minuten) ihre Antworten auf die Frage „Wie sehen Sie DB Training?" vorzustellen. Bereits während der Konzeptionierung des Kundenforums wurde erörtert, welche Kunden

---

14 In der Agenda ist von DB Bildung die Rede – vor der Umbenennung in DB Training im Jahre 2005 war das der offizielle Name des Unternehmens bzw. der Organisationseinheit.

für ein Impulsstatement angesprochen werden sollen. Ausgewählt wurden schließlich die Vertreter von sieben großen (konzerninternen) Kunden bzw. Kunden-Organisationen. Selbstverständlich wurden die entsprechenden Kunden bereits im Vorfeld angesprochen – ganz konkret wurden diese Kunden gebeten, ein Impulsstatement mit Hinweisen zu ihrer Einschätzung zu Stand und Qualität der aktuellen Zusammenarbeit mit DB Training und zu den Zukunftsperspektiven der Kooperation vorzubereiten.

Diese Sequenz „Kunden-Statements" hat im Gesamtszenario Kundenforum die Funktion, von vornherein nachdrücklich deutlich zu machen, dass das Kundenforum das Kundenforum **der Kunden** ist. Die Kundenstatements repräsentieren die Kundengruppe insgesamt, führen die Sichtweise und Perspektive der Kunden in den Kundenforumsprozess ein.

Gesamtszenario und Einzeldesigns des Kundenforums sind in der Vorbereitungsphase mit der Geschäftsleitung und den verantwortlichen Führungskräften von DB Training abgestimmt worden. In Vorbereitungs-Workshops wurde mit der Geschäftsleitung und den Leitern der einzelnen Geschäftseinheiten auch die Leitperspektive des Kundenforums („Vertiefung der Wertschöpfungspartnerschaft") abgestimmt. In den Workshops in der Vorbereitungsphase ging es schließlich auch darum, die Zielgruppe des Kundenforums genau abzugrenzen.

Von zentraler Bedeutung ist es, die Schwerpunktthemen exakt zu definieren, die im Mittelpunkt eines Kundenforums stehen sollen. Für das erste Kundenforum DB Training ist in einem Vorbereitungs-Workshop abgestimmt worden, vier zentrale Leistungsfelder in den Fokus zu rücken:

- Berufsausbildung,
- Fort- und Weiterbildung: technische Bereiche,
- Fort- und Weiterbildung: Softskills / Managementkompetenzen,
- Beratungsleistungen.

Diese vier zentralen Leistungsfelder spielen im Konzept des Gesamtszenarios des Kundenforums eine strukturierende Rolle. Zunächst im „Marktplatz": zu jedem der Leistungsfelder wurde ein themenbezogener Marktplatz-Stand vorbereitet. An den jeweiligen Themenständen konnten sich die Kunden über aktuelle Entwicklungen und Trends informieren. Hier standen die verantwortlichen Führungskräfte als Ansprechpartner zur Verfügung – ganz im Sinne des Marktplatz-Mottos: „Worüber wir sprechen sollten!"

An den Themenständen konnten die Kunden ihre Hinweise an DB Training herantragen – bezogen auf das jeweilige Leistungsfeld. Die Aufforderung lautete:

> „Wir bitten Sie um Ihre Meinung, Ihre Kritik, Ihre Verbesserungsvorschläge! Bitte posten Sie Ihre Hinweise an die Pinnwände!

Näher wurden die Kunden gebeten, ihre Hinweise zu den Leistungsfeldern in der Perspektive der folgenden Fragen zu formulieren:

- Wie gehen wir mit Vorgaben des Konzerns um?

- Wie optimieren wir die Leistungserstellung?

- Wie vertiefen wir unsere Geschäftsbeziehung?

- Welche neuen Aufgaben kommen im Rahmen des Kompetenzmanagements Bahn auf uns zu?

Für den Marktplatz waren insgesamt 35 Minuten vorgesehen, was sich als äußerst knapp erwiesen hat. Die Kunden nutzen das Design „Marktplatz" zur Information, zum Austausch untereinander und mit dem Unternehmen – und vor allem dafür, dem Unternehmen ihre Erwartungen und Anforderungen mitzuteilen und auf Schwachstellen aufmerksam zu machen. Dem sollte mit einem ausreichenden Zeitangebot Rechnung getragen werden.

Die an den Themenständen dokumentierten Kunden-Hinweise wurden in die anschließend durchgeführten Workshops eingebracht – später wurden sie in der das Kundenforum abschließenden moderierten Plenumsdiskussion einmal mehr aufgegriffen. Das ist unter anderem Aufgabe der Moderation: dafür zu sorgen, dass Themen und Hinweise während des gesamten Forumsverlaufs verfügbar bleiben.

Beim ersten Kundenforum DB Training sind vier Workshops parallel durchgeführt worden. Übergreifende Leitfrage war jeweils: „Wie können wir die Wertschöpfungspartnerschaft Kunden – DB Training vertiefen?" Und zwar im konkreten Bezug auf die folgenden aktuellen Themenschwerpunkte:

- Workshop A: Wie gehen wir mit Vorgaben des Konzerns um?

- Workshop B: Wie optimieren wir die Leistungserstellung?

- Workshop C: Wie vertiefen wir unsere Geschäftsbeziehung?

- Workshop D: Welche neuen Aufgaben kommen im Rahmen des „Kompetenzmanagements Bahn" auf uns zu?

Für die Arbeit in den Workshops war eine Zeit von einer Stunde vorgesehen. Moderiert wurden die Workshops durch Führungskräfte von DB Training. Der nicht von der Hand zu weisende Nachteil, dass damit gegen den Grundsatz einer „neutralen" Moderation verstoßen wurde, wurde aufgewogen durch den Vorteil, dass die Führungskräfte von DB Training ihre Fachexpertise in die Moderation der Workshops einbringen konnten. Die Workshop-Designs waren so geplant, dass neben den Kunden auch weitere Führungskräfte und Mitarbeiter von DB Training eingebunden wurden. Ziel war es, den direkten Austausch zwischen Kunden und DB Training zu realisieren – das eben, was wir oben „Cooperative Engineering" genannt haben. Gemeinsame Arbeit also an Strategien und Maßnahmen zur Vertiefung der Wertschöpfungspartnerschaft – Kundenperspektive und Unternehmensperspektive im konkreten Zusammenspiel.

Die Ergebnisse der Workshops wurden von BA-Studenten und Praktikanten mit Hilfe von Notebooks dokumentiert. Dabei wurden einheitliche Templates verwendet. Die folgende Abbildung zeigt das Template für die Dokumentation der Ergebnisse der Arbeitsgruppe A:

Abbildung 3-2:   *Template für die Dokumentation der Ergebnisse der Arbeitsgruppe A*

Ergebnisse Arbeitsgruppe A:
„Wie gehen wir mit Vorgaben des Konzerns um?"

Situationsbeschreibung	Wünsche, Vorschläge

Die in den Workshops erarbeiteten Ergebnisse wurden anschließend im Plenum präsentiert. Und zwar jeweils durch einen Kunden. Dies ist ein wichtiges Zeichen mit nicht zu unterschätzender Symbolkraft: Auch wenn die Führungskräfte und Mitarbeiter des Unternehmens an der Erarbeitung der Ergebnisse beteiligt waren, sind es doch die Kunden, die hier den Hauptinput gegeben haben. Die Einteilung der Gruppen erfolgte übrigens bereits im Vorfeld gemäß den vermuteten Präferenzen der Teilnehmer. Dies sei hier nur sozusagen **en passant** erwähnt: als Hinweis darauf, auf wie viele Details bei der Konzeptionierung und Vorbereitung eines Kundenforums zu achten ist.

Vor der Präsentation der Workshop-Ergebnisse war im Szenario des Kundenforums ein gemeinsamer **Lunch** vorgesehen. Solchen intermittierenden „Pausen" kommt im Szenario bzw. in der Dramaturgie eines Kundenforums eine systematische Funktion zu. Im **Small Talk** („Kundenbeziehungsmanagement nebenbei") können Kunden Themen und Probleme adressieren, zu denen sie sich nicht in der Öffentlichkeit des Plenums bekennen wollen. Bei der Konzeptionierung eines Kundenforums ist deshalb darauf zu achten, dass genügend Zeit und Raum für den Smalltalk gelassen wird („Kundenbeziehungsmanagement nebenbei").

Auf die Sequenz mit der Präsentation der Workshop-Ergebnisse folgte die moderierte Plenumsdiskussion („Was ist Ihnen wichtig?"). Aufgabe der Moderation ist es hier, alle Themen und Inputs des Tages in die Diskussion verfügbar machen zu können: Inhalte der Impulsstatements, Hinweise aus dem Marktplatz, Ergebnisse der Workshops. Die Plenumsdiskussion hat die Funktion, die Perspektive und den Horizont zu weiten, eine Gesamtschau der vielen zur Sprache gekommenen Details zu ermöglichen und Hinweise aufzunehmen, die bislang nicht adressiert worden sind. Die Geschäftsführung von DB Training und die Leiterinnen und Leiter der beteiligten Geschäftseinheiten standen auf dem Podium als direkte Ansprechpartner Rede und Antwort. Die Hinweise der Kunden wurden durch die Moderationsassistenz dokumentiert.

Sein offizielles Ende fand das Kundenforum schließlich durch die Erklärung und Selbstverpflichtung der Geschäftsleitung darauf, die dokumentierten Hinweise der Kunden aufzugreifen, zu analysieren und Maßnahmen zur Umsetzung abzuleiten. Selbstverständlich wird den Kunden das Versprechen mit auf dem Weg gegeben, dass sie auf dem Laufenden gehalten werden („Wie geht es weiter?"):

> „Wir werden die Ergebnisse des Kundenforums und Ihre Hinweise gründlich analysieren und sie in der Perspektive einer Vertiefung der Wertschöpfungspartnerschaft mit Ihnen umsetzen. Wir halten Sie auf dem Laufenden!"

Im Anschluss wurde für interessierte Kunden ein Incentiveprogramm (Simulator-Fahrt) organisiert. In diesem Kontext gab es auch die Möglichkeit, Themen und Probleme im „kleinen Gespräch" weiter zu vertiefen – Fortsetzung des Kundenforums mit anderen Mitteln.

In der Nachbereitungsphase des Kundenforums wurden die gesammelten Hinweise und dokumentierten Ergebnisse gründlich aufbereitet, analysiert und Maßnahmen zur Optimierung der kundenbezogenen Performance von DB Training abgeleitet. Wichtig ist hier die Beachtung der Regel, dass Hinweise der Kunden nicht umstandslos umgesetzt werden dürfen, sondern nur im Abgleich mit der Strategie des Unternehmens: in der Auseinandersetzung mit den Ergebnissen des Kundenforums leitet das Unternehmen die Kundenanforderungen ab, die es – im Gleichklang mit der eigenen Unternehmensstrategie – erfüllen kann und will. Diese Arbeitsschritte sind bei DB Training im Nachgang des ersten Kundenforums in einem Review-Meeting geleistet worden: Ableitung von Projekten und Maßnahmen, Abstimmung einer Zeit- und Meilensteinplanung, Zuscheidung von Verantwortlichkeiten, Festlegung, welche Kunden in welche Projekte und Maßnahmen direkt einbezogen werden sollten.

Exakt ein Jahr nach dem ersten Kundenforum wurden die Kunden zu einem zweiten Kundenforum eingeladen. Die Leitperspektive des zweiten Kundenforums lautete: „Herausforderungen für DB Training im Rahmen von Mobility Networks Logistics". Mit der Wahl dieses Leitthemas wurde der aktuellen Anpassung bzw. Neuausrichtung der Strategie des Bahn Konzerns Rechnung getragen (Stand 2005): Profilierung des Konzerns als eines international operierenden integrierten Mobilitäts- und Logistikdienstleisters. Eingeladen wurden wieder interne Kunden – Entscheider, die in ihren Unternehmen, Bereichen und Organisationseinheiten für die Bestellung bzw. Beauftragung von Qualifizierungs- und Beratungsleistungen verantwortlich sind.

Vor dem Hintergrund der Neuausrichtung der Strategie des Bahn Konzerns stand DB Training im Jahre 2005 vor der Aufgabe, die eigene Strategie entsprechend anzupassen. Das Kundenforum bot die probate Plattform dafür, die Kunden in diesen Prozess einzubeziehen. Entsprechend wurde auch die Leitfrage für den Marktplatz zugeschnitten: „Worüber wir sprechen sollten – Herausforderungen an DB Training im Rahmen von Mobility Networks Logistics". Ausdruck für die Anpassung der eigenen Unternehmensstrategie war die Umbenennung von DB Bildung in DB Training im Jahre 2005 – der Terminus „Training" trägt der neuen internationalen Perspektive und Ausrichtung des Bahn Konzerns besser Rechnung als die Referenz auf den altehrwürdigen **Bildungsbegriff**.

Ganz wie das erste ist auch das zweite Kundenforum wieder als Tagesveranstaltung konzipiert worden. Die nachfolgende Abbildung gibt einen Überblick über die Agenda:

Abbildung 3-3:   *Agenda des zweiten Kundenforums der DB Training*

Agenda 2. Kundenforum DB Training, 03.11.2005 (Fulda)

ab 10.30 Uhr	Empfang
11.00 – 11.10 Uhr	**„Herzlich willkommen!"** - Eröffnung des Kundenforums 2005 durch die Geschäftsleitung DB Training
11.10 – 11.40 Uhr	**„Wie nehmen wir DB Training wahr?"** - Statements aus Sicht der Kunden
11.40 - 12.00 Uhr	**„Was wird sich ändern - von DB Bildung zu DB Training"** Informationen durch die Geschäftsleitung DB Training
12.00 – 13.00 Uhr	**„Worüber wir sprechen sollten!"** - Marktplatz für Kunden - Herausforderungen an DB Training im Rahmen von Mobility Networks Logistics
13.00 – 14.00 Uhr	Lunch
14.00 – 14.45 Uhr	**„Wie können wir den Herausforderungen entsprechen?"** - Präsentation der Ergebnisse des Marktplatzes durch ausgewählte Kunden und den Leitern der Geschäftseinheiten DB Training
14.45 – 15.30 Uhr	**„Was ist Ihnen wichtig und wie geht es weiter?"** - Moderierte Gruppendiskussion und Abschluss des Kundenforums durch die Geschäftsleitung DB Training
ab 15:30 Uhr	**Begleitprogramm:** Besichtigung Notfallmanagement

---

Natürlich hatte im Gesamtszenario wieder die Geschäftsleitung das erste Wort („Herzlich willkommen!"). Im Anschluss standen drei Impulsstatements von ausgewählten Kunden auf dem Programm – zum Thema „Wie nehmen wir DB Training wahr?"

Dann folgte wieder ein Marktplatz. Beim zweiten Kundenforum DB Training sind insgesamt sieben Themenstände zu den einzelnen Geschäftseinheiten organisiert worden – sowie zusätzlich ein Themenstand zu dem Projekt JUMP, bei dem es um die Neuausrichtung der Strategie, der Prozesse und der Organisationsstrukturen von DB Bildung hin zu DB Training ging. Hier die Marktstände in der Übersicht:

■ Berufsausbildung

■ Fahrzeugführer

■ Fahrzeugtechnik

■ Infrastruktur & Bahnbetrieb

■ Beratung & psychologische Dienstleistungen

■ Führung & Management

■ Projekt JUMP

An den Marktplatz-Themenständen konnten sich die Kunden über den aktuellen Stand informieren („Worüber wir sprechen sollten!"). Die Geschäftseinheiten präsentierten sich hier mit Plakaten und Infos. BA-Studenten und Praktikanten halfen dabei, die Hinweise der Kunden mit Notebooks zu dokumentieren:

> „Wir bitten Sie, uns Ihre Meinung, Ihre Kritik, Ihre Verbesserungsvorschläge an den Laptop-Stationen oder Pinnwänden der Marktstände mitzuteilen!"

Für die Dokumentation der Ergebnisse wurde folgendes Template verwendet (Beispiel für den Marktstand „Beratung"):

Abbildung 3-4: *Ergebnisdokumentation (Beispiel: Beratung)*

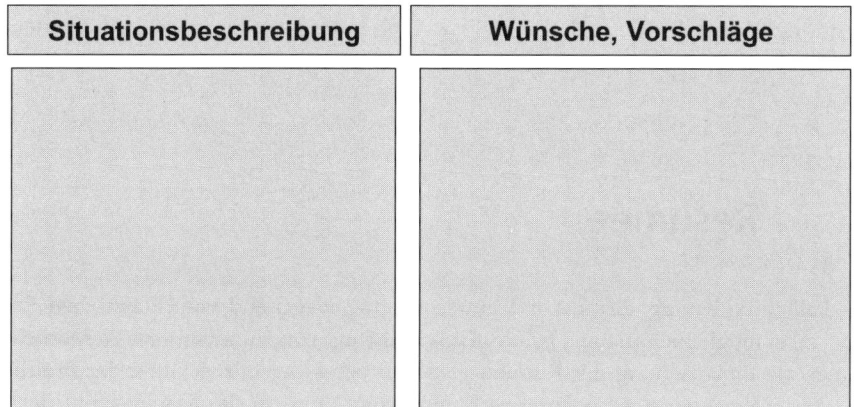

Beim zweiten Kundenforum DB Training ist darauf verzichtet worden, nach dem Marktplatz Workshops durchzuführen. Stattdessen ist (aufgrund der Erfahrungen beim ersten Kundenforum) für die Marktplatz-Phase mehr Zeit eingeplant worden – das Kundenforum ist ein flexibel einsetzbares Instrument des Kundenbeziehungsmanagements.

Die Ergebnisse des Marktplatzes wurden nach dem Lunch („Smalltalk") präsentiert. Und zwar in Gestalt einer Tandem-Präsentation. Die für die jeweilige Geschäftseinheit verantwortliche Führungskraft von DB Training hat die Ergebnisse zur „Situationsbeschreibung" zusammenfassend vorgestellt – ein Vertreter aus der Gruppe der Kunden die dazu gehörenden „Wünsche & Vorschläge". Diese Art der Tandem-Präsentation hat sich als sehr vorteilhaft erwiesen. Für die Vorstellung der Ergebnisse zu den sieben Marktplatz-Ständen (Geschäftseinheiten) waren insgesamt 45 Minuten reserviert („Wie können wir den Herausforderungen entsprechen?").

Im Anschluss an die Ergebnispräsentation wurde wieder eine moderierte Plenums-diskussion durchgeführt. („Was ist Ihnen wichtig, und wie geht es weiter?"). Die Er-gebnisse wurden von der Moderationsassistenz dokumentiert.

Zum Abschluss des Kundenforums sprach die Geschäftsleitung gegenüber den Kun-den die Verpflichtung aus, die gesammelten Hinweise und dokumentierten Ergebnisse sorgfältig zu analysieren und Maßnahmen zur Optimierung der kundenbezogenen Performance abzuleiten und umzusetzen.

Die Nachbereitung des Kundenforums geschah wieder in der vorgestellten Manier: Clusterung der Kunden-Hinweise, Abgleich mit der Strategie von DB Training, Um-setzung von Maßnahmen zur optimierten Erfüllung der abgeleiteten Kundenanforde-rungen, Steuerung der auf den Weg gebrachten Innovationsmaßnahmen, Information der Kunden hinsichtlich der Ergebnisse und der auf den Weg gebrachten Maßnahmen, nach Möglichkeit direkte und unmittelbare Einbindung von ausgewählten Kunden in Umsetzungsprojekte.

4   Resumée

Die Fallstudie Kundenforum DB Training zeigt – ausgehend vom klassischen Proto typ – zwei mögliche Varianten bei der Durchführung von Kundenforen. Wesentlich ist immer die Einbeziehung der Kunden in den Prozess der Entwicklung der Produkte und Serviceleistungen („Cooperative Engineering") und in das Management der In-novationen überhaupt („Innovationsallianzen"). Die beiden vom Kundenmanagement von DB Training umgesetzten Varianten zeigen, wie vielfältig das Instrument Kunden-forum in der Praxis des modernen Kundenbeziehungsmanagements eingesetzt wer-den kann. Wichtig ist vor allem, dass es mit dem Kundenforum gelingt, die Kunden mit dem Unternehmen und also mit seinen Führungskräften und Mitarbeitern kurz-zuschließen.

DB Training plant für 2008 die Durchführung eines weiteren Kundenforums. Der Kundenforums-Prozess (Customer Focus Process) soll also verstetigt und weiter ver-tieft werden. Damit zeigt sich, dass mit der Integration des Kundenforums in das Portfolio des Kundenbeziehungsmanagements von DB Training ein ambitioniertes und offenes Projekt auf den Weg gebracht worden ist: die Vertiefung des Dialogs mit den Kunden – über die herkömmlichen Methoden und Wege hinaus.

Über DB Training hinaus gehend wird damit eine zukunftsweisende Vision sichtbar: eine Neuinterpretation dessen, was mit der Rede von der „customer integration" (Kundeneinbindung) gemeint ist. Mit dem Kundenforum bewegen wir uns ein Stück weit auf die Utopie einer Wirtschaft zu, in der Kunden nicht Nur-Kunden bleiben, sondern in der sie zu „Mit-Arbeitern" und „Mit-Gestaltern" der Unternehmen werden. In dieser Vision einer als „permanentes Kundenforum" organisierten Wirtschaft stehen die Kunden nicht mehr außerhalb derselben, passiv darauf wartend, welche Produkte und Serviceleistungen die Unternehmen ihnen anbieten werden, um dann ex post darüber zu entscheiden, ob sie diese kaufen wollen oder nicht. In dieser Perspektive offenbart sich das Telos des Instruments Kundenforum: die **„consumer driven company"** – und in der Steigerungsstufe das Zukunftsbild einer **„consumer driven economy"**.

Literaturverzeichnis

BRENDEL, MICHAEL: CRM für den Mittelstand. Voraussetzungen und Ideen für die erfolgreiche Implementierung, 2. Auflage. Wiesbaden: Gabler Verlag 2003.

BRUHN, MANFRED; HOMBURG, CHRISTIAN (HG.): Handbuch Kundenbindungsmanagement. Strategien und Instrumente für ein erfolgreiches CRM, 6. überarbeitete und erweiterte Auflage. Wiesbaden: Gabler Verlag 2007.

GUCANIN, ANE: Total Quality Management mit dem EFQM-Modell. Verbesserungspotenziale erkennen und für den Unternehmenserfolg nutzen, Berlin: Uni-Edition 2003.

GÜNDLING, CHRISTIAN: Maximale Kundenorientierung. Stuttgart: Schäffer-Poeschel Verlag 1997.

KIEßLING, BERND: Innovationsallianzen. Das Kundenforum als Instrument des Change Managements, in: GDI Impuls (Zeitschrift des Gottlieb Duttweiler Instituts, Zürich), 03/1999.

KIEßLING, BERND: TQM-Tool Kundenforum. Prozesse gemeinsam optimieren, in: update. Informationen für die Führungskräfte der Deutschen Bahn, 10/2003, S. 14f.

KIEßLING, BERND; KOCH, HANS: Kundenforum. Wie Unternehmen herausfinden, was ihre Kunden wirklich wollen. Wiesbaden: Gabler Verlag 1999

Artus Hanslik

Innovationsmanagement
Fallstudie Miele & Cie. KG

1 Lernziele und notwendige Vorkenntnisse

Innovationen gehören zu den wesentlichen Erfolgstreibern von Unternehmen. Am Fallbeispiel des Familienunternehmens Miele & Cie. KG wird die Bedeutung des Innovationsmanagements in dem wettbewerbsintensiven Markt der Wäschepflege veranschaulicht. Systematische Planung, Organisation, Durchführung und Kontrolle aller Innovationsaktivitäten sind die Aufgaben des Innovationsmanagements. Darüber hinaus schafft das Innovationsmanagement die erforderlichen internen Rahmenbedingungen für die Weiterentwicklung der Innovationsfähigkeiten von Unternehmen (Pleschak-Sabisch 1996).

Die Fallstudie kann in B.A. wie auch in M.B.A. Studiengängen eingesetzt werden. Sie eignet sich als Einführung in den Themenbereich Innovationsmanagement, um am realen Beispiel Systematik und „Organisation" von Innovationsmanagement zu analysieren. Vorkenntnisse sind grundsätzlich für das Verständnis nicht erforderlich, doch machen erste Berührungspunkte mit den Fachgebieten Marketing, Entwicklung, Projektmanagement und Organisation eine vertiefende Analyse der Fallstudie möglich.

2 Erfolg durch Innovationen bei der Miele & Cie. KG

2.1 Einleitung

In Vorbereitung auf die Sitzung des Ideenkreises studierte Wolfgang Hellhake, bei Miele & Cie. KG verantwortlich für Technologie- und Produktentwicklung, die vor ihm liegende Ideenliste. Der Ideenkreis ist die erste Stufe im Innovationsmanagement bei Miele. In diesem Ideenkreis, der sich regelmäßig trifft, werden Vorschläge und Gedanken zu neuen Produkten diskutiert und auf ihre prinzipielle Machbarkeit vorab geprüft. Aber nicht nur die Mitglieder dieses Ideenkreises bringen Vorschläge ein, auch verfolgenswerte Mitarbeitervorschläge sind Bestandteil der Diskussion.

Bei der Priorisierung der einzelnen Vorschläge fiel sein Blick auf einen neuen Gedanken zur Verbesserung der Wäschetrommel in den Miele Waschautomaten. Er lächelte, da ihm die Idee gefiel. Gerade die Wäschetrommel hatte in den letzten Jahren bei Miele eine quasi revolutionäre Entwicklung genommen. Nach Waschautomaten mit innovativer Feinlochtrommel in 1999 folgte nur wenige Jahre später in 2001 die Markteinführung eines Gerätes mit neuartiger „Schontrommel". Von den guten Ideen, die bei Miele entstehen, zeugen u.a. zahlreiche Urkunden für innovative Leistungen. Die patentierte Schontrommel selbst wurde mit einigen Innovationspreisen ausgezeichnet.

2.2　Das Unternehmen Miele

Das Familienunternehmen Miele & Cie.. KG wird im Jahr 1899 von Carl Miele und Reinhard Zinkann gegründet. Das zunächst in Herzebrock ansässige junge Unternehmen verlegt schon wenige Jahre später seinen Betrieb ins ostwestfälische Gütersloh, das auch heute noch Stammsitz des Unternehmens ist.

Das Sortiment der beiden Jungunternehmer besteht zunächst aus Milchzentrifugen und Buttermaschinen, die an lokale Landwirte vermarktet werden. Schon bald erkennen Miele und Zinkann, dass sich das Prinzip der Buttermaschinen (Holzbottich und Rührwerk) auch anwenden lässt, um daraus Apparaturen für die Reinigung von Textilien zu bauen. In 1900 wird die erste Miele-Waschmaschine „Hera" mit Holzbottich und Wäschebeweger entwickelt und postwendend erfolgreich vermarktet. In 1914 arbeiten bereits 500 Mitarbeiter für Miele, und das Unternehmen bezeichnet sich zu dem Zeitpunkt als „Größte Spezialfabrik Deutschlands für Milchzentrifugen, Buttermaschinen, Wasch-, Wring- und Mangelmaschinen". In den Folgejahren erweitert das florierende Unternehmen die Produktpalette beständig. Tabelle 2-1 zeigt eine chronologische Übersicht der Entwicklung des Produktsortiments. Lediglich die Automobilproduktion wird nach kurzer Zeit wieder aufgegeben und die Produktion von Fahrrädern, Motorfahrrädern und Motorrädern Jahrzehnte nach Einführung eingestellt.

Tabelle 2-1:　*Entwicklung des Produktsortiments*

Jahr der Produktaufnahme	Produkt	Jahr der Produktaufnahme	Produkt
1899	Milchzentrifugen	1932	Eisschrank
1900	Buttermaschine, Waschmaschine	1933	Motorfahrräder und Motorräder
1908	Milchzentrifuge „Juwel"	1956	Erster Waschvollautomat
1912	Automobil	1958	Haushaltstrockner
1919	Leiter- und Kastenwagen	1960	Geschirrspülvollautomat
1924	Fahrradproduktion	1966	Elektronik-Trockner
1926	Melkmaschine	1969	Elektroherd
1927	Staubsauger	1977	Mikrowellengerät
1928	Wäschemangel	1998	Dampfgarer
1929	Geschirrspüler	1998	Kaffeevollautomat

Die Produkte aus dem Bereich der Wäschepflege ("weiße Ware") und Bodenpflege (Staubsauger) stellten lange Zeit das Kernsortiment des Unternehmens dar und repräsentieren auch heute noch etwa 40 Prozent des Umsatzes neben 40 Prozent mit Einbaugeräten für die Küche sowie den restlichen 20 Prozent für gewerbliche Geräte (Waschen, Spülen, Desinfizieren) sowie Service.

Tabelle 2-2 zeigt die Absatzmengen der wichtigsten Produktgruppen für die Jahre 2005 und 2006. Waschautomaten haben heute bei Miele einen Anteil von 28 Prozent am gesamten weltweiten Umsatz mit Hausgeräten. Zu den Kunden von Miele zählen heute nicht nur Haushalte, sondern auch gewerbliche Nutzer mit ihren speziellen Anforderungen an Volumen und Dauernutzung der Geräte. Mit dem Verkauf von rund 3,1 Mio. Großgeräten (Waschmaschinen, Geschirrspülmaschinen, etc.) und weiteren 2,12 Mio. Staubsaugern erzielte Miele im Geschäftsjahr 2006/07 einen weltweiten Umsatz in Höhe von rund 2,74 Milliarden Euro. Das Unternehmen gibt rund 7 Prozent vom Umsatz für Forschung und Entwicklung aus.

Tabelle 2-2:   *Weltweite Miele Absatzmengen nach ausgewählten Produktgruppen 2005/2006 (in Mio. Stück)*

Produktgruppe	2005	2006
Waschautomaten	0,81	0,89
Wäschetrockner	0,35	0,39
Geschirrspüler	0,55	0,60
sonstige Großgeräte	1,10	1,22
Summe Großgeräte	2,81	3,10
Staubsauger	2,00	2,12

Seit Anbeginn der Produktionsaufnahme werden Haushaltsgeräte und gewerbliche Geräte auch unter Berücksichtigung der technologischen Entwicklungen bei Elektrifizierung, Mechatronik und Automatisierung des 20. und 21. Jahrhunderts kontinuierlich an die steigenden Qualitäts- und Komfortbedürfnisse der Endkunden angepasst. Beständig wird nach neuen Ideen und Verbesserungspotenzialen gesucht. Durch die Integration von Mikrochips, z.B. bei Waschmaschinen, Trocknern und Geschirrspülern kann das Unternehmen frühzeitig Trends in der Branche setzen. „Dauerhaftes Wachstum kam und kommt bei Miele stets aus der Technologieführerschaft", fasst der für Technik zuständige Geschäftsführer Dr. Sailer zusammen. Der Slogan „Immer besser", mit dem schon die Firmengründer den Deckel der ersten Waschmaschine versahen, ist nachhaltiges Leitmotiv des Unternehmens und spiegelt diese Einstellung wider. Beim deutschen Patentamt werden zwischen 2002 und 2006 insgesamt 377 Erfindungen angemeldet. Hinzu kommen 136 europäische und 92 US-amerikanische Patente.

Mit der Entwicklung von neuen Ideen und der Verbesserung von bestehenden Produkten schreitet auch die Internationalisierung des Unternehmens voran. Fast 40 Vertriebsniederlassungen werden sukzessive auf den 5 Kontinenten eröffnet. Der Auslandsanteil beträgt im Geschäftsjahr 2006/2007 rund 72 Prozent des Gesamtumsatzes. Der für Marketing und Vertrieb verantwortliche Geschäftsführer Dr. Bazzi konstatiert: „Wir sind beim Ausbau der Marktführerschaft als weltweite Premium-Marke deutlich vorangekommen" und sieht die Grundlage des erfolgreichen Wachstums bei der Gestaltung des Sortiments nach den Verbraucherwünschen, da Miele „die passenden Geräte zu den jeweils nationalen Nutzungsgewohnheiten liefert".

Geräte- und Komponentenfertigung sind größtenteils in Deutschland konzentriert. Tabelle 2-3 führt die Werke mit den jeweiligen Aufgaben auf. Die einzelnen Werke tragen nicht nur die Produktions- und Qualitätsverantwortung für das jeweilige Produktsegment, sondern übernehmen hier ebenfalls die entsprechende Entwicklungskompetenz. Mit einer hohen Fertigungstiefe, in der beispielsweise Elektroniken, Motoren und große Kunststoffteile durch das Unternehmen selbst entwickelt und gefertigt werden, kontrolliert das Unternehmen direkt verfügbares Know how in Entwicklungs- und Produktionsprozessen.

Tabelle 2-3:   *Geräte- und Komponentenfertigung in den Miele-Werken*

Fertigungs-Standort	Produktsegment	Fertigungsumfang
Arnsberg	Dunstabzugshauben	Gerätefertigung
Bielefeld	Spülen Staubsaugen	Gerätefertigung
Bünde	Kochfelder Dampfgarer	Gerätefertigung
Euskirchen	Motoren	Komponentenfertigung
Gütersloh	Waschen, Trocknen Elektronik	Geräte- und Komponentenfertigung
Lehrte	Gewerbliches Waschen, Trocknen, Bügeln	Gerätefertigung
Oelde	Herde Backöfen	Gerätefertigung
Warendorf	Kunststoffteile	Komponentenfertigung
Uničov; Tschechien	Wachen (Toplader)	Gerätefertigung
Bürmoos, Österreich	Metall	Komponentenverarbeitung

2.3 Das Produkt Waschmaschine

Seit der ersten Waschmaschine, die im Wesentlichen aus einem Holzbottich und einem manuell zu bedienenden Wäschebeweger bestand, hat die Komplexität einer Waschmaschine hinsichtlich Aufbau und Komponenten in den letzten Jahren und Jahrzehnten deutlich zugenommen. Abbildung 2-1 zeigt den 3-D Aufriss einer modernen Waschmaschine. Neben den dort aufgeführten Bauteilen, wie z.B. Waschtrommel und Laugenpumpe, gehören Antrieb, Gehäuse sowie Automatisierungs- und Steuerungstechnik zu den zentralen Komponenten einer Waschmaschine.

Alternativ zum dargestellten Frontladermodell (Wäsche wird über die an der Front angebrachten Öffnung ent- und zugeladen) werden auch so genannte Toplader angeboten. Allerdings spielt die Toplader-Ausführung eines Waschautomaten in Westeuropa nur in den Ländern Finnland und Frankreich eine bedeutende Rolle. Hier werden vier von neun verkauften Waschmaschinen als Toplader verkauft. In Deutschland hingegen ist nur jede neunte verkaufte Waschmaschine ein Toplader-Gerät.

In der Abbildung 2-1 ist die wabenartige Oberflächenstruktur einer Schontrommel erkennbar.

Abbildung 2-1: *Schematische Zeichnung einer Waschmaschine*

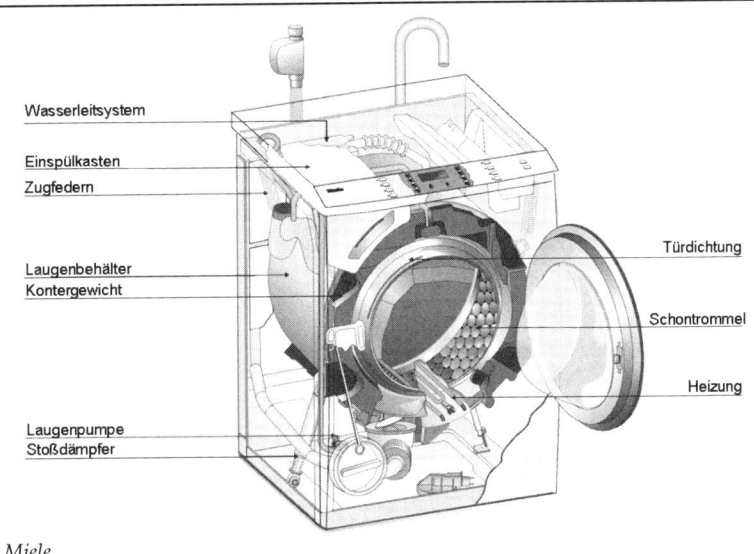

Wasserleitsystem

Einspülkasten
Zugfedern

Laugenbehälter
Kontergewicht

Laugenpumpe
Stoßdämpfer

Türdichtung

Schontrommel

Heizung

Quelle: Miele

2.4 Marktinformationen zu Haushalts-waschmaschinen

2.4.1 Nachfrage und Kaufentscheidungskriterien

Der Markt für Waschmaschinen setzt sich auf Nachfragerseite aus privaten Haushalts-kunden und gewerblichen Kunden (z.B. Wäschereien) zusammen. Beide Nachfrager-gruppen haben unterschiedliche Anforderungen an das Produkt Waschmaschine. Relevant für die Produktgestaltung von Haushaltswaschmaschinen sind die Bedürf-nisse privater Nachfrager.

In 2006 wurden in Deutschland 2,7 Mio. Haushaltswaschmaschinen verkauft (vgl. Abb. 2-2). Damit versieht in rund 96 Prozent der etwa 39 Mio. deutschen Haushalte ein solcher Waschautomat seinen Dienst (o.V. 2007b).

Abbildung 2-2:   *Verkäufe von Haushaltswaschmaschinen in Deutschland (in Tsd. Stück)*

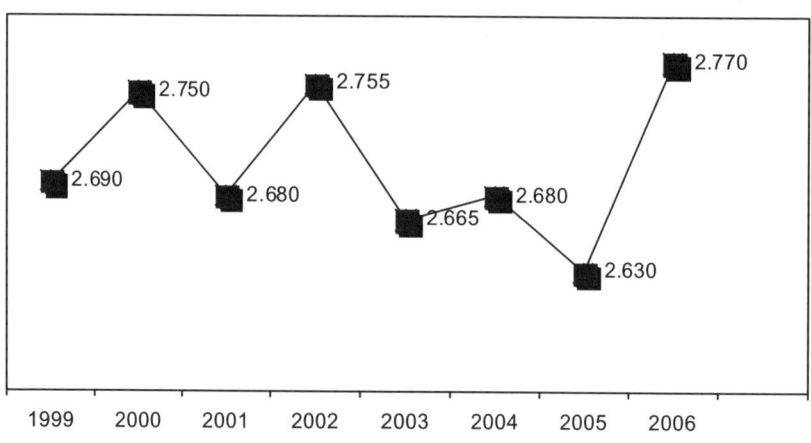

Die Kaufentscheidungskriterien der Kunden für Haushaltswaschmaschinen sind viel-fältig. Aus Sicht des Kunden sind heute neben den Grundeigenschaften wie Wasch-wirkung, Zuladungsmenge, Schleuderzahl, Haltbarkeit, Marke und Preis zunehmend auch die Merkmale Energieeffizienz, Wäscheschonung, Vielfalt bei Waschprogram-men, Bedienfreundlichkeit und Design bei der Bewertung von Waschmaschinen wichtig. Dem Markennamen einer Waschmaschine kommt im Kaufentscheidungsprozess des Kunden dabei eine besondere Rolle zu. Die Marke transportiert für den Kunden wertvolle Informationen über Qualität- und Leistungsmerkmale der beurteilten Waschmaschine und kann dadurch seinen Kaufentscheidungsprozess vereinfachen. In das subjektive Markenbild des Kunden fließen auch eigene positive oder negative Erfahrungen mit dem jeweiligen Produkt ein und beeinflussen sein Wiederkaufverhalten. Marktforschungsstudien zeigen, dass das Unternehmen Miele im Haushaltsgerätemarkt die höchste Wiederkaufrate aufweist. Rund 85 Prozent der Miele-Kunden würden im Fall der Neuanschaffung mit Sicherheit oder höchstwahrscheinlich wieder ein Miele Gerät erwerben. Beim nächstplazierten Wettbewerber fällt die so gemessene Wiederkaufrate auf 75 Prozent ab.

Den unterschiedlichen Bedürfnissen in einzelnen Marktsegmenten in Bezug auf Preis und Leistungsausstattung kommen die Hersteller durch ein breites Sortiment an unterschiedlich ausgestatteten Gerätevarianten entgegen.

2.4.2 Wettbewerber und relativer Produktvergleich

Da der Markt für Haushaltswaschmaschinen in Deutschland schon seit Jahren weitgehend gesättigt ist, hat der Wettbewerb um den Ersatzbedarf an diesen Geräten deutlich zugenommen. Dies äußert sich vor allem in kontinuierlich sinkenden Durchschnittspreisen für Waschmaschinen in den letzten Jahren.

Tabelle 2-4:   *Wertmäßige Marktanteile wichtiger Anbieter bei Waschvollautomaten in Deutschland (o.V. 2007a)*

	2005	2006
Miele	19,7	21,8
Siemens	13,7	15,3
Bosch	10,8	11,6
Bauknecht	8,6	8,7
AEG-Electrolux	9,7	7,8

Zu den relevanten Wettbewerbern von Miele im attraktiven Premiumsegment des deutschen Marktes gehören vor allem die BSH GmbH mit ihren beiden Marken Siemens und Bosch, der schwedische Mischkonzern Electrolux mit der Marke AEG und der Whirlpool Konzern, der mit seiner Marke Bauknecht in diesem Segment vertreten ist. Die wertmäßigen Anteile bedeutender Anbieter sind in Tabelle 2-4. dargestellt.

Abbildung 2-3:   *Preisunterschied des Miele Waschautomaten W3741 WPS zu relevanten Konkurrenzgeräten (in Euro) (o.V. 2007b, eigene Berechnung)*

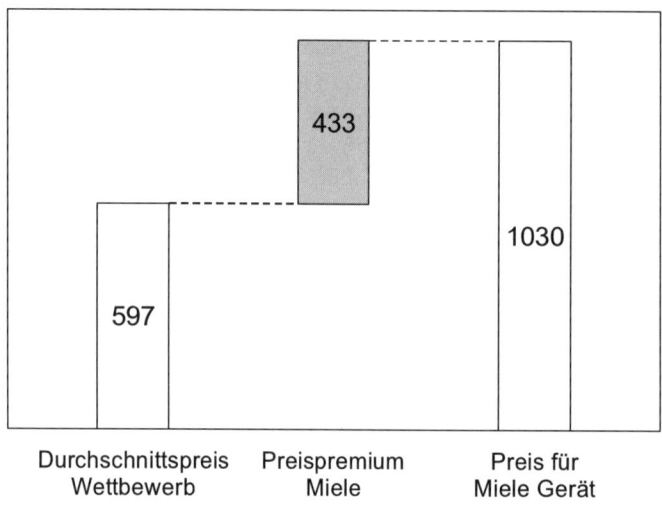

| Durchschnittspreis Wettbewerb | Preispremium Miele | Preis für Miele Gerät |

In den Waschmaschinentests der Stiftung Warentest „geht seit Jahren Miele ... als Sieger hervor." Eine Verbraucherbefragung seitens der Gesellschaft für Konsumforschung (GfK) ergab zudem, dass die Miele-Geräte mit durchschnittlich 18,5 Jahren im Vergleich zu den Konkurrenzgeräten am längsten halten (o.V. 2007a). Diese Produktvorteile kann Miele in Form höherer Preise gegenüber den Konkurrenzprodukten im Markt durchsetzen. In Abbildung 2-3 wird dies anhand des Miele-Gerätes W3741 WPS verdeutlicht. Dieses Gerät liegt mit einem Endverbraucherpreis von 1030 Euro rund 73 Prozent über dem Durchschnittspreis der relevanten Wettbewerber in 2007. Das entspricht einem Preispremium von 433 Euro.

Neben den genannten relevanten Wettbewerbern sind noch weitere internationale Wettbewerber, wie beispielsweise der türkische Arcelik Konzern mit seinen Marken Beko und Blomberg oder asiatische Anbieter, z.B. die koreanischen Unternehmen LG und Samsung sowie das chinesische Unternehmen Haier, im Markt vertreten und verschärfen den Konkurrenzkampf. Die hohe Anzahl an Anbietern führt insbesondere im Niedrigpreissegment zu intensiven preisgetriebenen Kämpfen um Marktanteile. Aggressive Angebote im Handel unterhalb der 200 Euro Preisschwelle sind keine Seltenheit. Der in diesem Segment erzeugte Preisdruck hat Sogwirkung auf Mittelpreis- und Premiumsegment. Branchenbeobachter stellen daher auch fest, dass die Branche ständig nach Innovationen sucht, um so den Absatz anzukurbeln und der Preisfalle zu entkommen.

Beispiele für solche Veränderungen beim Produkt Waschmaschine sind:

- Designänderungen, wie verchromte Bullaugen oder neue Gehäusefarben,

- Optimierung der Grundfunktionen Waschen, Spülen und Schleudern,

- Bedienelemente, wie farbige Displays und Sensortasten,

- Neue Waschprogramme mit Extrafunktionen (z.B. Startzeitvorwahl),

- Neuerungen bei Konstruktion und Größe der Waschtrommel,

- Waschverfahrensänderungen, z.B. mit Hilfe von Silberionen oder Dampf,

- Weiterentwicklungen bei Wasser-, Energieverbrauch und Geräusch.

Typischerweise werden die im Markt befindlichen Geräte kontinuierlich weiterentwickelt, so dass nahezu im jährlichen Rhythmus veränderte und neue Waschmaschinen angeboten werden.

2.5   Produktentwicklung bei Miele

Leitsätze zur Entwicklung

Der Slogan und Anspruch „Immer besser" stellt nach wie vor für das Unternehmen Miele die Leitlinie für das wirtschaftliche Handeln seiner Mitarbeiter dar. Absolute Produktqualität und Langlebigkeit der Produkte konkretisieren diese Leitlinie auf Produktebene. Patentierung von Fertigungsverfahren, z.B. in der Geschirrspülproduktion in Bielefeld, oder Ablaufprinzipien, wie das „IMNU"-Prinzip („Mit Innovation und Mut zu Neuen Ufern"), die den Innovationsprozess auf Ebene der Mitarbeiter fördern und lenken, manifestieren diesen Anspruch auf Organisationsebene.

Innovationsklassen

Das Unternehmen Miele unterscheidet 6 unterschiedliche Innovationsklassen (vgl. Tabelle 2-5). Die einzelnen Innovationsklassen wirken sich unterschiedlich auf Projektdauer, Projektteamzusammensetzung und Budgets aus.

Typischerweise setzt sich das Projektteam in einer hohen Innovationsklasse aus einem Kernteam und einem erweiterten Team zusammen. Zum Kernteam gehören dann i.d.R. Konstruktion & Entwicklung, Marketing, Fertigung & Montage, Einkauf, Design und oft auch Vertreter des Motorenwerks und des Elektronikwerks. Darüber hinaus wird das Kernteam um Mitarbeiter aus anderen Organisationseinheiten erweitert, die in fortgeschrittenen Entwicklungsstadien bedarfsbezogen hinzugezogen werden. Hierzu zählen Führungskräfte und Mitarbeiter des Qualitätsmanagements, der Kalkulation, des Vertriebs, des Musterbaus, der Werbung und des Kundenservices. Die anfallenden Aufgaben werden in hohem Maße zeitlich parallel abgearbeitet. Auf diese

Weise werden die Durchlaufzeiten von Projekten reduziert und frühzeitig alle relevanten Informationen aus Markt und Organisation in die Produktentwicklung einbezogen. So wird verhindert, dass in eine Entwicklung Zeit und Geld investiert wird, die sich beispielsweise später gar nicht oder nur teuer in der Fertigung & Montage realisieren lässt. Die Projektlaufzeiten, gemessen vom Zeitpunkt der verbindlichen Aufgabenklärung (Lastenheft/Pflichtenheft) bis zur Markteinführung, schwanken je nach Innovationsklasse zwischen 10 und 24 Monaten. Bei kritischen Komponenten und Verfahren können sich diese im Einzelfall noch verlängern. An der Senkung der Projektlaufzeiten wird kontinuierlich gearbeitet, um Projektkosten zu senken und Innovationszyklen zu verkürzen.

Tabelle 2-5: *Innovationsklassen im Unternehmen Miele*

Innovationsklasse	Beschreibung
Neues Produkt	Einführung einer Produktneuheit in den (Welt-)Markt
Neue Produktlinie	Einführung eines eigenen Produktes zu schon eingeführten Wettbewerbsprodukten
Erweiterung Produktlinie	Ergänzung einer eingeführten Produktlinie um eine Variante
Produktverbesserungen	Ein eingeführtes Produkt erhält neue oder verbesserte Funktionen
Neue Positionierung	Neue Positionierung eines bereits eingeführten Produktes
Kostensenkung	Existierendes Produkt wird kostengünstiger angeboten

Strategische Planung und Innovationsprozess

Zentrale Elemente des IMNU-Prinzips bei Miele sind Innovationsprozess und strategische Planung. Im Rahmen der mittelfristigen strategischen Planung werden Marketingplan, Produktplan und Technologieplan aufeinander abgestimmt.

Der Marketingplan legt wesentliche Zielgrößen und Marketingmaßnahmen für den Marktauftritt des Unternehmens über den fünf Jahre umfassenden Zeitraum der strategischen Planung fest. Der Marketingplan orientiert sich in erster Linie an den Märkten und Bedürfnisstrukturen der Kunden. Er hat Vorgabecharakter für die Produktplanung, in der Produkte und Produktlinien für den Strategiezeitraum festgeschrieben werden, und die Technologieplanung, innerhalb derer die zur Zielerreichung erforderlichen Technologien beplant werden. Der im Grunde genommen marktorientierte Planungsablauf wird simultan abgeglichen durch die verfügbaren und in Entwicklung befindlichen Technologien, die ihrerseits Einfluss auf vorhandene und mögliche neue Produkte ausüben und damit über die Produktplanung auch die Marketingplanung beeinflussen.

Der Innovationsprozess besitzt zwei Schnittstellen mit der Strategischen Planung. Einerseits „füttert" er als Informationsquelle und Ideenlieferant zu potenziell neuen Produkten und Technologien die Erarbeitung des strategischen Plans. Andererseits legt der einmal erarbeitete strategische Plan die Schwerpunkte für die inhaltlichen Aufgaben des neu anlaufenden Innovationsprozesses fest. Beispielsweise führt die aus der strategischen Planung abgeleitete Zielsetzung, das Absatzpotenzial des Marktsegments stärker auszuschöpfen, in dem Wäscheschonung ein wichtiges Kaufentscheidungskriterium ist, zu entsprechenden Projektarbeiten (z.B. Entwicklung neuer Waschprogramme, Änderung der Waschtrommel) in der Konstruktion und Entwicklung. Die erfolgreiche Entwicklung der Schontrommel bei gleichbleibender Waschwirkung führt andererseits über den Technologieplan in die Produkt- und Marketingplanung, in der Maßnahmen zur Einführung von neuen Waschautomatengenerationen erarbeitet und festgeschrieben werden.

In Abbildung 2-4 ist der Innovationsprozess schematisch beschrieben. In der Innovationsplanung dokumentieren sich die durch den strategischen Plan verabschiedeten Tätigkeitsschwerpunkte mit Leistungs-, Qualitäts-, Kosten- und Zeitzielen. In der Vorentwicklung sind neue technische Lösungen für Bauteile und Komponenten künftiger Waschmaschinen zu erarbeiten und im Sinne der formulierten Ziele durch ausgiebige Tests abzusichern. Ausnahmslos werden hierbei im Rahmen einer Projekterklärung u.a. Aufgaben, kundenbezogener Nutzen, Wettbewerbsumfeld, Marktpositionierung, Zielkosten und ein Projektplan mit Meilensteinen für die im Entwicklungsfokus stehende Produktfunktionalität erstellt. Die als Ergebnis der Vorentwicklung beschriebenen und getesteten Komponenten und Funktionalitäten gehen anschließend in die Serienentwicklung ein und bilden dort die Basis für neue marktreife Geräte.

Abbildung 2-4:   *Innovationsprozess bei Miele (Sailer 2007)*

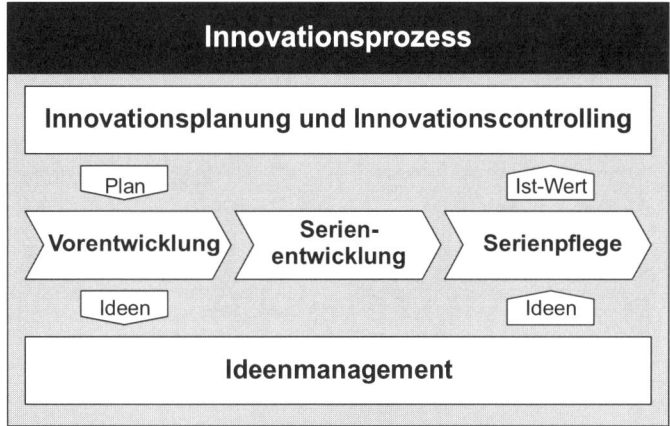

Die Serienentwicklung übernimmt nun die Aufgabenstellung, auf der Basis vorentwickelter Gerätekomponenten ein in sich stimmiges Gerät herzustellen. Das Designkonzept des neuen Gerätes, Feinjustierungen, etwa bei der Programmsteuerungssoftware oder den elektronischen Bauteilen und ausgiebige Gerätetests stehen hierbei im Vordergrund. Bestandteil der Serienentwicklung sind Fertigungsvorbereitung (Gestaltung der Produktionsprozesse) und der Produktionsanlauf. Nach erfolgreichem Produktionsanlauf geht das Geräteprojekt komplett in die Linie über und verliert den Projektstatus.

Die Trennung von Vorentwicklung und Serienentwicklung reduziert nicht nur die Komplexität in der Serienentwicklung und beschleunigt damit den Entwicklungsprozess, sondern mindert auch die Qualitätskosten durch erhöhte Qualität und Zuverlässigkeit der zu entwickelnden Geräte, weil diese auf „ausgereiften" Baugruppen aufsetzen können. Die in der Serienentwicklung eines Waschautomaten resultierenden Arbeitspakete werden weitgehend von den verantwortlichen Linienfunktionen in den beteiligten Werken wahrgenommen und durch die im Gütersloher Werk angesiedelte Organisationseinheit Konstruktion und Entwicklung koordiniert.

Nach Markteinführung der entwickelten und vorher ausgiebig getesteten Geräte erfolgt im Rahmen der Serienpflege die weitere Betreuung. Begleitende Labortests und daraus neu gewonnene Ideen sowie Reklamationen bei Schwachstellen oder Informationen der Vertriebspartner führen zu kontinuierlichen Anpassungen und Verbesserungen von Geräten. Das Innovationscontrolling übernimmt hierbei die Aufgabe, die im Rahmen der Innovationsplanung erarbeiteten Leistungs-, Qualitäts-, Kostenziele für Geräteprojekte mit den tatsächlich im Markt und Labor realisierten Zielerreichungen abzugleichen.

Abbildung 2-5: *Vier Phasen der Vor- und Serienentwicklung (Hellhake 2007)*

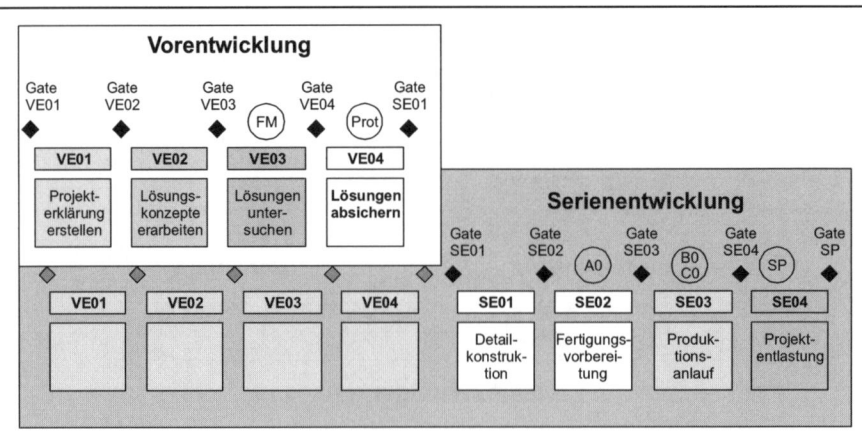

Dem Ideenmanagement kommt im Rahmen des Innovationsprozesses besondere Bedeutung zu. Eine Aufgabe des Ideenmanagement ist die Zurverfügungstellung von Prozessen und Werkzeugen zur Ideenfindung. So kanalisiert Miele Ideen mit Hilfe von organisatorischen „Sparringspartnern", die Ideen prüfen, bewerten und damit eine Weichenstellung in Richtung Technologie- oder Geräteprojekte vornehmen können. Zu eingesetzten Instrumenten strukturierter Ideenfindung gehören u.a. Trendanalysen, „Road Maps" zu Technologieentwicklungen und Szenariotechnik[1]. Im Prozess eingebrachte Ideen auf ihre Realisierbarkeit hin zu prüfen, ist für den Technik-Geschäftsführer Dr. Sailer „die alles entscheidende Instanz." Hierbei kommt es vor allem darauf an, „auf den ersten Blick nicht machbare Vorstellungen neu zu überdenken, zu ändern und in abgewandelter Form wieder einzubringen. Aus diesem Ansatz entstehen wirklich neue kreative Ideen und letztlich neue, dann auch nachgefragte Produkte."

Wichtiger Teil des Ideenmanagements ist die Sammlung und Dokumentation von Ideen in einem allgemein zugänglichen Datenpool, da dieser in der Folge zur Unterstützung des Innovationsprozesses herangezogen wird.

2.6 Entwicklung und Markteinführung der Modellreihe mit Schontrommel

Ende der neunziger Jahre bestand eine wichtige Aufgabe für die Vorentwicklung darin, technologische Alternativen für eine neuartige wäscheschonende Waschtrommel zu erarbeiten. Die Zielsetzung, kontinuierlich an der Wäscheschonung der Miele Waschautomaten ohne Einbußen bei der Waschleistung zu arbeiten, war in den jährlichen strategischen Planungsrunden der Unternehmensleitung wiederkehrende Top-Priorität. Zwar führte der Branchentrend hin zu Waschmaschinen mit höheren Schleuderdrehzahlen zur Erzielung von gewünschten Energiekosteneinsparungen im Wasch- und Trocknungsprozess beim Kunden – die Trocknungszeiten und Energieverbräuche in den Wäschetrocknern können dadurch deutlich verkürzt werden – allerdings war die Wäsche in der schleudernden Trommel bei sehr hohen Drehzahlen besonderen Kräften ausgesetzt. Die Analyse von Kundenreklamationen sowie eigene Versuche hatten immer wieder Belege dafür geliefert, dass besonders hochflorige Textilien beim Waschen und hochtourigem Schleudern in konventionellen Waschmaschinen stark beansprucht wurden. Pilling, Noppenbildung und schlechtes Ablöseverhalten der Wäsche aus der Trommel nach dem Schleudern waren ungewollte Effekte eines Waschgangs in einem Waschautomaten mit hohen Schleuderzahlen. Aus Kundenbefragungen war bekannt, dass Kunden bei teuren Textilien aus Gründen der

---

[1] Zu den Methoden der Innovationsbedarfsforschung vgl. z.B. Geschka (1995) u. Weiler et al (2007).

Schonung sogar eine Handwäsche bevorzugten. Marktforschungsstudien hatten zudem gezeigt, dass spezifische Kundensegmente sogar bereit waren, einen Mehrpreis von bis zu 100 € für eine Waschmaschine mit höherer Wäscheschonung zu zahlen. Der Aufwand, in eine neue Technologie zu investieren, erschien daher lohnenswert.

In einem dreijährigen Vorentwicklungsprojekt, in dem immer wieder neue Lösungen ausprobiert und verworfen wurden, gelang es den Entwicklungsingenieuren der Vorentwicklung endlich in 1999, eine Trommel mit wabenförmigem Mantel erfolgreich zu testen. Diese neuartige Schontrommel erreichte in den Versuchsreihen die gesteckten Leistungszielvorgaben bei der Wäscheschonung, ohne dass Kompromisse bei Waschleistung und Wäscheentfeuchtung eingegangen werden mussten. Zeitgleich wurden in weiteren Technologieprojekten das zugehörige Fertigungsverfahren der Trommel und die Software für die elektronische Gerätesteuerung entwickelt und getestet. In Abbildung 2-6 sind konventionelle Trommel und die so entwickelte Schontrommel abgebildet.

Durch die im Vergleich zur konventionellen Trommel neue Oberflächenstruktur der Schontrommel und die geringere Anzahl kleinerer Löcher wird das Wasser bei der Drehung in der Trommel mitgenommen. Der damals verantwortliche Konstruktion- und Entwicklungsleiter Wolfgang Hellhake erläutert: „Es bildet sich ein Wasserfilm zwischen den Textilien und der Trommelwand, auf dem die Wäsche wie auf einem Polster gleitet. Dies führt zu einer spürbar reduzierten mechanischen Beanspruchung der Textilien beim Waschen und Schleudern und verringert die Festigkeitsverluste von Textilien bei der Schontrommel gegenüber ihren Vorläufern." Die Wabenform und die in den Vertiefungen liegenden Löcher erlauben trotz der insgesamt kleineren und von 4000 auf 700 stark reduzierten Trommellöcher einen hervorragenden Abtransport der Waschlauge aus der Trommel. Die Schontrommel schneidet in der Schleuderwirkung daher ähnlich gut ab wie die konventionelle Trommel.

Die Freigabe durch die Unternehmensleitung erfolgte umgehend und die Serienentwicklung wurde mit der Herstellung neuer Geräte beauftragt. Weitere zwei Jahre intensiver Arbeiten zur Gestaltung, Feinabstimmung aller Komponenten und die Bereitstellung aller Produktionseinrichtungen für den neuen Waschautomaten sollten folgen. War die Vorentwicklung noch weitgehend auf die Entwicklungsingenieure des Labors beschränkt, mussten nun in parallelen Arbeitsgruppen u.a. in den Bereichen Design, Verfahrenstechnik, Elektronik, Steuerung- und Programmtechnik die einzelnen Aufgabenpakete bewältigt und untereinander koordiniert werden. Frühzeitig wurden die Bereiche Fertigung & Montage sowie Marketing und Vertrieb integriert, um die Produktionsprozesse oder den Marktauftritt vorzubereiten. Insgesamt wird in über 20 Teams zeitgleich und in enger Abstimmung an einem neuen Gerät gearbeitet, das die hohen Qualitätsanforderungen des Unternehmens erfüllen muss. Ein internes Projektbüro leistet methodische Hilfestellung in den einzelnen Teams. Es werden Tools zum Projektmanagement, z.B. Zeit-, Meilensteinplanung, Formalvorgaben für die Erstellung von Lasten- und Pflichtenhefte, verfügbar gemacht. Vereinfachung der

Aufgaben sowie Standardisierung der formalen Arbeitsqualität über die Teams hinweg werden so möglich.

Abbildung 2-6:   *Konventionelle Waschtrommel und Schontrommel*

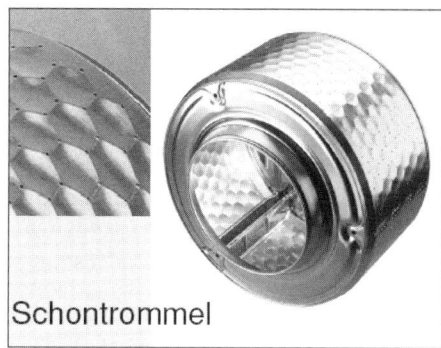

Konventionelle Trommel

Schontrommel

Quelle: Miele

Die Schontrommel wie auch das Spülverfahren, bei dem die Waschmittelreste problemlos ausgespült werden, werden kurz danach patentiert.

Die mit hohem Marketing- und Vertriebsaufwand begleitete Einführungskampagne des ersten Waschautomaten mit Schontrommel erfolgt in 2001. Das Gerät mit Schontrommel wird gegenüber einem Modell mit konventioneller Trommel zu einem Mehrpreis von 70-80 Euro angeboten. Im Unternehmen Miele wird man später trotz eines schwachen Marktumfelds, den die Branche in den ersten Jahren des neuen Jahrtausends vor allem im deutschen Markt durchlebt, von einer Schontrommel-Sonderkonjunktur sprechen. Schließlich werden sukzessive sämtliche Baureihen bis zum Jahr 2004 mit Schontrommel ausgerüstet. Heute sind noch einige Miele-Waschmaschinen mit konventioneller Trommel im Handel erhältlich. Rund 85 Prozent der Miele-Kunden entscheiden sich trotz des Mehrpreises für ein Gerät mit Schontrommel.

3 Teaching Note zum Innovations-mangement

3.1 Zusammenfassung

Zweifellos gehört die Fähigkeit, innovativ zu sein, zu den wichtigsten Erfolgsdeterminanten von Unternehmen in vielen Branchen. Innovationen können im Kampf um den Kunden zum entscheidenden Vorsprung vor der Konkurrenz führen.

Das Ziel des Innovationsmanagements besteht darin, die Innovationsfähigkeit im Unternehmen zu stärken. Die Innovationsfähigkeit umfasst alle Kompetenzen eines Unternehmens entlang des gesamten Innovationsprozesses. Dieser beginnt mit der Ideenfindung und erstreckt sich bis hin zur erfolgreichen Umsetzung oder Markteinführung der Innovation (vgl. Hagedoorn-Duysters 2002, Wahren 2004).

Die Fallstudie zum Unternehmen Miele legt dar, wie sich das Familienunternehmen Miele in einem sehr wettbewerbsintensiven Markt durch eine absolute Qualitätsorientierung und Innovationsbereitschaft gegen nationale und internationale Konkurrenten behaupten kann. Die Schaffung von Innovationen ist hier wie im übrigen bei den meisten innovativen Unternehmen in erster Linie eine Frage der Organisation von Innovationsprozessen (vgl. hierzu auch Hargadon-Sutton 2000). Folglich gehören systematische Planung, Durchführung, Steuerung und Kontrolle aller Innovationsaktivitäten zu den zentralen Aufgaben des Innovationsmanagements im Unternehmen (vgl. z.B. Wahren 2004, Vahs-Burmester 2005).

▪ Keywords/Schlüsselwörter:

Innovation, Innovationsmanagement, Innovationsfähigkeit, Produktinnovation, Prozessinnovation, Innovationsorganisation, Innovationsprozess, Innovationskultur, Concurrent Engineering, Strategische Planung, Unternehmensführung, Fertigungstiefe, Miele, Familienunternehmen, Waschautomat, Wäschepflege, Schontrommel.

3.2 Leitfragen

Die Fallstudie Miele & Cie. KG beleuchtet wichtige Grundpfeiler des Innovationsmanagements in der Praxis. Auf Basis der Fallstudie lassen sich die relevanten Themenkreise des Innovationsmanagements gemeinsam mit den Studenten erarbeiten. Die in den Lösungshinweisen enthaltenen Literaturquellen können zur Vertiefung von ausgewählten thematischen Schwerpunkten des Innovationsmanagements herangezogen werden.

Die nachfolgend formulierten Fragen unterstützen Vorbereitung und Durchführung der Fallstudienanalyse:

- Wie lässt sich der Markt für Waschautomaten charakterisieren und in welcher Weise führen die Anbieter den Kampf um den Kunden? Welchen Weg geht das Unternehmen Miele?

- Wie werden bei Miele Innovationen klassifiziert und welche Rolle spielt diese Klassifikation für das Innovationsmanagement? Welcher Innovationskategorie kann der Waschautomat mit Schontrommel zugeordnet werden?

- Was ist Auslöser für den Innovationsprozess bei Miele?

- Wie strukturiert sich der Innovationsprozess? Worin besteht die besondere Herausforderung für das Innovationsmanagement?

- Wie ist der Innovationsprozess in der Unternehmensorganisation von Miele verankert und welche Bereiche umfasst er? Welche Rolle für diesen Prozess spielen die bei Miele formulierten Unternehmensleitsätze? Beherrscht das Unternehmen den gesamten Innovationsprozess oder ist es auf ausgewählte Teilbereiche spezialisiert?

3.3 Lösungsskizze zur Fallstudie Innovationsmanagement

Wie lässt sich der Markt für Waschautomaten charakterisieren und in welcher Weise führen die Anbieter den Kampf um den Kunden? Welchen Weg geht das Unternehmen Miele?

Der Markt für Waschautomaten in Deutschland ist ein reifer Markt. Auf Grund der hohen Marktdurchdringung – 96 von 100 Haushalten besitzen eine Waschmaschine — besteht der Markt im Wesentlichen aus dem Ersatzbedarf für ausgemusterte oder defekte Geräte beim Kunden. Waschautomaten werden seit Jahrzehnten angeboten und haben sich im Gleichschritt mit der technologischen Entwicklung bei Mechanisierung und Automatisierung beständig weiterentwickelt. Die grundlegenden Technologien für die Herstellung einer Waschmaschine beherrschen weitestgehend alle Anbietern, die in diesem Markt vertreten sind. Entsprechend hoch ist der Wettbewerb. Allerdings zeigt sich eine Polarisierung beim Wettbewerb um den Kunden. Zum einen finden sich in der Fallstudie Hinweise auf den harten Kostenwettbewerb, den Unternehmen im Niedrigpreissegment mit Preisen bis unter die 200 Euro Preisschwelle für einen Waschautomaten führen. In dem Segment kann dauerhaft nur derjenige Anbieter überleben, der niedrige Material-, Produktions- und Standortkosten aufweist. Zum anderen können wir einen klaren Produkt- und Innovationswettbewerb beobachten.

Die Hersteller wetteifern mit kontinuierlichen Verbesserungen ausgewählter Produkt-eigenschaften um die Gunst des Käufers. In diesem Segment stehen die Bedürfnisse des Kunden hinsichtlich der Leistungskriterien einer Waschmaschine (Waschwirkung, Energieeffizienz, Waschkomfort, Gerätedesign, Dauerhaltbarkeit, etc.) im Vordergrund des Interesses. Auch wenn sich de fakto der Wettbewerb polarisiert, führt der Wettbe-werb im Niedrigpreissegment mit seiner „lauten" Preisbewerbung zur Erhöhung der Preissensibilität bei den Käufern in nahezu allen Marksegmenten. Ein Anbieter im Premiumsegment kann sich daher nur bedingt den Mechanismen des Preiswettbe-werbs entziehen, da er auf einen angemessenen Preisabstand zu seinen Referenzwett-bewerbern achten muss.

Miele verfolgt eine klare Innovationsstrategie. Am besten verdeutlicht wird dies durch den Leitsatz „Immer besser", der seit Bestehen des Unternehmens die Zielrichtung für alle Entwicklungs- und Marktaktivitäten von Miele vorgibt. Fokus der Entwicklungs-arbeiten ist die beständige Verbesserung von Qualität und Dauerhaltbarkeit der Gerä-te. Diese Innovationsstrategie wird durch zahlreiche Patente, einer stark vertikal integ-rierten Unternehmensorganisation und einem F&E Budget von rund 7 Prozent des Umsatzes abgesichert.

Wie werden bei Miele & Cie. KG Innovationen klassifiziert und welche Rolle spielt diese Klassifikation für das Innovationsmanagement? Welcher Innovationskatego-rie kann der Waschautomat mit Schontrommel zugeordnet werden?

In Wissenschaft und Praxis unterscheidet man zunächst mehrere Innovationsarten (vgl. hierzu auch Schumpeter 1997):

- zu Produktinnovation zählen Produkte, die aus Sicht des Kunden völlig neuartig sind oder im Vergleich zu früheren Produkten erhebliche Verbesserungen aufwei-sen (vgl. Sabisch-Zanger 1991).

- bei Prozess- oder Verfahrensinnovationen steht die Optimierung oder Neugestal-tung von betrieblichen Prozessen im Vordergrund. Dies umfasst gleichermaßen Umgestaltung von materialflussbezogenen Aktivitäten, z.B. Bearbeitung und Transport von Produkten wie auch Neugestaltung von Informationsflüssen. Ziele von Prozessinnovationen sind Produktionskostensenkungen, Qualitätsverbesse-rungen sowie Senkung der Durchlaufzeit und Erhöhung der Flexibilität (vgl. Stern-Jaberg, 2005). Typischerweise führen Produktinnovationen gleichzeitig auch zu Prozessinnovationen.

- Bei Sozialinnovationen handelt es sich um Innovationen im Humanbereich eines Unternehmens. Zu den Zielen von Sozialinnovationen gehört die Erhöhung der Mitarbeiterzufriedenheit, etwa durch die Verbesserungen von Arbeitsbedingungen oder der Arbeitsplatzsicherheit. Die Optimierung der Unternehmenskultur und Förderung der Interaktionsprozesse zwischen den Mitarbeitern sind weitere Zielsetzungen. Beispiele sind die Einführung von Gruppenarbeit oder von Job-Enrichment Maßnahmen (vgl. Wahren, 2004).

■ Organisatorische oder strukturelle Innovationen haben die Verbesserung von Aufbau- und Ablauforganisation eines Unternehmens zum Ziel (Pleschak/Sabisch, 1996). Strukturinnovationen sollen Wirtschaftlichkeit und Flexibilität der Organisation erhöhen. Da direkte Auswirkungen auf Mitarbeiter und Prozesse bestehen, sind organisatorische Innovationen eng mit Prozessinnovationen und Sozialinnovationen verbunden (vgl. Vahs-Burmester 2005).

Inwieweit sich eine Innovation in einen Wettbewerbsvorteil ummünzen lässt, hängt in der Praxis erheblich vom Neuigkeitswert und insbesondere davon ab, wie das neue Produkt von den Kunden wahr- und angenommen wird. In der Literatur finden sich Ansätze, neue Produkte nach dem Innovationsgrad zu klassifizieren (Ansoff 1965, Brockhoff 2000, Albers-Grassmann 2005), die teilweise aufeinander aufbauen. So lassen sich Innovationskategorien auf Basis der beiden Dimensionen „Neuheitsgrad des Produktes aus Sicht des Marktes" und „Neuheitsgrad aus Sicht des Unternehmens" bilden. Ist beispielsweise ein Produkt sowohl neu für das Unternehmen als auch neu für den Markt, dann lässt sich von einer „radikalen" Innovation sprechen (Brockhoff 2000). Hingegen ist die Neuartigkeit eines Produktes im Fall einer „inkrementalen" Innovation eher gering, da diese an etablierten Produktkonzepten ansetzt und diese verbessert oder als Produktsortimentserweiterung diese ergänzt.

Hintergrund solcher Überlegungen zur Klassifizierung von Innovationen ist, dass sich nicht nur Inhalt und Ausmaß der Innovationsaktivitäten im Unternehmen, sondern auch die mit der Einführung des Produktes verbundenen Marktchancen und -risiken je nach Innovationstyp deutlich unterscheiden.

Miele gliedert seine Innovationen in sechs Kategorien (vgl. Tab. 4.1). Im Fokus dieser Gliederung steht die Produktinnovation. Die Extremkategorie „Neues Produkt" bezeichnet ein völlig neuartiges Produkt, das sowohl für Miele als auch aus Sicht des Marktes als neu einzuschätzen ist. In diesem Fall würde man von einer „radikalen Innovation" sprechen. Der zu organisierende Innovationsprozess für eine derartige Innovation unterscheidet sich beträchtlich von den übrigen Innovationskategorien in punkto Projektlaufzeiten und F&E Aufwendungen. Hinzu kommen beträchtliche Aufwendungen für die Markteinführung und -etablierung eines solchen Produktes. Es ist unmittelbar einleuchtend, dass eine solche Innovation sehr große Chancen bietet, aber erhebliche finanzielle Risiken birgt.

Die Schontrommel selbst ist als neuartige Produktkomponente eines Waschautomaten kein eigenständiges Produkt. Die mit Schontrommel ausgerüsteten Waschautomaten erweitern das bestehende Produktsortiment und können innerhalb der Miele Klassifizierung als Innovation der Stufe 3 „Ergänzung einer eingeführten Produktlinie um eine Variante" einer hohen Innovationsklasse zugeordnet werden. Aus der Fallstudie geht ebenfalls hervor, dass die Entwicklung eines innovativen Produktes oder einer innovativen Komponente regelmäßig die Entwicklung neuer Fertigungsverfahren nach sich zieht. So ist auch das Fertigungsverfahren für die Schontrommel eine komplette Neuentwicklung und stellt eine Prozessinnovation dar.

Was ist Auslöser für den Innovationsprozess bei Miele?

Innovative Leistungen lassen sich ebenfalls hinsichtlich ihrer Auslöser unterscheiden. Entstehen Innovationen als Folge der Nutzbarmachung neuer technologischer Entwicklungen, spricht man von „technology push" Innovationen (vgl. z.B. Pleschak-Sabisch 1996). Hier besteht die Herausforderung darin, marktfähige Anwendungsgebiete für die neuen Technologien zu erschließen. Weil „technology push" Innovationen nicht auf durch Kunden geäußerten Bedürfnissen beruhen und daher das Ausmaß der potenziellen Nachfrage ungewiss ist, besteht bei solchen Innovationen tendenziell eine hohe Unsicherheit hinsichtlich der Markterfolgsaussichten.

Auf der anderen Seite stehen Innovationen, die sich an den beobachteten Bedürfnissen des Marktes und ihrer Kunden orientieren. Man spricht auch von „market pull" Innovationen: der Markt „zieht" oder fragt konkrete Problemlösungen nach. Weil sich bei „market pull" Innovationen die Kunden an bereits vorhandenen Produkten orientieren, handelt es sich hierbei oftmals um inkrementale Innovationen oder Verbesserungsinnovationen. Einzelne oder mehrere Produktmerkmale eines bestehenden Produktes werden durch innovative Lösungen verändert. Die Markteinführung derartiger Innovationen ist aufgrund der bereits vorhandenen Nachfrage im Vergleich zu „technology push" Innovationen mit einem relativ geringen Risiko verbunden.

Auswertung empirischer Studien zeigen auf, dass „market pull" Innovationen wesentlich häufiger zu erfolgreichen Produkten führen als „technology push" Innovationen (Hauschild 2004).

Die Hersteller von Waschautomaten analysieren ihren Markt gezielt auf die Kundenbedürfnisse hin und machen diese zum Primat ihrer innovativen Aktivitäten. Die Fallstudie gibt Hinweise darauf, dass auch für die Entwicklung der Schontrommel das Bedürfnis des Kunden nach „Textilschonung" beim Wasch- und Schleudervorgang das auslösende Moment war. Insofern können wir hier von einer „market pull" Innovation sprechen. Die Entwicklung einer neuen Funktionalität macht für ein wirtschaftlich denkendes Unternehmen aber erst dann Sinn, wenn sich die Vermarktung des innovativen Produktes in einen finanziellen Erfolg ummünzen lässt. Aus dem Verkauf des Produktes müssen sowohl die Investitionen in die Entwicklung als auch das eingegangene unternehmerische Risiko bezahlt werden. Den letzten Anstoß für den Start der Entwicklungsarbeiten im Innovationsprozess liefert folglich der Abgleich von voraussichtlichen Entwicklungsaufwendungen mit der Zahlungsbereitschaft des Kunden für die zusätzliche Funktionalität. Im vorliegenden Fall war die im Rahmen von Kundenbefragungen erhobene Zahlungsbereitschaft in Höhe von bis zu 100 Euro ausreichend hoch, um die Investition in eine Neuentwicklung zu rechtfertigen.

Wie strukturiert sich der Innovationsprozess? Worin besteht die besondere Herausforderung für den Innovationsmanagementprozess?

Der Innovationsprozess umfasst mehrere Phasen (vgl. z.B. Trommsdorf-Schneider 1990, Brockhoff 1999, Hauschild 2004). Ausgangspunkt des Innovationsprozesses ist die Vorgabe einer Suchrichtung durch das Management. In der dargestellten Miele Fallstudie ist „Wäscheschonung" als relevantes Merkmal eines künftigen Waschautomaten selektiert worden. Innerhalb der ersten Phase des Innovationsprozesses beginnt nun die Ideengenerierung. Unternehmen verwerten auch die in Wissensdatenbanken zu früheren Zeitpunkten gesammelten Ideen zum relevanten Themenkreis. So können auch Ideen aus dem betrieblichen Vorschlagswesen, wie etwa bei Miele, hier einfließen. Im Mittelpunkt stehen die in den Fachabteilungen der Forschung und Entwicklung neu erzeugten Ideen und Problemlösungsalternativen. Die in der Fallstudie zitierten Instrumente, z.B. Kreativitätstechniken, Szenariotechnik, Expertenbefragung, kommen hier zum Einsatz. Miele widmet in dieser Phase besondere Aufmerksamkeit bereits vorhandenen Ideen, die bisher nicht zur Umsetzung gekommen sind und prüft diese auf Umsetzbarkeit in anderen Produkt-/Marktkonstellationen oder Anwendungssituationen (vgl. Hargadon-Sutton 2000).

Die Phase der Selektion schließt sich an. Wie in der Fallstudie beschrieben, besteht nun die Herausforderung darin, aus der Fülle der erzeugten Ideen diejenigen auszuwählen, die unter Kosten/Nutzenaspekten am erfolgversprechendsten erscheinen. Checklisten und Scoring Modelle sind weit verbreitete Instrumente der Ideenbewertung (vgl. auch Hauschild 2004).

Die nächste Phase umfasst die Entwicklungsarbeiten zur Konkretisierung der ausgewählten Idee(n). Das ist Kernaufgabe von F&E Abteilungen der forschenden Unternehmen. Bei Miele & Cie. KG werden diese Aufgaben durch die Abteilung Konstruktion & Entwicklung gesteuert. Aufbauend auf der Grundidee wird nun nach umsetzungsfähigen Lösungen für beispielsweise eine „wäscheschonende" Trommel gesucht. Vor dem Hintergrund hoher Marktdynamik kommt der zeitlichen Planung in der Entwicklungsphase sehr hohe Bedeutung zu (vgl. hierzu Seifert-Steiner 1995). Der Markteinführungszeitpunkt selbst hängt direkt mit der Dauer der Forschungs- und Entwicklungsbemühungen zusammen. Die verspätete Markteinführung einer Innovation führt nicht nur zu erheblichen Gewinneinbußen durch entgangene Verkäufe, sondern erhöht die Ressourcenbindung in der Entwicklungsphase und damit die Entwicklungskosten. Seifert-Steiner (1995) werten Planungsabweichungen aus und zeigen, dass die Überschreitung der Entwicklungskosten (bei Einhaltung der zeitlichen Planungswerte) den kumulierten Gewinn einer Innovation um 2 Prozent verringert; die um 6 Monate verspätete Produkteinführung aber eine Gewinnschmälerung von etwa 30 Prozent verursacht. Es kommt daher in erster Linie darauf an, die Entwicklungszeiten zu verkürzen. Ein wichtiges Instrument bei Miele ist das Concurrent Engineering. Das Concurrent oder auch Simultaneous Engineering als inner- und überbetriebliches Koordinationsinstrument ermöglicht durch die Parallelisierung von unterschiedlichen Aktivitäten und frühzeitige Integration unterschiedlicher Abteilungen die Verkürzung von Entwicklungszeiten. Weitere Ziele des Concurrent Engineering sind, mit Hilfe von standardisierten Arbeitsprozessen die Entwicklungskosten zu senken und durch Integration von nachfragenahen Bereichen sowie Kunden die Qualitätsanforderungen des Marktes frühzeitig zu berücksichtigen und einzuhalten. Bei

Miele reduziert zudem die Entkoppelung der Vorentwicklung bestimmter System-komponenten, wie z.B. der Schontrommel, von der Serienentwicklung eines Waschau-tomaten den Ressourcenbedarf durch niedrigere Entwicklungskomplexität und be-schleunigt die Serienentwicklung von neuen innovativen Waschautomaten. Komponententests und Produkttests sind bei Miele Bestandteil der Entwicklungsar-beiten, um die Qualität des neuen Produktes sicherzustellen.

Die Markteinführung mit einer integrierten Migrationsphase ist die letzte Phase im Innovationsprozess.

Wie ist der Innovationsprozess im Unternehmen Miele verankert und welche Berei-che umfasst er? Welche Rolle für diesen Prozess spielen die bei Miele formulierten Unternehmensleitsätze? Beherrscht das Unternehmen den gesamten Innovations-prozess oder ist es auf ausgewählte Teilbereiche spezialisiert?

Die Fallstudie beschreibt, in welcher Weise im Unternehmen Miele der Innovations-prozess mit seiner Tagesarbeit in der Unternehmensstrategie und den strategischen Planungsprozessen verankert ist. Eine hinreichende Verankerung ist Voraussetzung dafür, dass sich ein Unternehmen zu einem innovativen Unternehmen mit einer Inno-vationskultur entwickeln kann. Tragende Säulen einer solchen organisatorischen Ver-ankerung sind: Unternehmens- und Innovationsstrategie, die Innovationsorganisation und -kultur, der Innovationsprozess, Human Ressource Management und Systeme (vgl. auch Engel-Nippa 2007).

In der Unternehmens- und Innovationsstrategie finden sich Innovationsschwerpunkte (Technologien, Produkte, Produkteigenschaften, etc.) wieder. Der über 100 Jahre ge-pflegte Leitsatz „Immer besser" oder auch das „IMNU"-Prinzip bei Miele reflektieren die auf Qualität und Innovation ausgerichtete Unternehmensstrategie. Solche Zielset-zungen, die zum Experimentieren und zu Aktivitäten mit hohem Risiko ermuntern, sowie ein angemessener Umgang mit Erfolg und Misserfolg sind die Grundlage einer innovationsorientierten Arbeitsmotivation und Unternehmenskultur. Die Umsetzung innovativen Handelns auf Mitarbeiterebene wird so wahrscheinlicher (vgl. auch Steinmann-Schreyögg 2000).

Durch die Verzahnung von strategischer Planung mit ihren Teilplänen (Produkt-, Marketing-, Technologieplan) und dem Innovationsprozess fließen die durch das Management formulierten Ziele und Innovationsschwerpunkte in die tägliche Arbeit ein.

Die Innovationsorganisation bei Miele verbindet eine zentrale Konstuktion & Entwick-lung mit dezentralen Entwicklungsverantwortlichkeiten in den einzelnen Mielewer-ken für die jeweiligen dort auch gefertigten Produkte und Produktkomponenten. So ist einerseits sichergestellt, dass Entwicklungskompetenz an einer zentralen Stelle im Unternehmen gebündelt und für das Unternehmen insgesamt koordiniert werden kann, andererseits stehen die in den Werken verantworteten Entwicklungsaktivitäten für eine hohe Marktnähe und Umsetzungsfähigkeit der selektierten Ideen. Je größer und geografisch verzweigter ein Unternehmen ist, umso schwieriger ist es für jeden einzelnen im Innovationsprozess beteiligten Mitarbeiter zu erkennen, woran andere Kollegen gearbeitet haben oder ggfls. noch arbeiten. IT-Systeme mit Fokus auf Wissensmanagement und Produktinformationen sind daher bei Miele wichtige Instrumente, um Informationen über Ideen und Lösungsansätze (Ideenpool) in jedem Teil des Unternehmens verfügbar zu machen.

Zentrale Bedeutung für den Unternehmenserfolg von Miele hat das Ausmaß, in dem das Unternehmen den gesamten Innovationsprozess beherrscht. Wie die Fallstudie zeigt, ist das Unternehmen Miele stark vertikal integriert. Ein sehr hoher Teil der Wertschöpfung bei der Herstellung von Waschautomaten erfolgt „in-house". Nicht nur die Montagearbeiten, sondern auch die Produktion von zentralen Komponenten (Motoren, Elektronik, Metallteile, große Kunststoffteile) wie auch die Oberflächenbeschichtung der Gehäuseteile erfolgen in eigenen Fertigungsstätten. Als Folge davon liegen Innovationensquellen und -fähigkeiten weitgehend firmenintern. In die einzelnen Innovationsprojekte kann aber auch externes Innovationswissens (z.B. über Lieferanten) fallweise integriert werden (vgl. hierzu Fischer 2007).

Literaturverzeichnis

ANSOFF, H.: Corporate Strategy, New York, 1965.

BROCKHOFF, K.: Forschung und Entwicklung: Planung und Kontrolle, 5. Auflage, München, 1999.

BROCKHOFF, K.: Produktinnovation, in: Albers, S. (Hrsg.): Handbuch Produktmanagement, Wiesbaden, S. 25-54, 2000.

ENGEL, K.: Organisation von Innovation, in: Engel-Nippa 2007: Innovationsmanagement – Von der Idee zum erfolgreichen Produkt, Heidelberg, S. 1-14, 2007.

FISCHER, B.: Vertikale Innovationsnetzwerke. Eine theoretische und empirische Analyse, Heidelberg, 2007.

GESCHKA, H.: Methoden der Technologiefrühaufklärung und der Technologievorhersage; in: ZAHN, E. (Hrsg.): Handbuch Technologiemanagement; Stuttgart, S. 623–644, 1995.

HARGADON, A.; SUTTON, R.I.: Building an Innovation Factory, Harvard Business Review, May-June, 2000.

HAUSCHILDT, J.: Innovationsmanagement. 3. Aufl., München, 2004.

HAUSCHILDT, J.; WALTER, S.: Erfolgsfaktoren von Innovationen mittelständischer Unternehmen, in: Schwarz, E.J. (Hrsg.): Technologieorientiertes Innovationsmanagement. Strategien für kleine und mittelständische Unternehmen, Wiesbaden, S. 5-22, 2003.

HELLHAKE, W.: Innovationsmanagement bei der Fa. Miele & Cie. KG – Prozess und Praxiserfahrungen im Überblick, unveröffentlichtes Vortragsmanuskript, Innovation Day 2007.

MIELE UNTERNEHMENSINFORMATIONEN UND PRESSEARCHIV

O.V.: Der Markt, Elektrohändler 4/2007, p.33, 2007A.

O.V.: Nicht jede läuft schön rund – Waschmaschinen, Stiftung Warentest, Heft 9/2007.

PLESCHAK, F.; H. SABISCH: Innovationsmanagement, Stuttgart, 1996.

SABISCH, H.; C. ZANGER: Produktinnovationen, Stuttgart, 1991.

SAILER, E.: Globale Technologieführerschaft – Strukturierte Innovationen und garantierte Qualität, Unternehmermagazin 04/2007.

SCHUMPETER, J.A.: Theorie der wirtschaftlichen Entwicklung, 9. Auflage, Berlin, 1997.

SEIFERT, H.; M. STEINER: F+E: Schneller, schneller, schneller; Harvard Business Manager, 17 (2), S. 16-22, 1995.

STEINMANN, H.; G. SCHREYÖGG: Management: Grundlagen der Unternehmensführung: Konzepte, Funktionen, Fallstudien, Wiesbaden, 2000.

STERN, T.; H. JABERG: Erfolgreiches Innovationsmanagement, 2. Auflage, Wiesbaden, 2005.

SPIELKAMP, A.; CH. RAMMER: Chance FuE – Erfolgskritische Faktoren im Innovationsmanagement von KMU, in Lethmathe et al. (Hrsg.): Management kleiner und mittlerer Unternehmen, Wiesbaden, 2007.

TROMMSDORF, V.; P. SCHNEIDER: Grundzüge des betrieblichen Innovationsmanagements, in: Trommsdorf, V. (Hrsg.): Innovationsmanagement in kleinen und mittleren Unternehmen, München, S. 1-25, 1990.

VAHS, D.; R. BURMESTER: Innovationsmanagement: Von der Produktidee zur erfolgreichen Vermarktung, 3. Auflage, Stuttgart, 2005.

WAHREN, H.K.: Erfolgsfaktor Innovation, Berlin/Heidelberg, 2004.

WEIBER ET AL.: Das Management technologischer Innovationen, in: Kleinaltenkamp et al. (1997): Markt- und Produktmanagement, 2. Aufl., Wiesbaden, S. 83-207, 2007.

ZVEI-GFK: Zahlenspiegel des deutschen Elektro-Hausgerätemarktes 2007/2008, Herausgeber: ZVEI —Zentralverband Elektrotechnik- und Elektronikindustrie e.V., Frankfurt und GfK-Marketing Services GmbH & Co KG, Nürnberg, 2007.

Teil C

Internationales

Management

Oliver Kruse/Vanessa Vieselmeier

Internationalisierungsproblematik eines deutschen Mittelständlers im indischen Markt

Fallbeispiel Biogas Nord AG

1 Lernziele und notwendige Vorkenntnisse

Die folgende Fallstudie zur Internationalisierung im Mittelstand richtet sich an Studierende in MBA-Studiengängen oder an Teilnehmer anderer postgradualer Programme mit General-Management-Ansatz auf vergleichbarem Niveau. Für die Bearbeitung der Fallstudie werden Kenntnisse zu verschiedenen Strategien der Internationalisierung von Unternehmen und deren spezifischen Risiken vorausgesetzt. Aufgrund des Mittelstandsbezugs dieser Fallstudie sollten darüber hinaus Grundkenntnisse zum Management, zur Organisationsstruktur und zur Finanzierung mittelständischer Unternehmen vorhanden sein. Technisches Vorwissen oder spezielle Branchenkenntnisse im Bereich der erneuerbaren Energien sind nicht erforderlich. Ebenso werden keine Vorkenntnisse über den indischen Markt vorausgesetzt.

2 Die Fallstudie Biogas Nord AG

2.1 Einleitung

Dass sich sein Unternehmen so rasant entwickeln würde, hatte der Diplom-Ingenieur Gerrit Holz bei der Gründung von BIOGAS NORD im Jahr 2000 nicht erwartet. „Damals war der Markt noch nicht reif für größere Ingenieurbüros mit einer Spezialisierung auf Biogasanlagen. Unsere Kunden waren in erster Linie landwirtschaftliche Betriebe im norddeutschen Raum, für die wir kleine und mittelgroße Anlagen gebaut haben", erläutert Gerrit Holz im Juni 2007 rückblickend. Das hat sich geändert: Mittlerweile gehören immer mehr große Unternehmen aus der Nahrungs- und Genussmittelindustrie zu den Kunden von BIOGAS NORD. Auch Kommunen oder Energieversorger stellen potenzielle Zielgruppen dar. Die Biogasanlagen werden gleichzeitig größer und leistungsfähiger.

„Ich habe mich schon immer für Umwelt- und Klimaschutz interessiert", erinnert sich Gerrit Holz. Mit der Biogas-Technologie kam der Diplom-Ingenieur und Diplom-Umweltwissenschaftler, der selbst auf einem landwirtschaftlichen Betrieb im nordrhein-westfälischen Versmold aufgewachsen ist, jedoch eher zufällig in Berührung. Auf Initiative seines Bruders wurde 1996 eine Biogasanlage auf dem elterlichen Hof errichtet. „Wir sind in Gummistiefeln über den Hof gelaufen und haben uns überlegt, wo der Fermenter, wo die Vorgrube und wo der Motor stehen könnten", so Holz. Die eigene Anlage diente dann auch als Referenzprojekt für die ersten Kundenaufträge, die Gerrit Holz in Kooperation mit einem Ingenieurbüro aus Frankfurt abwickelte. Im Jahr 2000 erfolgte die Gründung von BIOGAS NORD. „Leider konnte ich meinen eigenen Namen nicht für die Firma verwenden, da Holz nicht vergärbar ist – das hätte zu Irritationen geführt", erläutert der Unternehmensgründer.

Wenn Gerrit Holz morgens ins Büro kommt, staunt er von Zeit zu Zeit selbst, was aus seinem kleinen Ingenieurbüro geworden ist: „Wir konnten bisher fast in jedem Jahr die Mitarbeiterzahl verdoppeln. Dieses Wachstum war nicht geplant, aber die Biogas-Branche boomt!" Der Biogas-Boom beschränkt sich nicht nur auf Deutschland. Das junge Unternehmen ist auch schon auf einigen Auslandsmärkten aktiv. Sorgen um die Auftragslage muss sich der Gründer und Vorstandsvorsitzende der BIOGAS NORD AG nicht machen. Aber zu langfristigen Wachstumsprognosen lässt sich Gerrit Holz auch nicht mehr hinreißen: die Prognosen konnte das Unternehmen in den letzten Jahren regelmäßig übertreffen. Zudem ist die Biogas-Branche stark von politischen Rahmenbedingungen abhängig. Was würde als nächstes kommen?

„Die Verbindung von Ökologie und Ökonomie hat mich sofort fasziniert", berichtet Holz. Einige Bekannte hätten in der ersten Zeit Witze darüber gemacht, womit er Geld verdient. Auch das hat sich geändert. „Ich finde es toll, dass man aus Mist, Gülle und Abfällen Energie erzeugen kann, aber es geht mir nicht nur um Geld, sondern auch um Nachhaltigkeit", so Holz weiter. „Mir tut es in der Seele weh, wenn ich sehe, dass wertvolle Stoffe nicht genutzt werden, und ich wünsche mir, dass irgendwann an jedem Misthaufen dieser Welt eine Biogasanlage steht – wenn diese von uns kommt, dann ist das toll."

2.2 Die Biogas-Technologie

Biogas ist eine Form von Bioenergie und zählt neben Wasserkraft, Windenergie, Solarenergie und Geothermie zu den wichtigsten Technologien im Bereich der erneuerbaren Energien. Bei der Biogas-Gewinnung zersetzen Mikroorganismen in einem sensiblen und komplexen biomechanischen Prozess unter anaeroben Bedingungen (Luftausschluss) organisches Material. Dieser Prozess wird Fermentation genannt. Es entsteht ein Mischgas, das zu 50 % bis 70 % aus Methan (CH_4), zu 25 % bis 45 % aus Kohlendioxid (CO_2) sowie zu kleineren Anteilen aus Wasserdampf und sonstigen Komponenten besteht. Dieses Gasgemisch muss gereinigt und entschwefelt werden und kann anschließend – ähnlich wie Erdgas – zur Erzeugung von Strom, Wärme oder als Kraftstoff genutzt werden. In vielen Fällen wird eine Biogasanlage direkt mit einem Blockheizkraftwerk (BHKW) gekoppelt, in dem das Gas verbrannt und in elektrische Energie und Wärme umgewandelt wird. Die Investitionskosten betragen je nach Art und Größe der Biogasanlage zwischen 500.000 EUR und 2.000.000 EUR. Für den Bau und die Inbetriebnahme einer modernen Biogasanlage mit einer Leistung von 500 KW entstehen Kosten in Höhe von circa 1,5 Mio. EUR.

Bei dem organischen Material, das in einer Biogasanlage zersetzt wird, handelt es sich entweder um nachwachsende Rohstoffe (NawaRo) oder um landwirtschaftliche, industrielle sowie kommunale Reststoffe. Häufig werden auch verschiedene Substrate miteinander kombiniert. Biogas kann beispielsweise aus Tierexkrementen, Biohaushaltsabfall, Grünschnitt, Maissilage, Getreide, aber auch aus Molke oder gebrauchtem Frittierfett erzeugt werden. Da Gülle jedoch die Basis für die Nassfermentation bildet – ein Verfahren, das bisher am weitesten ausgereift ist –, wird der überwiegende Teil der Biogasanlagen in Deutschland mit Rinder- oder Schweinegülle betrieben.

Biogas bietet die Möglichkeit einer umwelt- und ressourcenschonenden Energiegewinnung. Zum einen werden statt fossiler Brennstoffe nachwachsende Rohstoffe verwendet, zum anderen gilt Biogas als CO2-neutral, da das entstehende Kohlendioxid der Menge entspricht, die die Pflanzen während ihres Wachstums gebunden haben. Die Gärreste, die in einer Biogasanlage entstehen, können als wertvoller Mineraldünger in der Landwirtschaft eingesetzt werden. Im Gegensatz zu Windkraft und Photovoltaik bietet Biogas den Vorteil, dass die Energie als Gas speicherbar ist und dass keine Abhängigkeit vom Wetter besteht.

2.3   Das Unternehmen Biogas Nord

Die BIOGAS NORD AG hat sich als junges, mittelständisches Dienstleistungsunternehmen mit Sitz in Bielefeld (Nordrhein-Westfalen) auf den Bau von Biogasanlagen spezialisiert. „Wir verstehen uns als Komplettanbieter für Biogasanlagen", erläutert der Vorstandsvorsitzende Gerrit Holz. Die Leistungen des Unternehmens umfassen nicht nur den „schlüsselfertigen" Bau, sondern auch die wirtschaftliche und technische Planung, das Genehmigungs-Management, die Inbetriebnahme sowie die Wartung der Anlagen. Ein Alleinstellungsmerkmal von BIOGAS NORD liegt jedoch vor allem in der Leistungs- und Innovationsfähigkeit der Labore. Ein besonderer Service, den die BIOGAS NORD AG ihren Kunden anbietet, besteht in der laborgestützten Überwachung und Steuerung der Biogasanlagen per Fernzugriff. Die empfindlichen Prozesse in den Biogasanlagen werden kontinuierlich beobachtet und bei Bedarf angepasst. Auch hinsichtlich des Einsatzes verschiedener Substrate und dem Betrieb von Biogasanlagen in unterschiedlichen Klimazonen verfügt BIOGAS NORD über einen Know-how-Vorsprung gegenüber dem Wettbewerb. „Einer unserer wichtigsten Erfolgsfaktoren ist, dass wir uns flexibel auf unterschiedlichste Rahmenbedingungen einstellen und sehr individuelle Konzepte für unsere Kunden entwickeln", berichtet Holz.

BIOGAS NORD ist seit der Gründung im Jahr 2000 konstant und profitabel gewachsen. Im Jahr 2001 begann das Unternehmen, das als „Ein-Mann-Betrieb" gestartet war, mit der Einstellung von Mitarbeitern. Innerhalb von sechs Jahren stieg die Zahl der Beschäftigten auf über 100. Dabei handelt es sich überwiegend um Ingenieure und

Monteure, die direkt mit dem Bau der Biogasanlagen beschäftigt sind. Circa 10 % der Mitarbeiter sind im kaufmännischen und administrativen Bereich sowie im Management tätig. Hinzu kommen die Forschungs- und Entwicklungsabteilung, das Lager, der Servicebereich und das Labor. Im Dezember 2006 vollzog BIOGAS NORD den Schritt an die Börse und ist seitdem an der Frankfurter Börse im Open Market (Entry Standard) gelistet. Die strategische Entscheidung für einen Börsengang der BIOGAS NORD AG fiel im Zusammenhang mit dem schnellen Wachstum des Unternehmens. In den Jahren 2005 und 2006 war BIOGAS NORD wesentlich stärker gewachsen als der Branchendurchschnitt. 2006 konnte die Gesamtleistung um circa 83 % und die Zahl der Beschäftigten um mehr als 100 % gesteigert werden. Der Branchendurchschnitt lag bei 40 % p.a. Der Unternehmensgründer Gerrit Holz ist stolz darauf, dass sich das Unternehmen bis dahin aus eigener Kraft und ohne langfristiges Fremdkapital so rasant entwickelt hat. Zur Finanzierung des weiteren Wachstums war jedoch die Beschaffung von zusätzlichem Kapital erforderlich geworden.

Der Kernmarkt von BIOGAS NORD liegt in Nord- und Ostdeutschland. Zunehmend entwickeln sich jedoch auch andere Länder, beispielsweise in Osteuropa, zu interessanten Absatzmärkten für Biogasanlagen. Um an dieser Entwicklung zu partizipieren, hat BIOGAS NORD bereits frühzeitig mit einer Internationalisierung begonnen und im Jahr 2003 als erstes Auslandsprojekt eine Biogasanlage in Thailand in Betrieb genommen. Weitere Projekte wurden in den Niederlanden, in Irland, in Weißrussland sowie in den USA und auf Kuba realisiert. Der nächste Schritt der Internationalisierung von BIOGAS NORD führt nach Indien.

2.4   Darstellung der Entscheidungssituation

Anfang 2007 hatte die BIOGAS NORD AG ihren ersten Auftrag in Indien erhalten. Bei dem Besuch einer indischen Delegation in Deutschland hatte der Minister für erneuerbare Energien des westindischen Bundesstaates Maharashtra eine Biogasanlage von BIOGAS NORD besichtigt. Zwar waren Biogasanlagen in Indien bereits seit einigen Jahren im Einsatz, jedoch ist die deutsche Technologie in den Punkten Energieeffizienz und Wartungsintensität der indischen überlegen. Daher hatte BIOGAS NORD den Auftrag erhalten, eine Biogasanlage für eine indische Zuckerfabrik zu bauen, in der Zuckerrohrabfälle vergoren werden konnten. Bisher wurden diese Abfälle zum Teil verbrannt und zum anderen Teil kompostiert, ohne die entstandene Energie zu nutzen. Mithilfe einer Biogasanlage und einem angeschlossenen Blockheizkraftwerk sollte künftig Strom für die Zuckerproduktion erzeugt werden. Noch vor Baubeginn erhielt BIOGAS NORD im Juni 2007 bereits einen zweiten Auftrag von einer anderen indischen Zuckerfabrik. In diesem Fall war das indische Bundesministerium für Ländliche Entwicklung und Parlamentsangelegenheiten beteiligt, und das Ziel war die Erzeugung von Bio-Kraftstoffen aus Zuckerrohrabfällen.

Im Zuge der Beschaffung dieser Aufträge hatte Gerrit Holz den Diplom-Kaufmann Jochen Klingler von EnerSearch, einem Forschungsunternehmen, das sich auf die Energiebranche spezialisiert hat, kennen gelernt. Klingler verfügt nicht nur über eine hohe Expertise bezogen auf den indischen Energiemarkt, sondern auch über ausgezeichnete Kontakte. Das Netzwerk umfasst potenzielle Kunden für Biogasanlagen, aber auch gute Kontakte in die Politik und Verwaltung. Als Klingler der BIOGAS NORD AG eine Kooperation bezogen auf den indischen Markt anbot, willigte Holz sofort ein. Durch einen erfahrenen Partner könnte der Aufwand für die Akquisition weiterer Kunden minimiert und der weitere Markteintritt in Indien wesentlich erleichtert werden. Doch vor allem die politischen Kontakte von EnerSearch könnten sich für den deutschen Mittelständler auszahlen. Kurze Zeit später hatte EnerSearch bereits einen interessanten Kontakt zu einem potenziellen indischen Großkunden hergestellt: der Reliance Industries Limited.

Bei der Reliance Group handelt es sich um Indiens größte Unternehmensgruppe. Drei Jahre nach dem Tod des Unternehmensgründers Dhirubhai H. Ambani wurde der Mischkonzern 2005 unter seinen beiden Söhnen aufgeteilt. Anil D. Ambani übernahm die Geschäftsbereiche Finanzdienstleistungen und Versicherungen sowie Energie und fasste diese in der Reliance Anil Dhirubhai Ambani Group zusammen. Sein älterer Bruder Mukesh D. Ambani leitet seitdem das Vorzeigeunternehmen Reliance Industries Limited (RIL), Indiens größtes Privatunternehmen, zu dessen wichtigsten Geschäftsbereichen die Förderung und Raffination von Erdöl und -gas, petrochemische Produkte wie Polyester und Polymere sowie Textilien gehören. Die Struktur von Reliance Industries Limited ist das Ergebnis einer seit den siebziger Jahren strategisch betriebenen Rückwärtsintegration, ausgehend vom Textilbereich. So basieren der Erfolg und das Wachstum des Unternehmens vor allem auf der Nutzung von Synergien durch die gezielte Integration vorgelagerter Wertschöpfungsstufen.

Abweichend von dieser Strategie der vertikalen Diversifikation hatte Reliance Industries Limited im Jahr 2006 circa 750 Mio. USD in den Aufbau eines völlig anderen Geschäftsfeldes, den Einzelhandel, investiert. Der indische Einzelhandel ist traditionell durch Kleinsthändler geprägt, die ihre Waren in kleinen Läden oder auf Straßenmärkten verkaufen. Supermarktketten nach US-amerikanischem oder europäischem Vorbild und ein entsprechendes Distributionsnetz existieren nicht. Um diese traditionellen Strukturen zu schützen, waren ausländischen Einzelhandelskonzerne wie Wal-Mart oder Metro Investitionen in diesem Sektor lange Zeit gesetzlich nicht erlaubt. Erst im Jahr 2006 erfolgte eine langsame Öffnung des Marktes für ausländische Direktinvestitionen. Allerdings sind Beteiligungen lediglich bis zu einer Höhe von maximal 51 % möglich. Aufgrund der wachsenden kaufkräftigen Mittelschicht bietet Indien jedoch ein enormes Wachstumspotenzial für den Einzelhandel. „The retail initiative of Reliance will be without a parallel in size and spread and make India proud", heißt es auf der Website von Reliance Industries Limited. Das erste Kaufhaus der geplanten Handelskette wurde im November 2006 in Hyderabad eröffnet, bis Ende April 2007 waren es bereits 135 Filialen. Weitere Investitionen von mehr als 5,5 Mrd. USD sind nach Angaben des Unternehmens in den nächsten Jahren noch geplant.

Im Zusammenhang mit diesem neuen Geschäftsfeld des Einzelhandels war es im Frühjahr 2007 zu ersten Gesprächen zwischen Reliance Industries Limited und EnerSearch gekommen. Die Erfahrungen mit den ersten Supermarkt-Filialen hatten gezeigt, dass die Menge der entstehenden Abfälle, insbesondere durch verdorbene Lebensmittel, und der Aufwand für die Entsorgung unterschätzt worden waren. Die Biogastechnologie schien hier eine ideale Lösung zu bieten. Durch den Bau von Biogasanlagen in direkter Nähe zu den Filialen könnten nicht nur die Kosten für die Entsorgung minimiert werden, als Nebenprodukt könnte sogar noch Energie für den Betrieb der Märkte erzeugt werden – vor dem Hintergrund hoher Strompreise und häufiger Netzausfälle in Indien ein entscheidendes Argument.

„Stellen Sie sich vor, BIOGAS NORD würde den Auftrag für die Realisierung von Biogasanlagen für sämtliche Filialen von Reliance bekommen! Das wäre ein Riesenpotenzial", berichtete Jochen Klingler begeistert beim nächsten Treffen mit Gerrit Holz. „Bereits jetzt wären das 135 Anlagen. Das entspricht fast der Gesamtzahl aller Anlagen, die BIOGAS NORD bisher gebaut hat", so Klingler weiter. Die Auftragslage von BIOGAS NORD wäre in diesem Fall für mehrere Jahre gesichert und die weitere Erschließung des indischen Marktes verliefe viel einfacher als erwartet. Vollkommen überzeugt war Gerrit Holz jedoch noch nicht. BIOGAS NORD hatte noch nie für einen so großen Kunden gearbeitet. Bisher war das Unternehmen auch mit sehr viel kleineren Aufträgen sehr erfolgreich gewachsen. Zudem standen aufgrund des schnellen Wachstums der BIOGAS NORD AG noch umfangreiche interne Umstrukturierungen an. Klingler fuhr fort: „Reliance erwartet, dass wir kurzfristig ein differenziertes Angebot mit Zeitplanung erstellen. Außerdem sollen wir vorab einen ‚Letter of Interest' unterzeichen." Gerrit Holz seufzte: einen „Letter of Interest" wollten die Inder also haben – bei seinen Kunden aus der Landwirtschaft hatte in der Regel ein Handschlag ausgereicht. Vielleicht wäre es besser, vor Abgabe des Angebots noch einmal in aller Ruhe Nutzen und Aufwand gegenüberzustellen und die Risiken abzuwägen. Schließlich bot ein Markt wie Indien für Biogas-Unternehmen auch noch weitere Chancen.

2.5 Marktinformationen

Sollte sich BIOGAS NORD um den Auftrag von Reliance bewerben? Sollte das Unternehmen sich überhaupt in so starkem Maße in Indien engagieren? Und wenn ja, in welcher Form? „Jeder redet von Indien – natürlich bietet der indische Markt interessante Chancen, aber auch Risiken", dachte Gerrit Holz „ Auch unsere Heimatmärkte sind noch lange nicht gesättigt. Und hier kennen wir uns aus!" Er brauchte konkrete Informationen, um das Marktpotenzial besser einschätzen zu können. Studien zur Biogas-Branche und Prognosen zur Marktentwicklung waren bei Verbänden, Behörden, Hochschulen und anderen Forschungseinrichtungen verfügbar. Allerdings bezogen sich diese in erster Linie auf Deutschland oder Europa. Wie attraktiv war im Vergleich dazu der indische Energiemarkt? Gerrit Holz beschloss daher, Jochen Klingler, der über umfassende internationale Erfahrungen in der Energiebranche verfügte, um eine zusammenfassende Marktanalyse zu bitten.

2.5.1 Die Biogas-Branche national und international

Der Markt für erneuerbare Energien entwickelt sich national und international sehr dynamisch. Vor allem das schnelle Wirtschafts- und Bevölkerungswachstum in den Schwellenländern ist seit einigen Jahren für einen ständig steigenden Energiebedarf verantwortlich. Weltweit ist Energie ein knappes Gut, was sich unter anderem in einem massiven Anstieg der Rohölpreise seit Ende der 90-er Jahre widerspiegelt. Dieser Anstieg des weltweiten Energiebedarfs ist zu einem Wachstumsmotor für regenerative Energien geworden. Zudem wird die Branche in Deutschland seit dem Jahr 2000 politisch durch das Erneuerbare-Energien-Gesetz (EEG)[1], welches Mindestvergütungssätze für die Einspeisung von elektrischem Strom aus erneuerbaren Energien vorsieht, gefördert. Ähnliche gesetzliche Regelungen bestehen auch in anderen EU-Ländern. Die Novellierung des EEG im Jahr 2004 hat vor allem zu einem Boom im Bereich von Biogasanlagen geführt. Ein weiterer Wachstumsschub für die Branche könnte von einer zweiten Novellierung des Gesetzes ausgehen, die ähnliche Anreize für die Einspeisung von Biogas ins Erdgasnetz schafft.

Der Markt für Biogasanlagen ist stark fragmentiert. In Deutschland beschäftigen sich neben wenigen mittelständischen Unternehmen in erster Linie zahlreiche kleine Ingenieurbüros mit dem Bau von Biogasanlagen. Die Nachfrage ist hoch und weist eine steigende Tendenz auf, so dass eine Marktbereinigung noch nicht stattgefunden hat. Die Marktsituation in der Biogas-Branche kann daher als Verkäufermarkt bezeichnet werden. Zudem sind die Markteintrittsbarrieren für neue Anbieter relativ niedrig. Zu den wichtigsten mittelständischen Komplettanbietern gehören unter anderem die Schmack Biogas AG, die EnviTec Biogas GmbH, die PlanET GmbH, die ÖKOBiT GmbH und die BIOGAS NORD AG. Nach Angaben des Bundesverbands BioEnergie e.V. existierten in Deutschland bis Ende 2006 etwa 3.500 Biogasanlagen mit einer installierten elektrischen Gesamtleistung von circa 1.100 MW. Die Anzahl der Beschäftigten in der Biogas-Branche stieg im Jahr 2006 auf ungefähr 10.000.

Laut dem Bundesministerium für Umwelt, Naturschutz und Reaktorsicherheit ist Deutschland in sämtlichen Sparten der erneuerbaren Energien weltweit führend. Auch im Biogas-Bereich sind deutsche Unternehmen international Technologie- und Marktführer. Der Exportanteil steigt und lag nach Angaben des Fachverbands Biogas e.V. im Jahr 2006 bei circa 15 %. Zu den wichtigsten Märkten gehören vor allem andere euro-

---

1   Die offizielle Bezeichnung lautet „Gesetz für den Vorrang erneuerbarer Energien".

päische Länder, in denen erneuerbare Energien gesetzlich gefördert werden. Neben einer solchen Förderung hängt das Marktpotenzial für Biogasanlagen beispielsweise von der Größe der landwirtschaftlich nutzbaren Fläche, den Energiepreisen, den verfügbaren fossilen Energieträgern sowie von der Energie-Infrastruktur des jeweiligen Landes ab. Daher bieten beispielsweise auch die USA oder Schwellenländer wie China und Indien eine hohe Attraktivität.

2.5.2 Der indische Energiemarkt

Indien weist als „Emerging Market" in den letzten Jahren enorme Wachstumsraten auf. Während die Wirtschaft in Deutschland in 2005 nur um 0,9 % und in der Europäischen Union[2] durchschnittlich um 1,8 % gewachsen ist, lag die Wachstumsrate des indischen Bruttoinlandsprodukts bei 8,4 %. Prognosen gehen davon aus, dass sich Indien bis zum Jahr 2020 zur drittgrößten Volkswirtschaft der Welt entwickeln wird.

Das enorme Wirtschaftswachstum hat jedoch auch zu einem starken Anstieg des Energiebedarfs in Indien geführt. So zeigt der BP Statistical Review of World Energy 2007, dass der Primärenergieverbrauch in Indien zwischen 1996 und 2006 um mehr als 55 % angestiegen ist, während dieser im gleichen Zeitraum weltweit nur um circa 23 % zunahm. Im Jahr 2006 ist Indien nach den USA, China, Japan, der Russischen Föderation und Deutschland zum sechstgrößten Ölkonsumenten aufgestiegen. Erdöl, Erdgas und Kohle gehören in Indien zu den wichtigsten Energieträgern. Zwar verfügt der Subkontinent über eigene fossile Energiereserven, insbesondere über reiche Kohlevorkommen, ist jedoch bisher nicht in der Lage, den rapide ansteigenden Energiebedarf selbst zu decken. Indien ist beispielsweise in hohem Maße auf Rohölimporte angewiesen, da es nicht ausreichende Mengen Öl fördert und raffiniert. Das indische Energiedefizit betrug in den Jahren 2005 bis 2006 laut einer Studie des Forschungsinstituts TERI durchschnittlich 8,4 % und ist weiterhin steigend.

Auch die erneuerbaren Energien haben in Indien traditionell eine wichtige Bedeutung. Dabei stehen jedoch weniger Umwelt- und Klimaschutzgründe im Vordergrund, sondern vielmehr die unterentwickelte Infrastruktur. In vielen Dörfern wird mangels Alternativen mit Holz, Dung oder anderen landwirtschaftlichen Abfällen geheizt. Bis heute ist die Elektrifizierung der indischen Haushalte noch nicht vollständig abgeschlossen. Ende 2005 verfügten nach Angaben der Bundesagentur für Außenwirtschaft 60 % der ländlichen Haushalte in Indien über keine stabile Stromversorgung. Von der Energieknappheit und regelmäßigen Stromausfällen sind jedoch nicht nur Privathaushalte, sondern auch Unternehmen betroffen. Seit dem Inkrafttreten eines neuen Elektrizitätsgesetzes im Jahr 2003 nutzen größere Unternehmen daher zunehmend die Möglichkeit, Strom durch den Eigenbetrieb kleiner Biogasanlagen selbst zu produzie-

---

[2] Im Jahr 2005 bestand die EU aus 25 Mitgliedstaaten. Daher beziehen sich die Daten auf die EU25.

ren. Das hohe Energiedefizit und die unterentwickelte Infrastruktur des Energieversorgungsnetzes stellen reale Wachstumshemmnisse für die indische Wirtschaft dar und machen erneuerbare Energien zu einem wichtigen politischen Thema. Das Interesse der indischen Regierung spiegelt sich beispielsweise in der Einrichtung eines eigenen Ministeriums, des „Ministry of New and Renewable Energy"[3], in der Bereitstellung von Investitionsanreizen sowie in der Ausschreibung von Forschungsprojekten im Bereich der erneuerbaren Energien wider.

2.6 Anlagen zur Fallstudie

Im Folgenden sind verschiedene Darstellungen, Tabellen und Originaltexte als Anlagen zur Analyse der Entscheidungssituation zusammengestellt. Für eine weitere Recherche nach zusätzlichen oder aktuelleren Daten können bei Bedarf unter anderem die nachstehenden Quellen hilfreich sein:

- BIOGAS NORD AG (www.biogas-nord.com)
- Reliance Industries Limited (www.ril.de)
- Fachverband Biogas e.V. (www.biogas.org)
- Fachagentur Nachwachsende Rohstoffe e.V. (www.fnr.de)
- Initiative „Unendlich viel Energie" (www.unendlich-viel-energie.de)
- International Energy Agency (IEA) (www.iea.org)
- Energy Information Administration (EIA) (www.eia.doe.gov)
- BP Statistical Review of World Energy (www.bp.com)
- Bundesagentur für Außenwirtschaft (www.bfai.de)
- India Energy Portal (www.indiaenergyportal.org)
- Ministry of New and Renewable Energy (www.mnes.nic.in)
- Tata Energy Research Institute (TERI) (www.teriin.org)

---

[3] Bis Oktober 2006: Ministry of Non-conventional Energy Sources

Abbildung 2-1:   *Schema einer landwirtschaftlichen Biogasanlage*

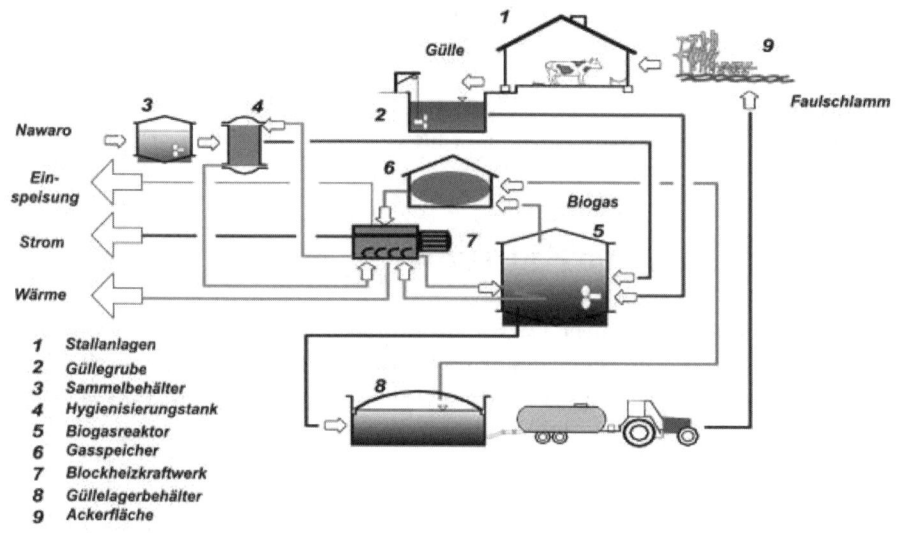

1 Stallanlagen
2 Güllegrube
3 Sammelbehälter
4 Hygienisierungstank
5 Biogasreaktor
6 Gasspeicher
7 Blockheizkraftwerk
8 Güllelagerbehälter
9 Ackerfläche

Quelle: Studie zu den Möglichkeiten einer europäischen Biogaseinspeisungsstrategie, S. 6.

Abbildung 2-2:   *Entwicklung der BIOGAS NORD AG 2000 – 2006 und Prognose 2007*

Das Wachstum der BIOGAS NORD	2000	2001	2002	2003	2004	2005	2006	2007e
Gesamtleistung (in Mio. Euro)	0,5	2,5	2,6	3,3	4,6	16,7	30,6	44-51
Neu erstellte Anlagen (pro Jahr)	4	10	15	19	12	36	50	60
Neu erstellte Anlagen (kumuliert)	4	14	29	48	60	96	146	211
Mitarbeiter (Stichtag 31.12)	1	2	9	12	24	50	105	180

Quelle: Geschäftsbericht BIOGAS NORD AG 2006, 2007, S. 21.

Abbildung 2-3:   Umsatzanteil Ausland der BIOGAS NORD AG

	2006	**2005**	**2004**
Gesamtleistung im Inland	89,3 %	97,2 %	99,5 %
Gesamtleistung im Ausland	10,7 &	2,8 %	0,5 %
Summe Gesamtleistung	100 %	100 %	100 %

Quelle: Geschäftsbericht BIOGAS NORD AG 2006, 2007, S. 18.

Abbildung 2-4:   Kennzahlen-Übersicht BIOGAS NORD
(Alle Werte in TEUR, sofern nicht anderweitig angegeben)

	2006	**2005**	**2004**	**2003**	**2002**
Ergebnis					
Umsatz	28.668	10.202	3.471	3.230	2.582
Auftragsbestand	16.400	6.600	-	-	-
EBIT	1.344	552	-139	163	114
Jahresüberschuss	800	234	3	68	59
Ergebnis je Aktie (pro forma)	0,46	0,16	-	-	-
Bilanzkennzahlen					
Bilanzsumme	15.383	11.452	2.677	1.098	525
Eigenkapital	826	474	240	177	62
Eigenkapitalquote	5,30 %	4,10 %	7,00 %	18,00 %	40,00 %
Anlagevermögen, netto	1.105	352	145	75	53
Umlaufvermögen	14.242	11.079	2.523	1.023	472
Debitoren	3.149	2.418	1.123	882	272
Liquide Mittel	929	604	24	0	91
Bankverbindlichkeiten	70	102	82	69	0
Working Capital	195	321	-	-	-

Rentabilitätszahlen

Eigenkapitalrentabilität	96,80 %	49,40 %	1,10 %	38,30 %	95,70 %
Umsatzrentabilität	2,80 %	2,30 %	0,10 %	2,10 %	2,30 %
Kapitalumschlag	22,1	15,1	-	-	-
Return on Investment (ROI)	61,50 %	34,70 %	-	-	-
Return on Capital Employed (ROCE)	103,40 %	82,00 %	-	-	-

Finanzen und Investitionen

Cash-Flow aus lfd. Geschäftstätigkeit	1.809	871	-	-	-
Investitionen, netto	1.003	312	-	-	-
Abschreibungen	258	106	-	-	-

Mitarbeiter

Anzahl Mitarbeiter per 31.12.	105	50	24	12	9
Personalaufwand	3.068	1.659	910	620	471
Umsatz je Mitarbeiter	273	204	145	269	287

Quelle: Geschäftsbericht Biogas Nord AG 2006 (modifiziert), 2007, S.1.

Abbildung 2-5: *Kennzahlen-Übersicht Reliance Industries Limited*
(Alle Werte in Mio. USD[4], sofern nicht anderweitig angegeben)

	2005/06	2004/05	2003/04	2002/03	2001702
Umsatz	19.976	16.399	12.607	11.228	10.177
Earnings Before Depreciation, Interest and Tax (EBDIT)	3.358	3.196	2.462	2.099	1.941
Abschreibungen	762	835	728	636	631
Gewinn nach Steuern	2.033	1.697	116	920	727
Eigenkapitalrendite	100 %	75 %	52,5 %	50 %	47,5 %
Gewinnausschüttung	312	234	164	156	149
Eigenkapital	11.163	9.056	7.722	6.797	6.234
Anlagevermögen, netto	14.048	7.863	7.878	7.640	7.438

[4] Die Umrechnung der Kennzahlen erfolge nach folgendem Kurs: 1 USD = 44,615 INR (31.03.2006)

Bilanzsumme	20.866	18.062	15.949	14.286	12.660
Marktkapitalisierung	2.487	17.052	16.840	8.652	9.411
Zahl der Mitarbeiter	12.540	12.113	11.358	12.915	12.864
Nettoumsatzrendite	10,2 %	10,3 %	9,2 %	8,2 %	7,1 %
ROCE	20,5 %	21,3 %	14 %	13,2 %	15,3 %

Quelle: Annual Report 2005-2006 von Reliance Industries Limited, S. 7, eigene Bearbeitung.

Abbildung 2-6: *Wirtschaftswachstum 2005*
(Veränderung des realen Bruttoinlandsprodukts (BIP) p.a. in Prozent)

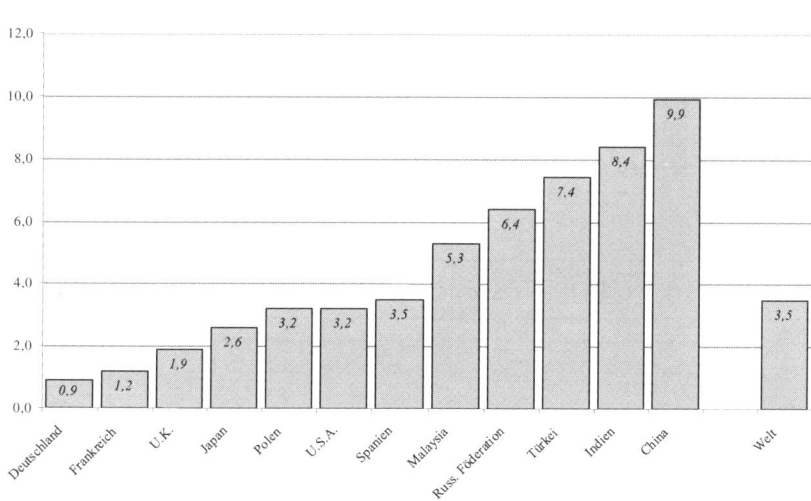

Quelle: Statistisches Bundesamt Deutschland (DESTATIS), 2007, und Weltbank, 2007: eigene Darstellung.

Abbildung 2-7: Entwicklung des weltweiten Rohölpreises (1970 - 2006)

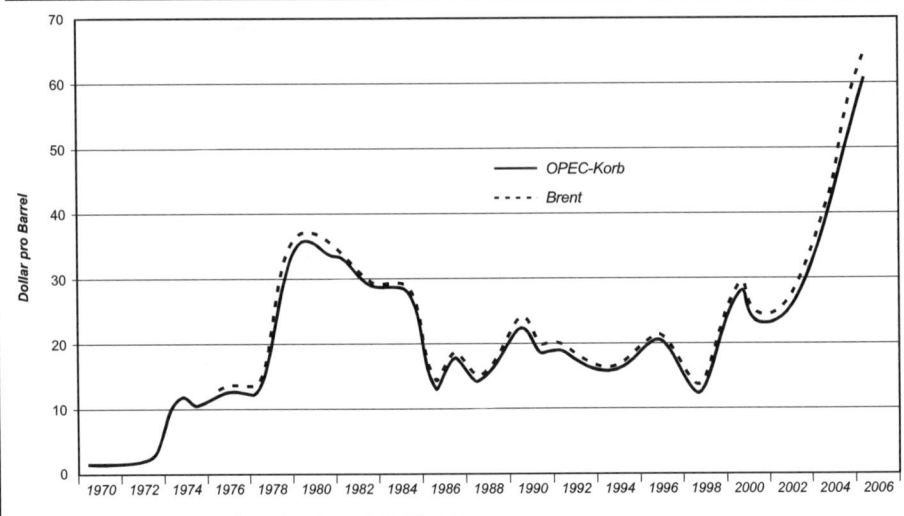

Quelle: Mineralölwirtschaftsverband e.V. (MWV), 2007.

Abbildung 2-8: Entwicklung Biogasanlagen in Deutschland

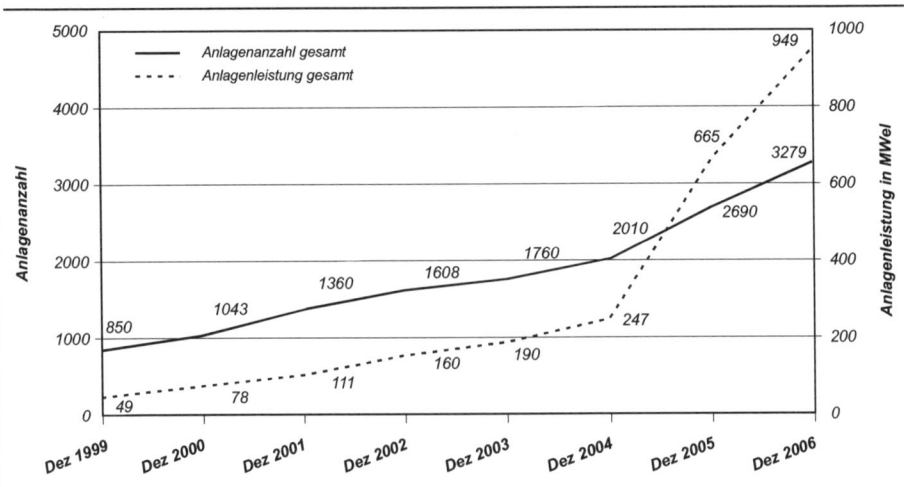

Quelle: Institut für Energetik und Umwelt Leipzig, 2007, S. 72.

Abbildung 2-9:   *Prognose Branchenumsatz Biogas-Anlagenbau und Exportanteil*

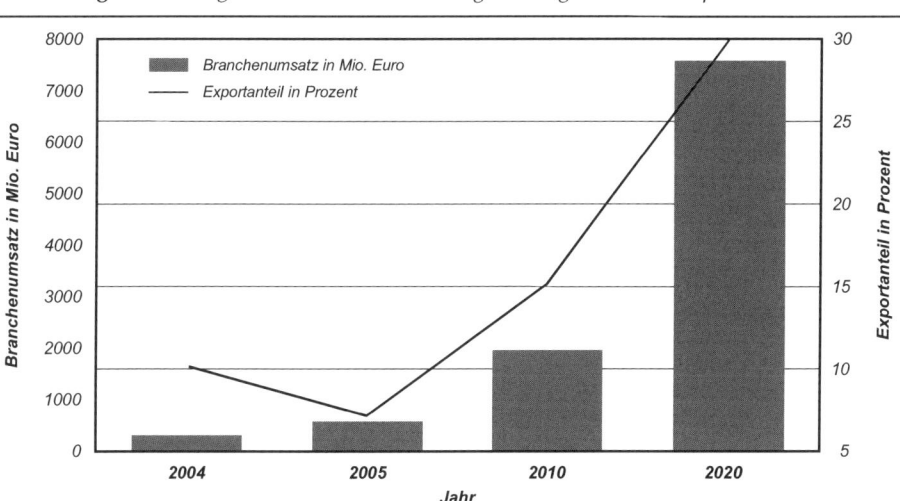

Quelle: Fachverband Biogas e.V., 2006, S. 12.

Abbildung 2-10:   *Potenzial für erneuerbare Energien in Indien*

RES	Potential[30]	Existing Installed Capacity*
Wind	45000 MW	~ 6190[31] MW
Small Hydro (upto 25 MW)	15000 MW	~ 1850 MW
Biomass power/cogeneration	19500 MW	~ 950 MW
Solar Photo Voltaic Power	50,000 MW (20 MW/sq.km)	~ 30 MW Very low exploitation.
Solar Water Heating	140 million sp. m collector area	1.5 million sq. m collector area
Urban and Industrial Waste-based power	70000 MW	~ 34.95 MW.
Biogas plants	12 million	3.8 million
Improved Biomass *Chulhas* (Cook-Stoves)	120 million	35.2 million

Quelle: India Energy Outlook 2007, 2007, S. 37.

Abbildung 2-11: Indien baut erneuerbare Energien weiter aus

Indien baut erneuerbare Energien weiter aus - Anteil soll bis 2030 auf 25 % steigen / Investitionen von 10 Mrd. US$ notwendig

New Delhi (bfai) - Indien hat sich zum Ziel gesetzt, bis 2030 seine Energie vollständig selbst zu erzeugen. Um dieses Ziel zu erreichen, setzt die Regierung auch auf den Ausbau der erneuerbaren Energien. Bis 2012 soll sich deren Anteil von heute 7 % auf 10 % erhöhen. Im Jahr 2030 soll sogar ein Viertel der Energie aus regenerativen Quellen stammen. Im "Renewable Energy Index" der Unternehmberatung Ernst & Young belegt Indien inzwischen weltweit den dritten Rang. Vor allem das Investitionsklima und die Innovationskraft des Sektors werden positiv bewertet.

Indien feiert zwar in diesem Jahr den 60. Geburtstag seiner politischen Unabhängigkeit, doch bis zur "Energieunabhängigkeit" dürften nach Einschätzung des Ministry of Power mindestens noch weitere 20 Jahre vergehen. Um den wachsenden Energiehunger des Landes zu stillen, müssen die Erzeugungskapazitäten bis zum Jahr 2030 auf 400 GW nahezu verdreifacht werden. Die Anteile von Kohle, regenerativen Quellen und Kernkraft am Energiemix dürften sich bis dahin ebenfalls stark verändern. Dabei kommt den alternativen Energien eine immer größere Bedeutung zu, ihr Anteil soll auf 25 % steigen. Das bedeutet auch für ausländische Investoren weiterhin gute Geschäftschancen auf dem Subkontinent.

Die indische Regierung schätzt das Potenzial der erneuerbaren Energien auf etwa 100 GW, davon werden allerdings bislang gerade einmal 10 % genutzt. Durch staatliche Förderprogramme und fiskalische Anreize für Investoren soll sich der Anteil der erneuerbaren Energien bis zum Ende des 11. Fünfjahresplans 2012 von heute 7 auf 10 % erhöhen. Um dieses Ziel zu erreichen, müssen in den nächsten fünf Jahren zusätzlich 12 GW an Energie aus erneuerbaren Ressourcen erzeugt werden.

Indien setzt dabei auf einen Mix aus Großvorhaben wie Windparks und Wasserkraftwerken und dezentralen Projekten wie die ländliche Stromversorgung durch Biogas- und Solaranlagen. Beispielsweise sollen innerhalb der nächsten fünf Jahre 3,5 Mio. Haushalte Solaranlagen zur Wassererwärmung erhalten. Dadurch würde sich die installierte Gesamtfläche an Photovoltaikzellen von heute 1,5 Mio. auf 10,0 Mio. qm erhöhen. Gleichzeitig soll die Effizienz der Anlagen durch den Einsatz von Kohlenstoffnanoröhren gesteigert werden. Hierzu wurden an mehreren Hochschulen entsprechende Forschungsprojekte eingerichtet. Große Hoffnung setzt die Regierung auch auf die Energiegewinnung aus Biomasse. Allein die Landwirtschaft produziert jedes Jahr 400 Mio. t an Ernteabfällen. Das Ministry of Non-conventional Energy Sources schätzt das Erzeugungspotenzial von Biomasse auf 23 GW. Zudem sollen bis 2017 etwa 7 GW aus städtischen Haushalts- und Industrieabfällen erzeugt werden. Alleine die 35 Millionenstädte des Subkontinents "produzieren" jedes Jahr rund 30 Mio. t Müll.

Bei der Windkraft liegt Indien weltweit bereits auf dem vierten Rang, die Erzeugungskapazität belief sich Ende 2006 auf etwa 6 GW, das tatsächliche Potenzial schätzt die Indian Renewable Energy Development Agency (Ireda) auf insgesamt 45 GW, davon sind allerdings nur ein Drittel bei der derzeitigen Netzinfrastruktur technisch realisierbar. Immer mehr Unternehmen aus energieintensiven Branchen wie der Stahl-, Textil- oder der Zementindustrie setzen auf eine dezentrale Energieversorgung aus eigenen Windkraftanlagen und treiben so die Nachfrage nach Ausrüstung voran.

Im Rahmen der "Small Hydro Power"-Initiative der indischen Regierung wurden bislang knapp 2 GW an Erzeugungskapazitäten installiert. Hierbei handelt es sich um Wasserkraftwerke mit einer Leistung von maximal 25 MW. Derzeit befinden sich knapp 200 Projekte mit einer Gesamtleistung von 520 MW in verschiedenen Entwicklungsphasen. Insgesamt wurden 4.000 mögliche Standorte für Kleinkraftwerke mit einem Potenzial von 10 GW identifiziert. Hier bieten sich vor allem für Beratungsunternehmen aus den Bereichen Geo-Consulting gute Beteiligungschancen.

Das Ministry of Non-conventional Energy Sources veranschlagt den Investitionsbedarf für den Ausbau der erneuerbaren Energien im 11. Fünfjahresplan auf mindestens 10 Mrd. US$. Um die Vorhaben realisieren zu können, setzt die Regierung auf das Engagement des Privatsektors und ausländischer Investoren. Zudem fördert sie die Einrichtung von Sonderwirtschaftszonen (SWZ), in denen sich ausschließlich Unternehmen aus der Umwelttechnikbranche ansiedeln.

Quelle: Bundesagentur für Außenwirtschaft (bfai), 2007.

Abbildung 2-12:   *Absolute Beiträge erneuerbarer Energien in den wichtigsten Ländern (in PJ) im Jahr 2004*

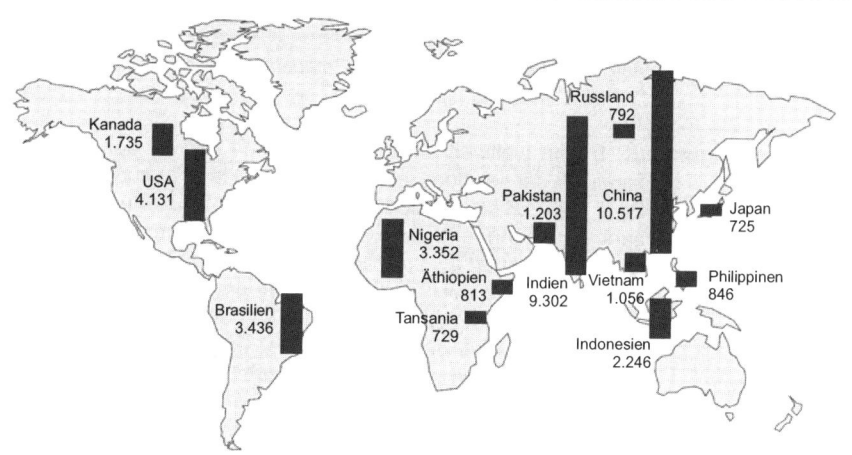

Quelle: Jahrbuch Erneuerbare Energien 2007, 2007, S. 369.

Abbildung 2-13: *Zukunftserwartungen der im Bereich erneuerbarer Energien tätigen Unternehmen*

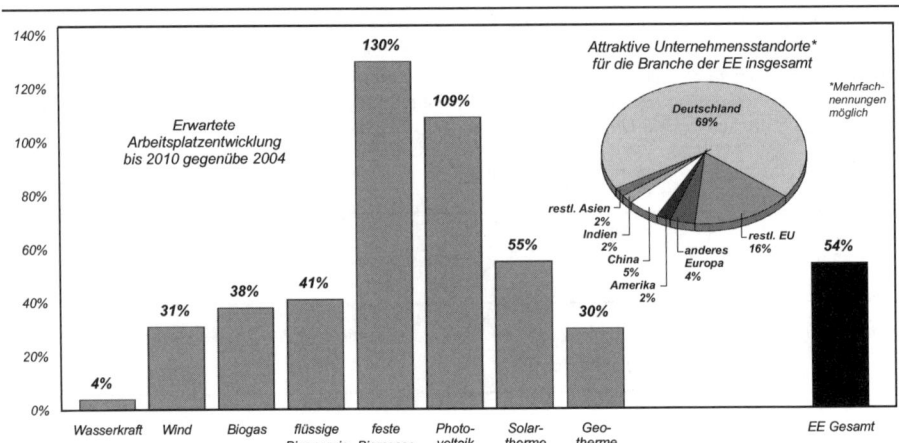

Quelle: Jahrbuch Erneuerbare Energien 2007, 2007, S. 41.

3 Teaching Note

Die Fallstudie BIOGAS NORD AG wurde für den Einsatz in MBA-Studiengängen konzipiert. Daran gemessen zeichnet sich die Fallstudie durch eine mittlere Länge und einen mittleren Komplexitätsgrad aus. Für den Einsatz in der Lehre wird eine Bearbeitungszeit von zweieinhalb Stunden empfohlen. Davon entfallen circa 30 Minuten auf das intensive Lesen der Fallstudie, 30 Minuten auf die Vorbereitung der Analyse anhand von Leifragen, eine Stunde auf die Analyse der Entscheidungssituation und die Entwicklung von Lösungsvorschlägen in Einzel- oder Kleingruppenarbeit sowie 30 Minuten auf die Diskussion im Plenum.

Die Fallstudie wurde so angelegt, dass mindestens zwei Lösungsalternativen entwickelt werden können. Im Folgenden wird lediglich eine mögliche Lösung dargestellt. Obwohl es sich bei dieser Fallstudie um einen Field Case handelt, der sich auf reale Unternehmensdaten stützt, stand die tatsächliche unternehmerische Entscheidung zum Zeitpunkt der Fertigstellung von Case Study und Teaching Note noch aus. Ein Vergleich der Lösungsansätze mit der Wirklichkeit ist daher nicht möglich.

Alternativ zu den gewählten Analysemethoden können auch andere Instrumente wie zum Beispiel die SWOT-Analyse[5], Scoring-Modelle[6], eine Wirtschaftlichkeitsanalyse, bei der die erwarteten Erlöse den erforderlichen Investitionen im Personalbereich gegenübergestellt werden, oder eine internationale Produktlebenszyklus-Analyse zum Einsatz kommen.

3.1 Zusammenfassung der Fallstudie

Deutsche Unternehmen sind in der Biogastechnologie wie auch in anderen Bereichen der erneuerbaren Energien weltweit führend. Mit Wachstumsraten von durchschnittlich 40 % entwickelt sich die Biogas-Branche sehr dynamisch. Die junge, mittelständische BIOGAS NORD AG mit Sitz im nordrhein-westfälischen Bielefeld ist in den letzten beiden Jahren sogar mehr als doppelt so stark gewachsen. Ende 2006 beschäftigte das Unternehmen, das sich als Komplettanbieter auf den Bau von Biogasanlagen spezialisiert hat, 105 Mitarbeiter.

Aufgrund des weltweiten Energie- und Rohstoffmangels steigt international das Interesse an erneuerbare Energien. Um an dieser Entwicklung zu partizipieren, hat die BIOGAS NORD AG frühzeitig mit ihrer Internationalisierung begonnen und erste Erfahrungen auf verschiedenen Auslandsmärkten gesammelt. Die Exportquote des Unternehmens betrug im Jahr 2006 bereits 10,7 %. Im Frühjahr 2007 gelang es der BIOGAS NORD AG mit Hilfe des kooperierenden Forschungsunternehmens EnerSearch, zwei Aufträge in Indien zu akquirieren. Darüber hinaus befindet sich ein Großauftrag für den indischen Konzern Reliance Industries Limited in Anbahnung. Dieser Auftrag beinhaltet für das mittelständische Unternehmen aufgrund seines Volumens und seines Imagewertes interessante Chancen, aber auch Risiken, die gegeneinander abgewogen werden müssen. BIOGAS NORD steht daher vor einer wichtigen Entscheidung.

▓ **Keywords/Schlüsselwörter:**

Internationalisierung, Markteintritt, Strategie, Asien, Indien, Mittelstand, Energie, erneuerbare Energien, NaWaRo, Biogas, BIOGAS NORD, Reliance, Bau.

---

5 „SWOT" steht für Strengths (Stärken), Weaknesses (Schwächen), Opportunities (Chancen) und Threats (Bedrohungen/Risiken).

6 Beispielsweise zur Bestimmung des Internationalisierungspotenzials der BIOGAS NORD AG oder bezogen auf die Wettbewerbsvorteile des Unternehmens.

3.2 Problemstellung

Die Fallstudie BIOGAS NORD AG beschäftigt sich auf der einen Seite aus einer allgemeinen Perspektive heraus mit dem Management mittelständischer Unternehmen, auf der anderen Seite insbesondere mit der Internationalisierungsproblematik eines Mittelständlers. Die Studierenden sollen bei der Bearbeitung der Fallstudie auf ihr theoretisches Vorwissen zurückgreifen.

Die zentrale Fragestellung der vorliegenden Fallstudie lautet, ob der Auftrag von Reliance eine geeignete Strategie für den weiteren Markteintritt der BIOGAS NORD AG in Indien darstellt. Ziel ist, dass sich die Studierenden in die Lage des Unternehmensgründers und Vorstandsvorsitzenden von BIOGAS NORD, Gerrit Holz, hineinversetzen, die Situation analysieren und eine begründete Entscheidung treffen. Die Lösungsvorschläge sollten im Falle einer Entscheidung für die Annahme des Auftrags mögliche Strategien zur Minimierung der bestehenden Risiken beinhalten, oder bei einer Entscheidung dagegen ein alternatives Markteintrittsszenario, bezogen auf den indischen Markt, aufzeigen.

3.3 Leitfragen

Durch die Fallstudie BIOGAS NORD AG sollen die Studierenden zu einer aktiven und selbstständigen Auseinandersetzung mit einer praxisnahen, unternehmerischen Entscheidungssituation angeregt werden. Allerdings kann der Dozent durch gezielte Fragestellungen den Prozess der Problemanalyse und Entscheidungsfindung unterstützen und Impulse für die spätere Gruppendiskussion geben. Die wirtschaftlichen Gründe, die für eine Übernahme des Auftrags von Reliance sprechen, sind relativ offensichtlich, die Gründe, die dagegen sprechen, jedoch weniger. Daher kann es sinnvoll sein, nicht direkt in die Analyse der Chancen und Risiken einzusteigen, sondern diesen Schritt mithilfe geeigneter Leitfragen vorzubereiten.

■ **Wie ist die Lage der BIOGAS NORD AG – unabhängig von dem möglichen Auftrag durch Reliance – zu beurteilen?**

Hier sollen die Studierenden zum einen die positive wirtschaftliche Lage des Unternehmens herausarbeiten, in deren Konsequenz die BIOGAS NORD AG nicht zwangsläufig auf den Auftrag von Reliance angewiesen ist. Zum anderen sollen die Studierenden aber auch erkennen, dass sich das Unternehmen aufgrund seines schnellen Wachstums noch in einer Phase der Neustrukturierung befindet und daher vor großen internen Herausforderungen steht.

▓ Wie attraktiv ist der indische Markt für die BIOGAS NORD AG?

Die Fallstudie gibt einige Hinweise darauf, dass der indische Markt aufgrund von Energieknappheit und einem mangelndem Ausbau des zentralen Energieversorgungsnetzes ein großes Potenzial für Biogasanlagen bietet. Der indische Markt ist für die BIOGAS NORD AG also sehr attraktiv. Daraus kann entweder gefolgert werden, dass der schnelle Markteintritt mithilfe von Reliance zu empfehlen ist, um frühzeitig Marktanteile zu sichern, oder ganz im Gegenteil, dass es aufgrund einer Vielzahl weiterer potenzieller Kunden Alternativen zum Auftrag von Reliance gibt. Auch die Ansicht, dass die Priorität auf den noch nicht gesättigten Heimatmarkt gelegt werden sollte, ließe sich begründen.

▓ Welche Ziele und Interessen könnte Reliance verfolgen?

Diese Frage ist zwar spekulativ, soll die Studierenden jedoch für mögliche, vom Auftraggeber ausgehende Risiken sensibilisieren. In der Fallstudie wird die Motivlage von Reliance für den Bau der Biogasanlagen geschildert: Zum einen sollen die Abfälle der Supermärkte kostengünstig entsorgt, zum anderen soll daraus Energie erzeugt werden. Auch dadurch kann Reliance Geld sparen. Allerdings wird auch betont, dass Reliance eine Strategie der Integration von Wertschöpfungsstufen verfolgt. Reliance wendet sich nicht an ein indisches Unternehmen, sondern ist an der fortschrittlichen deutschen Technologie interessiert. Bei den noch geplanten Investitionen im Retail-Bereich ist daher nicht auszuschließen, dass Reliance zu einem späteren Zeitpunkt dazu übergeht, mit dem erworbenen Know-how die benötigten Biogasanlagen selbst zu bauen.

▓ Welche Probleme können nach Vertragsabschluss zwischen der BIOGAS NORD AG und Reliance auftreten?

Das größte Problem besteht in dem ungleichen Größen- und Machtverhältnis zwischen Auftraggeber und Auftragnehmer. Da es sich hierbei zudem für die BIOGAS NORD AG um ein sehr großes Projekt handelt, würde sich das Unternehmen in eine starke Abhängigkeit von Reliance begeben. Die BIOGAS NORD AG befindet sich also in einer schlechten Verhandlungsposition, unabhängig davon, welche Probleme konkret auftreten. Hinzu kommt, dass eine juristische Durchsetzbarkeit von Ansprüchen nicht gewährleistet ist und Reliance über ein wesentlich besseres politisches Netzwerk in Indien verfügt.

▓ Welches wären die Folgen, wenn BIOGAS NORD den Auftrag ablehnt?

Sicherlich könnte versucht werden, als Antwort auf diese Frage den entgangenen Umsatz und Gewinn zu schätzen. Viel wichtiger ist jedoch die Tatsache, dass Reliance den Auftrag an einen direkten Wettbewerber der BIOGAS NORD AG vergeben könnte. Die Fallstudie macht deutlich, dass Deutschland führend im Bereich der Biogas-Technologie ist. Lehnt die BIOGAS NORD AG den Auftrag ab, ist es wahrscheinlich, dass Reliance nach einem anderen leistungsfähigen Anbieter im Wettbewerbsumfeld von BIOGAS NORD sucht.

Die Auseinandersetzung mit diesen Einstiegsfragen soll einer gezielten Vorbereitung der eigentlichen Analyse dienen, die darüber hinaus die folgenden Fragen beantworten soll:

- ■ Welche Gründe sprechen für die Annahme des Auftrags, welche dagegen?

- ■ Welche Risiken beinhaltet der Auftrag und wie sind diese zu bewerten?

- ■ Welche Möglichkeiten der Risikominimierung gibt es?

- ■ Wie sähe ein Best-Case-Szenario, wie ein Worst-Case-Szenario aus?

- ■ Welche Lösungsalternativen gibt es?

3.4 Analyse

Im Anschluss an die vorbereitenden Leitfragen kann im Rahmen einer vertiefenden Analyse zunächst eine Systematisierung der Argumente und Gegenargumente bezogen auf den potenziellen Auftrag von Reliance vorgenommen werden. Dabei werden die Gründe, die für (pro) eine Annahme des Auftrags sprechen, den Gründen, die dagegen (contra) sprechen, gegenübergestellt. Die folgende Tabelle stellt die Ergebnisse im Überblick dar:

Abbildung 3-1:   *Pro-Contra-Gegenüberstellung*

Pro	Contra
– Sicherung der Auftragslage über mehrere Jahre	– Wenig Erfahrung am indischen Markt
– Schnelles Unternehmenswachstum möglich	– Keine Erfahrung mit Großkunden
– Hohe Rendite möglich	– Hoher administrativer Aufwand
– Positive Beschäftigungseffekte auch für den Standort Deutschland	– Ungleiche Machtverhältnisse zwischen Auftraggeber und Auftragnehmer
– Reibungsloser Markteintritt in Indien möglich	– Gefahr der Abhängigkeit vom Auftraggeber
– Geringer Akquiseaufwand	– Gefahr des Know-how-Abflusses
– Vorsprung gegenüber dem Wettbewerb	– Hohe Bindung von Ressourcen
– Referenzprojekt für den indischen Markt	– Gefahr der Verzettelung
– Auftraggeber verfügt über wichtige Kontakte in Indien, von denen BIOGAS NORD profitieren kann	– Organisationsstruktur nicht entsprechend ausgerichtet; hängt schnellem Wachstum noch hinterher

Quelle: Eigene Darstellung.

Gründe, die für eine Annahme des Auftrags sprechen, sind in erster Linie betriebs-wirtschaftlicher Art. Bis Ende 2006 hatte die BIOGAS NORD AG insgesamt 146 Bio-gasanlagen erstellt. Wird diese Zahl in Relation zum potenziellen Auftragsvolumen von Reliance (135 + x Biogasanlagen) gesetzt, ist die wirtschaftliche Bedeutung für die BIOGAS NORD AG offensichtlich. Die Auftragslage des mittelständischen Unterneh-mens wäre für mehrere Jahre gesichert. Dies hätte positive Effekte auf das Unterneh-menswachstum, die Anzahl der Beschäftigten sowie auf den Aktienkurs. Steigt durch den Großauftrag der Börsenwert des Unternehmens, kann zudem die Beschaffung von neuem Eigenkapital im Zuge einer weiteren Kapitalerhöhung erleichtert werden.

Es gibt allerdings auch strategische Einflussfaktoren. Beispielsweise kann durch diesen Auftrag der weitere Markteintritt der BIOGAS NORD AG in Indien wesentlich erleich-tert werden. Zeit, Kosten und Risiken der Kundenakquisition können minimiert wer-den. Außerdem könnte sich das Unternehmen dadurch einen wichtigen Vorsprung gegenüber dem Wettbewerb sichern. Auch im Hinblick auf die Gewinnung von weite-ren Kunden und Folgeaufträgen im indischen Markt kann die Übernahme des Auf-trags von Vorteil sein. Bei Reliance handelt es sich um ein bekanntes Unternehmen, welches nicht nur in Indien eine ausgezeichnete Referenz für die BIOGAS NORD AG darstellen würde. Zudem könnte die BIOGAS NORD AG gegebenenfalls vom ge-schäftlichen und politischen Netzwerk des Auftraggebers profitieren.

Auf der anderen Seite gibt es auch eine Reihe von Gründen, die gegen die Übernahme des Auftrags sprechen und die zum Teil bereits mithilfe der Leitfragen herausgearbei-tet werden konnten. Die BIOGAS NORD AG verfügt über wenig Erfahrung auf dem indischen Markt und über keinerlei Erfahrung mit Großkunden wie Reliance. Mit der Forderung eines „Letters of Interest" zeichnet sich bereits vor Vertragsabschluss ab, dass ein hoher administrativer Aufwand zu erwarten ist. Aus diesem Grund und auf-grund des potenziellen Auftragsvolumens würden bei der BIOGAS NORD AG erheb-liche Ressourcen gebunden. Das Unternehmen steht wegen seines schnellen Wachs-tums jedoch ohnehin vor organisationalen Herausforderungen, wodurch die Gefahr einer „Verzettelung" besteht. Ein weiteres wichtiges Gegenargument ist, dass Reliance um ein Vielfaches größer als die BIOGAS NORD AG ist, was zu einem extremen Un-gleichgewicht der Machtverhältnisse zwischen Auftraggeber und Auftragnehmer führt. Zudem besteht für die BIOGAS NORD AG aufgrund des Auftragsvolumens die Gefahr einer hohen Abhängigkeit von Reliance. Auch die Gefahr des Know-how-Abflusses spricht eher gegen die Annahme des Auftrags.

Die Pro-und-Contra-Gegenüberstellung zeigt, dass es sowohl Gründe gibt, die für eine Übernahme des Auftrags von Reliance sprechen, als auch solche, die dagegen spre-chen. Kurzfristig verspricht der Auftrag weiteres Wachstum und wirtschaftlichen Erfolg. Es wurden jedoch auch Risiken identifiziert, die der BIOGAS NORD AG mit-tel- oder langfristig schaden können. Um diese Risiken besser einschätzen zu können, ist deren nähere Untersuchung im Rahmen einer systematischen Risikoanalyse zu empfehlen. Hierbei werden die Risiken hinsichtlich ihrer Eintrittswahrscheinlichkeit und ihrer Bedeutung für die BIOGAS NORD AG bewertet. Die Bewertung der Eintrittswahrscheinlichkeit erfolgt in Prozent. Für die Bewertung der Relevanz werden die Risiken im Folgenden den drei Kategorien „A", „B" und „C" zugeordnet. „A-Risiken" sind von entscheidender, Risiken der Gruppe „B" von mittlerer und Risiken der Gruppe „C" von geringer Bedeutung. Anschließend werden mögliche Gegenmaßnahmen, die zur Vermeidung oder Minimierung der Risiken in Frage kommen, vorgeschlagen. Die folgende Darstellung zeigt das mögliche Ergebnis solch einer Risikoanalyse:

Abbildung 3-2: *Risikoanalyse zur Fallstudie BIOGAS NORD AG*

Art des Risikos	Bedeu-tung	Eintrittswahr scheinlichkeit	Gegenmaßnahmen
Hohe wirtschaftliche Abhängigkeit vom Auftraggeber	A	100 %	- Noch schnelleres Wachstum und Akquise weiterer Kunden - Langfristige Streckung des Großauftrags
Vernachlässigung der Heimatmärkte und Stammkunden	A	30 %	- Sensibilisierung und konsequentes Gegensteuern durch die Unternehmensleitung - Einrichtung von Key-Account- bzw. verantwortlichen Länder-Managern
Verzettelung durch zu schnelles Wachstum	A	30 %	- Anpassung der Organisationsstruktur - Umfassendes Qualitätsmanagement und Professionalisierung der Prozesse - Finanzielle Sicherheit durch gestaffelte Zahlweise - Wachstum beschränken durch Kooperation mit Subdienstleistern
Verzettelung durch zu schnelles Wachstum	A	30 %	- Anpassung der Organisationsstruktur
Engpässe bei der Rekrutierung qualifizierten Personals	B	50 %	- Neue Wege der Personalbeschaffung auf allen Ebenen - Aufbau einer internen Personalentwicklung - Kooperation mit Subdienstleistern
Auftraggeber baut Biogasanlagen selbst oder wählt günstigeren Anbieter	B	50 %	- Vertragliche Absicherung - Investition in F&E
Retail-Bereich in Indien entwickelt sich nicht wie vom Auftraggeber erwartet	C	20 %	- Euphorie vermeiden - Regelmäßige Anpassungen der Planung an die reale Entwicklung

Quelle: Eigene Darstellung.

Das Risiko der wirtschaftlichen Abhängigkeit vom Auftraggeber Reliance kann mit „A" bewertet werden, da es von entscheidender Bedeutung für die BIOGAS NORD AG ist. Das mittelständische Unternehmen würde infolge dieser Abhängigkeit in eine sehr schlechte Verhandlungsposition kommen, in der der Auftraggeber die Rahmenbedingungen der Zusammenarbeit weitgehend „diktieren" könnte. Aufgrund des hohen Auftragsvolumens wird es mit einer Wahrscheinlichkeit von nahezu 100 % zu dieser einseitigen Abhängigkeit kommen. Die möglichen Gegenmaßnahmen sind begrenzt. Ein von diesem Auftrag unabhängiges Wachstum und die Akquise weiterer (Groß-)Kunden könnten die BIOGAS NORD AG zwar weniger abhängig vom Auftraggeber Reliance machen, würden jedoch zu neuen Problemen führen. Eine andere mögliche Gegenmaßnahme könnte darin bestehen, den Großauftrag über einen längeren Zeitraum von mehreren Jahren zu strecken. Das widerspricht jedoch vermutlich den Interessen von Reliance.

Ein weiteres Risiko, das als „A-Risiko" eingestuft werden sollte, besteht in der Vernachlässigung der Heimatmärkte in Europa. Ist das Management der BIOGAS NORD AG für dieses Risiko sensibilisiert, kann die Eintrittwahrscheinlichkeit mit 30 % jedoch als relativ niedrig eingeschätzt werden und es besteht die Möglichkeit, frühzeitig und gezielt gegenzusteuern. Beispielsweise könnte ein Ländermanagement eingerichtet werden, bei dem unterschiedliche Marketingmanager die Verantwortung für bestimmte Zielmärkte übernehmen.

Aufgrund eines erneuten, schnellen Wachstums besteht für die junge, mittelständische BIOGAS NORD AG außerdem das Risiko einer finanziellen und organisatorischen „Verzettelung" – ebenfalls ein „A-Risiko" von wichtiger Bedeutung. Aber auch in diesem Fall kann die Unternehmensleitung frühzeitig Gegenmaßnahmen ergreifen und so die Eintrittswahrscheinlichkeit senken. Vor allem ist es wichtig, die Organisationsstruktur an die gewachsene Unternehmensgröße anzupassen und im Rahmen eines Qualitätsmanagements die Prozesse zu professionalisieren. Das finanzielle Risiko ließe sich möglicherweise durch die Vereinbarung einer gestaffelten Zahlungsweise, bei der Reliance als Auftraggeber in Vorkasse geht, minimieren. Eine weitere Möglichkeit der Risikominimierung für die BIOGAS NORD AG bestünde darin, das eigene Wachstum durch die Einbindung von indischen Subunternehmen zu beschränken. Allerdings können auch daraus wiederum neue Probleme und Risiken entstehen.

Ein sehr kritisches Risiko für die BIOGAS NORD AG wäre bei so einem großen Auftrag außerdem die plötzliche Zahlungsunfähigkeit des Auftraggebers. Die Eintrittswahrscheinlichkeit dieses Risikos geht im Fall von Reliance jedoch gegen 0 %.

Engpässe bei der Rekrutierung qualifizierten Personals für diesen Großauftrag stellen ein weiteres, jedoch etwas weniger kritisches Risiko, das mit „B" eingestuft werden kann, dar. Zum einen kann die BIOGAS NORD AG auf neue Wege der Personalbeschaffung, beispielsweise durch Kooperationen mit Hochschulen oder Personalvermittlungen, zum anderen auf den Aufbau einer internen Personalentwicklung mit maßgeschneiderten Qualifizierungsprogrammen setzen. Auch hinsichtlich dieses

Risikos könnte die Beauftragung von Subdienstleistern ein Ausweg sein, um Personalengpässe zu überbrücken.

Über Know-how-Abfluss, „Technologie-Klau", Patentverletzungen und ein unzureichendes Rechtsschutzsystem wird insbesondere im Zusammenhang mit asiatischen Ländern diskutiert. Dieses Risiko kann mit „B" eingestuft werden. Da die Biogastechnologie nur begrenzt schützbar ist und die Markteintrittsbarrieren relativ niedrig sind, muss die BIOGAS NORD AG dieses Risiko grundsätzlich einkalkulieren. Allerdings besteht im vorliegenden Fall nicht nur das Risiko, dass sich ein indischer Wettbewerber die Technologie und das Know-how der BIOGAS NORD AG aneignet, sondern auch die Möglichkeit, dass der Auftraggeber dazu übergeht, Biogasanlagen selbst zu bauen. Aus der Fallstudie geht hervor, dass Reliance zum einen über die erforderliche Finanzstärke verfügt und zur strategischen Integration von Wertschöpfungsstufen neigt. Die Eintrittswahrscheinlichkeit dieses Risikos kann nur schlecht eingeschätzt werden und hängt davon ab, wie groß Reliance den dadurch entstehenden finanziellen Vorteil einschätzt. Gegenmaßnahmen können lediglich in einer entsprechenden vertraglichen Gestaltung sowie im Ausbau des Wissensvorsprungs durch Investitionen in Forschung und Entwicklung auf Seiten der BIOGAS NORD AG darstellen.

Ein Risiko, das die BIOGAS NORD AG nur indirekt betrifft und daher als „C-Risiko" eingeschätzt werden kann, besteht darin, dass sich der Retail-Bereich in Indien weniger erfolgreich entwickelt als von Reliance erwartet und es dadurch nicht zu Folgeaufträgen kommt. Auch wenn die Eintrittswahrscheinlichkeit für dieses Risiko relativ gering ist, sollte die BIOGAS NORD AG daher von Anfang an Euphorie vermeiden und die Planungen regelmäßig an die realen Entwicklungen anpassen.

Zusammenfassend fällt bei dieser Analyse auf, dass die meisten Risiken, unabhängig von ihrer Eintrittswahrscheinlichkeit, von wichtiger Bedeutung für die BIOGAS NORD AG sind und mit „A" oder „B" eingestuft werden müssen. Der Auftrag birgt also insgesamt ein hohes Risikopotenzial.

Wird davon ausgegangen, dass auf Seiten der BIOGAS NORD AG keine schwerwiegenden Management-Fehler, beispielsweise durch die Vernachlässigung der Heimatmärkte, begangen werden, könnte sich ein Worst-Case-Szenario wie folgt darstellen: Die BIOGAS NORD AG erhält von Reliance den Auftrag für den Bau von 135 Biogasanlagen und stellt daraufhin in erheblichem Umfang neue Mitarbeiter ein. Nach wenigen realisierten Anlagen wird der Auftraggeber vertragsbrüchig und beginnt selbst mit dem Bau von Biogasanlage nach dem Vorbild der Anlagen des deutschen Mittelständlers. Zahlungen bleiben aus und eine juristische Durchsetzung der vertraglichen Ansprüche verzögert sich aufgrund einer Überlastung der indischen Gerichte auf unbestimmte Zeit. Diese Situation könnte im schlimmsten Fall die Existenz der BIOGAS NORD AG bedrohen und zu einer Zahlungsunfähigkeit führen.

Bei einem Best-Case-Szenario würde die BIOGAS NORD AG die 135 Biogasanlagen in einem relativ kurzen Zeitraum von zwei bis drei Jahren erfolgreich realisieren und anschließend weitere Folgeaufträge von Reliance erhalten. Das mittelständische Unternehmen würde ein weiteres schnelles Wachstum realisieren und sich gegebenenfalls sogar zum größten Komplettanbieter für Biogasanlagen entwickeln. Mit Reliance als Referenz und dem guten Netzwerk des Auftraggebers hätte die BIOGAS NORD AG zudem die Möglichkeit, problemlos weitere Großkunden in Indien und weltweit akquirieren.

3.5 Mögliche Lösung

Die Analyse der Entscheidungssituation hat ergeben, dass der potenzielle Auftrag von Reliance zwar sehr attraktiv ist, jedoch auch erhebliche Risiken für die BIOGAS NORD AG beinhaltet. Auch wenn die Chancen eines schnellen Wachstums und eines reibungslosen Markteintritts in Indien verlockend sind, bestehen nur eingeschränkte Möglichkeiten, den Risiken, die im schlimmsten Fall die Existenz der BIOGAS NORD AG bedrohen können, entgegenzusteuern. Die Konsequenzen der Ablehnung dieses Auftrags sind gegebenenfalls bedauerlich, die Konsequenzen einer Annahme des Auftrags könnten jedoch verheerend sein.

Die BIOGAS NORD AG ist ein noch junges, mittelständisches Unternehmen, das seit seiner Gründung extrem stark gewachsen ist und unabhängig von diesem Großauftrag die organisatorischen Herausforderungen der schnellen Unternehmensentwicklung meistern muss. Es bestehen daher auch interne Gründe, die gegen die Übernahme des Auftrags sprechen. In der Fallstudie ist zudem deutlich geworden, dass der Vorstandsvorsitzende der BIOGAS NORD AG, Gerrit Holz, als Unternehmerpersönlichkeit nicht in erster Linie vom Ziel der Gewinnmaximierung getrieben ist, sondern vielmehr auf Nachhaltigkeit setzt. Dies kann durch ein moderates Wachstum und eine Risikostreuung mit breiter Kundenbasis in unterschiedlichen Zielmärkten gewährleistet werden. Da weltweit eine hohe Nachfrage nach Biogasanlagen besteht, ist das Unternehmen nicht auf diesen Auftrag von Reliance angewiesen.

Die BIOGAS NORD AG sollte daher den Auftrag zu diesem Zeitpunkt der Unternehmensentwicklung nicht annehmen, jedoch gemeinsam mit dem Kooperationspartner EnerSearch ein Netzwerk in Indien aufbauen und kleinere Aufträge akquirieren. Dadurch besteht die Möglichkeit, Schritt für Schritt und in gemäßigtem Tempo Erfahrungen mit indischen Kunden zu sammeln und dennoch von der Dynamik des indischen Marktes zu profitieren.

Oliver Kruse / Vanessa Vieselmeier

Literaturverzeichnis

Fachbücher und eigenständige Werke:

O.V., BP: BP Statistical Review of World Energy June 2007, 2007, URL: http://www.bp.com/liveassets/bp_internet/globalbp/globalbp_uk_english/reports_ and_publications/statisti- cal_energy_review_2007/STAGING/local_assets/downloads/pdf/statistical_review_ of_world_energy_full_report_2007.pdf [Stand: 16.06.2007].

O.V., Energy Information Administration (EIA): World Energy and Economic Outlook, In: International Energy Outlook 2007, 2007, URL: http:// www.eia.doe.gov/ oiaf/ieo/pdf/world.pdf [Stand: 02.06.2007].

FRITSCHE, UWE R.; HÜNECKE, KATJA; SCHMIDT, KLAUS: Möglichkeiten einer europäischen Biogaseinspeisungsstrategie – Teilbericht II, ökologische und sozialökonomische Analyse, In: Bundestagsfraktion Bündnis 90/Die Grünen, Möglichkeiten einer europäischen Biogaseinspeisungsstrategie, Berlin, 2007.

HABEDANK, CHRISTIAN: Internationalisierung im deutschen Mittelstand – Ein kompetenzorientierter Ansatz zur Erschließung des brasilianischen Marktes, Deutscher Universitäts-Verlag, Wiesbaden, 2006.

O.V., Institut für Energetik und Umwelt Leipzig: Monitoring zur Wirkung des novellierten Erneuerbare-Energien-Gesetzes (EEG) auf die Entwicklung der Stromerzeugung aus Biomasse, 2007, URL: http://www.bmu.de/erneuerbare_energien/downloads/doc/36204.php [Stand: 12.06.2007].

O.V., KPMG: India Energy Outlook 2007 – Energy and Natural Resources, 2007, URL: http://www.in.kpmg.com/pdf/IndiaEnergy_07.pdf [Stand: 17.06.2007].

STAEHLE, WOLFGANG H.: Management – eine verhaltenswissenschaftliche Perspektive, Verlag Vahlen, München, 8. Aufl./überarb. von Conrad, Peter u. Sydow, Jörg, 1999.

STAIß, FRITHJOF: Jahrbuch Erneuerbare Energien, Stiftung Energieforschung Baden-Württemberg, Verlag Bieberstein, Radebeul, 2007.

STUHLER, ELMAR A.; ARTHUR, HENRY B.: Fallstudien zum Agribusiness nach der Harvard-Case-Method, Verlag Paul Parey, Hamburg, 1975.

THRÄN, DANIELA; SEIFFERT, MICHAEL; MÜLLER-LANGER, FRANZISKA; PLÄTTNER, ANDRÉ; VOGEL, ALEXANDER: Möglichkeiten einer europäischen Biogaseinspeisungsstrategie – Teilbericht I, Potenziale, In: Bundestagsfraktion Bündnis 90/Die Grünen, Möglichkeiten einer europäischen Biogaseinspeisungsstrategie, Berlin, 2007.

Aufsätze

HAUSSMANN, HELMUT; RYGL, DAVID: Erfolgsstrategien mittlerer Unternehmungen im Internationalisierungsprozess, 2003, URL: http://www.im.wiso.uni-erlangen.de/download/Working_Papers/working-paper-02-03-erfolg.pdf [Stand: 10.06.2007].

Cases

BARTLETT, CHRISTOPHER A.; DESSAIN, VINCENT; SJÖMANN, ANDERS: IKEA's Global Sourcing Challenge – Indian Rugs and Child Labor (A) + (B), Harvard Business School Publishing, Boston, 2006.

COVIELLO, NICOLE: Foreign Market Entry and Internationalization – The Case of Datacom Software Research. In: Hisrich, Robert D./McDougall, Patricia P./Oviatt, Benjamin M. (Hrsg.): Cases in International Entrepreneurship, Irwin McGraw-Hill, Boston, 1997, S. 133-151.

GEISSLER, CORNELIA: The Cane Mutiny – Managing a Graying Workforce, In: Harvard Business Review, Ausgabe Oktober 2005.

HOLTBRÜGGE, DIRK; EXTER, ANDREAS; KITTLER, MARKUS G.: Management internationaler Unternehmungskooperationen – Das Beispiel Transrapid. In: Zentes, Joachim/Swoboda, Bernhard (Hrsg.): Fallstudien zum internationalen Management – Grundlagen, Praxiserfahrungen, Perspektiven, Gabler-Verlag, Wiesbaden, 2. Aufl., 2004, S. 133-144.

JAIN, AMIT; GUPTA, JYOTI P.: Privatization through International Project Financing – The Case of Oil & Gas Industry in India. In: Zentes, Joachim/Swoboda, Bernhard (Hrsg.): Fallstudien zum internationalen Management – Grundlagen, Praxiserfahrungen, Perspektiven, Gabler-Verlag, Wiesbaden, 2. Aufl., 2004, S. 601-616.

MAISCH, ROMAN; PILAREK, DAVID: Die Positionierung der Addiplus AG auf dem chinesischen Markt. In: Janovsky, Jürgen/Khashabian, Bijan/Pilarek, David (Hrsg.): Management-Kompetenz durch Fallstudientechnik – Talente erkennen und entwickeln, Gabler-Verlag, Wiesbaden, 2006, S. 149-156.

REIMUS, BYRON: Oil and Wasser – Can a clash of cultures undermine this crossborder merger?, Harvard Business School Publishing, Boston, 2004.

WITTBERG, VOLKER: CSR-Fallstudie „Brause" für einen gesunden Lifestyle – Bionade GmbH, FHM-Institut für den Mittelstand in Lippe (IML), Detmold, 2007.

ZENTES, JOACHIM; SWOBODA, BERNHARD: Komplexität der Internationalisierungsprozesse am Beispiel von KBE und Elektrolux. In: Zentes, Joachim/Swoboda, Bernhard (Hrsg.): Fallstudien zum internationalen Management – Grundlagen, Praxiserfahrungen, Perspektiven, Gabler-Verlag, Wiesbaden, 2. Aufl., 2004, S. 4-18.

Sonstige Internetquellen:

o.V., Bundesagentur für Außenwirtschaft (bfai): Ausländische Direktinvestitionen in Indien auf dem Weg zu neuem Rekord, 2006, URL: http://www.bfai.de [Stand: 05.07.2007].

o.V., Bundesagentur für Außenwirtschaft (bfai): Indien baut erneuerbare Energien weiter aus, 2007, URL: http://www.bfai.de [Stand: 02.06.2007].

o.V., Biogas Nord AG: Geschäftsbericht Biogas Nord AG 2006, Bielefeld, 2007, URL: http://www.biogas-nord.com/downloads/geschaeftsbericht_ biogas_nord_ag_2006.pdf [Stand: 19.06.2007].

o.V., Biogas Nord Anlagenbau GmbH: Jahresabschluss zum 31. Dezember 2006 und Lagebericht für das Geschäftsjahr vom 1. Januar bis 31. Dezember 2006, Bielefeld, 2007, URL: http://www.biogas-nord.com/downloads/ja_biogas_nord_2006.pdf [Stand: 19.06.2007].

o.V., Biogas Nord AG: Investor Relations – Pressemeldungen, Bielefeld, 2007, URL: http://www.biogas-nord.com/docs/ir.html [mehrere Abrufe seit dem 19.04.2007, letzter Stand: 13.07.2007].

o.V., Fachverband Biogas e.V.: Biogas – das Multitalent für die Energiewende, Fakten im Kontext der Energiepolitik-Debatte, Freising, 2006, URL: http://www.biogas.org/datenbank/file/notmember/medien/Fakten_Biogas_2006_03. pdf [Stand: 15.05.2007].

o.V., Fachverband Biogas e.V.: Hintergrundinfos, 2006, URL: http://www.biogas.org/ datenbank/file/notmember/presse/061115_FVB_Hintergrundinfos.pdf [Stand: 05.06.2007].

o.V., Institut für Mittelstandsforschung Bonn: Rankingliste der Top-500 Familienun-ternehmen, 2005, URL: http://www.ifm-bonn.org/presse/Top-500-Liste-Bundeslaender_Beschaeftigte.pdf [Stand: 28.06.2007].

o.V., Institut für Mittelstandsforschung Bonn: Schlüsselzahlen des Mittelstands in Deutschland, 2007, URL: http://www.ifm-bonn.org/index.htm?/dienste/ schluesselzahlen_des_mittelstands.htm [Stand: 28.06.2007].

o.V., Mineralölwirtschaftsverband e.V. (MWV): Rohölpreisentwicklung 1970 – 2006, URL: http://www.mwv.de/cms/front_content.php?idcat=14&idart=63 [Stand: 04.06.2007].

o.V., Reliance Industries Limited: Annual Report 2005-2006, 2006, URL: http://www.ril.com/rportal1/DownloadLibUploads/1149156679219_RIL_Annual_R eport_2006_Full.pdf [Stand: 20.06.2007].

o.V., Statistisches Bundesamt Deutschland (DESTATIS): Auslandsverzeichnis – Jährli-ches BIP-Wachstum (real), 2007, URL: http://www.destatis.de [Stand: 06.06.2007].

O.V., Weltbank: World Data Profile, 2007, URL: http://devdata.worldbank.org/external/CPProfile.asp?PTYPE=CP&CCODE=WLD [Stand: 06.06.2007].

Außerdem wurden für die Fallstudie folgende Quellen verwendet, die aufgrund des narrativen Stils nicht direkt zitiert wurden:

O.V., Bundesagentur für Außenwirtschaft (bfai): Alternative Kraftstoffe in Indien auf dem Vormarsch, 2005, URL: http://www.bfai.de [Stand: 02.06.2007].

O.V., Bundesagentur für Außenwirtschaft (bfai): Elektrizifierung der indischen Dörfer kommt nur schleppend voran, 2006, URL: http://www.bfai.de [Stand: 02.06.2007].

O.V., Bundesagentur für Außenwirtschaft (bfai): Energiewirtschaft Indien – 2004/05, 2006, URL: http://www.bfai.de [Stand: 02.06.2007].

O.V., Bundesministerium für Umwelt, Naturschutz und Reaktorsicherheit: Entwicklung der erneuerbaren Energien im Jahr 2006 in Deutschland, 2007, URL: http://www.bmu.de/files/pdfs/allgemein/application/pdf/hintegrund_zahlen2006.pdf [Stand: 12.06.2007].

EICHELBRÖNNER, MATTHIAS: Technologien, Markt- & Branchenentwicklung bei größeren Bioenergieanlagen – Anforderungen an Energiewirtschaft, Finanzbranche und Politik Markt, Branchenforum Bioenergie Hannover, 20.04.2007, Bundesverband Bioenergie e.V., Bonn, 2007, URL: http://www.german-renewable-energy.com/Renewables/Redaktion/PDF/en/en-Hannover-Messe-Energy-2007-Eichelbroenner,property=pdf,bereich=renewables,sprache=en,rwb=true.pdf [Stand: 02.06.2007].

O.V., EnviTec Biogas GmbH: Unternehmenswebsite, 2007, URL: http://www.envitecbiogas.de [mehrere Abrufe seit dem 19.04.2007, letzter Stand: 20.06.2007].

O.V., Europäische Kommission, Eurostat: Wachstumsrate des realen BIP, 2007, URL: http://epp.eurostat.ec.europa.eu/portal/page?_pageid= 1996,39140985&_dad=portal &_schema=PORTAL&screen=detailref&language=de&product=STRIND_ECOBAC &root= STRIND_ECOBAC/ecobac/eb012 [Stand: 06.06.2007].

O.V., Fachagentur Nachwachsende Rohstoffe e.V.: Website, 2007, URL: http://www.fnr.de [Stand: 06.06.2007].

O.V., International Energy Agency (IEA): Website, 2007, URL: http://www.iea.org [Stand: 06.06.2007].

O.V., Information und Kommunikation für Erneuerbare Energien e.V. (IKEE), Informationskampagne Erneuerbare Energien: Talking Cards (Daten + Fakten), 2007, URL: http://www.unendlich-viel-energie.de/fileadmin/?dokumente/andere/Materialien 2007/TalkingCards_4.Auflage_web.pdf [Stand: 12.06.2007].

O.V., Information und Kommunikation für Erneuerbare Energien e.V. (IKEE), Informationskampagne Erneuerbare Energien: Website, 2007, URL: http://www.unendlich-viel-energie.de [Stand: 12.06.2007].

O.V., INDIA ENERGY PORTAL: Website, 2007, URL: http://www.indiaenergyportal.org [Stand: 17.06.2007].

O.V., MINISTRY OF NEW AND RENEWABLE ENERGY: Website, 2007, URL: http://www.mnes.nic.in [mehrere Abrufe seit dem 01.06.2007, letzter Stand: 18.06.2007].

O.V., PLANET BIOGASTECHNIK GMBH: Unternehmenswebsite, 2007, URL: http://www.planet-biogas.com [mehrere Abrufe seit dem 19.04.2007, letzter Stand: 20.06.2007].

O.V., ÖKOBIT GMBH: Unternehmenswebsite, 2007, URL: http://www.oekobit.com [mehrere Abrufe seit dem 19.04.2007, letzter Stand: 20.06.2007].

O.V., RELIANCE INDUSTRIES LIMITED: Unternehmenswebsite, 2007, URL: http://www.ril.com [mehrere Abrufe seit dem 01.06.2007, letzter Stand: 20.06.2007].

O.V., SCHMACK BIOGAS AG: Unternehmenswebsite, 2007, URL: http://www.schmack-biogas.com [mehrere Abrufe seit dem 19.04.2007, letzter Stand: 20.06.2007].

O.V., SCHMACK BIOGAS AG: Geschäftsbericht 2006, 2007, URL: http://irpages.equitystory.com/Download/Companies/schmack/Annual%20Reports/DE000SBGS111-JA-2006-EQ-D-00.pdf [Stand: 20.06.2007].

O.V., STATISTISCHES BUNDESAMT DEUTSCHLAND (DESTATIS): Länderprofil Indien, 2006, URL: http://www.destatis.de/download/d/veroe/laenderprofile/lp_indien.pdf [Stand: 06.06.2007].

O.V., TERI: Competition in India's energy sector (Electricity, Oil & Gas and Coal), 2007, URL: http://www.competition-commission-india.nic.in/work_Shop/March14-15_2007/3.%20TERI%20Presentation%20-%20March%2015,%202007.pdf [Stand: 17.06.2007].

O.V., TERI: Website, 2007, URL: http://www.teriin.org [Stand: 17.06.2007].

Dirk Holtbrügge/Tassilo Schuster

Erschließung und Bearbeitung von Auslandsmärkten

Fallstudie Rödl & Partner in China

1   Lernziele und notwendige Vorkenntnisse

Die nachfolgende Fallstudie mit Fokus auf mittelständische Unternehmungen hat das Ziel, die Leser mit den besonderen Herausforderungen sowie den Gestaltungsmöglichkeiten international tätiger Unternehmungen vertraut zu machen und richtet sich an Studenten von MBA- und Masterstudiengängen. Die Bearbeitung der Fallstudie setzt Kenntnisse des internationalen Managements sowie ein Grundverständnis für die Besonderheiten der Dienstleistungsbranche voraus. Durch den Bezug auf den Mittelstand ist zudem ein Basiswissen über Unternehmungsorganisation, Personalmanagement und internationale Markteintrittsformen von Vorteil. Spezifische Kenntnisse des chinesischen Marktes und der Prüfungs- und Beratungsbranche sind hingegen nicht erforderlich. Im Mittelpunkt der Fallstudie steht die Nürnberger Wirtschaftsprüfungs-, Steuerberatungs- und Rechtsanwaltskanzlei Rödl & Partner und deren Aktivitäten in China. Im Einzelnen werden die folgenden Fragen diskutiert.

1. Worin liegen die Stärken und Schwächen von Rödl & Partner in diesem Markt?

2. Welche Chancen und Risiken ergeben sich für Rödl & Partner in China?

3. Wie ist das Branchenumfeld in China geprägt und welche Strategie der Marktbearbeitung verfolgt Rödl & Partner dort?

4. Wie ist das Engagement in China in die weltweiten Aktivitäten von Rödl & Partner eingebunden?

2   Fallstudie

2.1   Rödl & Partner going global

„Damit übernehmen Sie sich" und „das ist eine Nummer zu groß für Sie",[1] bekamen die Geschäftsführer Monika Kastl und Dr. Bernd Rödl der Nürnberger Wirtschaftsprüfungs-, Steuerberatungs- und Rechtsanwaltskanzlei Rödl & Partner häufig zu hören, als sie wieder einmal auf ausländische Märkte expandierten, die bis dato als schwierig galten. In besonderem Maße traf dies für das Engagement in China zu, wo die Unternehmung im Jahre 1994 fast zeitgleich mit viel größeren Konkurrenten wie KPMG oder Ernst & Young tätig wurde. Doch trotz dieser Bedenken ist Rödl & Partner dort –

---

1   Kastl M./Rödl B.: Going Global, S. 5.

wie in vielen anderen Ländern auch – sehr erfolgreich. „China ist für uns ohne Frage einer der wichtigsten Auslandsmärkte. Unser Ziel bei der künftigen Expansion ist es, flächendeckend präsent zu sein. Obwohl der Markteintritt mit zahlreichen Hindernissen verbunden war, können wir sagen, dass sich das mit dieser Strategie verbundene Risiko gelohnt hat", so Monika Kastl und Dr. Bernd Rödl.[2]

Rödl & Partner zählt zu den führenden aus Deutschland stammenden Wirtschaftsprüfungs-, Steuerberatungs- und Rechtsanwaltskanzleien und betreut Mandanten weltweit bei ihren Geschäftsaktivitäten. Die Unternehmung besitzt ein ausgedehntes Netzwerk von Niederlassungen in allen großen Industrienationen und hat insbesondere in Mittel- und Osteuropa, Asien und den USA starke Marktpositionen aufgebaut.

Verbunden ist die internationale Expansion mit einem kontinuierlich hohen Wachstum. Im Jahre 2001 wurde Rödl & Partner deshalb mit dem Preis der „Europe's 500", der 500 wachstumsstärksten Unternehmungen in Europa, ausgezeichnet.

Rödl & Partner wurde 1977 von Dr. Bernd Rödl in Nürnberg gegründet. Ende der 80er Jahre erfolgte die Eröffnung von nationalen Zweigstellen in Hof und Plauen. In den Jahren 1989 und 1990 eröffnete Rödl & Partner die ersten Kanzleien in Mittel- und Osteuropa. Die 90er Jahre waren durch weitere Internationalisierungsschritte geprägt. Zahlreiche neue Standorte in Mittel- und Osteuropa, aber auch in Skandinavien und Asien kamen hinzu. Gegenwärtig liegt der Schwerpunkt der Internationalisierung in Asien. So werden die Aktivitäten in China und Indien ausgedehnt und neue Niederlassungen unter anderem auch in Vietnam eröffnet.[3]

Diese Fokussierung auf den asiatischen Raum zeigt sich ebenfalls in der Umsatzentwicklung in dieser Region. So stieg deren Anteil am Gesamtumsatz von 4,1 % (2003) auf 10,5 % (2007) an (vgl. Abbildung 2-1).

---

[2] Kastl, M./Rödl, B.: Going Global, S. 5, Rödl & Partner (2005): Rödl & Partner Jahresbericht 2004/2005, S. 10.
[3] Rödl & Partner (2007): Daten und Fakten, S. 1 f.

Abbildung 2-1:   *Auslandsumsatz 2004 von Rödl & Partner nach Regionen[4]*

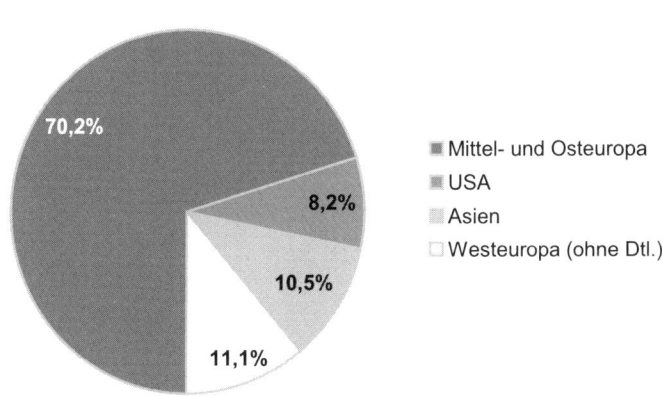

Gegenwärtig hat Rödl & Partner 74 Standorte in weltweit 35 Ländern und beschäftigt über 2.500 Mitarbeiter. Der Gesamtumsatz stieg zwischen 2000 und 2006 um mehr als 70 % auf 173,4 Mio. € an und verdeutlicht die expansive Entwicklung der Unternehmung (vgl. Abbildung 2-2).

Die internationale Ausrichtung von Rödl & Partner folgt der Überzeugung, dass auch der Mittelstand an der Internationalisierung aktiv teilnehmen muss. Ist er nicht in der Lage, am Globalisierungsprozess zu partizipieren, „ist er zu einer Randexistenz in der nationalen Nische verurteilt und damit langfristig vom Aussterben bedroht."[5] Für eine mittelständische Kanzlei, die selbst mittelständische Unternehmungen berät, bedeutet dies, ihre Klienten weltweit mit einem einheitlichen Leistungsangebot zu bedienen. Das Besondere der Internationalisierungsstrategie von Rödl & Partner besteht darin, immer schon vor ihren Kunden vor Ort zu sein, d.h. sich auf Märkten zu etablieren, bevor es dort eine nennenswerte Nachfrage gibt. So wurden z.B. an Flughäfen Werbetafeln angemietet, um mittelständischen Unternehmern, die zum ersten Mal in ein bestimmtes Land fliegen, gleich ein vertrautes Gefühl zu geben.

---

4   Rödl & Partner (2005): Rödl & Partner Jahresbericht 2004/2005, S. 27, Rödl & Partner (2007): Daten und Fakten, S. 1 f.
5   Kastl, M./Rödl, B. (2000): Going Global, S. 15.

Abbildung 2-2:   *Umsatz- und Mitarbeiterentwicklung von Rödl & Partner*

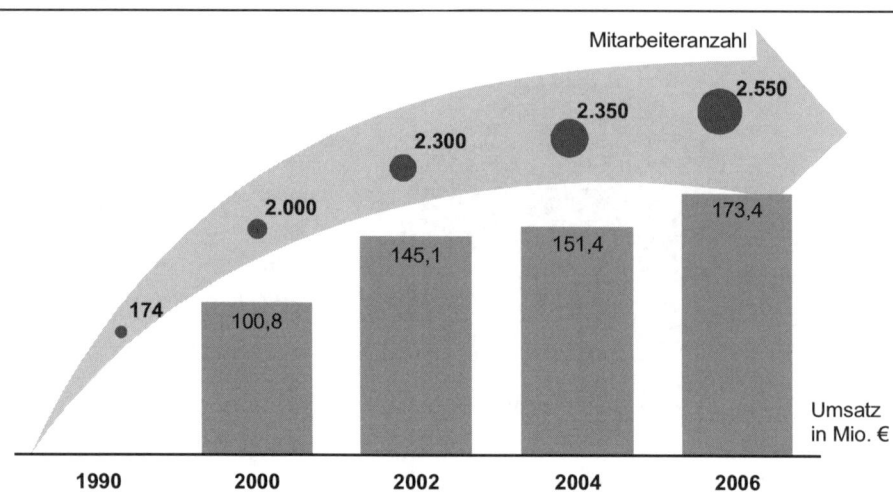

„Als deutsche Kanzlei sind wir der ideale Partner deutscher Unternehmungen bei ihrer Expansion in internationale Märkte"[6], bekräftigt Monika Kastl, die als Geschäftsführende Partnerin für die internationalen Aktivitäten verantwortlich ist. „Unsere große Stärke ist die länderübergreifende Wirtschaftsprüfung, die einheitlich von Deutschland aus gesteuert werden kann. Gleichzeitig gelingt es uns erfreulicherweise, immer mehr der international betreuten Unternehmungen auch in Deutschland als Kunden zu gewinnen. Darunter ist eine wachsende Anzahl großer mittelständischer und börsennotierter Unternehmungen, die die Qualität unserer Beratung im Ausland schätzen gelernt haben"[7], so Kastl. „Die Betreuung deutscher Unternehmungen, insbesondere in Mittel- und Osteuropa, Asien und den USA, hat uns kräftiges Wachstum gebracht. Der deutsche Mittelstand, aber auch die großen Konzerne setzen auf unsere deutschsprachige, länderübergreifende Beratung aus einer Hand. Hier zahlt es sich aus, dass wir in Europa flächendeckend sowie in den Wirtschaftszentren im Südosten der USA und in Asien mit starken Kanzleien vertreten sind", betont die für die internationalen Geschäfte verantwortliche Partnerin.[8]

---

6   Kastl, M./Rödl B. (2002): Rödl & Partner erzielt Rekordwachstum, S. 4.
7   Ibid, S. 2 ff.
8   Ibid, S. 2 ff.

2.2 Rödl & Partner in China

Nachdem Rödl & Partner 1994 eine Lizenz erhielt, Wirtschaftsprüfungen in China anbieten zu dürfen, eröffnete die Unternehmung 1996 die erste Niederlassung in Shanghai, auf die nur ein Jahr später eine weitere in Hongkong folgte.[9] Die Hauptgründe für den wachsenden Erfolg auf dem chinesischen Markt sieht Dr. Bernd Rödl in der sehr individuellen und persönlichen Beratung und in der großen Kundennähe. „Wir haben es geschafft, bei weltweiter Präsenz eine enge, vertrauensvolle Beziehung zu unseren Kunden aufzubauen. Jeder Mandant hat bei uns einen Ansprechpartner, der die umfangreichen Dienstleistungen aus einer Hand anbieten kann."[10] „Rödl & Partner ist immer aus eigener Kraft gewachsen und konnte damit eine starke Unternehmenskultur aufbauen", betont Dr. Bernd Rödl weiter.[11] So wurden 2004 zwei weitere Büros in Peking und Guangzhou eröffnet, um die dortige Präsenz und Kundennähe zu stärken (vgl. Abbildung 2-3).

Abbildung 2-3: *Niederlassungen von Rödl & Partner in China*

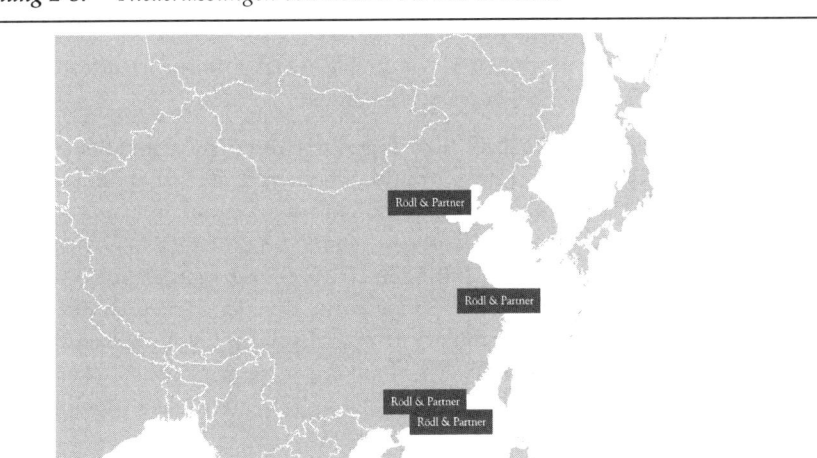

Mit dem Erwerb der Lizenz zur Rechtsberatung konnte Rödl & Partner einen weiteren entscheidenden Schritt erzielen, durch den es der Kanzlei möglich ist, ihren Kunden sowohl Wirtschaftsprüfung als auch Steuer- und Rechtsberatung zu offerieren.[12] So erklärt Monika Kastl: „Gerade in einem boomenden Markt wie China ist unsere Full-

---

9   Rödl & Partner (2007): Daten und Fakten, S. 1 f.
10 Kastl, M./Rödl B. (2002): Rödl & Partner erzielt Rekordwachstum, S. 2.
11 Rödl, B. (2001): Motor für Wachstum und Arbeitsplätze, S. 3.
12 Kastl, M./Rödl B. (2002): Rödl & Partner erzielt Rekordwachstum, S. 4 f.

Service Beratung, welche wir von Deutschland aus anbieten können, für Unternehmungen ein höchst attraktives Angebot. Man kann sich nicht vorstellen, wie groß die Erleichterung einiger Mandanten ist, wenn sie ihre Probleme in Shanghai mit einem Anruf in Nürnberg regeln können."

Zur Unterstützung der Niederlassungen in China wurden im Stammhaus sowohl ein Asia- als auch ein China-Desk aufgebaut. Diese Kompetenzzentren stellen den Mitarbeitern spezifische Informationen über Branchen und Märkte bereit und dienen als Ansprechpartner für die deutschen Muttergesellschaften der Klienten in China. Die notwendigen Kenntnisse über den chinesischen Markt werden vor allem durch die Rekrutierung von branchenkundigen chinesischen Experten und durch Auslandsentsendungen von Stammhausmitarbeitern erworben.

Die Rekrutierung von qualifizierten Mitarbeitern ist jedoch zunehmend mit Schwierigkeiten verbunden. Im Bereich der Wirtschaftsprüfung konkurriert Rödl & Partner mit den großen amerikanischen Beratungs- und Prüfungsgesellschaften, während in der Buchhaltung ausländische Unternehmungen in China die größten Wettbewerber sind. Bedingt durch das starke Wachstum der Branche mangelt es an Fachkräften. Aus diesem Grund versucht Rödl & Partner verstärkt, Kooperationen mit Universitäten aufzubauen, um den Studenten den Standort Deutschland und vor allem die eigene Unternehmung näher zu bringen sowie um langfristig vermehrt offene Stellen mit lokalen Hochschulabsolventen besetzen zu können.

Eine weitere Möglichkeit, die Rödl & Partner nutzt, um den Fachkräftemangel in China zu begegnen, ist die Entsendung von Mitarbeitern. Dabei setzt die Kanzlei Mitarbeiter vorwiegend für einen Zeitraum von drei bis fünf Jahren in China ein, um Kompetenzen auszubauen und um die dortigen Teams zu unterstützen. Zur Überwindung von sprachlichen Problemen und kulturellen Divergenzen werden von Rödl & Partner verschiedene Maßnahmen ergriffen. So bietet die Kanzlei den möglichen Expatriates an, China im Rahmen eines Preliminary Trips gemeinsam mit ihren Familien zu bereisen und den neuen Standort zu besuchen, um die dortigen Gegebenheiten besser kennen zu lernen. Auch über die verstärkte Nutzung interkultureller Trainings wird derzeit diskutiert.

Trotz dieser Vorbereitung stellen Sprachunterschiede eine große Herausforderung für nach China entsandte Mitarbeiter dar.[13] Vor allem die Notwendigkeit, chinesische Dokumente zu unterschreiben, deren Inhalt man nicht versteht, wird häufig als unangenehm empfunden. Steuer- und Rechtsberatung ist zudem eine Branche, die ein hohes Maß an Interaktion und Vertrauen voraussetzt, das bei der Kommunikation über Dolmetscher nur schwer realisierbar ist.

---

[13] Haussmann, H./Holtbrügge, D./Rygl, D./Schillo, K. (2006): Erfolgsfaktoren mittelständischer Weltmarktführer, S. 16.

2.3 Der Markt für Prüfungs- und Beratungs-dienstleistungen in China

China blickt auf eine lange Tradition der Buchführung zurück. Bereits das antike Rechnungswesen in China gehörte zu den fortschrittlichsten Buchhaltungssystemen in der Frühkultur. Jedoch fiel China bei den Entwicklungen der modernen Rechnungslegung, die im Westen durch die industrielle Revolution stark vorangetrieben wurde, zurück.

Mit Gründung der Volksrepublik China im Jahre 1949 wurde das sowjetische System der Planwirtschaft übernommen. Der Staat als Eigentümer aller Produktionsmittel baute eine zentral geführte Verwaltungswirtschaft auf. Hierbei unterlag das Rechnungswesen als bedeutendes Hilfsmittel zur Vereinfachung der Planung und Kontrolle der zentral geleiteten Wirtschaft einer starken staatlichen Regulation. Dem neu gegründeten Department of Administration of Accounting Affairs wurden unter der Leitung des Finanzministeriums sämtliche Aufgaben des Rechnungswesens im gesamten Land anvertraut. Die politische und wirtschaftliche Instabilität schwächte jedoch die anfängliche Bedeutung des neuen buchhalterischen Systems und der neu geschaffenen Institutionen so stark, dass in dieser Zeit selbst „accounting without books" keine Seltenheit darstellte.

Nach dem Tod Maos im Jahre 1976 veränderte sich die politische und wirtschaftliche Landschaft Chinas entscheidend. Unter der Führung von Deng Xiaoping wurden zahlreiche Reformen eingeleitet und China für ausländische Investoren geöffnet.[14] Dem Rechnungswesen, das bisher lediglich als staatliches Hilfsmittel diente, fielen durch die „open-door policy" zusätzliche Aufgaben zu. Vor allem die neugeschaffenen Joint Ventures, an denen chinesische wie auch ausländische Investoren gleichermaßen beteiligt waren, machten neue Regelungen notwendig. 1985 erließ das Finanzministerium daher die „Trial Accounting Regulations for Joint Ventures using chinese and foreign investment", welche 1992 unter dem Namen „Accounting Regulations for enterprises with foreign investment" erweitert wurden, um den neuen Ansprüchen und Aufgaben des Rechnungswesens gerecht zu werden. Dieses Buchhaltungssystem baute erstmals auf internationalen Prinzipien der Rechnungslegung auf. Zahlreiche Erweiterungen und Anpassungen führten seit den 80iger Jahren zu einer Angleichung an die internationalen Rechnungslegungsstandards. Heute besteht das chinesische Rechnungslegungssystem aus drei Hierarchieebenen, dem „Accounting Law", den „Accounting Standards for Business Enterprises" sowie dem „Accounting System for Business Enterprises".

Das Accounting Law dient als Generalgesetz für alle buchhaltungspflichtigen Rechtsformen und stellt die grundlegenden Buchführungsvorschriften in China dar. Es regelt neben den allgemeinen Vorschriften, wie Funktion, Organisation und Überwachung

---

14 Holtbrügge, D./Puck J. (2005): Geschäftserfolg in China, S. 10 ff.

der Buchführung, auch die Verantwortlichkeit und Haftung der Buchhalter. Die Accounting Standards hingegen gelten für alle Unternehmungen in China und legen Ziele und Grundsätze der Rechnungslegung fest. Zudem liefern sie Definitionen, Klassifizierungen, Zuordnungen und Bewertungen des Jahresabschlusses.[15] Mit dem Accounting System for Business Enterprises, das verbindliche Bilanzierungsgrundsätze für ausländische Unternehmungen festlegt, wurden alle Foreign Invested Enterprises (FIEs) in China verpflichtet, Bücher zu führen. FIEs müssen unabhängig von ihrer Größe einen statuarischen Jahresabschluss, der von einer unabhängigen und in China zugelassenen Wirtschaftsprüfung geprüft wurde, bei den zuständigen Behörden einreichen.[16]

Dieses neu gestaltete System der Rechnungslegung und die daraus resultierenden Verpflichtungen für die Unternehmungen weckten einen starken Bedarf nach Dienstleistungen in der Prüfungs- und Beratungsbranche. Diese Entwicklung wurde noch durch die sehr hohen ausländischen Direktinvestitionen von 1067 Mrd. US-$ (2006), die China seit der außenwirtschaftlichen Öffnung im Jahre 1978 anziehen konnte, verstärkt.[17] So stieg das Gesamtvolumen der Prüfungs- und Beratungsbranche, welches 2000 gerade einmal 0,7 Mrd. US-$ betrug, bis 2006 auf 2,6 Mrd. US-$ an. Der Gesamtmarkt der Prüfungs- und Beratungsbranche teilt sich dabei auf die Teilmärkte Wirtschaftsprüfung, Steuerberatung und Rechtsberatung auf (vgl. Abbildung 2-4).[18]

Abbildung 2-4: *Umsatzentwicklung der Prüfungs- und Beratungsbranche in China zwischen 2000 und 2006*

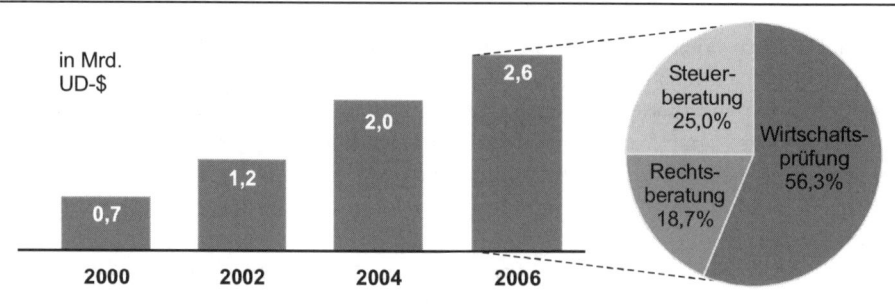

Auf dem chinesischen Markt agiert eine Vielzahl von Prüfungs- und Beratungsgesellschaften. Trotz des sehr zerstückelten Marktes dominieren die großen angloamerikanischen Unternehmungen, die durch hohe Investitionen auch zunehmend ins Landesin-

---

15 Huang, A./Ma R. (2001): Accounting in China in Transition, S. 7 ff.
16 Qing, C. (2005): Buchhaltung, S. 156.
17 UNCTAD (2007): World Investment Report 2007, S. 257.
18 Datamonitor (2007): Accountancy in China 2007, S. 10.

nere drängen. Die starke Vernetzung im Markt, ihre internationale Bekanntheit sowie gute Verbindungen zu universitären Einrichtungen ermöglichen es den großen Beratungs- und Prüfungsgesellschaften, ihren Bedarf an knappen personellen Ressourcen überwiegend durch Hochschulabsolventen zu decken.

Die erste Prüfungs- und Beratungsgesellschaft, die auf dem chinesischen Markt tätig wurde, war PricewaterhouseCoopers (PwC). Deren Aktivitäten reichen bis ins Jahr 1902 zurück, als Arthur Lowe als erster Wirtschaftsprüfer in Hongkong seine Tätigkeit aufnahm und sich 1962 nach mehreren eigenen Fusionen mit PwC zusammenschloss. Heute beschäftigt PwC in China 9.000 Mitarbeiter in 12 Niederlassungen.[19] Die guten Ergebnisse in China verhalfen der Unternehmung, ihren Umsatz in Asien im Jahre 2007 um 18,8 % auf 2,5 Mrd. US-$ zu steigern. Damit erzielt PwC bereits knapp 10 % seines gesamten Umsatzes in dieser Region. So erklärt Geschäftsführer und Senior Partner Samuel A. DiPiazza Junior: „China is and will be one of the most important markets for PwC in the next two decades." PwC will auch in den nächsten Jahren stark in China investieren. Jährlich sollen mindestens 1500 Hochschulabsolventen eingestellt und dadurch die Wettbewerbsposition in China weiter ausgebaut werden.[20]

Auch andere Unternehmungen erkannten früh das ökonomische Potenzial Chinas. So eröffnete Deloitte Touche Tohmatsu bereits 1917 eine Niederlassung in Shanghai und 1972 in Hongkong. Durch eine Reihe von erfolgreichen Zusammenschlüssen erweiterte die Unternehmung ihre dortige Präsenz und fusionierte 1997 mit Kwan Wong Tan & Fong, der größten chinesischen Wirtschaftsprüfungs- und Steuerberatungsgesellschaften in Hong Kong. Im Jahre 2004 legte Deloitte einen Investitionsplan in Höhe von 150 Mio. US-$ vor. Eine solche Investition in einen einzigen Markt hatte die Unternehmung in ihrer über 100-jährigen Geschichte noch nie getätigt. Bereits ein Jahr später wurden zwei Fusionen mit führenden lokalen Unternehmungen, der Beijing Pan-China und der Shenzhen Pan-China Schinda, die über ein großes Portfolio an Kunden verfügten, bekannt gegeben. Deloitte Touche Tohmatsu beschäftigt in China nun mehr als 7.000 Mitarbeiter an 10 Standorten und erzielte 2007 einen Umsatzzuwachs von 48 % in China. Im asiatischen Raum konnte die Unternehmung dadurch einen Umsatz von 2,46 Mrd. US-$ erwirtschaften, was 11 % des gesamten Umsatzes entspricht.[21]

KPMG operiert seit 1945 in China und baute neben einer Niederlassung in Hongkong 1983 eine weitere Repräsentanz auf dem chinesischen Festland auf. 1992 erhielt KPMG von der chinesischen Regierung als erste Prüfungs- und Beratungsunternehmung eine Joint Venture-Lizenz. Durch diese frühe Verbundenheit und das konsequente Festhalten an unternehmungsweiten Qualitätsstandards konnte KPMG in China tief greifende Marktkenntnisse aufbauen. Diese Mischung aus internationaler Erfahrung und lokalen Kenntnissen machte KPMG zu einer erfolgreich am Markt positionierten Un-

---

19 PwC (2007a): The History of PricewaterhouseCoopers on the China Coast, S. 1.
20 PwC (2007b): Global Annual Review 2007, S. 35 f., PwC (2006): Pricewaterhouse-Coopers to double its staff strength and increase investments in China, S. 1.
21 Deloitte (2007a): Firm History, S. 1, Deloitte (2007b): Annual Review 2007, S. 59.

ternehmung und ermöglichte den Aufbau von 11 Niederlassungen mit mehr als 7.000 Beschäftigten in China.[22]

Auch Ernst & Young entdeckte 1973 den chinesischen Markt für sich und eröffnete eine Niederlassung in Hongkong. Seitdem zählen nicht nur ausländische Investoren, die sich in China betätigen, sondern auch lokale Unternehmungen zu den Kunden. 1981 erhielt die Unternehmung von der chinesischen Regierung die Genehmigung zum Aufbau eines Repräsentanzbüros in Peking. 1992 erweiterte Ernst & Young durch die Gründung eines Joint Venture, der Ernst & Young Hua Ming, die Präsenz am Markt und fusionierte 2001 schließlich mit Da Hua, einer der größten und bedeutendsten Prüfungs- und Beratungsunternehmungen Chinas. Heute agiert Ernst & Young mit 8.000 Mitarbeitern am Markt und zählt zu den größten und am schnellsten wachsenden Unternehmungen der Branche. Durch seine 10 Standorte ist Ernst & Young auch in China in der Lage, Dienstleistungen in unmittelbarer Kundennähe anzubieten.[23]

Baker Tilly International, ein Unternehmungsnetzwerk, zu dem 138 unabhängige Mitgliedsunternehmungen gehören, ist seit 2003 durch die Aufnahme von Tin Wha CPAs ebenfalls auf dem chinesischen Markt aktiv. Dieser eigenständige Unternehmungsverbund innerhalb des Netzwerks von Baker Tilly International bietet ein breites Spektrum an lizenzierten und zertifizierten Wirtschaftsprüfungs- und Beratungsdienstleistungen an und koordiniert von Peking, Shanghai und Nanjing aus 13 Partnerunternehmungen, die insgesamt mehr als 1.000 Mitarbeiter beschäftigen und im Jahre 2003 einen Umsatz von ca. 20 Mio. US-$ erwirtschafteten.[24]

2.4 Das Engagement von Rödl & Partner in China im Kontext der globalen Unternehmungsstrategie

Trotz der großen Konkurrenz gelang es Rödl & Partner in China, im Segment der Prüfung und Beratung mittelständischer Unternehmungen eine führende Marktposition aufzubauen. Eine wichtige Ursache dafür ist die weitgehende Integration des Engagements in China in die weltweite Unternehmungsstrategie. Die länderübergreifende Prüfung und Beratung sowie die hohen Qualitätsstandards der Kanzlei machen auch in China ein einheitliches Leistungsangebot und Qualitätsniveau nötig. Ein großer Schritt zu einheitlichen Standards konnte durch den Aufbau der Kompetenzzentren in Deutschland erreicht werden. Hier erwerben die zukünftigen Expatriates das notwendige Know-how sowie die erforderliche internationale Führungskompetenz, um in

---

22 KPMG (2007): About KPMG, S. 1.
23 Ernst & Young (2007a): Our History, S. 1, Ernst & Young (2007b): About Ernst & Young China, S. 1.
24 Baker Tilly (2007): About US, S. 1, Tin Wha CPAs (2007): Introduction to Tin Wha CPAs, S. 1 f.

China die weltweiten Qualitätsstandards und die jeweiligen Unternehmungsziele durchzusetzen.

Daneben wird der Schulung der lokalen Mitarbeiter ein großes Gewicht beigemessen, um ein unternehmungsweites einheitliches Qualitätsniveau zu erreichen. Hierzu dient das eigene Schulungszentrum – der Rödl Campus – und ein dafür entwickeltes E-Learning System, welches den Mitarbeitern in China, die alle Englisch und häufig sogar Deutsch sprechen, die Besonderheiten des deutschen Rechts und der deutschen Buchhaltung sowie die Richtlinien der unternehmungsweiten Qualitätsstandards näher bringen. So sind beispielsweise alle Mitarbeiter von Rödl & Partner mit den in Deutschland üblichen Datev-Kontenrahmen vertraut und gewährleisten damit weltweit ein gleichwertiges Reporting.

Neben der systematischen Aus- und Weiterbildung der Mitarbeiter kommt dem ständigen länderübergreifenden Informationsaustausch eine große Bedeutung zu. Dazu dient insbesondere das Forum „Going Global", auf dem die führenden Mitarbeiter aus allen ausländischen Niederlassungen einmal jährlich in Nürnberg zusammenkommen. Die hier geknüpften bzw. aufgefrischten persönlichen Kontakte sind ein wichtiges Element des weltweiten Austauschs von Best Practices. Zudem haben international tätige Klienten hier die Möglichkeit, an einem Ort und innerhalb kurzer Zeit mit den für ihre Auslandsengagements verantwortlichen Mitarbeitern von Rödl & Partner zu sprechen. Die dadurch erzielten Spillover-Effekte sind ein wichtiges Erfolgsmerkmal von Rödl & Partner.

Schließlich sind auch erste Ansätze zu einer globalen Spezialisierung von Aktivitäten erkennbar. So ist für die Zukunft denkbar, dass etwa bestimmte Aktivitäten nach China ausgelagert werden, die nicht nur für den lokalen Markt relevant sind, sondern eine weltweite Servicefunktion übernehmen. Denkbar sind z.B. die Ansiedlung von weltweiten IT-Services oder die Etablierung eines Regional Headquarters für den asiatischen Raum. Rödl & Partner könnte dadurch die in China aufgebaute Kompetenz noch stärker für den globalen Erfolg der Unternehmung nutzen.

3 Teaching Note

3.1 Zusammenfassung und Problemstellung

Die Fallstudie beschäftigt sich mit dem Engagement der mittelständischen Wirtschaftsprüfungs-, Steuerberatungs- und Rechtsanwaltskanzlei Rödl & Partner in China. Rödl & Partner war eine der ersten Kanzleien, die auf dem chinesischen Markt tätig wurde und sich dort inzwischen eine führende Position in ihrem Marktsegment erarbeitet hat. Der Fokus liegt auf der Prüfung und Beratung deutscher mittelständischer Unternehmungen. In einem stark auf Wachstum ausgerichteten Marktumfeld verfolgt die Unternehmung ebenfalls eine organische Wachstumsstrategie.

Die gegenwärtigen und zukünftigen Herausforderungen bestehen vor allem darin, sich gegenüber den weitaus größeren amerikanischen Konkurrenten zu behaupten. Dies gilt sowohl für die Kundengewinnung als auch für die Rekrutierung von Mitarbeitern. Hierzu könnte es vor allem erforderlich sein, verstärkt Kunden aus anderen Ländern bzw. chinesische Mandanten zu gewinnen. Eine weitere Herausforderung besteht in der stärkeren Integration des stark wachsenden Engagements in China in die globale Unternehmungsstrategie.

3.2 Analyse und mögliche Lösungen

Zu Beginn der Fallstudie wurden vier Fragestellungen aufgeworfen, die im Folgenden sukzessiv analysiert und beantwortet werden. Die erste Frage beschäftigt sich mit der Identifikation der Stärken und Schwächen von Rödl & Partner. Viele Stärken der mittelständischen Kanzlei werden explizit, meist durch Aussagen der Geschäftsleitung, in der Fallstudie angeführt. Allerdings muss darauf geachtet werden, welche Aussagen auch tatsächlich Stärken im Hinblick auf die Wettbewerber darstellen. So stellt sich beispielsweise die Frage, ob die Aussage von Dr. Bernd Rödl, dass einer der Hauptgründe für den wachsenden Erfolg am chinesischen Markt die große Kundennähe von Rödl & Partner darstellt, nicht zu relativieren ist. Insbesondere vor dem Hintergrund, dass die großen Prüfungs- und Beratungsgesellschaften eine weitaus größere Anzahl an Niederlassungen in China besitzen und somit zumindest durch die höhere Präsenz eine größere Kundennähe in China anbieten können. Die Schwächen von Rödl & Partner hingegen müssen aus der Darstellung der Wettbewerber abgeleitet werden. Hierbei sind vor allem der Bekanntheitsgrad, die Unternehmungsgröße und die damit verbundenen finanziellen und personellen Ressourcen sowie die schwache Vernetzung am chinesischen Markt zu nennen.

Die zweite Frage beschäftigt sich mit den Chancen und Risiken von Rödl & Partner in China. Insbesondere können die Stärkung des Unternehmungsimages, die Intensivierung bestehender Kundenbeziehungen sowie die Gewinnung neuer Kunden als Chancen identifiziert werden. Mit der Marktbearbeitung gehen jedoch auch Risiken einher. Rödl & Partner setzt sich einem starken Wettbewerb am Markt aus, in dem viele Unternehmungen von den großen Gesellschaften aufgekauft bzw. eingegliedert werden. Auch die Bindung von finanziellen und personellen Ressourcen muss als Risiko angesehen werden. Abbildung 3-1 illustriert die bisherigen Ausführungen zu den Stärken und Schwächen bzw. Chancen und Risiken von Rödl & Partner in China.

Abbildung 3-1:   *SWOT-Analyse von Rödl & Partner in China*

SWOT-Analyse	Interne Analyse	Externe Analyse
Positiv	**Stärken**	**Chancen**
	▪ Unternehmungskultur ▪ einheitliche & unternehmungsweite Qualitätsstandards ▪ angesehener Firmenname in Osteuropa und Asien ▪ deutschsprachige Full-Service Beratung	▪ Stärkung der Reputation ▪ Ausbau der Beziehung zu bestehenden Mandanten ▪ Gewinnung neuer Mandanten
Negativ	**Schwächen**	**Risiken**
	▪ Bekanntheitsgrad ▪ Internationalität ▪ Unternehmungsgröße und die damit verbundene finanzielle und personelle Ausstattung ▪ schwache Vernetzung am Markt	▪ starke Konkurrenz ▪ hohe kulturelle Distanz ▪ personelle Schwierigkeiten ▪ gleichwertige Qualität ▪ Bindung finanzieller Mittel ▪ Verlust bisheriger Kunden bei Verzicht auf die Geschäftstätigkeit in China

Zur Darstellung des chinesischen Prüfungs- und Beratungsmarktes als Kern der dritten Frage kann auf das Branchenstrukturmodell von Porter zurückgegriffen werden (vgl. Abbildung 3-2). Dabei wird in einem ersten Schritt die Kundenmacht aufgezeigt, welche in der Prüfungs- und Beratungsbranche in China als moderat angesehen wird. Zu den Kunden zählen neben Privatpersonen überwiegend Unternehmungen, die vom chinesischen Gesetzgeber verpflichtet sind, gewisse Prüfungsdienstleistungen von einer staatlich zugelassenen und unabhängigen Prüfungsgesellschaft zu beziehen. Dies bedeutet einerseits, dass die Prüfungs- und Beratungsbranche auf eine große Kundenbasis bauen kann, andererseits aber auch, dass eine Rückwärtsintegration von Seiten der Kunden, wie sie bspw. in der Automobilindustrie denkbar ist, unmöglich wird. Die Vielzahl der Prüfungs- und Beratungsgesellschaften sowie die geringe Diversität des Leistungsangebots bieten dem Kunden zahlreiche Wahlmöglichkeiten an. Allerdings sind viele Unternehmungen aufgrund grenzüberschreitender Geschäftstätigkeit auf eine länderübergreifende Prüfung angewiesen, welche die möglichen Auswahlmöglichkeiten der Kunden stark einschränkt. So bezieht der Großteil der „FTSE

100", der in China tätig ist, überwiegend Dienstleistungen der großen angloamerikanischen Prüfungs- und Beratungsgesellschaften.

Die Haupteinsatzfaktoren der Branche sind die personellen Ressourcen. Zu den Zulieferern zählen daher Fachkräfte, welche ihre Arbeitskraft den Gesellschaften zur Verfügung stellen, sowie Bildungseinrichtungen, die die Fachkräfte ausbilden. Personen, wenn diese beliebig austauschbar sind, besitzen keine große Verhandlungsmacht. Jedoch herrscht in China zunehmend ein Fachkräftemangel, weswegen viele Unternehmungen bestrebt sind, Fachkräfte schon während ihrer Ausbildung an sich zu binden. Somit ist auch die Verhandlungsmacht der Zulieferer als moderat anzusehen.

Die beträchtlichen Wachstumsraten in den vergangenen Jahren machen den chinesischen Markt für Markteintritte neuer Konkurrenten äußerst attraktiv. Allerdings bestehen zahlreiche Eintrittsbarrieren. Diese sind in den behördlichen Zulassungen, in dem sehr positiven Image der dort tätigen Gesellschaften sowie im Zugang zu Fachkräften zu sehen. Für eine länderübergreifende Beratung werden ebenfalls ein bereits bestehendes Niederlassungsnetzwerk und eine gewisse Unternehmungsgröße notwendig. Trotz der zahlreichen Eintrittsbarrieren sind weitere Markteintritte wahrscheinlich.

Eine Gefahr, die von möglichen Substituten ausgeht, besteht in der Prüfungs- und Beratungsbranche kaum. So sind viele Unternehmungen per Gesetz verpflichtet, ihre Geschäftsbücher von unabhängigen Wirtschaftsprüfern kontrollieren zu lassen. Lediglich Privatpersonen können die Prüfung selbst durchführen. Diese gesetzlichen Verpflichtungen garantieren der Branche ein konstantes Wachstum.

Die Prüfungs- und Beratungsbranche ist bisher stark zersplittert, es findet jedoch eine zunehmende Konsolidierung des Marktes mit zahlreichen Aufkäufen und Fusionen statt. Die Rivalität zwischen den Akteuren ist ebenfalls hoch. Ein Grund hierfür ist die geringe Diversität des Dienstleistungsangebotes. So bietet der Großteil der Gesellschaften neben Wirtschaftsprüfung und Steuerberatung auch Rechtsberatung und Finanzdienstleistungen an. Obwohl immer noch eine Vielzahl von Anbietern am Markt agiert, dominieren nur wenige große Gesellschaften das Marktgeschehen. Diese Gesellschaften teilen unter sich bspw. die Wirtschaftsprüfungen der „FTSE 100" auf.

Abbildung 3-2:   *Branchenstrukturanalyse der Prüfungs- und Beratungsbranche in China*

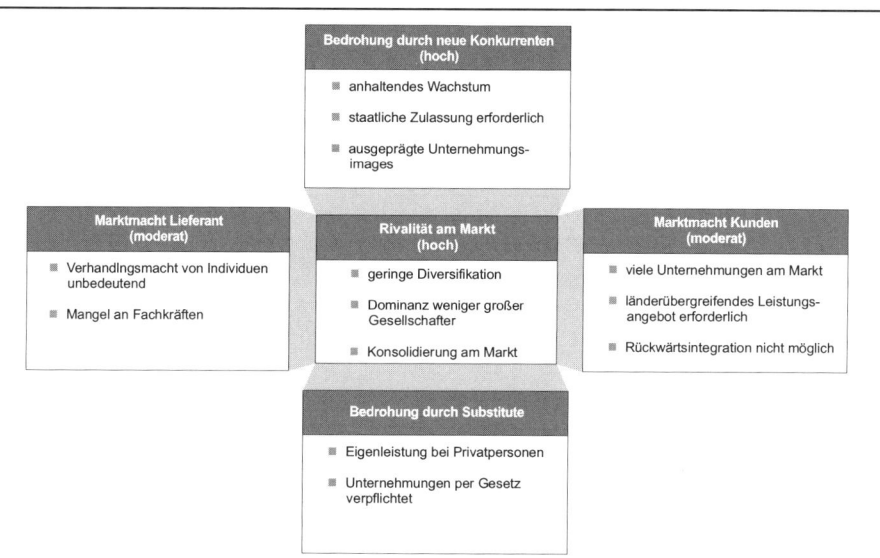

Die Ableitung von Handlungsempfehlungen kann mithilfe des strategischen Würfels erfolgen (vgl. Abbildung 3-3). Dabei sind unter Hinzunahme der Erkenntnisse der SWOT-Analyse und der Branchenstrukturanalyse drei grundsätzliche Fragen zu klären. Sollen die Regeln des Wettbewerbs verändert oder angepasst werden? Soll eine Kostenführerschaft oder eine Differenzierung angestrebt werden? Soll der Kernmarkt oder eine Nische bearbeitet werden?

Die SWOT-Analyse lässt auf Größenvorteile der Wettbewerber und damit verbundene Economies of Scale und Economies of Scope schließen. Die Branchenstrukturanalyse macht hingegen die hohe Rivalität innerhalb der Branche sowie die Dominanz der großen angloamerikanischen Prüfungs- und Beratungsgesellschaften deutlich. Diese Erkenntnisse determinieren bereits weitgehend die mögliche strategische Ausrichtung von Rödl & Partner. So sollte der Wettbewerb auf dem Kernmarkt vermieden und eine Differenzierung angestrebt werden. Die Regeln des Wettbewerbs bleiben dabei unberührt.

Rödl & Partner besitzt einen entscheidenden Wettbewerbsvorteil, den die Kanzlei auch langfristig gegenüber seinen Konkurrenten verteidigen kann. Die gesamte Unternehmungsstrategie ist auf die Prüfung und Beratung deutscher Unternehmungen und deren Tochtergesellschaften ausgerichtet. So ist es Rödl & Partner möglich, ihren Kunden deutschsprachige Dienstleistungen anzubieten und die gesamte Prüfung und Beratung auf Besonderheiten in Deutschland abzustimmen. Somit ist die strategische

Empfehlung für Rödl & Partner in China, sich auf deutsche Tochtergesellschaften zu konzentrieren und diese Nische zu bearbeiten.

Abbildung 3-3: *Strategische Ausrichtung von Rödl & Partner mithilfe des Entscheidungswürfels*

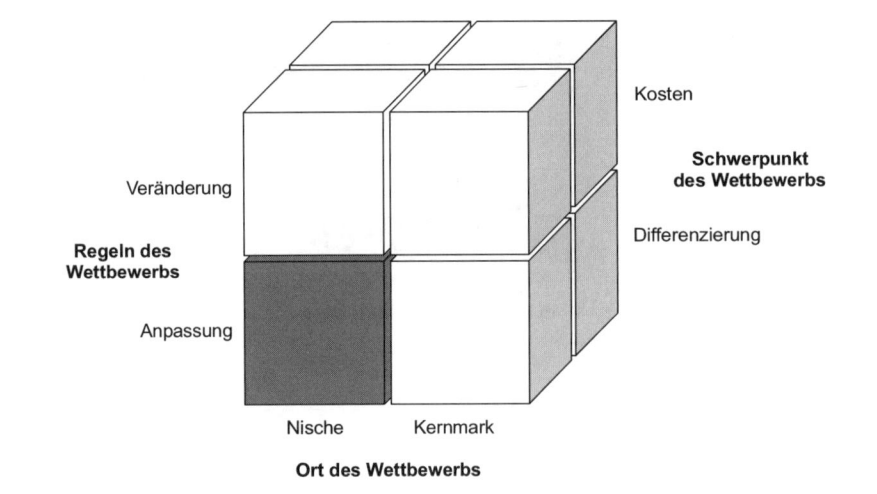

Die vierte Frage betrifft die Einbindung des Engagements in China in die globale Unternehmungsstrategie. Dabei kann zwischen den Aspekten der Konfiguration und der Koordination der Wertaktivitäten unterschieden werden.[25]

Prinzipiell ist Rödl & Partner durch eine länderübergreifende Parallelkonfiguration gekennzeichnet, d.h. die meisten Wertaktivitäten finden in allen Ländern unabhängig voneinander statt. Der Vorteil liegt in einer weitgehenden Risikostreuung, d.h. mögliche Probleme in China wirken sich nicht auf Aktivitäten in anderen Ländern aus. Dem steht jedoch eine hohe Interdependenz auf Seiten der Kunden gegenüber. Dies bedeutet etwa, dass mit einem möglichen Rückzug vom chinesischen Markt nicht nur Kunden in China, sondern auch in anderen Ländern verloren gingen. Zudem können durch die gewählte Form der Konfiguration keine Arbitrageeffekte zwischen Ländern, wie z.B. unterschiedliche Lohnkosten, genutzt werden. Eine wichtige zukünftige Entscheidung für Rödl & Partner besteht deshalb darin, zu einer stärkeren Individualisierung der ausländischen Tochtergesellschaften und damit zu länderübergreifenden Wertschöpfungsnetzwerken überzugehen.

Im Rahmen der weltweiten Koordination der Aktivitäten greift Rödl & Partner vor allem auf technokratische und personenorientierte Instrumente zurück. Ein wesentli-

---

25 Welge M./Holtbrügge D. (2006): Internationales Management, S. 138 ff., S. 163 ff.

ches Koordinationsinstrument ist die länderübergreifende Standardisierung. Um Kunden in möglichst vielen Ländern betreuen zu können, ist ein weltweit einheitliches Leistungsprogramm erforderlich, das an den spezifischen Bedürfnissen kleiner und mittelständischer Unternehmungen ausgerichtet ist. Dazu zählen etwa deutsche Sprachkenntnisse von Mitarbeitern im Ausland. Darüber hinaus erfolgt eine personenorientierte Koordination durch Auslandsentsendungen, die standardisierte Schulung von Mitarbeitern sowie häufige persönliche Treffen. Wichtig ist zudem die an den Bedürfnissen kleiner und mittelständischer Unternehmungen orientierte bodenständige Unternehmungskultur.

Literaturverzeichnis

BAKER TILLY: About Us, http://www.bakertillyinternational.com/default. aspx?page=1442, 20.12.2007.

DATAMONITOR: Accountancy in China 2003, New York, 2003.

DATAMONITOR: Accountancy in China 2007, New York, 2007.

DELOITTE: Firm History, http://www.deloitte.com/dtt/leadership/0,1045,sid% 253D89662,00.html, 17.12.2007, 2007A.

DELOITTE: Annual Review 2007, http://public.deloitte.com/media/0513/ annualreview2007. PDF, 05.01.2008, 2007B.

ERNST & YOUNG: Our History, http://www.ey.com/global/content.nsf/china_e/ about_us_-_our_history, 19.12.2007, 2007A.

ERNST & YOUNG: About Ernst & Young China, http://www.ey.com/global/content. nsf/china_e/about_us_-_overview, 19.12.2007, 2007B.

HAUSSMANN, H.; HOLTBRÜGGE, D.; RYGL, D./SCHILLO, K.: Erfolgsfaktoren mittelständischer Weltmarktführer, University of Erlangen-Nuremberg, Working Papers, No. 3/2006 http://www.im.wiso.uni-erlangen.de/download/working_ papers/working-paper-03-06-kfw-bericht.PDF, 2006

HOLTBRÜGGE, D.; PUCK J.: Geschäftserfolg in China: Strategien für den größten Markt der Welt, Berlin, 2005.

HUANG, A.; MA R.: Accounting in China in Transition: 1949-2000, River Edge, 2001.

KASTL M.; RÖDL B.: Going Global: Der Gang mittelständischer Unternehmen an den Weltmarkt, Frankfurt am Main, 2000.

KASTL M.; RÖDL B.: Rödl & Partner erzielt Rekordwachstum, Pressemittleilung 20.06.2002, 2002.

KPMG: About KPMG, http://www.kpmg.com.cn/, 18.12.2007, 2007.

QING, C.: Buchhaltung, in: Scharrer, B. (Hrsg.): So kommen Sie nach China: Der Wirtschaftswegweiser für den Mittelstand, München, 2005.

RÖDL, B.: Motor für Wachstum und Arbeitsplätze: Rödl & Partner ist Europas Wachstumsberater Nr. 1, Pressemitteilung 09.07.2001, http://www.roedl.de/ inhalt/download/briefe/pm_010706_growthplus.pdf, 15.12.2007, 2001.

RÖDL & PARTNER: Rödl & Partner Jahresbericht 2004/2005, http://www.roedl.de/ inhalt/publik/pdf_broschueren/rp_jahresbericht_2005.PDF, 15.12.2007, 2005.

RÖDL & PARTNER: Daten und Faktern, http://www.roedl.de/profil/index.htm, 08.12.2007, 2007.

PWC: PricewaterhouseCoopers to double its staff strength and in-crease invest-ments in China, Press releases, 06.11.2006, Shanghai, http://www.pwccn.com/home/eng/pr_061106.html, 18.12.2007, 2006.

PWC: The History of PricewaterhouseCoopers on the China Coast, http://www.pwccn.com/home/eng/100years_milestones.html, 16.12.2007, 2007A.

PWC: Global Annual Review 2007, http://www.pwc.com/extweb/pwcpublications. nsf/docid/CD9162BEF92CD8AA8525734C005BC1FD/$FILE/pwc_07gar_final.pdf, 20.12.2007, 2007B.

TIN WHA CPAS: Introduction to Tin Wha Cpas, http://www.thinwhacpas.com/en-thjianjie.html, 20.12.2007.

UNCTAD: World Investment Report 2007, New York, 2007.

WELGE M.; HOLTBRÜGGE D.: Internationales Management: Theorien, Funktionen, Fallstudien, 4. Auflage, Stuttgart, 2006.

Evelyn Riester/Stefan Schweiger

Globale Beschaffung und Produktion
Fallstudie ElektroSüd GmbH

1 Lernziele und notwendige Vorkenntnisse

Die folgende Fallstudie zur Internationalisierung im Mittelstand richtet sich an Studierende in MBA-Studiengängen oder an Teilnehmer anderer postgradualer Programme mit General-Management-Ansatz auf vergleichbarem Niveau. Für die Bearbeitung der Fallstudie werden grundlegende Kenntnisse über globale Produktion und Beschaffung sowie die damit einhergehenden Vor- und Nachteile vorausgesetzt.

Aufgrund des Mittelstandsbezugs dieser Fallstudie sollten darüber hinaus Grundkenntnisse zum Management und zur Organisationsstruktur mittelständischer Unternehmen vorhanden sein. Technisches Vorwissen oder spezielle Branchenkenntnisse im Bereich der Antriebstechnik sind nicht erforderlich. Ebenso werden keine Vorkenntnisse über den chinesischen Markt vorausgesetzt.

Mit der Fallstudie sollen folgende Lernziele erreicht werden:

- Erkennen der zukünftigen Anforderungen an den Einkauf eines mittelständischen Unternehmens im Zuge der Globalisierung,

- Fähigkeit zur Analyse und Selektion entscheidungsrelevanter Standortfaktoren und Produktmerkmale,

- Ableitung von Anforderungen an internationale Lieferanten,

- Fähigkeit zur Entwicklung von Möglichkeiten der Risikominimierung im Rahmen einer Verlagerung nach China.

2 Fallstudie

2.1 Einleitung

Das mittelständische Unternehmen ElektroSüd hat seinen Umsatz in den letzten 5 Jahren nahezu verdoppelt, berichtet die Diplombetriebswirtin Frau Mut, die seit 7 Jahren Einkaufsleiterin ist. Unser Markt hat sich stark verändert. Wir, als Nischenplayer im Antriebsmarkt, erfuhren einen Wandel von einer eher begrenzt internationalen Kundenstruktur zu globalen Großkunden.

Wenn Frau Mut auf dem Weg zum Managementmeeting durch das Unternehmen geht, staunt sie oft, was aus ElektroSüd geworden ist. Mit dem Wachstum der letzten

Jahre konnten viele neue Mitarbeiter in der Produktion wie auch hoch qualifizierte Fachkräfte in anderen Abteilungen eingestellt werden. Neben der Produktion sind die Entwicklung und der Vertrieb sehr stark gewachsen. Mit dem Neubau einer Lagerhalle und zusätzlicher Produktionsflächen hat die Unternehmensleitung im letzten Jahr eine Bestätigung an den Standort gegeben. Sorgen um die Auftragslage im kommenden Jahr muss sich das Unternehmensmanagement nicht machen. Jedoch möchte sich Frau Mut von den langfristigen Wachstumsprognosen nicht beirren lassen. Die Orientierung am globalen Markt beeinflusst innerhalb der Wertschöpfungskette neben der Produktion und dem Absatzmarkt auch die Beschaffung.

Gerade in mittelständischen Unternehmen galten Produktion und Absatz lange als die wichtigsten Einflussgrößen der Wertsteigerung. Dem Einkauf wurden hierbei nur rein operative Bestellfunktionen zugeordnet, äußert Frau Mut mit besorgtem Ton.

Maschinen aus Taiwan? Formteile aus China? – ein Thema für die Großen, hieß es lange in den Chefzimmern bei ElektroSüd. Aber nicht mehr lange. Der Wettbewerb hat sich drastisch verschärft, da sehr viele ausländische Anbieter auf den deutschen Markt drängen und das Halten der Marktanteile erschweren. Die Flexibilität und der Qualitätsanspruch, der mit „Made in Germany" verknüpft war, verschafft nicht mehr den gleichen Wettbewerbsvorteil, wie es noch vor wenigen Jahren der Fall war. Die Möglichkeiten der Absatzsteigerung von ElektroSüd, die zur Sicherung der Unternehmensexistenz notwendig sind, werden durch den zunehmenden Wettbewerb zusätzlich erschwert.

Zudem hat sich die Differenz zwischen den deutschen und ausländischen Fertigungskosten weiterhin vergrößert. Neben der Produktion und dem Marketing gewinnt damit das internationale Beschaffungsmanagement zur Kosteneinsparung und Sicherung der Wettbewerbsfähigkeit immer mehr an Bedeutung. Die Hebelwirkung der Beschaffung auf das Unternehmensergebnis wird auch daran deutlich, dass eine 1 %ige Beschaffungskostensenkung den gleichen Ergebniseffekt hat wie eine Steigerung des Umsatzes um 10 %, erklärt Frau Mut.

Schon immer gab es einen professionellen Vertrieb und auch hochmoderne Produktionsstätten, allerdings wurde in der Vergangenheit häufig nur im Umkreis unseres Stammhauses eingekauft.

Mittlerweile hat der Einkauf jedoch eine enorme Wandlung vom Bestellschreiber zum strategischen Einkauf vollzogen – doch die Reise hat erst begonnen: Qualität, Zeit, Preis/Kosten, Innovationen und Kundenorientierung sind die künftigen Erfolgsfaktoren für Unternehmen, die die Einkaufsstrategie heute beeinflussen und ein Umdenken erfordern. Die Einkaufsstrategie wird zusätzlich von externen Faktoren, wie dem Technologiewandel, der Zunahme von internationalen Kunden und den wachsenden Kundenwünschen hinsichtlich faster-better-cheaper Lösungen beeinflusst. Um die Wirtschaftlichkeit des Unternehmens nachhaltig zu sichern, nimmt der Einkauf somit eine Schüsselrolle ein.

Als Einstieg in den laufenden Veränderungsprozess standen zunächst Prozessoptimierungen zur Senkung der indirekten Kosten im Mittelpunkt. Da weitere betriebliche Rationalisierungsmaßnahmen weitgehend ausgeschöpft sind und der internationale Wettbewerbsdruck ständig zunimmt, bedarf es nun einer Neuausrichtung in der Beschaffung. Zukünftig will das Unternehmen seinen Fokus auf Lieferanten auf den weltweiten Märkten, besonders in China, ausrichten, um weitere Einsparpotenziale zu realisieren.

2.2 Informationen zu Unternehmen und Branche

Das Sprichwort „Einheit in der Vielfalt und Vielfalt in der Einheit" beschreibt die facettenreichen Charakterzüge von ElektroSüd sehr treffend. Seit mehr als 50 Jahren sorgt ElektroSüd für zuverlässige Antriebe in der Büro- und Datentechnik ebenso wie im Maschinenbau, in der Optik, in Hausgeräten und in der modernen Medizin. Das Produktsortiment reicht von einer Variantenvielfalt im Bereich Standardantriebe über innovative Antriebe mit Softwarelösungen oder als Modulsystem. Weiter bietet das Unternehmen neben Standardlösungen entsprechendes Zubehör, welches Lösungen für individuelle Kundenwünsche ermöglicht.

Bereits seit dem Jahr 1991 DIN-ISO-zertifiziert, hat sich das Unternehmen mit seinem stolzen Exportanteil von rund 46 % in seinem Metier als renommierter Marktführer mit Referenzstatus etabliert.

Schon aus der Geschichte lässt sich erkennen, dass der Internationalisierungsprozess für das Unternehmen keine Neuentdeckung ist. Bereits im Jahr 1986 wurden die Antriebslösungen in 30 Länder aller Kontinente exportiert. Heute ist ElektroSüd mit einem weltweiten Service und Vertriebsnetzwerk vertreten. Lokal präsentiert sich das Unternehmen mit 3 Vertriebsbüros in den USA, 2 in Europa, 2 in Asien und weiteren Vertretungen weltweit. Der Umsatz von ElektroSüd betrug im Jahr 2006 120 Mio. Euro. Das Unternehmen ist in den letzten Jahren überaus profitabel und über dem Branchendurchschnitt gewachsen. In 2006 ist das Unternehmen um circa 17 % gewachsen. Der Branchendurchschnitt lag bei 6 %. Frau Mut fügt hinzu, dass der Umsatz und die Anzahl der verkauften Antriebe schneller gewachsen sind, als die Anzahl der Mitarbeiter, wir sprechen hier von einer Zunahme der Produktivität des Unternehmens. Besonders stark ist das Unternehmen auf dem deutschen Absatzmarkt mit einem Umsatzanteil von 54 % vertreten. Gefolgt wird dieser von einem Exportanteil nach West Europa mit 32 % und USA/Kanada mit 15 %. Das Verkaufsvolumen auf den asiatischen Märkten liegt bei 4 %. Als Projektbeteiligte beim Aufbau eines weiteren Produktionsstandortes in China hofft Frau Mut, diesen Anteil durch die Ausdehnung der Aktivitäten auf den asiatischen Märkten in Zukunft weiter steigern zu können.

Strategisches Ziel ist es, möglichst schnell das gesamte Produktionsmaterial für die Montage in China lokal zu beschaffen. Momentan wird noch ein Großteil der Produktionsmaterialien von Deutschland nach China geschickt, um die Qualität des Endproduktes sicherzustellen. Die Lieferantenstruktur beschreibt Frau Mut heute noch sehr konservativ. Die A-Lieferanten befinden sich meistens im Umkreis des Stammhauses in Deutschland und sind nicht global ausgerichtet, was die Versorgung der Chinaproduktion mit Produktionsmaterial erschwert. Nur wenige Teile, wie zum Beispiel Magnete und Sinterteile, werden schon in China beschafft. Mit dem Produktionsaufbau in China und den initiierten Beschaffungsaktivitäten auf dem chinesischen Markt hat Frau Mut bereits Ihre Erfahrungen im Reich der Mitte gesammelt. Nicht alle Teile sind aufgrund ihres technischen Know-hows, ihrer Komplexität und ihren Qualitätsaspekten einfach auf dem chinesischen Markt zu beschaffen. Große Bedeutung kommt der ordentlichen Lieferantenrecherche zu. Die Beurteilung des Lieferanten hinsichtlich seines finanziellen Status und der Kapitalstruktur sowie Bewertungskriterien in den Bereichen Umwelt, Menschenrechte und Korruption sind oberste Priorität. Diese Erkenntnisse werden durch eine Lieferantenauditierung vor Ort ergänzt und sind für eine nachhaltige Beurteilung der Lieferanten wichtig.

Eine detaillierte Analyse der Warengruppen ist für eine Beschaffungsstrategie auf den internationalen Märkten sehr wichtig, erklärt Frau Mut. Besonders Wellen, Kugellager, Zinkgussteile, Kupferdraht und Magnete weisen ein besonders hohes Potenzial für die Beschaffung in China auf. Besondere Aufmerksamkeit muss den werkzeugfallenden Teilen, wie Magnete, Druckguss- und Sinterteile, zuteil werden, da zur Produktqualität jeweils ein technisch anspruchsvolles Werkzeug konstruiert werden muss. C-Teile wie Schrauben, Federn, und Clips stellt Frau Mut in ihrer internationalen Beschaffungsstrategie ganz hinten an. Diese Teile bieten auf Grund ihres geringen Wertes kaum Einsparpotenzial und sind nach DIN standardisiert. Auf den deutschen Beschaffungsmärkten sind sie problemlos einzukaufen, aber in China gibt es nur wenige qualifizierte Lieferanten, die DIN-Teile liefern können.

Darüber hinaus hat sich das Unternehmen die Kundenzufriedenheit ganz oben auf die Fahne geschrieben. Alle Bemühungen zielen auf Qualität, Zuverlässigkeit, innovatives Engagement und die Verpflichtung zur nachhaltigen Entwicklung. ElektroSüd profitiert im Gegensatz zu vielen Wettbewerbern von seiner hohen Flexibilität. Der Kunde kann Kleinstserien, beginnend mit der Losgröße von einem Stück, aus den sich am Lager befindenden Standardprodukten abrufen. Auch können kundenspezifische OEM-Lösungen in großen Stückzahlen über hoch effiziente und automatisierte Produktionsanlagen in exzellenter Qualität geliefert werden. Hierzu betont Frau Mut den On-Time-Lieferservice. 95 % aller Standardprodukte werden innerhalb von 4 Tagen ausgeliefert. 93 % der kundenspezifischen Prototypen können durch eine sehr professionelle Entwicklungsabteilung schon innerhalb von 2 Wochen und eine erste Serie innerhalb von 3-7 Wochen zum Kunden geliefert werden. Nicht weniger wichtig sind erfahrene Verkaufingenieure, die durch ihren engen Kontakt zum Kunden eine schnelle und kompetente Beratung bieten können.

Das Unternehmen hat sich einen renommierten internationalen Kundenstamm aufgebaut, und seine Bemühungen wurden in der Vergangenheit durch zahlreiche Auszeichnungen und Zertifikate anerkannt. Eine immer größere Bedeutung kommt deutschen Kunden zu, die Produkte der ElektroSüd auch für ihre ausländischen Standorte zu lokalen Konditionen erwerben wollen.

2.3   Darstellung der Entscheidungssituation

Bereits vor 2 Jahren hat ElektroSüd eine Anfrage zur Lieferung eines Low-Cost Antriebs aus China bekommen. Ein bedeutender deutscher Bestandskunde mit Tochterfirma in China wollte für seinen chinesischen Absatzmarkt die Produkte von Elektro-Süd lokal beziehen. Weitere Anfragen dieser Art folgten. Zwar sind in China bereits seit einigen Jahren ähnliche Produkte auf dem Markt verfügbar, jedoch ist die deutsche Technologie der chinesischen überlegen. Daher gelang es ElektroSüd, die Aufträge weiterhin aus deutscher Produktion zu bedienen.

Vermehrt steht ElektroSüd vor der Herausforderung, Lieferrückstände an Kunden und auch Lieferrückstände von Lieferanten in seinem deutschen Werk zu managen. Die Situation ist ernst, und es erweist sich unter diesem Druck immer schwieriger, auch weiterhin für Qualität, Flexibilität und Liefertreue gerade stehen zu können.

Momentan geprüfte Beschaffungsprojekte in China zeigen, dass der Preis von leistungsstarken chinesischen Lieferanten 30 % - 60 % Einsparpotenzial gegenüber den traditionellen Lieferanten in Europa bietet. Besonders bei lohnintensiven Teilen können Einsparungen erzielt werden. Kritischer sind die Einsparungen bei materialintensiven Teilen, da die Materialpreise auf den Weltmärkten vergleichbar sind. Die Preisdifferenz bei Werkzeugen ist oft durch die hohen Personalkosten im Engineering und der Produktion von besonderer Bedeutung. Um die Kosten einschließlich Ausladung und Zoll für die Versorgung des deutschen Standortes zu betrachten, müssen jedoch Ausgaben für Transport, üblicherweise zwischen 5 % und 10 % des Beschaffungsvolumens und Zölle, entsprechend der Warengruppen bis zu 5 %, berücksichtigt werden. Weitere Implikationen, wie eine begrenzte Flexibilität bei Änderungen der Bestellpositionen, erhöhte Sicherheitsläger, die Kapital auf Grund von langen Lieferzeiten von Seefrachten binden und auch ein aufwendiges Lieferantenmanagement müssen einkalkuliert werden. Nichtsdestotrotz, das kalkulierte Einsparpotenzial der Beschaffung aus China beträgt zwischen 15 % und 40 %.

Frau Muts Vertriebskollege, Herr Schulz, steht nun kurz vor einer Vertragsunterzeichnung mit einem bedeutenden Kunden. Zur Diskussion steht ein Jahresvertrag zur Lieferung eines Standardantriebs in großen Stückzahlen nach China. In der geschilderten Situation müssen Frau Mut und das Leitungsteam von ElektroSüd vor dem Hintergrund des zunehmenden Kostendrucks — besonders im Standardprogramm —, der

Überlastung des deutschen Standortes und der zunehmenden Internationalisierung der Kunden verschiedene Optionen prüfen:

■ Beschaffung des Produktionsmaterials in China,

■ Verlagerung des Antriebs an eigene Produktion in China,

■ Beschaffung des Produktionsmaterials bei deutschen Lieferanten,

■ Optimierte Eigenfertigung am Standort Deutschland.

Stellen Sie sich vor, ElektroSüd würde den Antrieb in seinem neuen Produktionsstandort in China bauen! Das wäre ein Riesenpotenzial, bekräftigt der Vertriebsleiter, Herr Schulz, im Managementmeeting. Durch die Auslastung der Kapazitäten in China kann der unter Druck stehende Standort in Deutschland entlastet werden. Der Produktionsstandort in China würde somit in Fahrt kommen und dabei kann auch noch gespart werden, um die sinkenden Margen aufzufangen. Frau Mut folgt den optimistischen Ausführungen ihres Kollegen. Zunächst sind Chancen und Risiken einer Produktion in China sorgfältig abzuwägen. Weiter muss analysiert und bewertet werden, wo das Produktionsmaterial zu beschaffen ist, wirft Frau Mut ein. Basierend auf den Resultaten kann dann über eine Verlagerung oder/und Beschaffung in China entschieden werden. Im Einzelnen handelt es sich um folgende Teile:

Zinkdruckguss: Die betrachteten Teile sind von geringer Komplexität und Qualitätsanforderungen. Bei einem Gesamteinkaufsvolumen von 900 T€ beträgt das Einsparpotenzial bei Verlagerung 55 % der Herstellkosten. Der Lohnkostenanteil ist hoch. Zu beachten ist, dass relativ hohe Anforderungen an Toleranzen und Material existieren und spezielle Werkzeuge erforderlich sind. Erste Teile sind bereits zur Bemusterung aus China bei ElektroSüd eingegangen.

Wellen: Bei Wellen gibt es bislang keine Qualitätsprobleme. Es sind einige potentielle chinesische Lieferanten bekannt, die Wellen komplett mit Verzahnungen liefern. Für die Fertigung werden keine speziellen Werkzeuge benötigt. Der derzeitige Bearbeitungsprozess ist hoch automatisiert. Es werden große Stückzahlen benötigt. Das Einsparpotenzial einer Verlagerung wird auf 50 % geschätzt bei 380 T€ Gesamteinkaufsvolumen.

Kondensatoren: Bei einem Gesamteinkaufsvolumen von 160 T€ beträgt das Einsparpotenzial einer Verlagerung 30 %. Der asiatische Markt verfügt über eine ca. 30-jährige Erfahrung mit japanischer Technologie und ist als stabil zu bezeichnen. Die Produktionstechnologie zur Herstellung der Kondensatoren ist komplex. Lieferanten wurden in der Vergangenheit schon positiv auditiert.

Sinterteile: Bei diesen existieren hohe Qualitätsanforderungen. Offenbar gibt es professionelle chinesische Lieferanten. Für das Gesamteinkaufsvolumen von 100 T€ wurde ein Verlagerungspotenzial von 27 % der Herstellkosten ermittelt.

Magnete: Diese Teile zeichnen sich durch eine problematische Qualitätsprüfung aus. Es sind spezielle Messinstrumente erforderlich. Es wird jedoch vermutet, dass es lernwillige Lieferanten in Deutschland und China gibt. Die Know-how-Intensität ist sehr hoch. Das Einsparungspotenzial einer Verlagerung beträgt 60 % bei 1.800 T€. Die Produktion von Magneten in China läuft bereits auf einem hohen Standard und potenzielle Lieferanten sind in vielen Regionen Chinas zu finden.

Komplettstecker: Hier gibt es für Standardausführungen im Gegensatz zu den ebenfalls benötigten individuellen Ausführungen keine sonderlichen Qualitätsanforderungen. Das Verlagerungspotenzial beträgt 10 % der Herstellkosten bei einem Gesamteinkaufsvolumen von 500 T€. Einige Anforderungen europäischer Kunden sind sehr spezifisch und problematisch. In der Entwicklung wird bisher kaum auf Möglichkeiten einer weiteren Standardisierung geachtet.

Drehteile: Es gibt eine Reihe potenzieller Lieferanten mit entsprechendem Know-how. Die Qualitätsanforderungen sind problematisch. Die Produktion ist weitgehend automatisiert. Für das Gesamteinkaufsvolumen von 530 T€ besteht ein 20 %-iges Verlagerungspotenzial.

Kugellager: Das Verlagerungspotenzial beträgt 60 %, bezogen auf ein Gesamteinkaufsvolumen von 1.280 T€. Die Qualitätsanforderungen sind äußerst hoch. Die Produktion ist hoch automatisierbar. Potenzielle Einsparungen ergeben sich durch den Einsatz kostengünstiger Materialien und Maschinen. Kugellager sind sehr kritisch im fertigen Antrieb. Die Lebensdauer eines Antriebs wird durch die Kugellager wesentlich beeinflusst.

Kupferdraht: Diese Teile sind sehr qualitätskritisch. Für das Gesamteinkaufsvolumen von 230 T€ existiert ein 50 %-iges Einsparungspotenzial. Erfahrungsgemäß gibt es nur wenige Lieferanten, die die qualitativen Anforderungen erfüllen. Ein einwandfreier Produktionsablauf kann nur durch außerordentliche Qualität des Kupferdrahtes gewährleistet werden. Ebenso kritisch wirkt sich die Qualität auf die Lebensdauer des Abtriebs aus.

2.4 Marktinformationen

Der Kernmarkt liegt auch in Zukunft in Deutschland. Zunehmend entwickelt sich jedoch auch ein bedeutender Absatzmarkt in Asien. Insbesondere der Absatzmarkt in China stellt ein großes Wachstumspotenzial dar. Um an dieser Entwicklung zu partizipieren, hat ElektroSüd bereits ein Tochterwerk in China in Betrieb genommen. Mitte des letzten Jahres rollten die ersten Antriebe in China vom Band. Die in China produzierten Antriebe sollen in einem ersten Schritt ausschließlich den chinesischen Markt bedienen und für eine lokale Marktpräsenz sorgen, betont Frau Mut.

Die „vier Drachen" (Singapur, Taiwan, Hongkong und Südkorea) und China halten inzwischen einen Anteil von ca. 14 % am Weltexport.[1]

Wie bereits erwähnt, ist Asien als Beschaffungs- sowie als Absatzmarkt nach dem erweiterten Europa eine Zielregion geworden. Knapp ein Viertel der weltweiten Wirtschaftsleistung (BIP) wird in Asien erbracht. Der asiatisch-pazifische Raum stellt mehr als die Hälfte der Weltbevölkerung und weist Wachstumsraten zwischen fünf und neun Prozent auf.[2] „Der Anteil Asiens am deutschen Außenhandel beläuft sich auf 12,4 %, eine Zahl, die auf Grund des dynamischen Marktes weiter ausbaufähig ist."[3] Mittlerweile hat China Japan als Nummer Eins der wichtigsten deutschen Handelspartner abgelöst. China steht in der Wahrnehmung weit vorne, vor allem im Bereich der Beschaffung. Ein Schlüsselereignis in diesem Zusammenhang war sicherlich der Beitritt Chinas zur Welthandelsorganisation (WTO) Anfang 2002. Die Wichtigkeit des Exports in den Westen haben auch die ASEAN[4]-Staaten erkannt. Dies belegen die steigenden Zahlen des Außenhandels der letzten Jahre.

Abbildung 2-1:   *Außenhandelszahlen*

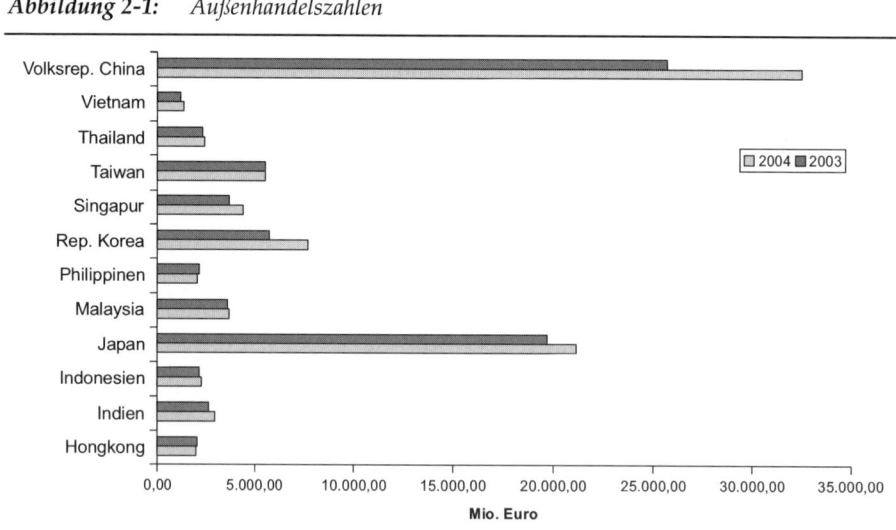

---

1   vgl. UNCTAD, World Investment Report 2002.
2   vgl. UNCTAD, World Investment Report 2002.
3   McGregor R., Yeh A., Financial Times Deutschland: Chinas Regierung bekommt boom nicht in den Griff, 21.07.2005.
4   Anmerkung: Die ASEAN (Association of South East Asia Nations) ist eine Vereinigung südostasiatischer Staaten. Die ASEAN wurden 1976 von Thailand, Indonesien, Malaysia, den Philippinen und Singapur mit dem Ziel gegründet, für wirtschaftlichen Aufschwung, sozialen Fortschritt und politische Stabilität zusammenzuarbeiten. Seit 1984 ist auch das Sultanat Brunei Mitglied, später kamen noch Vietnam (1995), Myanmar (Birma) und Laos (1997) sowie Kambodscha (1999) dazu. (http://de.wikipedia.org/wiki/ASEAN (Stand: 2. Juli 2005)).

2.5   Anlagen zur Fallstudie

Abbildung 2-2:   *Lohnkosten ausgewählter Länder*

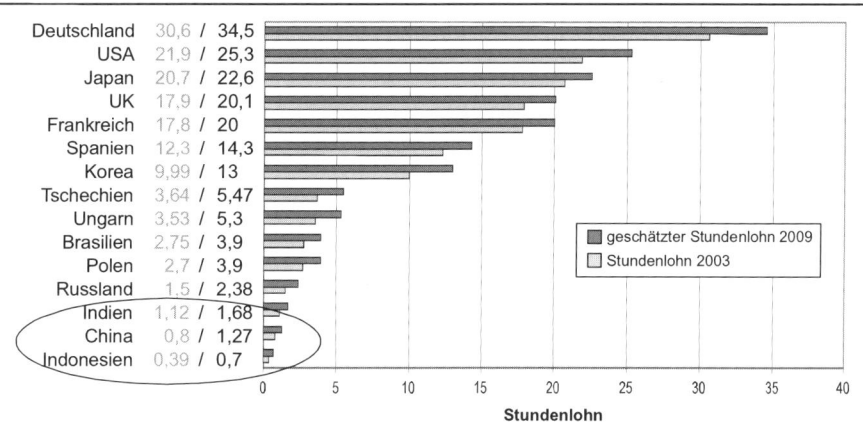

Abbildung 2-3:   *Wirtschaftsmacht Asien-Pazifik: BIP Wachstum 2006*[5]

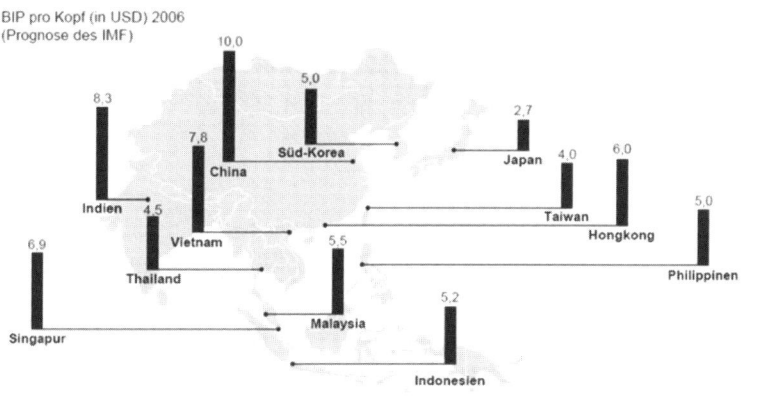

---

[5]   Grafik entnommen aus OAV, Barbara Schmidt-Ajayi, Brücke nach Asien Pazifik, 2007.

Abbildung 2-4: *Prozesse der strategischen Beschaffung in Anlehnung an Alard R. und Bischof B.-F. (2008)*

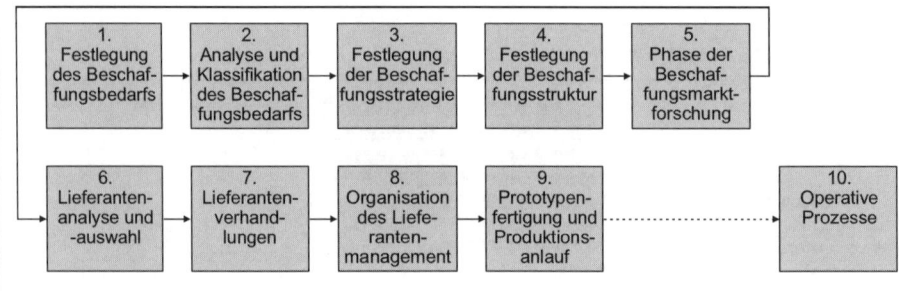

3 Teaching Note

3.1 Zusammenfassung der Fallstudie

ElektroSüd muss seine Sourcing-Aktivitäten zunehmend international bzw. global ausrichten. Kostendruck, Währungsrisiken, Sicherung der Materialverfügbarkeit und die Möglichkeit der Erschließung neuer Absatzregionen sind hierbei wesentliche Treiber. Eine ausschließlich kostenorientierte Verlagerungsentscheidung wird jedoch fast zwangsläufig in eine Sackgasse führen. Qualität, Flexibilität, logistische Aspekte, Know-how-Schutz und Nachhaltigkeit der Entscheidung sind neben den Kosten erfolgskritische Aspekte, die genau betrachtet und gegeneinander abgewogen werden müssen.

■ **Keywords/Schlüsselwörter:**

Internationalisierung, Globalisierung, Produktionsverlagerung, Sourcing-Strategie, Global Sourcing, Beschaffungsmarketing, Korruption, TCO (Total Cost of Ownership)

3.2 Problemstellung

Die Fallstudie beschäftigt sich mit den Herausforderungen der Internationalisierung eines mittelständischen produzierenden Unternehmens. Für das Unternehmen ElektroSüd wird ausführlich auf die spezifische Ausgangssituation eingegangen. Aus der Fülle an Informationen gilt es, einen zweckmäßigen Lösungsansatz zu beschreiben.

Die Studierenden sollen bei der Bearbeitung der Fallstudie auf die explizit gegebenen Informationen sowie ihr theoretisches Vorwissen zurückgreifen.

Die zentrale Fragestellung der vorliegenden Fallstudie lautet, ob eine Produktion in China für den zur Unterzeichnung stehenden Produktionsauftrag unter Berücksichtigung der aktuellen Situation von ElektroSüd gerechtfertigt ist. Welche Beschaffungsoptionen kommen für ElektroSüd in Frage? Ziel ist es, dass sich die Studierenden in die Rolle der leitenden Angestellten von ElektroSüd hineinversetzten, um die Optionen für die genannten Teile zu analysieren und die Unternehmenssituation zu bewerten. Auf dieser Grundlage soll eine entsprechende Entscheidung getroffen werden.

3.3 Leitfragen

Durch die vorliegende Fallstudie sollen die Studierenden zu einer aktiven und selbständigen Auseinandersetzung mit der Entscheidungssituation angeregt werden. Allerdings kann der Dozent durch gezielte Fragestellungen den Prozess der Problemanalyse und Entscheidungsfindung unterstützen und Impulse für die spätere Gruppendiskussion geben. Die folgenden Leitfragen können in diesem Zusammenhang herangezogen werden.

1. **Was sind die zukünftigen Anforderungen an den Einkauf von ElektroSüd, wenn das Unternehmen als Global Player auf dem Markt agiert?**

ElektroSüd ordnet seit dem Jahr 2000 seine Beschaffungsaktivitäten neu - der Fokus gilt den indirekten Kosten. Zu Beginn standen Prozessoptimierungen, wie die Verkürzung von Liefer- und Durchlaufzeiten, die Beständereduzierung sowie Kanban- und andere Logistikprojekte im Vordergrund. Um weitere Optimierungen zu erzielen, bedarf es der Aufmerksamkeit der Lieferanten auf den weltweiten Märkten.

Der Einkauf war eher funktional organisiert, und die Beschaffungstätigkeiten verteilten sich auf einen oder zwei zuständige Einkäufer und viele Sachbearbeiter. Das Augenmerk war rein auf den Preis ausgerichtet. Der Einkauf war gleichermaßen zuständig für strategische Beschaffungsaufgaben, wie beispielsweise das Erkennen von Marktentwicklungen und der Ausarbeitung von adäquaten Beschaffungsstrategien, als auch für operative Aufgaben, wie das Schreiben einer Bestellung. Aus dieser fehlenden Aufgabenfokussierung ergab sich die Gefahr, dass die Einkäufer zu stark mit der operativen Bestellabwicklung beschäftigt waren und ihnen die Zeit für strategische Beschaffungsaktivitäten fehlte. Andererseits passierte es, dass ausschließlich für operative Aufgaben ausgebildete Mitarbeiter sich plötzlich mit strategischen Fragestellungen konfrontiert sahen. Es entstand somit die Notwendigkeit, die Abgrenzung von strategischem und operativem Beschaffungsprozess klarer herauszuarbeiten.

Durch die Neuorganisation der Beschaffung werden strategische Einkäufer verstärkt in eine engere und intensivere Zusammenarbeit mit den Lieferanten eingebunden. Neue Anforderungen in der globalen Beschaffung müssen berücksichtigt werden, um die Nachhaltigkeit in den Beschaffungsaktivitäten zu gewährleisten Das Unternehmen beabsichtigt, mit einem kleineren Kreis der besten Zulieferer zu wachsen. Weniger Schnittstellen und eine intensive Zusammenarbeit mit den Lieferanten sollen die Beschleunigung der Prozesse gewährleisten.

Abbildung 3-1: *Beschaffung früher und heute*

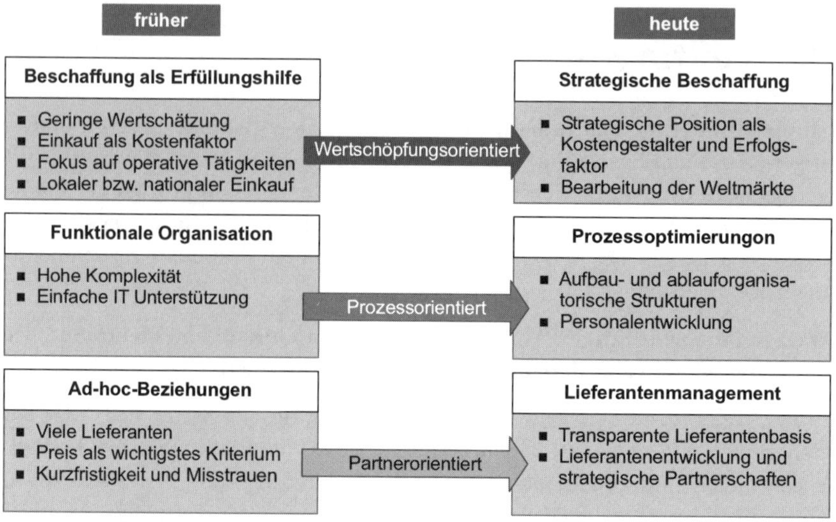

2. Wie verändern sich die Kundenforderungen von ElektroSüd und die regionalen Schwerpunkte der Kunden?

▪ Der Anteil international ausgerichteter Kunden nimmt zu.

▪ Bestehende deutsche Kunden, die selbst in China einen Standort aufbauen, wollen die Produkte von ElektroSüd zu lokalen Preisen erwerben. Ansonsten droht die Abwanderung zur chinesischen Konkurrenz.

▪ Die Kundenwünsche hinsichtlich faster-better-cheaper Lösungen wachsen.

3. Wie ist ElektroSüd im Vergleich zum Wettbewerb positioniert?

Der Wettbewerbsdruck steigt auch durch chinesische Anbieter, jedoch nur bei Standardlösungen, der Qualitätsunterschied ist noch groß. Aber die asiatischen Anbieter werden weiter an der Qualitätsverbesserung arbeiten. ElektroSüd muss sich in Abgrenzung zum Wettbewerb durch hohe Flexibilität positionieren. Der Kunde soll Kleinstserien, beginnend mit der „Losgröße 1", aus den sich am Lager befindlichen Standardprodukten abrufen können.

4. Wie lässt sich Produktvielfalt und -positionierung im Markt charakterisieren?

- Das Produktsortiment reicht von einer hohen Variantenvielfalt im Bereich Standardantriebe über innovative Antriebe mit Softwarelösungen bis hin zu Modulsystemen. Weiter bietet das Unternehmen neben Standardlösungen entsprechendes Zubehör, welches Lösungen für individuelle Kundenwünsche ermöglicht.

- Im Standardbereich herrscht großer Preiswettbewerb.

- Daraus resultiert der Druck, Standardlösungen in Low-Cost-Counties zu verlagern, um diese zu niedrigen Preisen anbieten zu können. Know-how Antriebe sollten aufgrund hoher Komplexität und Gefahr von Plagiaten in der deutschen Produktion belassen werden.

5. Was sind in der vorliegenden Situation die Kennzeichen einer angemessenen Sourcing-Strategie?

- Das Unternehmen muss die Beschaffungsaktivitäten zur nachhaltigen Sicherung der Existenz global ausrichten.

- Damit die Beschaffung in Asien nicht zu einer Schnäppchenjagd wird, ist es notwendig, das Global Sourcing in die Unternehmensstrategie zu integrieren. Hierfür ist die Unterstützung und Verbindlichkeit des Topmanagements notwendig. ElektroSüd hat dies mit einer Zielvereinbarung festgeschrieben.

- Weiter erfordert Global Sourcing ein Umdenken der gesamten Belegschaft des Unternehmens. Erfahrungen zeigen, dass ein erfolgreicher Markteintritt auf die fernen Beschaffungsmärkte nur mit der Unterstützung aller am Beschaffungsprozess beteiligten Personen umgesetzt werden kann.

6. Welche Nutzenargumente sind für die Entscheidung zum Aufbau eines Produktionsstandortes in China grundsätzlich von Bedeutung?

- Kostenreduzierung: Die Kostenreduzierung steht bei den Chancen klar im Vordergrund. Ein hohes Potenzial liegt hierbei vor allem in den lohnintensiven Beschaffungsteilen. Ein in Deutschland angestellter Produktionsmitarbeiter verdient im Durchschnitt 30,6 US-Dollar pro Stunde. Sein Kollege in Asien erhält hingegen weniger als einen US-Dollar pro Stunde.

- Sicherstellung der Materialverfügbarkeit: Durch Global Sourcing werden nicht nur Kosten gesenkt, sondern gleichzeitig die Verfügbarkeit und Qualität von Material durch die Nutzung der globalen Beschaffungsmärkte gewährleistet.

■ Risikomanagement: Durch den Export in den US-Dollar-Raum wirkt sich die Verteuerung des Euros gegenüber dem US-Dollar negativ auf die Erträge des Unternehmens aus, da höhere Euro-Einkaufskosten dem schwachen US-Dollar gegenüber stehen. Durch das Asien Sourcing (US-Dollar-Raum) können somit Währungsschwankungen ausgeglichen werden.

■ Sicherung der Wettbewerbsfähigkeit: Im Preiskampf mit den Wettbewerbern kann durch eine Global Sourcing Strategie mit den zu erwartenden Kosteneinsparungen von ungefähr 30 Prozent eine nachhaltige Senkung der Gesamtversorgungskosten (Total Cost of Ownership) erzielt werden.

■ Kompetenz auf globalen Märkten: Die Nutzung von internationalen Infrastrukturen und der Zugang zu globalen Fähigkeiten, Ressourcen und Entwicklungen lassen das Unternehmen in vielerlei Hinsicht wachsen und dessen Kompetenz im internationalen Geschäft ausbauen.

■ Zugang zu großen Wachstumsmärkten: Die Global Sourcing Strategie in Asien bietet neben dem Import auch Einblicke in ein mögliches Exportgeschäft. Somit fördert der Markteintritt durch Global Sourcing die Nähe zu den asiatischen Wachstumsmärkten.

7. Welche Anforderungen sollten an asiatische Lieferanten gestellt werden?

Die Anforderungen von ElektroSüd an chinesische Lieferanten sind in folgender Abbildung zusammengefasst:

Abbildung 3-2: *Anforderung von ElektroSüd an chinesische Lieferanten*

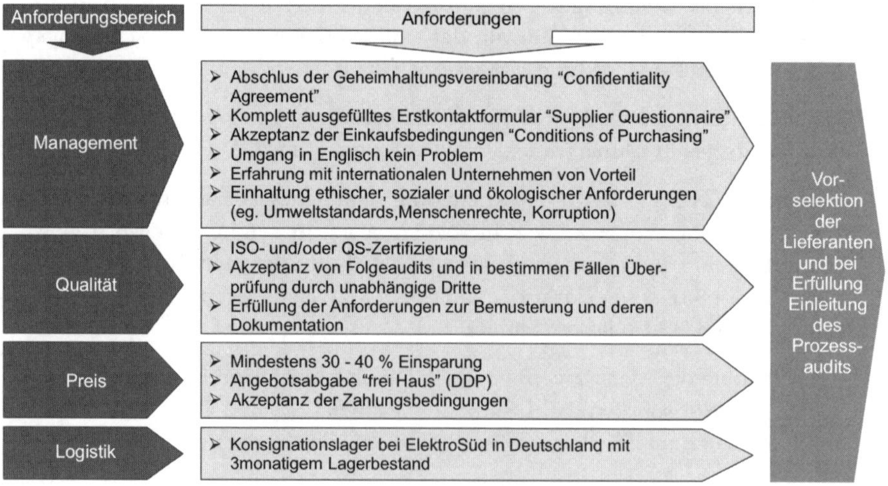

8. Welche Teile sollen bzw. sollen nicht verlagert werden?

Aufgrund hoher Auslandsinvestitionen auf dem chinesischen Beschaffungsmarkt weisen ungefähr 30 % der Herstellerbetriebe ein hohes Qualitäts- und Managementniveau auf. Die verbleibenden 70 % der Hersteller arbeiten in typisch chinesischen Unternehmensstrukturen und können die Anforderungen europäischer Unternehmen derzeit noch nicht erfüllen. Sie beliefern fast ausschließlich die lokalen Märkte. China bietet besonders für Standardteile oder Teile mit geringer Komplexität billige Fertigungsmöglichkeiten. Nicht alle Teile sind aufgrund ihres technischen Know-hows, ihrer Komplexität und ihren Qualitätsaspekten einfach auf dem chinesischen Markt zu beschaffen.

3.4 Analyse

Frau Mut hat im Managementmeeting ausdrücklich darauf hingewiesen, dass eine detaillierte Analyse der aktuellen Unternehmenssituation für eine Entscheidung zur Produktionsverlagerung nach China notwendig ist. Viel zu oft verlagern Unternehmen Produktion oder Beschaffungsaktivitäten von Deutschland nach China, um Kosten zu sparen. Vergessen wird aber eine genaue Analyse und Einschätzung der landesspezifischen Herausforderungen und Risiken.

Um dem Management eine Entscheidungsgrundlage zu bieten, hat Frau Mut Fragen formuliert, die sie mit Ihren Kollegen aus den verschiedenen Unternehmensbereichen im Vorfeld diskutieren möchte:

Im Einkauf müssen organisatorisch noch einige Themen geklärt werden, um die strategischen Einkäufer besser auf das Thema China vorzubereiten. Kurzfristig wird, basierend auf den bereits laufenden Beschaffungsaktivitäten in China eine Teileanalyse vorgenommen. Mit dem Vertriebsleiter, Herr Schulz, und den Marketingkollegen müssen Themen wie zukünftige Kunden- und Produktanforderungen sowie die Wettbewerbspositionierung von ElektroSüd diskutiert werden. Mit einem Team aus der Qualitätssicherung und der Entwicklung ist die Definition eines Anforderungskataloges an chinesische Lieferanten geplant. Neben Logistik und kommerziellen Themen sind Management- und Qualitätskriterien schriftlich niederzulegen. Ein dringendes Anliegen ist ein Gespräch mit dem Geschäftsführer. Mit ihm wird die Unternehmensstrategie und Nutzenargumente einer Verlagerung besprochen. Eine eindeutige Zusage des Topmanagements und die Einbettung des China-Themas in die Unternehmensstrategie sowie Zielvereinbarungen für die verschiedenen Unternehmensbereiche sind Voraussetzung zum Gelingen des Vorhabens, davon ist Frau Mut überzeugt.

Im Anschluss an die Diskussion mit den verschiedenen Unternehmensbereichen wird eine SWOT-Analyse erstellt. Sie soll die aktuelle Situation von ElektroSüd darstellen und die Verlagerungsentscheidung untermauern:

Tabelle 3-1:   *Stärken – Schwächen – Chancen – Risiken (SWOT-Analyse)*

Stärken	Schwächen
– Starkes Wachstum des Unternehmens ElektroSüd in den vergangenen Jahren	– Rückgang der Kundenzufriedenheit wegen hohem Preisniveau
– Zuwachs von internationalen Kunden	– Margeneinbruch bei Standardantrieben durch Anstieg von Rohmaterialpreisen und Ineffizienzen im Unternehmen
– Flexibilität im Nischenbereich für spezielle Kundenwünsche	– Zu hohe Kosten in der Wertschöpfungskette durch überdurchschnittliches Lohnniveau in Deutschland
– Innovation und technischer Fortschritt	
– Weltweite Marktpräsenz	– Langwieriger Entwicklungsprozess beim Produktionsaufbau in China

Chancen	Risiken
– Kostensenkungspotenzial durch Ausbau einer Low-Cost-Fertigung	– Überkapazitäten
– Fortsetzung der Produktoffensive / Aufbau signifikanter Kapazitäten	– Unterschätzung der auf kulturellen Unterschieden beruhenden Probleme
– Partizipation auf dem weltweit wichtigsten Wachstumsmarkt• Generierung neuer Absatzmärkte	– mangelnder Schutz des geistigen Eigentums / Plagiate
	– Rechtsunsicherheiten
– Hohe Flexibilität in den Werken	– Logistische Probleme
– Leistungsfähiges Liefernetzwerk	– Qualitätsmängel
– Ausgleich von Währungsrisiken	– Steuern und Einfuhrzölle
	– Korruption

Für eine ganzheitliche Bewertung der Situation analysiert Frau Mut gemeinsam mit ihren strategischen Einkäufern die Situation der zur Diskussion stehenden Produktionsmaterialien. Es sind etliche Prozessschritte zu beachten:

1. Schritt: **Festlegung des Beschaffungsbedarfs** aufgrund der Verkaufsvorhersage von Herrn Schulz aus dem Vertrieb.

2. Schritt: In einer 4-Felder-Matrix wird die **Analyse und Klassifikation des Beschaffungsbedarfs** aufgezeigt.

3. Schritt: Basierend auf der Analyse und Klassifikation des Beschaffungsbedarfs erfolgt die **Festlegung der Beschaffungsstrategie**. Hier werden vor allem Kosten und Qualitätsanforderungen berücksichtigt.

4. Schritt: Bei der **Festlegung der Beschaffungsstruktur** wird entschieden, wo beschafft werden soll. Es sind länderspezifische Gegebenheiten zu berücksichtigen.

5. Schritt: Es müssen detaillierte Informationen über mögliche Lieferanten und Beschaffungsmärkte systematisch erfasst werden. **Die Phase der Beschaffungsmarktforschung** soll eine Übersicht über potenzielle Lieferanten geben.

6. Schritt: **Lieferantenanalyse und -auswahl**: Auf Basis der Beschaffungsmarkforschung werden potenziellen Lieferanten identifiziert. Von besonderer Bedeutung sind bei der Auswahl chinesischer Lieferanten Kriterien wie Schutz des geistigen Eigentums und die Einhaltung ethischer, sozialer und ökologischer Standards, um das Qualitätsrisiko einzugrenzen.

7. Schritt: In den **Lieferantenverhandlungen** werden kommerzielle Themen wie Preis und Lieferkonditionen vereinbart.

8. Schritt: Sicherstellung der **Organisation des Lieferantenmanagements** in China.

9. Schritt: Prüfung, ob die Produktionsmaterialien bereits durch die **Prototypenfertigung** gelaufen sind. Wichtig ist die Freigabe der Erstserien für den **Produktionsanlauf**.

10. Schritt: **Operative Prozesse**: Die SAP-Abwicklung muss sicherstellen, dass die Produktionsmaterialien ohne zusätzlichen Aufwand in der richtigen Qualität, zur richtigen Zeit, am richtigen Ort und zum richtigen Preis zur Verfügung stehen.

3.5   Mögliche Lösungen

Die Analyse des Entscheidungsproblems zeigt, dass die Vor- und Nachteile einer Verlagerung ganzheitlich betrachtet werden müssen.

Kosteneinsparung, Zugang zu neuen Absatzmärkten, Ausgleich von Währungsrisiken und Aufbau signifikanter Produktionskapazitäten sind positive Effekte einer Verlagerung des Kundenauftrages zur Produktion in China. Ein Großteil des Produktionsmaterials kann in China beschafft werden. Noch nicht freigegebene Produktionsserien sollen weiterhin von Deutschland nach China verschickt werden. Das gewährleistet die Qualität der in China produzierten Antriebe zusätzlich. Margen, die in den letzten Monaten durch Rohmaterialpreisanstieg dramatisch eng geworden sind, können durch Kosteneinsparungen aufgefangen werden, und das allgemeine Preisniveau wird somit weiter stabil bleiben. Neue internationale Kunden habe das Wachstum von ElektroSüd stark mit beeinflusst. Mit dem Ausbau des Produktionsstandorts in China kann den neuen Kundenanforderungen Rechnung getragen werden. Mit einem Low-Cost-Antrieb wird die weltweite Marktpräsenz weiter ausgebaut. Auch werden freie Kapazitäten für Innovation und Fortschritt in Deutschland geschaffen. Eine Konzentration auf Individuallösungen und High-Tech-Anwendungen in Deutschland kann somit weiter ausgebaut werden.

Die Geschäftsleitung fordert, dass Produktion und Beschaffungsaktivitäten in China auf den Unternehmengrundsätzen und -werten des Stammhauses in Deutschland basieren. Die Beachtung einwandfreier ethischer, sozialer und ökologischer Bedingungen tragen zur Qualitätssicherung maßgeblich bei. Es ist sicherzustellen, dass die Reputation des Unternehmens nicht beschädigt wird. Das Unternehmen darf nicht ins Kreuzfeuer der Kritik geraten, weil Produkte aus Billiglohnländern und unter schlechten Bedingungen produziert werden.

Auf Teileebene muss ebenfalls sorgfältig geprüft werden. Grundsätzlich eignen sich Teile mit folgenden Merkmalen potenziell eher für eine Verlagerung in Low-Cost-Countries:

- Geringe Teilevarianz/-vielfalt

- Hohe Stückzahlen

- Geringe bis mittlere Qualitätsanforderungen

- Geringe Änderungshäufigkeit

- Gute Transportierbarkeit zu niedrigen Kosten

- Hoher Personalkostenanteil

- Ausgereifte Serientechnologie

- Mit Vorlauf planbare Kundenbedarfe

- Bestehende Lieferantenbasis mit entsprechendem technischen Know-how und Managementsystemen

- Signifikante Einsparungen abzüglich Zölle und Transportkosten >30 %

- Standardteile

Im Folgenden ist dargestellt, wie sich Frau Mut und ihre Kollegen aus dem Einkauf auf Teileebene entschieden haben.

1. Klassifikation der Teile und Analyse nach Einsparpotenzialen und Qualitätsanforderungen:

Abbildung 3-3:   *Klassifikation der Teile und Analyse*

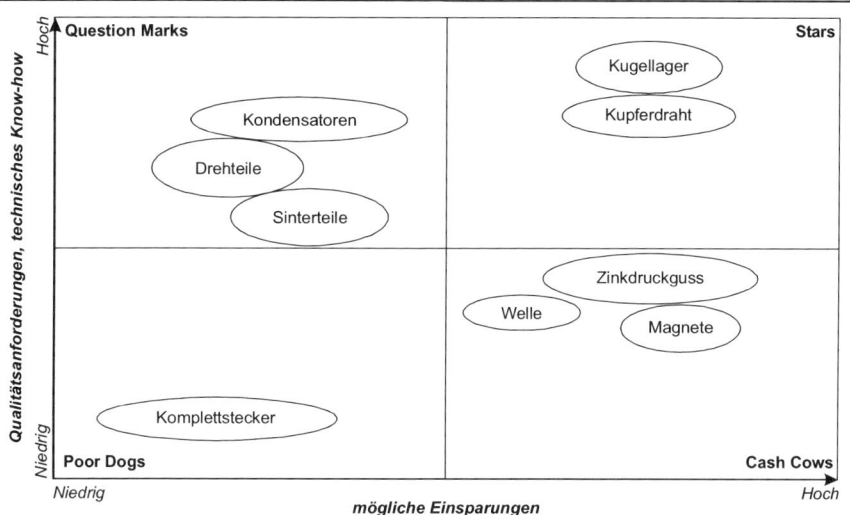

2. Entscheidung der Beschaffungsstruktur unter Berücksichtigung der für die Verlagerung relevanten Merkmale:

Zinkdruckguss, Wellen und Magnete werden in China beschafft. Die Teile sind von geringer Komplexität und Qualitätsanforderungen. Durch den hohen Lohnkostenanteil ist das Einsparpotenzial bei Druckgusswerkzeugen und bei der lokalen Beschaffung signifikant. Potentielle Lieferanten, die nach den Anforderungen von ElektroSüd produzieren, sind vorhanden. Das Lieferantenmanagement wird Frau Mut and Kollegen des chinesischen Produktionsstandorts von Elektrosüd übertragen. Durch die lokale Präsenz eigener Mitarbeiter hofft sie, das Qualitätsrisiko gering zu halten.

Auch Kondensatoren, Sinterteile und Drehteile sollen in China beschafft werden. Die Qualitätsanforderungen sind eher hoch, einige potentielle Lieferanten mit einwandfreiem Know-how sind jedoch vorhanden. Die Managementsysteme der Lieferanten sind auf hohem Standard und halten das Beschaffungsrisiko gering. Das Einsparpotenzial ist moderat, aber durch eine lokale Beschaffung können Einfuhrzölle und Transportkosten minimiert werden. Der Handlingsaufwand bei ElektroSüd in Deutschland zum Verschicken der Teile nach China wird ebenfalls reduziert.

Dass Kugellager und Kupferdraht in China beschafft werden, steht für Frau Mut nicht zur Diskussion. Die Qualitätsanforderungen sind enorm hoch. Frau Mut möchte erst Erfahrung mit chinesischen Lieferanten sammeln und auch die bereits auditierten Lieferanten weiter entwickeln. Fehler in den Produktionsmaterialen können schwere Produktionsausfälle zur Folge haben. Auch ist die Qualität der Teile für die Lebensdauer der Antriebe von ElektroSüd von großer Bedeutung. Die hohen Einsparungen könnten das Beschaffungsrisiko derzeit nicht auffangen.

Dass Komplettstecker weiter in Deutschland beschafft werden sollen, verärgert Frau Mut. Die Entwicklung ist nicht in der Lage, einen Standard für verschiedene Antriebe zu definieren. So hat der Einkauf eine hohe Teilevielfalt zu managen. Die Lieferanten in China sind nicht bereit, bei Standardteilen kleine Mengen auszuliefern. Da die Stecker weltweit einen Standard aufweisen, sind keine bedeutenden Einsparungen möglich.

Literaturverzeichnis

1. Bücher

ARNOLD, U.; ESSIG. M.: Einkaufskooperationen in der Industrie, (Monografie), Stuttgart, Schäffer-Pöschel-Verlag, 1997.

BEHR, M. VON; SEMLINGER, K.: Transfer und Steuerung von Wissen — Zur Internationalisierung kleiner und mittlerer Unternehmen. Reihe: ISF München Forschungsberichte, München, 2001.

BUNDESVERBAND MATERIALWIRTSCHAFT (HRSG.); BOGASCHEWSKY, R.: Einkaufen und Investieren in China – BME Leitfaden Internationale Beschaffung, Band 2, Darmstadt, 2004.

CHEN, H.: Kulturschock VR China/Taiwan, Ort, Reise Know-how Verlag, Bielefeld, 2004.

GRUSCHWITZ, A.: Global Sourcing: Konzeption einer internationalen Beschaffungsstrategie, Stuttgart, 1993.

KROKOWSKI, W.: Globalisierung des Einkaufs: Leitfaden für den internationalen Einkäufer, Heidelberg, Springer, 1998.

PORTER, M.E.: The Competitive Advantage of Nations, London, 1990 Chapter1, Part I, II, (deutsch: Nationale Wettbewerbsvorteile, Wien, 1993.

WIELAND, J.: Handbuch Wertemanagement, Hamburg, Murmann Verlag GmbH, 2004.

2. Journale / Online-Magazine

ARNOLD, U.: Strategische Ausrichtung mittelständischer Unternehmen an Auslandsmärkten, Marktforschung und Management, Heft 1/1990.

BAMBERGER, I., WRONA, T.: Globalisierungsbetroffenheit von Klein und Mittelunternehmen — Ergebnisse einer empirischen Studie, Zeitschrift für Betriebswirtschaft (ZfB), Heft 7/1997.

DR. SONG, L., Zeichnungen sind Chinaproblem, Technik + Einkauf, Nr. 2, 2005.

FOKUS PRINT-ONLINE, 2003.

KALBFUSS, W.: Die Vorteile des zentralen und dezentralen Einkaufs vereint, Beschaffung aktuell, o.Jg., 1996.

KOWALSKI, T.: Durch Benchmarks zu neuen Strategien, Beschaffung aktuell, o.Jg. 1996, Heft 4, 1996.

MONCZKA, R. M.; TRENT, R. J.: Global Sourcing- A Development Approach, International Journal of Purchasing and Materials Management, 27 (2), 1991.

SOURCING ASIA: Outsourcing und Produktion in Asien, Newsletter für Beschaffung, Januar 2005, www.sourcing-asia.de (Stand: 13. August, 2005).

DE NARDO, M.; HURSCHLER P.; SCHÖNLEBEN P.: Supplier Code of Conduct: Nachhaltiger Wettbewerbsvorteil, IO Management Nr. 1-2, 2008.

ALARD R.; BISCHOF B.-F.: Globale Einkaufstouren wollen gut geplant sein, IO Management Nr. 1-2, 2008.

3. Aufsätze, Artikel und Cases

BALLMER, R.: Den traditionellen Einkauf hinter sich lassen, http://www.inova-group.com/deu/pdf/Inova_Handbuch_Beschaffung.pdf (Stand: 20 Juni 2005).

BOGASCHEWSKY, R.: Global Sourcing – wettbewerbsstrategische Bedeutung und methodische Unterstützung, Beitrag, http://ibl.wifak.uni-wuerzburg.de/Dateien/ IBL_I_

DR. BLANK, M.; DR. TREIER, V.: Deutsche Industrie- und Handelskammer: Export und Import 2004/2005 – Umfrage bei den deutschen Außenhandelskammern, 2004.

EUROPÄISCHE KOMMISSION: Beobachtungsnetz der europäischen KMU: Internationalisierung von KMU, Bericht erstellt von KPMG Special Services und EIM Business & Policy Research und ENSR im Auftrag der Generaldirektion Unternehmen, Luxem

GREVE, R.: Globalisierung der Wirtschaft – Auswirkungen auf lokale Unternehmen, Münsteraner Diskussionspapier zum Nonprofit-Sektor, Nr.4

KINKEL, S.; WENGEL, J.: Produktion zwischen Globalisierung und regionaler Vernetzung, Mit den richtigen Strategie zu Umsatz- und Beschäftigungswachstum, Mitteilung aus der Produktionsinnovationserhebung Nr. 10, 1998.

KOMMISSION DER EUROPÄISCHEN GEMEINSCHAFTEN: Empfehlung der Kommission vom 6. Mai 2003, Amtsblatt der Europäischen Union, 2003.

RADEMACHER, S.: Einkauf der deutschen Industrie in Niedrigkostenländern – Eine Studie von Masai – The Purchasing Experts, München, 2001.

SCHMID, K.-P.: Warum schafft die Wirtschaft die Wende nicht?, Die Zeit 1/2003.

SPÄTH, N.: Welt am Sonntag: Die Tiger sind krank, Weltbank (Stand: 26. September 2005).

MING-HUI, HUANG: Eliminate the Middleman? What should USTech's sourcing strategy be?, Harward Business Review, HBR Case Study and Commentary, 2006.

BEAMISH, PAUL W.: The high cost of cheap Chinese labor, Harward Business Review, 2006.

YIGANG PAN: Whirlpools, Roadmap in China, Asia Case Research Center, The University of Hong Kong, 2004.

GOTTFREDSON, M.; PURYEAR, R.; PHILLIPS S.: Strategic Sourcing: From Periphery to the Core, Best Practice, Harvard Business Review, 2005.

Knut A. Wiesner

Internationale Positionierung
Fallstudie BackSpezi GmbH

1 Fallstudie zur internationalen Positionierung mittels Projektmanagement

Diese Fallstudie stellt eine typische Entscheidungssituation in einem mittelständischen Unternehmen der Ernährungs- bzw. Süßwarenwirtschaft dar, die mit Hilfe der Instrumente des Projektmanagements und der Strategiefindung lösbar ist. Diese Fallstudie ist konzipiert für Studierende der MBA-Studiengänge oder Teilnehmer anderer postgradualer/weiterführender Ausbildungsgänge auf vergleichbarem Niveau mit einem Fokus auf das KMU-Management.

2 Lernziel und Vorkenntnisse

Die Bearbeitung der Fallstudie basiert auf Kenntnissen aus betriebswirtschaftlichen Basisstudiengängen und/oder der Praxis der Unternehmensführung und Außenwirtschaft. Kenntnisse im Exportmanagement einschließlich der Auswahl von Exportmärkten bzw. internationalen Aktionsfeldern sind von Vorteil. Die Anwendung der Instrumente des Projektmanagement erleichtert die Findung einer mittelstandsadäquaten Lösung. Spezielle Branchenkenntnisse sind dazu nicht erforderlich. Die Angaben in der Fallstudie sind leicht verfremdet, basieren aber auf einer realen Situation.

3 Fallstudie BackSpezi GmbH

Hans Wiener kann auf eine 30-jährige Unternehmertradition zurückblicken. 1977 begann er, als junger Meister im Münsterland eine spezialisierte Back- bzw. Süßwarenproduktion aufzubauen. Dem damals 24-jährigen Konditorsohn war der väterliche Betrieb zu eng geworden und so entschloss er sich, im Nachbarort eine Produktion für Gebäckspezialitäten aufzubauen. Nach dreißig Jahren stetigem organischen Wachstum bietet der Firmenchef heute 103 Mitarbeitern aus der Region einen sicheren Arbeitsplatz, z.T. schon in der zweiten Generation. Nun stehen neue marktliche Herausforderungen und eine Nachfolgeregelung ins Haus.

3.1 Ausgangssituation

Gebäckspezialist Wiener produzierte zunächst mit fünf Mitarbeitern regionale und saisonale Gebäckspezialitäten in hochwertiger Qualität, die über ein eigenes Ladengeschäft an Endkunden sowie an Konditoreien und Bäckereien der Umgebung geliefert wurden. 1983 verstarb plötzlich der Vater von Hans Wiener, so dass er als einziger Sohn auch die väterliche Konditorei übernehmen musste.

Aufgrund dieser Situation entschied er sich, den eigenen Ladenvertrieb einzustellen und verkaufte seine Gebäckspezialitäten in der Familien-Konditorei. Einige der nahe gelegenen Konditoreien, die seine Produkte bis dahin bezogen, sahen darin eine Konkurrenz und stellten die Geschäftsbeziehung ein. So musste Hans Wiener seinen Lieferradius notgedrungen ausweiten und neue Kundenkreise erschließen. Als besonders einträglich erwiesen sich dabei nach einer längeren Durststrecke die Geschäftsbeziehungen zu Hotels und Süßwaren-Spezialitätengeschäften.

Da sich die Geschäftsbeziehungen zur Hotelbranche als besonders lukrativ erwiesen, stellte Hans Wiener seinen älteren Freund Rudi Gast ein, der nach einer kaufmännischen Lehre in einer Gaststätte in der kaufmännischen Leitung eines etablierten Hotels tätig war. Nach dessen Eintritt wandelte Hans Wiener 1985 das Einzelunternehmen, das damals 38 Mitarbeiter beschäftigte, in eine OHG um, an der Rudi Gast mit 10 % beteiligt wurde. Die Erinnerung an diese spannende gemeinsame Aufbauphase prägt noch heute das vertrauensvolle Verhältnis der beiden Partner und Freunde.

Inzwischen leitet die zur Konditoreimeisterin avancierte Tochter Inna Wiener (28) die Konditorei unter der Obhut ihres Vaters. Der 25 Jahre alte Sohn Chris leitet nach seinem Abschluss als staatlich geprüfter Lebensmitteltechniker seit zwei Jahren die Produktentwicklung. Nach Abschluss seiner Qualifikation zum Industriemeister für Lebensmitteltechnik (ZDS-Solingen) soll er auch die Verantwortung für die gesamte Produktion übernehmen. Chris Wiener, der mit der Oecotrophologin Hilde verheiratet ist, hat angesichts des erstarkenden Bio-Trends bereits einige neue biologische Backerzeugnisse entwickelt, die z.T. auch schon produziert werden. Allerdings entwickelt sich dieses Geschäft noch sehr zäh, da die bestehenden Kunden nur zögerlich kaufen.

Der jüngste Sohn, Holger Wiener, hat vor kurzem sein Bachelor-Studium in Betriebswirtschaftslehre abgeschlossen und im Herbst 2007 ein international ausgerichtetes Masterstudium begonnen. Er lernt dort internationale und strategische Instrumente und Bereiche des Unternehmensmanagements kennen, u.a. Projektmanagement, die Entwicklung von Unternehmensstrategien sowie die systematische Auslandsmarkterschließung. Holger Wiener strebt die Leitung des Exports und später auch des Gesamtvertriebs im Unternehmen an. Mitinhaber Rudi Gast hat keine Kinder, die in der Firma tätig werden könnten.

3.2 Erfolgsbasis

Der Erfolg der Wiener's Gebäckspezialitäten OHG basiert auf den engen und vertrauensvollen Kundenbeziehungen. Hans Wiener hat meist den spezifischen Kundenwünschen Rechnung getragen und möglichst individuelle Gebäckspezialitäten angeboten, anfangs Lebkuchen und Ostergebäck in gewünschten Formen oder sogar mit spezifischer Unternehmenskennzeichnung, später auch andere Gebäcke, die das ganze Jahr über verkauft werden konnten.

Die Rohstoffe kamen stets aus der näheren Region und Hans Wiener legte großen Wert auf qualitativ hochwertige Mehle, heimischen Zucker und heimische Milcherzeugnisse. Natürlich verarbeitet die Wiener's Gebäckspezialitäten OHG auch andere Vorerzeugnisse, wie Kakao, Schokolade, Marzipan oder andere Rohmassen, die alle in Deutschland gekauft werden. Zu den meisten Lieferanten unterhält Hans Wiener eine fast freundschaftliche Beziehung ebenso wie zu vielen Mitarbeitern, die fast alle aus der ländlichen Region stammen und sich mit landwirtschaftlichen Rohstoffen gut auskennen. Dieses spezifische Know-how und die Verankerung in der Region ließen ihn auch schwere Zeiten überstehen und bildeten die Stütze für den Ausbau des Geschäfts. Allerdings blieb auch die Wiener's Gebäckspezialitäten OHG in 2007 nicht von den deutlichen Preissteigerungen der landwirtschaftlichen Rohstoffe verschont.

Der Kundenkreis der Wiener's Gebäckspezialitäten OHG ist überwiegend in Nordrhein-Westfalen und Niedersachsen ansässig (ca. 55 %), weitere etwa 40 % der Kunden stammen aus dem restlichen Bundesgebiet. Knapp 5 % der Verkäufe gehen bisher ins Ausland. Den ersten Schritt tat Hans Wiener damals, als er 1978 in Südtirol Urlaub machte. Das Urlaubshotel wurde zum ersten Exportkunden, inzwischen werden überwiegend auf Basis persönlicher Kontakte vor allem Hotels, aber auch einige Duty Free Geschäfte und Konditoreien in Italien, Österreich, der Schweiz, Luxemburg, den Niederlanden und Dänemark beliefert.

Vereinzelt gab es auch während der jährlich Ende Januar in Köln stattfindenden Internationalen Süßwarenmesse (ISM) Anfragen aus anderen Ländern, die meist aber nicht (intensiv) bearbeitet wurden, da Hans Wiener keine Fremdsprachen spricht und auch im Unternehmen allenfalls rudimentäre Englischkenntnisse vorhanden sind. Fragten allerdings ausgewanderte Deutsche oder deutschsprachige Interessenten aus dem Ausland an, wurden diese Bestellungen eher ausgeführt. Allerdings waren diese eher wenig rentierlich, so dass diese nicht ausgebaut wurden.

3.3 Die BackSpezi GmbH

Angesichts des Eintritts der nächsten Generation in das Unternehmen stellt sich für den Unternehmensgründer Hans Wiener die Frage nach der zukunftssicheren Firmierung und Positionierung des Unternehmens. 2007 wurde das Unternehmen daher in eine GmbH umgewandelt, an der nun Hans Wiener mit 65 %, Rudi Gast mit 10 %, Inna Wiener mit 5 % und die beiden Söhne mit je 10% beteiligt sind. Hans Wiener hat ein Vorkaufsrecht auf die Anteile von Rudi Gast. Die Konditorei wird als Tochterfirma ausgegliedert und als eigene GmbH geführt, an der die BackSpezi GmbH mit 50 % sowie Hans Wiener und Inna Wiener mit je 25 % beteiligt sind.

Der gewählte Name BackSpezi GmbH bedeutet eine Öffnung, um neue Unternehmensfelder, wie Bio-Backwaren, zu ermöglichen und die Zukunftsfähigkeit des Unternehmens sicher stellen. Das Vorkaufsrecht auf die Anteile von Rudi Gast soll nach dem Ausscheiden von Rudi Gast die Kontinuität als Familienunternehmen der Familie Wiener sicher stellen. Im Unternehmen sollen spätestens in 10 Jahren die beiden Söhne die Leitung übernehmen und zusammen dann über mindestens 75 % der Firmenanteile verfügen. Die Konditorei soll dann zu mindestens 75 % der Tochter gehören.

So glaubt sich Hans Wiener sicher, gut auf den Übergang in 10 Jahren vorbereitet zu sein. Die Kinder sind oder werden entsprechend ihren Fähigkeiten eingebunden und können sich bis zum Firmenübergang bewähren. Allerdings drängen die beiden Söhne auf eine Neuorientierung bzw. Ausweitung der Unternehmensaktivitäten. Chris Wiener und seine Frau Hilde möchten gern die Bio- bzw. Ökoschiene ausbauen und vielleicht sogar als vollwertiges zweites Bein etablieren. Seit 2006 gibt es die ersten neuentwickelten Bio-Produkte, die bis Ende 2007 auf sechs ausgebaut wurden.

Sohn Holger Wiener möchte die bisher eher rudimentären internationalen Geschäfte stark erweitern, um neue Märkte zu erschließen und zu expandieren. Die bisherigen sporadischen Exporte sollten erweitert und neue Exportpartner in neuen Weltregionen gewonnen werden, um von der allgemeinen Globalisierung zu profitieren. Dabei könnten durchaus auch Biobackwaren eine bedeutende Rolle spielen, wenngleich der bisherige Erfolg noch zu wünschen übrig lässt – möglicherweise finden diese auch im Ausland neue Kunden.

3.4   Darstellung der Entscheidungssituation

In Sommer 2007 schloss Holger Wiener sein Bachelor-Studium mit sehr gutem Erfolg ab und reiste danach nach Australien: Dort entdeckte er eine Menge Bio-Backwaren im Handel und fand auch im Hotelbereich Interessenten für die Produkte der Backspezi GmbH. Stolz und voller Elan kehrte er im September ins väterliche Unternehmen zurück und präsentierte eine Handvoll Aufträge aus Australien. Gleichzeitig trafen Anfragen von Wellnesshotels nach Bio-Backwaren und anderen Spezialitäten aus Ungarn und der Türkei ein. Auch ein Bio-Supermarkt aus Österreich zeigte starkes Interesse an den Bio-Produkten.

Holger hatte zuvor seinem Vater erstmalig eine Teilnahme der BackSpezi GmbH an der weltgrößten Nahrungsmittelmesse ANUGA vom 12.-17.10.2007 in Köln abgerungen. Dort gab es dutzende weitere Auslandsanfragen, u.a. auch von einer internationalen Hotelkette sowie von einer kleineren Wellness Hotelgruppe aus der Alpenregion.

Am 19. Oktober 2007 fand dann eine Lagebesprechung zwischen Hans Wiener, seinen beiden Söhnen, Tochter Inna und Partner Rudi Gast statt. Angesichts des großen Auslandsinteresses drängte Holger Wiener auf eine stärkere internationale Ausrichtung, um den vielen erfolgversprechenden Anfragen nachkommen zu können. Er wolle sofort die Anfragen positiv beantworten und sich auch neben seinem weiteren Studium selbst um die Auslandskontakte kümmern.

Bruder Chris gab zu bedenken, dass z.T. die in den Ländern zu berücksichtigenden Lebensmittelvorschriften nicht bekannt seien und dass mit einem zusätzlichen Entwicklungsaufwand zu rechnen sei. Er sei aber gern bereit, sich schlau zu machen und alles exportgerecht zu erledigen, insbesondere für Bio-Erzeugnisse. Hans Wiener verwies auf die z.T. doch recht kleinen Bestellmengen, die kleine Produktionschargen bedeuteten, und die dadurch sehr teuer seien. Ganz zu schweigen von noch unbekannten lebensmittelrechtlichen Anforderungen. Inna Wiener freute sich über das Engagement ihres Bruders und unterstützte die Pläne zum Ausbau des Exportgeschäfts. Sie wolle mit ihren Französisch-Kenntnissen helfen, so gut es ginge. Rudi Gast sprach von den erhöhten Kosten, die durch viele unterschiedliche Verpackungen in unterschiedlichen Sprachen und mit unterschiedlichen Deklarationen entstünden, sowie den erhöhten Lagerbedarf. Auch müssen die stark gestiegenen Rohstoff- und Energiekosten berücksichtigt werden, die derzeit die Ertragslage beeinträchtigten.

Hans Wiener war von dem Enthusiasmus seines Sohnes Holger zwar sehr angetan, aber er hatte erhebliche Bedenken, ob die Zukunft des Unternehmens tatsächlich im Ausland liegen würde. Die meisten Mitarbeiter hatten die wenigen Auslandsaufträge doch stets als lästig empfunden, zumal sie kaum Fremdsprachenkenntnisse hatten. Und würden sich die bisherigen Kunden nicht vielleicht zurückgesetzt fühlen, wenn man sich mit höherem Zeitaufwand um Exporte und Bio-Gebäcke kümmerte? Er selber war auch sehr unsicher bei dem Gedanken, sich auf Geschäftspartner verlassen zu sollen, die er meist nicht verstehen würde. Und kann er sich auf seinen Sohn Holger schon so weit verlassen, dass diese Aufgabe allein würde „stemmen" können?

Holger Wiener schlug seinem Vater vor, sein frisch erworbenes Wissen im Projektmanagement zu nutzen und eine Projektgruppe zu bilden, die alle Vor- und Nachteile abwägen und die Voraussetzungen zu einer stärkeren Exportorientierung der BackSpezi GmbH prüfen sollte. Gleichzeitig könne diese auch erfolgversprechende Auslandsmärkte identifizieren, auf denen man zuerst tätig werden könne. Hans Wiener stimmte gern zu, um die inzwischen emotionale Diskussion zu stoppen und mit kühlem Kopf eine Abwägung vornehmen zu können. Auf Basis der Projektgruppenvorschläge könne dann später eine gut bedachte Entscheidung getroffen werden. Vielleicht lasse sich auch rausfinden, wieso die bisherigen Bio Gebäcke so wenig Anklang bei den bestehenden Kunden finden.

Da die 38. Internationale Süßwarenmesse ISM bereits vom 27.01.2008 bis 30.01.2008 stattfinde, wolle man sich rechtzeitig vorher über die Neuausrichtung der BackSpezi GmbH unterhalten. Daher wurde als Präsentations- und Besprechungstermin für die Projektergebnisse der 7.01. 2008 vereinbart. Holger Wiener sollte die Projektgruppe leiten, zu der auch Chris Wiener und Sabine Lang gehören sollten. Sabine Lang wickelt seit fünf Jahren alle Exportaufträge ab. Bei Bedarf stünden auch Inna Wiener und Rudi Gast zur Klärung von Einzelfragen zur Verfügung. Es solle auch versucht werden, externe Experten zur Informationssammlung heranzuziehen, z.B. aus befreundeten Unternehmen oder der Exportorganisation German Sweets Süßwarenexportförderung e.V., in der die Firma Mitglied ist.

3.5   Der Markt für Gebäcke und andere Backwaren

Der Markt für feine Backwaren hat sich seit Bestehen der Firma BackSpezi GmbH kontinuierlich gesteigert und inzwischen mehr als dreimal so groß wie zu Beginn der Unternehmenstätigkeit. Die deutsche Produktionsmenge hat sich zwar noch etwas mehr gesteigert, doch ging diese zunehmend in den Export. Die Exportsteigerungen bei feinen Backwaren waren in diesem Zeitraum deutlich stärker als die Steigerungen des Inlandsabsatzes (s. nachfolgende Statistiken des BDSI unter 18.2.6). Die positive Exportentwicklung hat sich nach Angaben des Bundesverbandes der Deutschen Süßwarenindustrie (BDSI) auch 2007 fortgesetzt. Insgesamt exportierte die Deutsche Gebäckindustrie 2006 244.000 t Feinbackwaren im Wert von fast 690 Mio. €. in mehr als 100 verschiedene Länder.

Für die Gebäckspezialitäten, die die Firma BackSpezi herstellt, gibt es keine detaillierten offiziellen Statistiken, lediglich grobe Sammelpositionen, so dass für die BackSpezi GmbH die tatsächliche Marktentwicklung in ihrem Segment nur schwer einzuschätzen ist. Der Verbrauch an feinen Backwaren insgesamt hatte sich 2006 noch um gut 8 % auf nunmehr etwas 8 kg pro Bundesbürger erhöht. Der darin enthaltene Teil von Bio-Gebäcken ist nicht bekannt. Doch gibt es immer mehr Angebote von Bio-Gebäcken in Bio-Geschäften bis hin zu Supermärkten, aber wenig in Hotels und Konditoreien. Also kann für die Nuss- und Dinkel-Kekse sowie das neue Bio-Buttergebäck keine klare Marktaussage getroffen werden.

Diese Bio-Gebäcke, aber auch die meisten anderen Ganzjahreserzeugnisse finden sich in den statistischen Positionen „kakaohaltige Kekse u.ä. Kleingebäck" sowie unter der Rubrik „Kekse u.ä. Kleingebäck, gefüllt". Diese beiden Gruppen sind mit einer Deutschen Produktion von 241.000 t und 151.000 die größten, und die Produktionsmenge der BackSpezi GmbH ist darin kaum wahrzunehmen. Ähnlich sieht es bei den Lebkuchenspezialitäten aus, die zur Gesamtgruppe aller Lebkuchen zählen, die ein Produktionsvolumen von 113.000 t umfasst (s. Statistiken des BDSI in 18.2.6).

Nach einer von der Centralen Marketinggesellschaft der Agrarwirtschaft (CMA) veröffentlichten Studie gibt es vier Ernährungstypen, die auf Bio stehen, nämlich alle diejenigen, die zu den Gruppen „Öko-Moral, Fresh & Natural, Gourmet-Genuss und Traditional Food" zählen. Die Einstellung zum Einkauf von Bio-Produkten hänge allerdings nicht nur von deren Grundorientierung, sondern in starkem Maße von der sozialen Lage der Kunden ab (http://www.cma-marketing.de/content/oeko_marketing/biomarketing-zahlen-und-fakten.php). Nach einer von der CMA mit der FH Weihenstephan erstellten Studie „Exportchancen für deutsche Bio-Produkte" bieten Dänemark, Schweden und die Niederlande einen viel versprechenden Markt für den Export deutscher Bio-Produkte.

3.6 Unterlagen zur Fallstudie

■ **Marktinformationen des BDSI, Bonn:**

Abbildung 3-1:   *Inlandsangebot von Süßwaren (ohne Halberzeugnisse)*

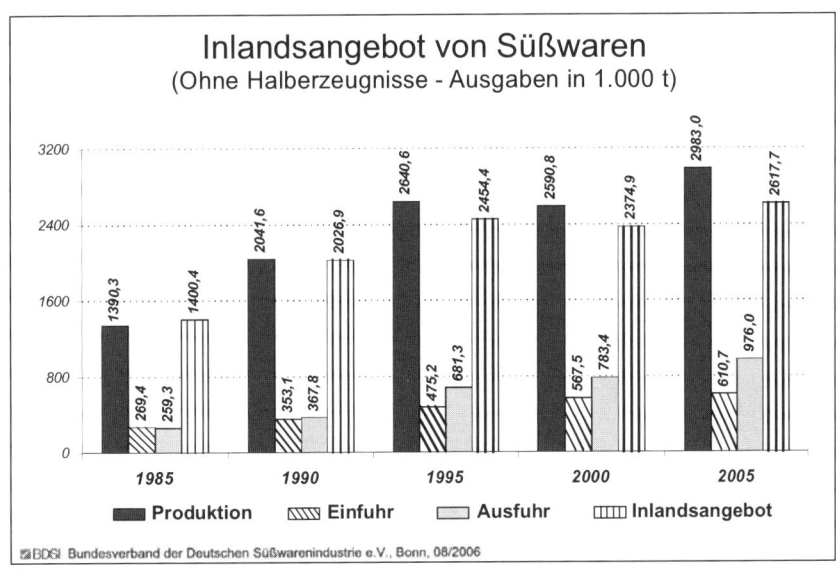

Abbildung 3-2: *Pro-Kopf-Verbrauch von Süßwaren 2006 (ohne Halberzeugnisse)*

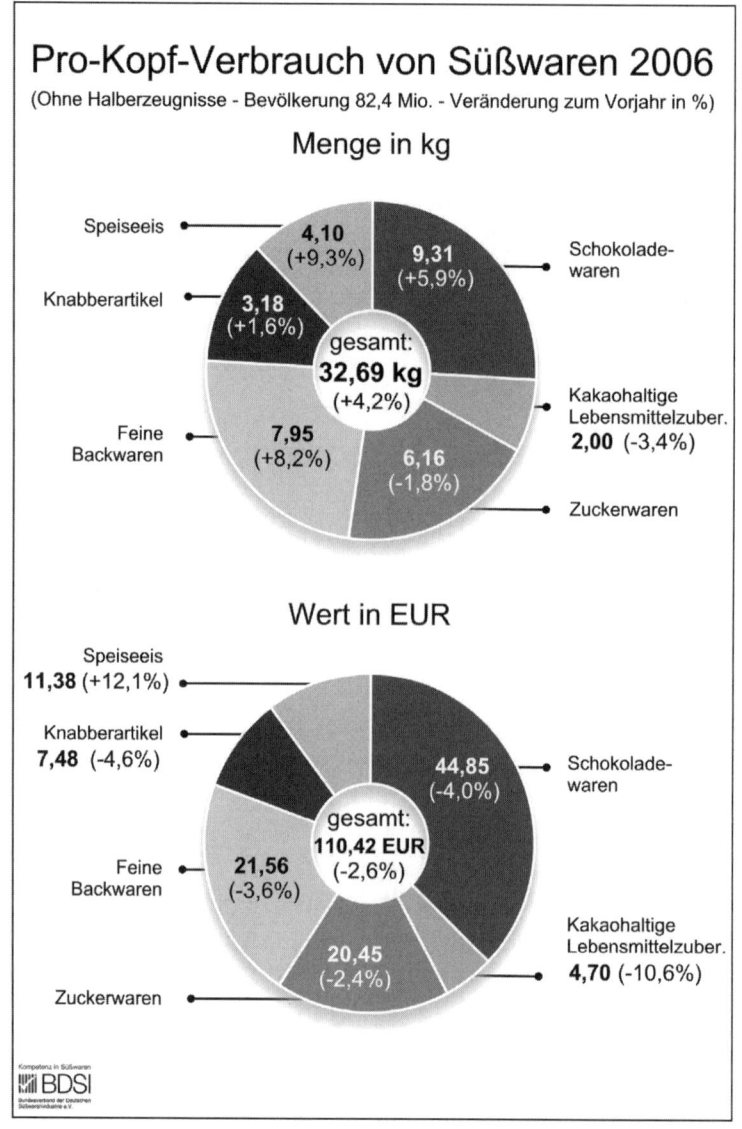

Abbildung 3-3: *Produktion von Feinen Backwaren 2006*

Produktion von Feinen Backwaren 2006
(Veränderung zum Vorjahr in %)
Menge in 1.000 t

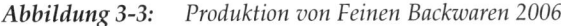

Kekse u.ä. Klein-
gebäck, gefüllt
150,5
(+3,8%)

Waffeln mit
weniger als 10%
Wassergehalt
49,7
(+5,3%)

Kakaohaltige
Kekse u.ä.
Kleingebäck
341,6
(+1,2%)

gesamt:
731.512 t
(+3,0%)

Frische Waffeln
16,3 (+9,6%)

Knäckebrot
38,1 (+8,7%)

112,8
(+3,3%)

Zwieback, ge-
röstetes Brot u.ä.
22,5 (+5,5%)

Leb- und Honig-
kuchen

Wert in Mio. EUR

Kekse u.ä. Klein-
gebäck, gefüllt

Waffeln mit
weniger als 10%
Wassergehalt
96,6 (+3,0%)

359,3
(+3,3%)

Kakaohaltige
Kekse u.ä.
Kleingebäck
1.051,9
(-13,2%)

gesamt:
2.049,3
Mio. EUR
(-6,0%)

Frische Waffeln
32,3 (+9,0%)

Knäckebrot
58,0 (+10,9%)

404,5
(+0,2%)

Zwieback, ge-
röstetes Brot u.ä.
46,7 (+13,9%)

Leb- und Honig-
kuchen

Kompetenz in Süßwaren
BDSI
Bundesverband der Deutschen
Süßwarenindustrie e.V.

- Vorläufige Jahreszahlen -

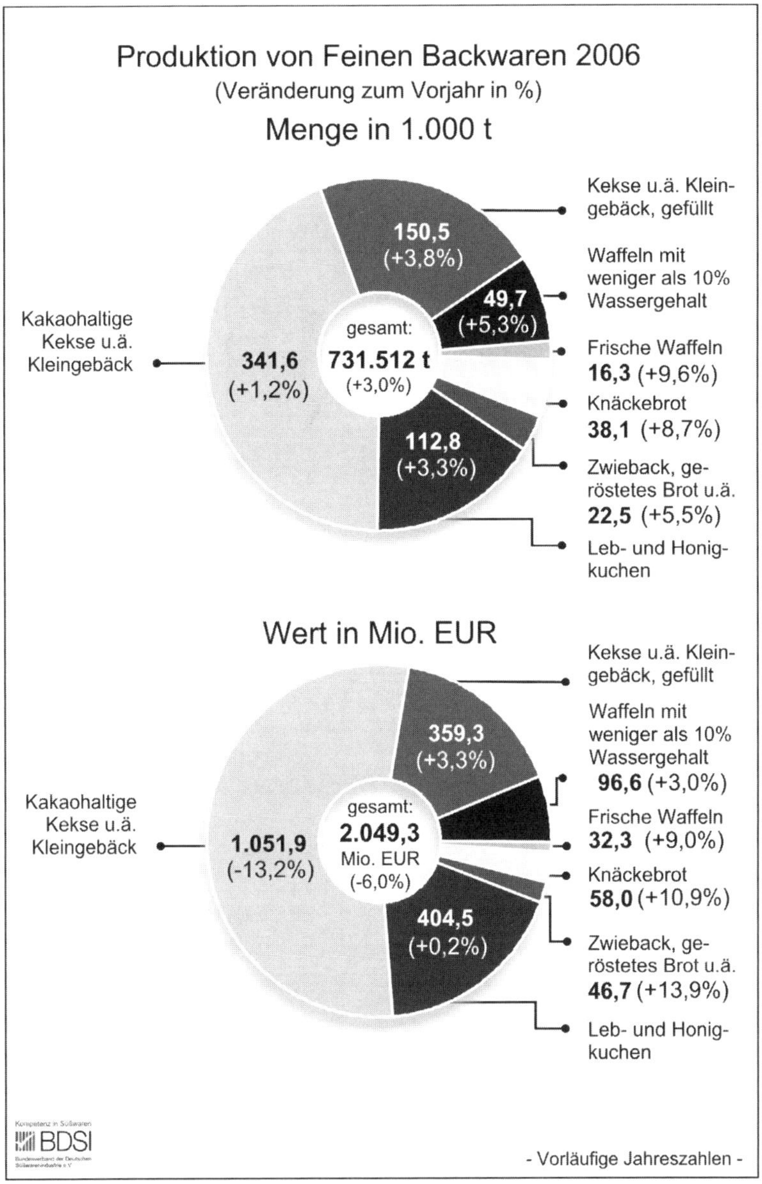

Abbildung 3-4:   *Feine Backwaren*

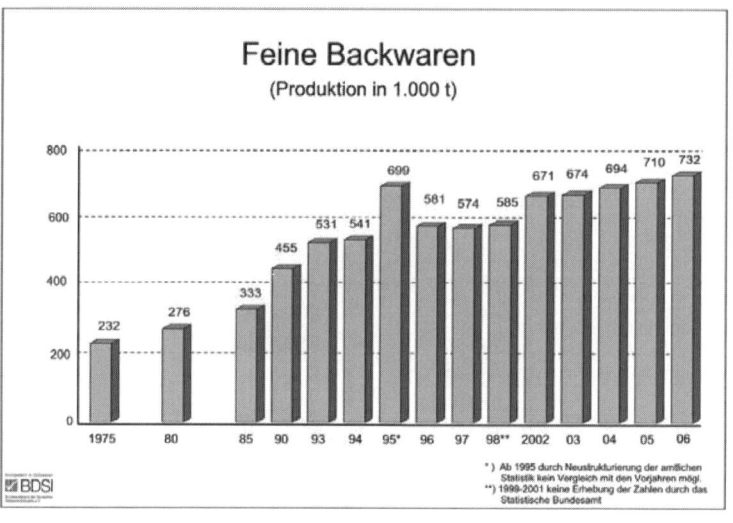

■ **Außenhandelsinformationen des BDSI, Bonn:**

Abbildung 3-5:   *Deutscher Export von Süßwaren 1999 - 2006*

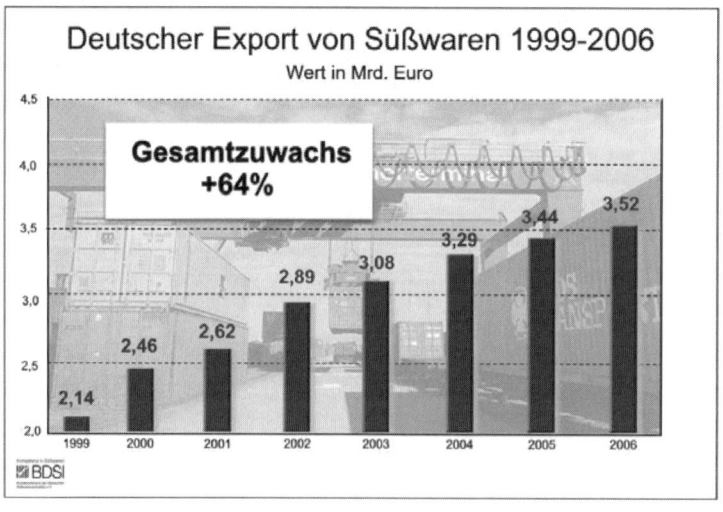

Angaben zu den regionalen Exporten finden sich im Süßwarentaschenbuch des BDSI

Abbildung 3-6: *Ausfuhr von Süßwaren gesamt 2006*

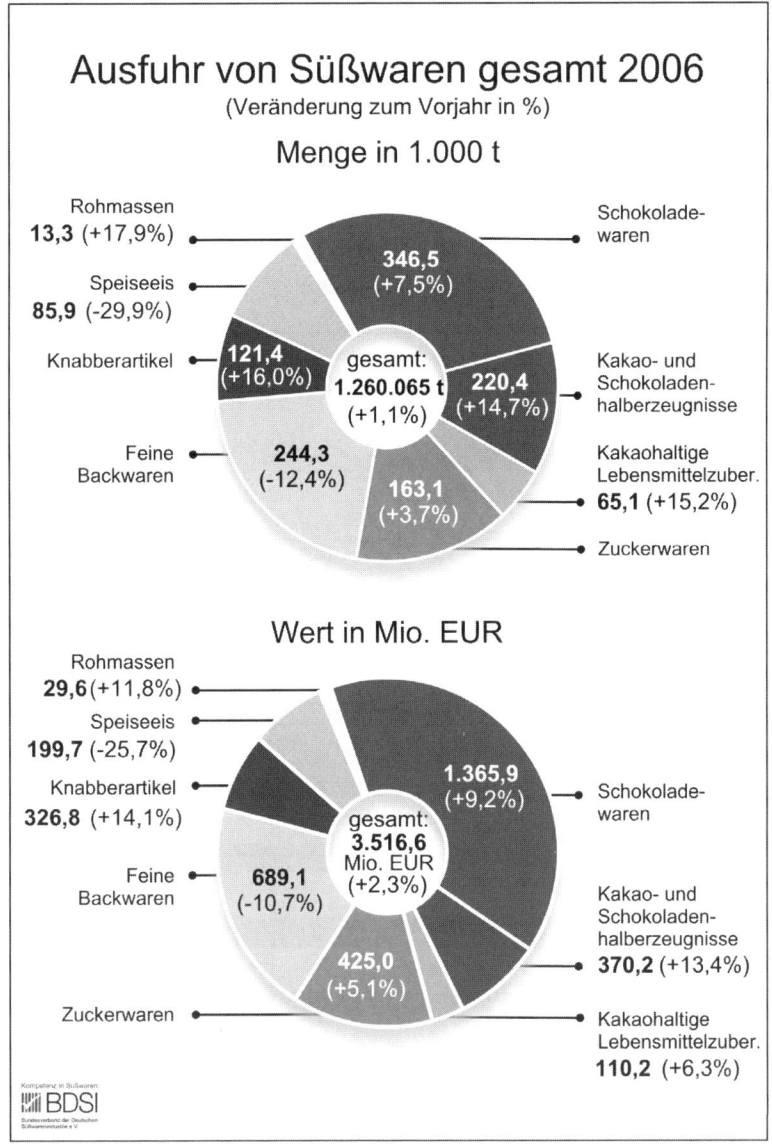

Ausfuhr von Süßwaren gesamt 2006
(Veränderung zum Vorjahr in %)
Menge in 1.000 t

Rohmassen
13,3 (+17,9%)

Speiseeis
85,9 (-29,9%)

Knabberartikel **121,4** (+16,0%)

Feine Backwaren **244,3** (-12,4%)

Schokolade-waren **346,5** (+7,5%)

gesamt: 1.260.065 t (+1,1%)

220,4 (+14,7%) Kakao- und Schokoladen-halberzeugnisse

163,1 (+3,7%)

Kakaohaltige Lebensmittelzuber. **65,1** (+15,2%)

Zuckerwaren

Wert in Mio. EUR

Rohmassen
29,6 (+11,8%)

Speiseeis
199,7 (-25,7%)

Knabberartikel
326,8 (+14,1%)

Feine Backwaren **689,1** (-10,7%)

1.365,9 (+9,2%) Schokolade-waren

gesamt: 3.516,6 Mio. EUR (+2,3%)

425,0 (+5,1%)

Kakao- und Schokoladen-halberzeugnisse **370,2** (+13,4%)

Zuckerwaren

Kakaohaltige Lebensmittelzuber. **110,2** (+6,3%)

Kompetenz in Süßwaren
BDSI
Bundesverband der Deutschen Süßwarenindustrie e.V.

■ **Informationen der German Sweets Süßwarenexportförderung e.V., Bonn:**

Der in Bonn ansässige Verein German Sweets Süßwarenexportförderung e.V. (www.germansweets.de), in dem die BackSpezi GmbH Mitglied ist, verfügt über spezielle Länderinformationen zu Australien, Frankreich, Großbritannien, Indien, Italien, Mittlerer Osten, Niederlande, Österreich, Polen, der Schweiz, Spanien, Thailand, der Tschechischen Republik, den Vereinigten Staaten von Amerika, den Vereinigten Arabische Emiraten und der Volksrepublik China.

Die nächsten interessierenden Messen sind die Sweets China in Shanghai, 03.09.-05.09.2008, die Sweets Middle East in Dubai, 03.11.-05.11.2008, sowie die nächste A-NUGA vom 10.-14.10. 2009 in Köln.

Abbildung 3-7:   *Messen 2008 und 2009*

■ **Informationen zu Bio-Lebensmitteln von CMA und BLE , Bonn**

Abbildung 3-8:   *Marketing für Bio-Produkte*

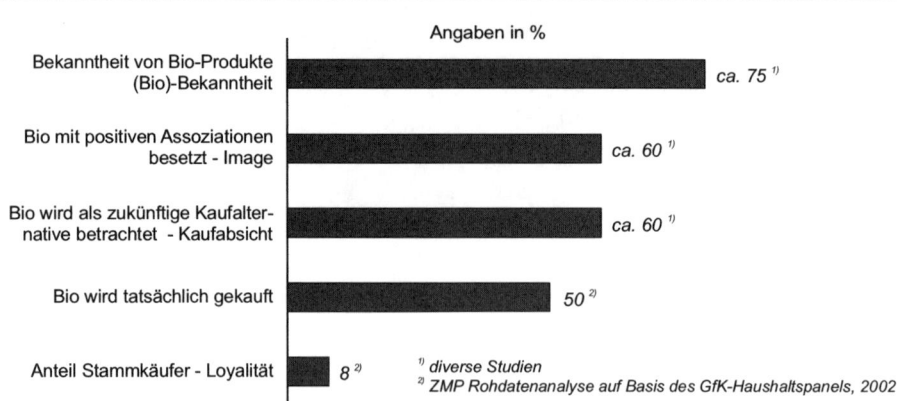

Quelle: CMA, http://www.cma-marketing.de/content/oeko_marketing/bio-marketing-zahlen-und-fakten.php , 10.1.08

Die Kriterien zur Nutzung des Bio-Siegels sind in der EG-Öko-Verordnung festgelegt:

„In ihr ist unter anderem Folgendes festgeschrieben:

Verbote:

- Verbot der Bestrahlung von Öko-Lebensmitteln

- Verbot gentechnisch veränderter Organismen

- Verzicht auf Pflanzenschutz mit chemisch-synthetischen Mitteln

- Verzicht auf leicht lösliche, mineralische Dünger

Anforderungen:

- Abwechslungsreiche, weite Fruchtfolgen

- Flächengebundene, artgerechte Tierhaltung

- Fütterung mit ökologisch produzierten Futtermitteln ohne Zusatz von Antibiotika und Leistungsförderern" (http://www.bio-siegel.de/index.php?id=5)

Abbildung 3-9: *Unterlagen zum Projektmanagement*

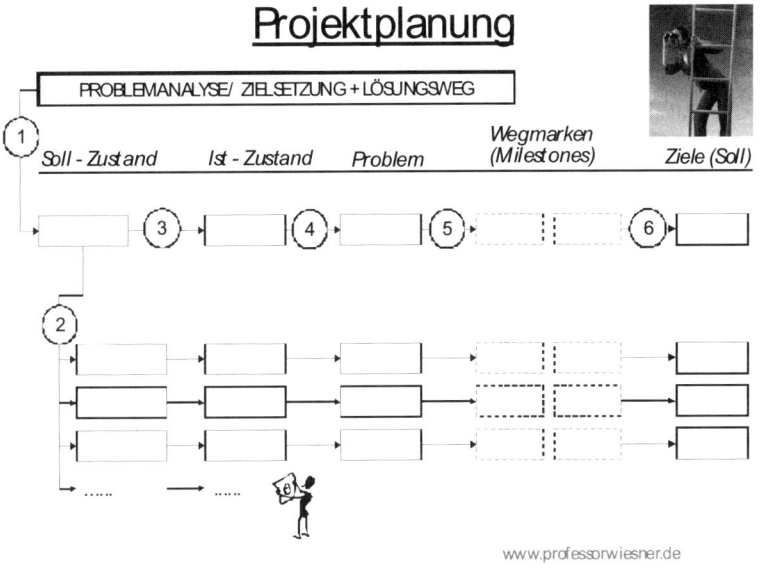

www.professorwiesner.de

Ein Projekt ist nach DIN 69901 ein Vorhaben, das im Wesentlichen durch die Einmalig-keit der Bedingungen in der Gesamtheit gekennzeichnet ist, wie z. B.: Zielvorgabe (ggf. abgeleitet von höheren Zielen), zeitliche, finanzielle, personelle oder weitere Bedingungen, klaren Abgrenzungen gegenüber anderen Vorhaben sowie eine projekt-spezifische Organisation. Projekt-Management ist also eine umfassende Führungsauf-gabe mit dem Ziel, die Projektarbeit (mit ihren Zielen)

- zu bestimmen,

- zu organisieren,

- zu kontrollieren sowie

- zum Erfolg zu führen.

Weitere Unterlagen zum Projektmanagement finden sich im Anhang.

4 Teaching Note

In dieser Fallstudie sollten mindestens zwei Lösungsalternativen entwickelt werden. Am Ende wird lediglich die tatsächliche Lösung dargestellt.

Als mögliche Tools können die Folgenden dienen:

- Projektmanagementinstrumente

- Unternehmensanalyse

- Konkurrenzanalyse

- Stärken-Schwächen-Analyse

- Marktanalyse

- Umfeldanalyse

- Chancen-Risiken-Analyse

- Strategische Situationsanalyse

- Strategische Positionierung

- Portfolio-Analyse

- Scoring-Modelle

- Internationalisierungsmodelle

Diese Tools sind ggf. auch alle international anzuwenden. Weitere Tools sind denkbar.

4.1   Zusammenfassung der Fallstudie

Deutsche Unternehmen der Süßwaren- bzw. Backwarenindustrie sind weltweit sehr erfolgreich. Die Exporte steigen seit 35 Jahren stetig und auch Auslandsfertigungen bzw. -übernahmen sind hinzu gekommen. Die sehr mittelständisch strukturierte Deutsche Industrie konnte sich im internationalen Wettbewerb sehr gut positionieren, setzt aber auch weiterhin überwiegend auf den qualitätserprobten Produktionsstandort Deutschland und exportiert von dort.

Die BackSpezi GmbH (vormals Wiener's Gebäckspezialitäten OHG) zählt als Familienunternehmen zu den typischen Vertretern der Branche. Im Rahmen eines kontinuierlichen Wachstums stehen diese Unternehmen häufig an Wachstumsschwellen, die es zu meistern gilt, insbesondere wenn zusätzlich ein absehbarer Generationswechsel ansteht. Die systematische und strategische Auslandsmarkterschließung ist häufig eine besondere Herausforderung für diese mittelständischen, in der Region verhafteten, Unternehmen. So steht auch die BackSpezi GmbH vor strategischen Entscheidungen, um den Generationswechsel, die Branchenherausforderungen und die Globalisierung zu bewältigen bzw. positiv zu nutzen.

Aufgrund der weltweit steigenden Nachfrage nach qualitativ höherwertigen Süß- und Backwaren sowie der steigenden Kaufkraft bestehen für BackSpezi GmbH gute Aussichten, ihren Exportanteil deutlich zu erhöhen. Die Hinwendung zu den in den letzten Jahren verstärkt nachgefragten Bio-Backwaren eröffnet ebenfalls neue Chancen für das Unternehmen, wenngleich dies nur bedingt für Exportmärkte gilt (lediglich Mitteleuropa und wenige ausgewählte Märkte – s.o.). Um an der positiven Entwicklung zu partizipieren und das Unternehmen strategisch auszurichten, soll schnellstmöglich eine Grundsatzentscheidung getroffen werden.

4.2   Problemstellung

Wie kann sich das mittelständische Unternehmen zukunftsorientiert aufstellen und gleichzeitig einen reibungslosen Generationswechsel sicher stellen? Anhand der eigenen Stärken und Schwächen sowie der marktlichen und externen Rahmenbedingungen ist zu prüfen, welche Ausrichtung besser zu realisieren ist. Bringt eine weiterhin vorrangige Ausrichtung auf den Inlandsmarkt auch zukünftig Wachstum? Kann ein zusätzliches Angebot von Bio-Backwaren den Erfolg verstärken oder nicht? Wie lässt sich ggf. die stärkere internationale Ausrichtung realisieren, und welche Auswirkungen gibt es auf die bisherige Unternehmensstruktur?

Die zentrale Problemstellung besteht darin, sich in die Situation des Unternehmers sowie der Nachfolger hineinzuversetzen, die Situation zu analysieren und eine begründete Entscheidung zu treffen. Ist das vorgesehene Projekt in so kurzer Zeit überhaupt zu realisieren, und welche Schwierigkeiten können im Rahmen des Projektmanagements bzw. bei der Durchsetzung und Umsetzung der Ergebnisse entstehen?

Die erarbeiteten Lösungsvorschläge sollten im Falle einer positiven Internationalisierungs- und Bio-Entscheidung mögliche Strategien zur Internationalisierung und der Minimierung der zu erwartenden Risiken umfassen oder bei einer Entscheidung dagegen, eine alternative Marktstrategie bezogen auf den deutschen Markt (mit geringer Exportorientierung) aufzeigen.

4.3 Leitfragen

Durch diese Fallstudie werden Studierende zu einer aktiven und selbstständigen Auseinandersetzung mit einer praxisnahen, unternehmerischen Entscheidungssituation angeregt. Selbstverständlich bleibt es jedem Dozenten unbenommen, durch gezielte Fragestellungen den Prozess der Problemanalyse und Entscheidungsfindung zu unterstützen und eigene Impulse für die späteren Diskussionen zu geben. Diese Leitfragen stellen sich:

- Ist das Projektmanagement (PM) eine geeignete Organisationsform, die Problemstellung zu bearbeiten?

- Sind die Instrumente des PM in der bei Holger Wiener bekannten Form (s. Anhang) für das mittelständische Unternehmen und die Entscheidungssituation geeignet?

- Was ist bei dieser Projektaufgabe zu beachten?

- Wie ist die derzeitige Lage der mittelständischen BackSpezi GmbH zu beurteilen?

- Wie sind die Aussichten im internationalen Geschäft für die bestehenden Produkte zu beurteilen? Welche Chancen und Risiken bestehen?

- Wie sind die Erfolgschancen der Bio-Backwarenerzeugnisse im In- und Ausland zu beurteilen?

- Wie ließe sich die stärkere Ausrichtung auf ein internationales Geschäft organisatorische verankern und die Integration in die Unternehmensabläufe gestalten?

- Mit welchen internen Widerständen ist zu rechnen und wie wären diese zu umgehen?

- Welche Folgen entstünden der BackSpezi GmbH, wenn keine Ausweitung des internationalen Geschäfts erfolgen würde?

- Welche Folgen entstünden, wenn auf das Angebot von Bio-Backwaren verzichtet würde?

■ Wie sieht ein Best-Case-Szenario, wie ein Worst-Case-Szenario aus?

■ Welche Lösungsalternativen gibt es?

4.4   Mögliche Lösung

Bereits die Anwendung der Projektmanagement-Tools erwies sich als schwierig, da Holger Wiener wenig personelle Unterstützung erhielt. Der Partner Rudi Gast hatte kein Interesse, da er nicht betroffen sei und sowieso bald ausscheiden würde. Frau Lang hatte wenig Zeit, sich wirklich in die Projektarbeit einzubringen und weitere Mitarbeiter kamen nicht in Frage bzw. waren nicht interessiert. Externer Sachverstand konnte angesichts der engen zeitlichen Vorgaben und mangels eines eigenen Budgets auch kaum in Anspruch genommen werden.

Die IHK gab lediglich telefonische Auskünfte und Ratschläge. Der German Sweets Süßwarenexportförderung e.V. stellte internationale Marktinformationen sowie Importvorschriften zur Verfügung und beriet einen Tag vor Ort hinsichtlich der Mindestanforderungen an eine professionelle Exportorganisationsstruktur im Unternehmen. Von der CMA und dem BDSI kamen nur allgemeine Marktinformationen. Die Informationen der BfAI und von Ixpos waren weniger hilfreich. Die bisherigen Kunden waren sehr auf ihre eigenen Herausforderungen fixiert und waren hinsichtlich der angesprochenen Überlegungen eher zurückhaltend. Andere Partnerfirmen gaben auch eher wage Ratschläge und Auskünfte.

Eine wirkliche effektive Projektorganisation kam also nicht zu Stande, die Arbeit sollte möglichst keine Kosten verursachen und den Normalbetrieb der BackSpezi GmbH wenig stören. Es fehlte auch ein wirklicher Machtpromotor im Projekt. Dennoch erarbeitete die Gruppe nach einer groben SWOT-Analyse einige Vorschläge zur zukünftigen Ausrichtung und Positionierung der BackSpezi GmbH und schlug am 7.1.2008 auch interessante Exportmärkte sowie eine Internationalisierungsstrategie vor.

Im Einzelnen sollte die BackSpezi GmbH den neuen Markt der Bio-Backwaren forciert in Angriff nehmen und einen spezifischen Vertrieb für das Inland aufbauen, um Biomärkte und andere interessante Absatzpartner in diesem Sektor beliefern zu können. Auch sollten Bio-Backwaren im Export, zumindest auf den interessanten Märkten, angeboten werden. Das Exportvolumen des Unternehmens sollte aber vor allem durch verstärkte Exportorientierung im traditionellen Produktbereich erhöht werden. Als Zielmarke wurden 30% des Umsatzes binnen fünf Jahren angegeben. Zunächst sollten alle Auslandsanfragen bearbeitet und während der ISM neue Aufträge gesammelt werden, um auf Basis dieser passiven Kontakte erste Märkte systematisch zu erschließen (und danach mit der Wasserfallstrategie weitere). Grundsätzlich sollten auch mehr Duty-Free-Geschäfte beliefert werden, um den internationalen Bekanntheitsgrad für beide Produktgruppen zu steigern. Anschließend sollte BackSpezi als internationale Marke aufgebaut werden.

Die Projektergebnisse stießen allerdings bei Hans Wiener und seinem Partner Rudi Gast auf Skepsis, da dies eine grundsätzliche strategische Neuausrichtung des Unternehmens bedeuten würde und bislang erfolgreiche Wege verlassen würden. Bisherige Exportaufträge wurden im Unternehmen eher als störend empfunden und waren selten lukrativ. Wirkliche Exporterfahrungen und Sprachkenntnisse sind bisher im Unternehmen nicht vorhanden. Eine Ausweitung würde bedeuten, die üblichen Abläufe häufiger zu stören, ggf. neue Mitarbeiter einzustellen, die Lagerkosten und finanziellen Risiken zu erhöhen. Auch ein deutlich erweitertes Angebot von Bio-Backwaren außerhalb bestehender Kundenkreise fand wenig Zustimmung, da auch mit einer solchen Entscheidung erhebliche Investitionen verbunden wären und bisher unbekannte Märkte angegangen werden müssten. Der Aufbau eines eigenen Vertriebs für Bio-Backwaren würde sich nur langsam realisieren lassen, da man erst Erfahrungen sammeln müsse.

Aber Hans Wiener wollte seine Söhne nicht demotivieren und stimmte daher zu, dass sich die beiden Söhne weiter ihren (aus seiner Sicht) „Steckenpferden" widmen könnten. Allerdings sollten diese Aktivitäten nur allmählich ausgebaut werden, so dass das bestehende Geschäft nicht gestört würde. Chris Wiener solle vorrangig seine Meisterausbildung vorantreiben und die Bio-Aktivitäten nur behutsam steigern. Nach Abschluss des Masterstudiums könne Holger Werner ja selbst den gesamten Vertrieb übernehmen und sowohl neue Kanäle bzw. Kunden für den Absatz von Bio-Backwaren im Inland als auch im Ausland für alle Produkte erschließen. Studienbegleitend könne er vorbereitende Aktivitäten betreiben.

Nach dieser Entscheidung trägt sich der besonders motivierte Holger Wiener mit dem Gedanken, sich mit einer eigenen Exportfirma selbständig zu machen. Daraufhin bietet ihm der Vater an, ihn bei diesem Projekt zu unterstützen und sich finanziell zu beteiligen. So solle eine enge Verbindung zur BackSpezi GmbH aufrecht erhalten werden. Holger Wiener prüft nun den Aufbau der eigenen Firma, an der die BackSpezi GmbH zu maximal 49 % beteiligt sein soll. Schwester Inna will ihn dabei unterstützen.

5 Anhang

Abbildung 5-1:   Projektorganisation in der Unternehmensorganisation

---

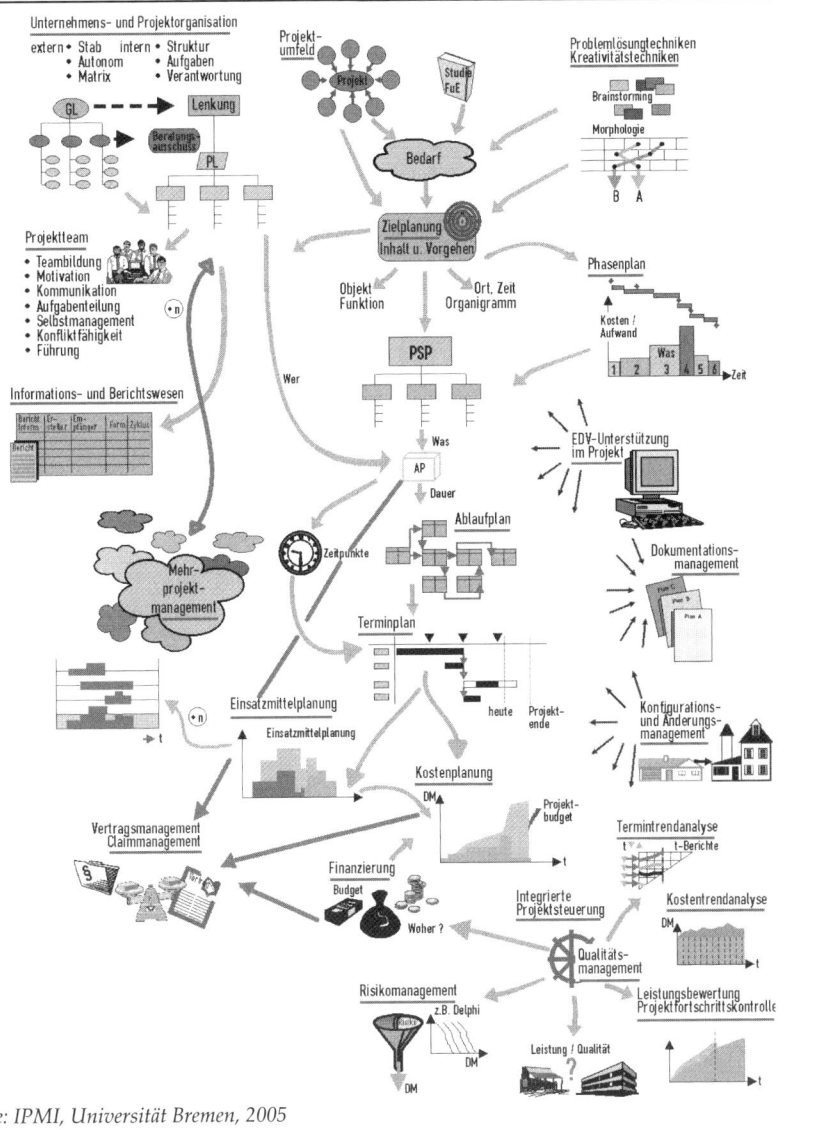

Quelle: IPMI, Universität Bremen, 2005

Abbildung 5-2: *Projektablauf mit Aufgaben*

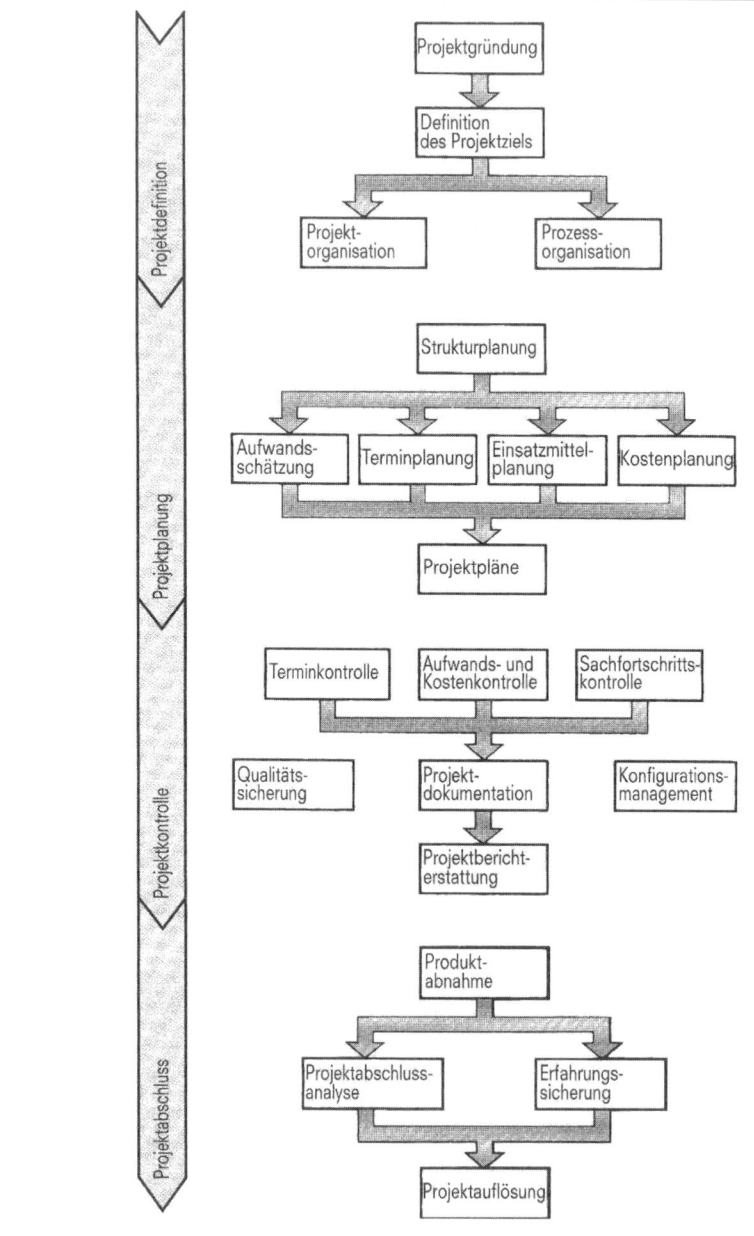

Quelle: Burghardt 2006, S.1

Abbildung 5-3: Regelkreis des Projektmanagements

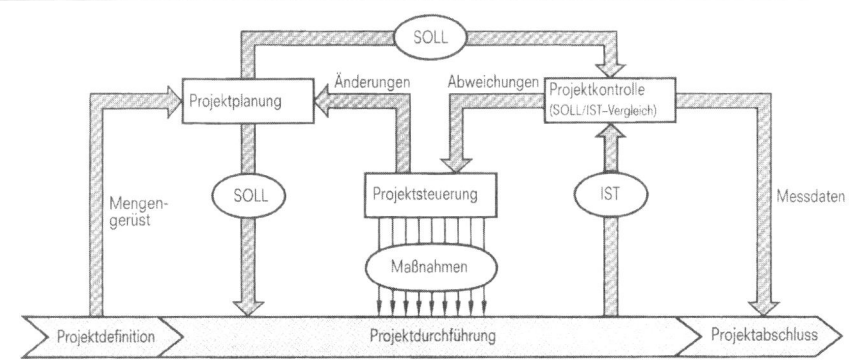

Quelle: Burghardt 2006, S.20

Abbildung 5-4: Problemfeldanalyse mit zentralen Fragen zur Produktentwicklung

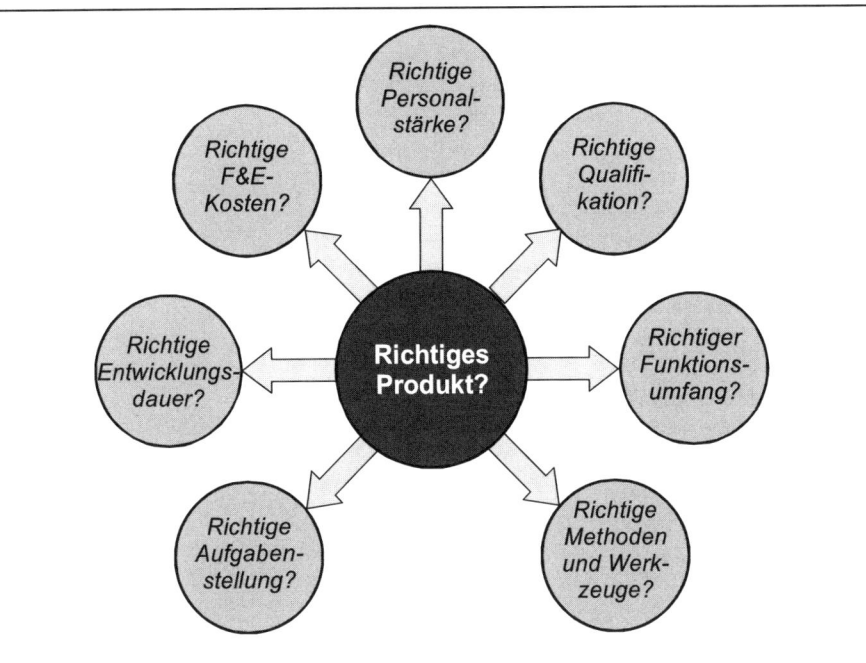

Quelle: Burghardt 2006, S.40

Literaturverzeichnis

Fachliteratur

ANDLER, NICOLAI: Tools für Projektmanagement, Workshops und Consulting; Erlangen 2008

BURGHARDT, MANFRED: Projektmanagement, Erlangen, 7.Auflage 2006

DWORATSCHEK, SEBASTIAN; WIEBUSCH, JENNY: Internationales Projektmanagement, in: Clermont, A./Schmeisser, W./Krimphove, D. (Hrsg.), Strategisches Personalmanagement in globalen Unternehmen, München 2001

KIESEL, MANFRED: Internationales Projektmanagement, Köln 2004

WIESNER, KNUT: Internationales Management, München-Wien, 2005

WIESNER, KNUT: Wellnessmanagement, Berlin 2007

Internetquellen

www.ahk.de

www.bdsi.de

www.bfai.de/

www.bio-siegel.de

www.cma.de

www.cma-marketing.de

www.germansweets.de

www.ixpos.de

www.zds-solingen.de/aus-und-weiterbildung.html

Autorenverzeichnis

Andres Brevis

Andres Brevis ist seit 2004 als Vertriebsleiter für den Bereich Mittelstand bei der Firma Oracle Deutschland GmbH tätig. Er betreut mit seinem Team mittelständische Unternehmen in der Region Nord, Ost und Westdeutschland. Nach seinem Diplom als Bauingenieur an der Ruhr-Universität Bochum im Jahr 1997, begann er seine Saleslaufbahn als Vertriebsingenieur bei der Firma Nemetschek AG. Danach war er als Key Account Manager für ein Start-up in Hamburg tätig, welches spezialisiert war auf die Entwicklung und Vertrieb von Content Management Systemen. Seine Laufbahn bei Oracle begann er 2002 als Vertriebsbeauftragter, zuständig für mittelständische Kunden in der Region Hessen und Rheinland-Pfalz.

Volker Hagemeyer

Volker Hagemeyer, B.A. ist seit 2007 wissenschaftlicher Mitarbeiter am Institut für den Mittelstand in Lippe (IML), Detmold und nahm Anfang 2008 eine Tätigkeit als Dozent für Wirtschaftsenglisch an der Fachhochschule des Mittelstands (FHM), Bielefeld auf. Nach seinem Studium der Sozialwissenschaften und der Anglistik an der Universität Bielefeld arbeitete er als Assistent der Geschäftsführung bei der Deutsch-Amerikanischen Handelskammer in Miami, Florida. Seine beruflichen Schwerpunkte lagen in den Bereichen Organisation, Marketing, Public Relations und Customer Relationship Management. Derzeit studiert er berufsbegleitend im MBA-Studiengang "Unternehmensführung in der mittelständischen Wirtschaft" an der FHM."

Artus Hanslik

Dipl. Kfm. Artus Hanslik MBA ist seit 2003 Dozent für Betriebswirtschaftslehre an der Fachhochschule des Mittelstands (FHM), Bielefeld. Nach seinem Studium der BWL an der Universität Bielefeld, der University of Georgia (USA) und dem Massachusetts Institute of Technology (USA) war er im Lufthansa Konzern in unterschiedlichen Führungspositionen tätig. Seit dieser Zeit hat er sich mit Fragen des Innovationsmanagements intensiv auseinandergesetzt. So standen die erfolgreiche Gestaltung und Einführung von neuen Produkten und Prozessen im Vordergrund seiner Marketingleiter-Tätigkeit beim Kundenbindungsprogramm Miles & More. Als Geschäftsführer der Lufthansa Catering Logistik GmbH konnte er für die Entwicklung und Vermarktung von neuen Serviceprodukten den in der Luftverkehrsindustrie renommierten internationalen Innovationspreis (IFCA-Golden Mercury Award) entgegennehmen. Neben Innovationsmanagement gehören Internationales Management und die zentralen Wertschöpfungsprozesse Beschaffung, Produktion und Logistik zu seinen Forschungs- und Lehrschwerpunkten. Der Autor ist darüber hinaus als Unternehmensberater für kleine und mittelständische Unternehmen tätig.

Dirk Holtbrügge

Prof. Dr. Dirk Holtbrügge, geb. 1964, ist seit 2001 Inhaber des Lehrstuhls für Internationales Management an der Friedrich-Alexander-Universität Erlangen-Nürnberg. Zuvor vertrat er die Professur für Internationales Management der RWTH Aachen. Studium, Promotion und Habilitation an der Universität Dortmund. Er hat zahlreiche Forschungsaufenthalte u.a. in China, Indien, Japan, Frankreich, Russland und den USA absolviert. Seine Hauptarbeitsgebiete sind Internationales Management, Personalmanagement sowie Management in den Emerging Markets Asiens sowie Mittel- und Osteuropas. Er ist Verfasser von acht Monographien, vier Sammelbänden sowie mehr als 100 Aufsätzen in Sammelbänden und internationalen Fachzeitschriften wie Asian Business & Management, International Business Review, European Management Journal, Journal of International Business Studies, Journal of International Management, Management International Review und Thunderbird International Business Review. Er ist Mitglied der Editorial Boards der Zeitschriften Journal for East European Management Studies, Managementforschung, Management International Review und Zeitschrift für Management.

Bernd Kießling

PD Dr. Bernd Kießling lehrt seit 1995 Wirtschaftssoziologie, Politische Ökonomie, Innovationsmanagement und Managementtheorie an der Universität Bielefeld. Im MBA-Studiengang „Unternehmensführung in der mittelständischen Wirtschaft" der Bielefelder Fachhochschule des Mittelstands ist er für das Modul „Kundenbeziehungs- und Wissensmanagement" verantwortlich. Nach seinem Studium der Soziologie, Nationalökonomie und Politikwissenschaft an den Universitäten Regensburg (Diplom-Soziologe, 1980) und Bielefeld (Promotion, 1987) , habilitierte er sich an der Fakultät für Soziologie der Universität Bielefeld mit einer Arbeit über die Erfolgschancen mittelständischer Unternehmen in der modernen Wirtschaft. Seit mehr als 10 Jahren ist er als Consultant tätig, seit 2001 in einer internen Beratungseinheit der Deutschen Bahn AG – mit den Schwerpunkten Qualitäts-, Prozess- und Kundenbeziehungsmanagement sowie Business Excellence. Seit 2005 leitet er den Regionalkreis Frankfurt der Deutschen Gesellschaft für Qualität und vertritt als EFQM-Representative die Deutsche Bahn AG in der European Foundation for Quality Management.

Werner Krämer

Prof. Dr. Werner Krämer ist seit 1993 Professor für Wirtschaftswissenschaften, insbesondere Volkswirtschaftslehre, an der Fachhochschule Ludwigshafen, Ostasieninstitut. Nach dem Studium der Wirtschafts- und Sozialwissenschaften (Diplom Volkswirt) an der Universität zu Köln arbeitete er in der Forschung über KMU und promovierte an der Universität Siegen. Nach Jahren in der Praxis, zuletzt Referatsleiter im Statistischen Bundesamt, arbeitet er an der Hochschule auf den Gebieten „Internationale Wirtschaft, insbesondere Ostasien, Mittelstandsökonomik, Arbeitsökonomik und empirische Sozialforschung" (zahlreiche Veröffentlichungen auf diesen Gebieten). Seit 2004 hat er einen Lehrauftrag für „Trends towards Small and Medium-sized Business" am FHM-Institut für Mittelstand in Lippe.

Oliver Kruse

Prof. Dr. Oliver Kruse ist seit 2003 Professor für Allgemeine Betriebs-
wirtschaft mit dem Schwerpunkt Finanzmanagement und wissen-
schaftlicher Leiter des MBA-Programms „Unternehmensführung in
der mittelständischen Wirtschaft" an der Fachhochschule des Mittelstands (FHM) in Bielefeld. Zuvor studierte und promovierte er am
Bankenlehrstuhl Prof. Schiller an der Universität Paderborn im Bereich Wirtschaftswissenschaften. Sein Forschungsgebiet liegt im Finanzmanagement mittelständischer Unternehmen, wozu er auf eine
Vielzahl von Veröffentlichungen und Beiträgen verweisen kann. Er übernahm zahlreiche nationale und internationale Lehraufträge unter anderem an der Universität Suzhou und der FH Vorarlberg. Zudem verfügt er über mehr als achtzehn Jahre Berufserfahrung in unterschiedlichen Geschäftsbereichen und Positionen einer deutschen
Großbank. Zudem ist er Mitglied mehrerer wissenschaftlicher Beiräte (u. a. der „Fi-
nanzplatzinitiative Deutschland" der Euro Finance Group, des „Thematischen Initia-
tivkreis Mittelstands" der INQA-Initiative sowie des „Impulskreis Ökonomie" des
Bundesministeriums für Arbeit und Soziales,) und Wettbewerbsjuror für den „Mittelständler des Jahres" (Zeitschrift Markt und Mittelstand).

Patrick Lentz

Dr. Patrick Lentz studierte Statistik mit Nebenfach Marketing an den
Universitäten Dortmund und Sheffield und promovierte nach
Aufenthalt an der Case Western Reserve University in Cleveland mit
Schwerpunkt Marketing an der Wirtschafts- und Sozialwissenschaft-
lichen Fakultät der Universität Dortmund. In dieser Zeit entstand eine
Vielzahl von Veröffentlichungen und Beiträgen aus dem Bereich
Marketing, welche u.a. bei führenden Konferenzen der American
Marketing Association sowie der European Marketing Academy
vorgestellt wurden. Seit fünf Jahren ist er als Unternehmensberater mit den
Schwerpunkten Marketing und empirische Marktforschung tätig. Zudem ist er Partner
der Dr. Schirrmann Marketingberatung in Bielefeld. Darüber hinaus ist er seit 2004 an
der Fachhochschule des Mittelstands (FHM) in Bielefeld Lehrbeauftragter für die
Bereiche Marketing und Vertrieb sowie Wirtschaftsmathematik und Angewandte
Statistik.

Stefan Lohr

Stefan Lohr ist seit 2005 Student an der Fachhochschule des Mittelstandes (FHM), Bielefeld. Nach dem Abitur 1996 begann er die Ausbildung zum Offizier der Bundeswehr. Nach erfolgreichem Abschluss der militärischen Ausbildung arbeitet er in verschiedenen Bereichen des militärischen Krisenmanagements. Im Rahmen seines Studiums führte er ein repräsentative Umfrage zur Entwicklung der Wirtschaft in OWL durch und organisierte eine Auswertungsveranstaltung mit zahlreichen regionalen Vertretern aus Wirtschaft und Politik. Seit Beginn seines Studiums berät er erfolgreich, nicht nur während des Praktikums, Unternehmen in Krisensituationen.

Gunther Olesch

Prof. Dr. Gunther Olesch ist als Geschäftsführer bei der Phoenix Contact GmbH Co. KG tätig, die mit über 9300 Mitarbeitern zu den internationalen Marktführern von elektrotechnischer und elektronischer Verbindungstechnik gehört. Er ist für Personal, Informatik sowie Recht verantwortlich. Zum Thema Personal gehören die Aufgabenfelder Personalwirtschaft, Personalentwicklung, Ausbildung, Organisation, Arbeits- und Umweltschutz, Sozialwirtschaft sowie Führungskultur. Phoenix Contact erhielt im Dezember 2007 vom Bund Deutscher Arbeitgeber den Preis für die beste betriebliche Ausbildung. 2008 wurde Phoenix Contact zum Arbeitgeber des Jahres von TOP JOB benannt. Nach Studium und Promotion war Prof. Dr. Gunther Olesch von 1979 bis 1985 als Mitarbeiter einer Personalberatung tätig. Aufgabenschwerpunkte waren Personalauswahl und -training. Von 1985 bis 1989 war er für Aufbau und Leitung der Weiterbildung und Personalentwicklung im Thyssen Konzern verantwortlich. Er ist weiterhin Lehrbeauftragter einer Hochschule. Von ihm sind mehrere Fachbücher und diverse Veröffentlichungen erschienen.

Karsten Ranger

Dipl.-Bw. (FH) Karsten Ranger ist seit Juli 2005 bei dem traditionellen mittelständischen Unternehmen G. Bee GmbH in Bietigheim-Bissingen in der Qualitätssicherung tätig und ist u.a. zuständig für die Entwicklung chinesischer Lieferanten. Vor seinem Studium der BWL und Sinologie am Ostasieninstitut der FH Ludwigshafen am Rhein arbeitete er als Industriemechaniker und Staatlich geprüfter Techniker in zumeist mittelständischen Unternehmen. Durch seine mehrjährige Berufserfahrung kann er die technisch-betriebswirtschaftliche Schnittstelle im Unternehmen gut abdecken. Durch mehrere Auslandsaufenthalte in China sowie weitere Aufenthalte in der südostasiatischen Region kann er zudem auf profunde sprachliche und kulturelle Kenntnisse verweisen, die er wiederum bei heimischen Unternehmen einsetzen kann.

Evelyn Riester

Evelyn Riester, Jahrgang 1976. Seit dem Jahr 2005 arbeitet sie bei einem Tochterunternehmen eines global tätigen Telekommunikationskonzerns als Purchasing Supervisor für den Raum Asien. Sie koordiniert die Beschaffungsaktivitäten in China und betreut die Einkäufer vor Ort. Von 2000 – 2005 Studium der Betriebswirtschaftslehre an der Hochschule Konstanz mit dem Abschluss als Diplom-Betriebswirtin(FH), Vertiefungsrichtung Logistik. Ihre Diplomarbeit zum Thema „Global Sourcing und der Aufbau einer unternehmensintegrierten Beschaffungsorganisation in Taiwan" schrieb sie für ihren jetzigen Arbeitgeber in Taiwan. Während des Studiums legte sie einen Schwerpunkt auf interkulturelle Herausforderungen im Management sowie Unternehmensethik. Sie absolvierte ein Studiensemester an der Sydney University und mehrere Praktika im In- und Ausland bei einer sozialen Einrichtung sowie bei global operierenden Konsum- und Industriegüterkonzernen. Vor ihrem Studium arbeitete sie 6 Jahre als Bankkauffrau im Bankensektor.

Eric Schirrmann

Prof. Dr. Eric Schirrmann studierte Betriebswirtschaftslehre mit dem Schwerpunkt Marketing an der Universität Bielefeld und pro movierte berufsbegleitend an der Universität Dortmund. Zahlreiche Studien- und Forschungsprojekte begleiteten diesen Prozess. Er besitzt durch seine mehr als zehnjährige Tätigkeit in leitenden Marketing- und Vertriebspositionen in Unternehmen der Konsumgüterindustrie sowie seit 1999 als selbstständiger Unternehmensberater mit den Schwerpunkten Marketing und Vertrieb weitreichende Erfahrungen mit klein- und mittelständischen Unternehmen. Er ist Inhaber der Dr. Schirrmann Marketingberatung in Bielefeld, gehört verschiedenen Beiräten international agierender Unternehmen an und veröffentlicht regelmäßig Beiträge zu aktuellen Themen aus den Bereichen Marketing, Vertrieb und Finanzen. Zudem ist er seit 2001 an der Fachhochschule des Mittelstands (FHM) in Bielefeld tätig, leitet dort den Studienschwerpunkt Marketing und lehrt in den Bereichen Marketing und Vertrieb sowie Wirtschaftsmathematik und Angewandte Statistik.

Harald Schlüter

Dr. Harald Schlüter hat einen Lehrauftrag für Business Law an der Fachhochschule des Mittelstands (FHM) in Bielefeld. Er ist Fachanwalt für Steuerrecht, Fachanwalt für Handels- und Gesellschaftsrecht, sowie Magister Legum Europae. Schwerpunkt seiner Beratungstätigkeit als Rechtsanwalt ist das Wirtschafts-, Erb- und Insolvenzrecht. Er ist Mitherausgeber einer Buchreiche zum Thema Bilanz-, Steuer- und Wirtschaftsrecht für mittelständische Unternehmen. Weiterhin berät er Klienten in allen Bereichen des Korruptionsrechts. Dr. Harald Schlüter ist Partner einer überörtlichen Anwaltssozietät und tätig am Standort Bielefeld.

Wolfgang Schlüter

Prof. Dr. Wolfgang Schlüter ist Lehrbeauftragter für Business Law an der Fachhochschule des Mittelstands (FHM), Bielefeld. Als Rechtsanwalt, Fachanwalt für Steuerrecht und Notar a.D. berät er mittelständische Unternehmen und Privatpersonen in allen Fragen des Wirtschafts-, Erbrechts, insbesondere der Unternehmensnachfolge. Prof. Dr. Schlüter, Mitbegründer der Privaten Universität Witten/ Herdecke, unterstützt den Mittelstand in Aufsichts- und Beiräten und ist Partner einer überörtlichen Anwaltssozietät und tätig am Standort Bielefeld.

Tassilo Schuster

Dipl.-Kfm. Tassilo Schuster, geb. 1981, ist wissenschaftlicher Mitarbeiter am Lehrstuhl Internationales Management an der Friedrich-Alexander Universität Erlangen-Nürnberg. Dort absolvierte er auch den Großteil seines betriebswirtschaftlichen Studiums.

Stefan Schweiger

Prof. Dr. Stefan Schweiger ist seit 2003 Professor für industrielle Projektplanung und Prozessmanagement an der Hochschule Konstanz (HTWG). Er studierte Maschinenbau an der TU Darmstadt und promovierte an der Universität Bremen. Seit 1992 ist Professor Schweiger als Unternehmensberater, Coach und Referent tätig. Darüber hinaus ist er Autor zahlreicher Veröffentlichungen zu den Themenfeldern Supply Chain Management, Strategie und Organisation.

Vanessa Vieselmeier

Vanessa Kristina Vieselmeier studierte Medienwirtschaft und ist seit Abschluss ihres Studiums im Jahr 2003 als wissenschaftliche Mitarbeiterin an der Fachhochschule des Mittelstands (FHM), Bielefeld, tätig. Sie betreut das Hochschulmarketing und verantwortet zudem als Pressesprecherin die Presse- und Öffentlichkeitsarbeit der Hochschule. Von November 2005 bis Juli 2007 absolvierte sie ein berufsbegleitendes MBA-Studium. Im Rahmen ihrer Master-Thesis setzte sie sich schwerpunktmäßig mit dem Einsatz von Fallstudien in der Management-Ausbildung auseinander.

Knut A. Wiesner

Prof. Dr. Knut A. Wiesner ist seit 2001 Professor für Unternehmensführung und Marketing an der Fachhochschule Würzburg-Schweinfurt, Leiter des Studiengangs Betriebswirtschaft sowie der Studienschwerpunkte Internationales Management und Dienstleistungsmarketing. Nach seinem Studium der VWL an der Universität Bonn und einem Postgraduate-Studium an der Universität Freiburg/CH promovierte er an der Universität Bremen. Mehr als 20 Jahre leitete er als (Haupt-) Geschäftsführer mittelständische Dienstleistungsunternehmen oder Branchenverbände der mittelständischen Wirtschaft und war Mitunternehmer eines Call Centers. Daneben ist er als Berater, Redner, Coach und Autor tätig (www.professorwiesner.de). Er lehrt an mehreren Hochschulen, u.a. im MBA der Fachhochschule des Mittelstands, Bielefeld-Detmold, oder beim Management Development Institute in Gurgeon/Delhi. Er veröffentlichte mehrere Bücher immer mit Fokus auf den Mittelstand: Internationales Management (2005), Strategisches Tourismusmarketing (2006), Dienstleistungsmarketing (2007), Wellnessmanagement (2007) und Strategisches Destinationsmarketing (2008) und schreibt für Loseblattsammlungen, Fachzeitschriften sowie Grundlagenwerke.

Volker Wittberg

Prof. Dr. Volker Wittberg ist seit 2001 Professor für Mittelstandsmanagement an der Fachhochschule des Mittelstands (FHM), Bielefeld, und Leiter des Instituts für den Mittelstand in Lippe (IML), Detmold. Nach seinem Studium der BWL an der Universität Bielefeld und der Purdue University (USA), promovierte er an der Georg August Universität Göttingen. Seit mehr als zehn Jahren ist er als Unternehmensberater mit den Schwerpunkten Strategie, Organisation und Personal tätig, u.a. als geschäftsführender Gesellschafter. Beratungs-, Forschungs- und Lehraufträge führten ihn u.a. an die Universitäten Stellenbosch (Südafrika) und Suzhou (China). Er ist zudem als Wettbewerbsjuror für die Industriewettbewerbe „Mittelständler des Jahres" (Zeitschrift Markt und Mittelstand) und „Die Beste Fabrik OWL" (mit Otto-Beisheim School of Management (WHU)und INSEAD) sowie als Wissenschaftlicher Beirat für MittelstandsWiki.de tätig.

Jochen Zülka

Rechtsanwalt Jochen Zülka ist Seniorberater der NordWestConsult GmbH in Bielefeld. Seit der Veröffentlichung des von ihm maßgeblich mit verantworteten Ersten Deutschen Handbuchs zum Standardkostenmodell hat er in zahlreichen Vorträgen und Veröffentlichungen das niederländische Standardkostenmodell erläutert und die Voraussetzungen seiner Einführung in Deutschland beschrieben. Seine ausgewiesene methodische Kompetenz ist die Grundlage für die inzwischen zahlreichen praktischen Erfahrungen mit dem Standardkosten-Modell in den von NordWestConsult durchgeführten SKM-Messungen für Unternehmen, Bürger und Verwaltung, an denen er – überwiegend als Projektleiter - maßgeblich beteiligt war. Er ist Mitglied des Arbeitskreises „Messbarkeit und Reduzierung von Bürokratiekosten" der Arbeitsgemeinschaft für wirtschaftliche Verwaltung im Auftrag des Bundesministeriums für Wirtschaft und Technologie. In seiner wissenschaftlichen Arbeit ist er maßgeblich an der Weiterentwicklung des SKM als Methode zur Messung von Informationskosten und der Prozesseffizienz in der öffentlichen Verwaltung interessiert.